Bunt sind schon die Wälder

Die herbstliche Laubfärbung ist ein jährlich wiederkehrendes Schauspiel. In Anpassung an winterliche Trockenheit verlieren die laubabwerfenden Gehölze ihre Blätter, wenn die Tage kürzer werden und die Temperaturen sinken. Doch zuvor wird das stickstoffreiche Chlorophyll, das für die grüne Blattfarbe sorgt, in seine Bestandteile zerlegt und in den Stamm eingelagert. Dann werden die gelb und orange gefärbten Carotinoide sichtbar, deren Farbe im Sommer vom intensiven Blattgrün überlagert wurde. Zudem bilden viele Arten auch Anthocyane, die für eine kräftige Rotfärbung de Herbstlaubs sorgen.

Faszination Fasziation

Manchmal findet man einen Löwenzahn mit einem merkwürdig verbreiterten Stängel, der dann mehrere, oft miteinander verwachsene Blütenköpfchen trägt. Diese Wuchsanomalie wird Verbänderung oder Fasziation genannt. Pflanzen wachsen mit Hilfe eines Vegetationskegels an der Spitze des Sprosses. Ein Befall mit Viren oder Bakterien kann ebenso wie eine genetische Veränderung (Mutation) dafür sorgen, dass sich dieser normalerweise punktförmige Vegetationskegel linear verbreitert. Die Pflanze bildet dann kein zylindrisches, sondern bandförmiges Gewebe. Die daraus resultierenden Kammformen sind bei über 100 Pflanzenarten beobachtet worden.

Der Kosmos Pflanzen—führer

KOSMOS

Inhalt

Wie ist das Buch aufgebaut?

Der Seitenaufbau

a **Farbcode** zur Orientierung im Buch. Jedes Kapitel hat seinen eigenen Farbton, die Übersicht dazu finden Sie in der vorderen Klappe.

b **Artname:** Aufgeführt sind jeweils der deutsche und der wissenschaftliche Artname sowie die Familie

c Am Anfang sind besonders typische Eigenschaften der Pflanzen herausgestellt. Im weiteren Text finden Sie dann Spannendes und Wissenswertes zu der jeweiligen Art.

d **Merkmale:** Die typischen und prägnanten Merkmale in Kurzform

a

b

c

d

e

f

Blütenfarbe blau
(Raublattgewächse)

1 † **Gewöhnliche Ochsenzunge**
Anchusa officinalis
(Raublattgewächse)

RAU BEHAARTE BLÄTTER ERINNERN AN DIE ZUNGEN VON OCHSEN Früher empfahl man die Pflanze ähnlich wie Beinwell (S. 56) äußerlich bei Prellungen, Knochen- und Gelenkerkrankungen sowie auch innerlich gegen Husten. Da sie jedoch Giftstoffe enthält, die die Leber schädigen und Krebs auslösen können, wird sie heute nicht mehr angewendet.
MERKMALE 30–80 cm, Blütezeit Mai–Aug., zweijährig. Stängel aufrecht, einfach oder nur oben mit nicht blühenden Seitenzweigen. Blätter wechselständig, bis zu 15 cm lang, schmal lanzettlich, glattrandig oder undeutlich gezähnt, borstig behaart. Blüten in Scheinrispen am Stängelende, Krone weitröhrig, bis zu 1,3 cm lang, aufblühend rot, dann blauviolett, 5 weiße, samtig behaarte Schuppen. **GIFTIG!**
VORKOMMEN An Wegrändern, auf Schuttplätzen sowie auf Ödflächen. Auf sandigen bis kiesigen Böden an sonnigen Standorten. Fast ganz Europa.

2 | **Acker-Krummhals**
Anchusa arvensis
(Raublattgewächse)

ACKERBEGLEITER SEIT DER JUNGSTEINZEIT Der Name leitet sich von der eigenartig geknickten Kronröhre ab. Vorbeistreifende Tiere bleiben an den Borstenhaaren hängen und biegen die Stängel. Beim Zurückschnellen werden die Früchte aus den Kelchen geschleudert. Sie tragen einen nahrhaften Ölkörper und werden von Ameisen verbreitet.
MERKMALE 10–40 cm, Blütezeit Mai–Juli, einjährig. Stängel aufrecht, einfach oder verzweigt, borstig behaart. Blätter wechselständig, lanzettlich, wellig bis buchtig gezähnt, dicht borstig. Blüten in endständiger Scheinrispe, Krone trichterförmig, bis 9 mm breit, hellblau. **GIFTIG!**
VORKOMMEN Nährstoffreiche Äcker, Brachen, Krautfluren. Sandzeiger. Fast ganz Europa.

3 | **Gewöhnlicher Natternkopf**
Echium vulgare
(Raublattgewächse)

Staubblätter ragen aus der Blüte

BORSTENHAARE BIETEN WIRKSAMEN FRASSSCHUTZ Die Blüten sind in der Knospe rot, dann rosa und erst ganz geöffnet blau. Grund sind Änderungen des Säuregehalts der Zellen. Geöffnete, jedoch noch rosafarbene Blüten bieten am meisten Nektar. Mit den weit herausragenden Staubblättern erinnern die Blüten an einen Schlangenkopf. Sie wurden von dem englischen Kräuterarzt W. Coles (1656) als Heilmittel gegen Schlangenbisse empfohlen. Die Pflanze enthält Giftstoffe.
MERKMALE 25–100 cm, Blütezeit Mai–Sept., zweijährig. Stängel aufrecht, starr borstig behaart. Blätter wechselständig, länglich lanzettlich, graugrün. Blüten zahlreich in lockerer Traube, Krone trichterig 2-lippig, 1–2 cm lang, aufblühend rot, später blau, selten weiß. **GIFTIG!**
VORKOMMEN An Wegen, auf Bahngelände, Felsen, Schuttflächen, Ödland und in Steinbrüchen. Ganz Europa.

4 | **Blauroter Steinsame**
Buglossoides purpurocaerulea, Lithospermum purpureocaeruleum
(Raublattgewächse)

DIE FRÜCHTCHEN SIND STEINHART Neben blühenden Stängeln gibt es auch sterile, die dem Boden aufliegen und an den Enden wurzeln. Sie dienen der vegetativen Vermehrung. Die Art kann an schattigen Standorten große Flächen bedecken.
MERKMALE 30–60 cm, Blütezeit April–Mai, mehrjährig. Stängel aufrecht, wenig verzweigt, stark behaart. Blätter wechselständig, lanzettlich, zugespitzt, bis zu 1,5 cm breit, 8 cm lang. Blüten kurz gestielt zu 2–12 in Wickeln, Kelch schmal 5-zipflig, Krone bis über 2 cm breit, anfangs rötlich, später tiefblau.
VORKOMMEN Lichte Laubwälder, Trockengebüsche. Selten, bei uns nur in Weinbauregionen.

178

Bestimmungsseite auf einen Blick

e **Nummerierung:** Die Nummer ermöglicht eine eindeutige Zuordnung von Text und Foto.

f **Vorkommen:** Beim Vorkommen sind auch die typischen Lebensräume aufgeführt.

g **Zusätzliche Abbildung:** Besondere Kennzeichen werden durch eine Illustration hervorgehoben.

h **Typisches Aussehen:** Die Fotos zeigen die wichtigen Merkmale der beschriebenen Art.

h

Sie begegnen uns auf Schritt und Tritt: Ob Wald und Wiesen, Ackerränder und Wege, Felder und Fluren, selbst in kleinen Steinfugen und Ritzen finden wir die verschiedensten Pflanzenarten. Die Palette reicht von farbenfrohen Blumen über mächtige Bäume bis zu Moosen und Farnen. Kann man die einzelnen Arten bestimmen, breitet sich die ganze faszinierende Vielfalt unserer heimischen Pflanzenwelt vor uns aus.

Die Auswahl der Arten

In Mitteleuropa sind etwa 3000 Blütenpflanzenarten heimisch, zudem wächst hier eine Vielzahl an Farnpflanzen, Moosen, Algen sowie Pilzen. Aus dieser Fülle werden etwa 900 Arten in diesem Buch vorgestellt, wobei die Blütenpflanzen den Großteil ausmachen. Die Auswahl der Arten wurde so getroffen, dass die in Mitteleuropa häufigsten Pflanzen in diesem Pflanzenführer zu finden sind, wobei der Schwerpunkt auf Deutschland und den angrenzenden Gebieten liegt. Zudem werden besonders auffällige Pflanzen gezeigt sowie solche, die zwar selten sind, aber in mehreren Regionen Mitteleuropas vorkommen. Pflanzen, die eine besondere Bedeutung für den Menschen haben, dürfen in diesem Buch ebenfalls nicht fehlen.

Anordnung der Arten

Die krautigen Blütenpflanzen, die uns mit ihren farbigen und oft auffälligen Blüten als typische »Blumen« erscheinen, sind in diesem Buch nach Blütenfarben gruppiert. Der Farbcode kennzeichnet die Blütenfarben Rot, Weiß, Blau, Gelb und Grün/Unscheinbar. Die Blütenfarbe ist am besten an voll geöffneten Blüten zu sehen. Violette Blüten zeigen das Spektrum zwischen Rot und Blau. Sind sie eher rotviolett, sind sie in der Gruppe Rot zu finden, erscheinen sie blauviolett, dann sind sie der Gruppe Blau zugeordnet. Zahlreiche Pflanzenarten zeigen während der Blüte jedoch einen Farbwechsel. In einem solchen Fall sollten Sie bei allen in Frage kommenden Farben nachschlagen.
Die Gräser und grasähnlichen Arten sowie die Bäume und Sträucher gehören ebenfalls zu den Blütenpflanzen, sind aber jeweils in einer eigenen Gruppe zu finden. Die Farne, Moose, Flechten und Algen sind in einer Gruppe zusammengefasst. Eine weitere Gruppe bilden die Pilze. Innerhalb dieser Gruppen sind die Arten nach Familien zusammengefasst. So stehen beispielsweise alle gelb blühenden Rosengewächse zusammen. Bei den Blumen finden sich in jeder Hauptgruppe erst die zweikeimblättrigen und dann die einkeimblättrigen Pflanzen. Die Gehölze sind in Bäume und Sträucher untergliedert.

Farbwechsel beim Lungenkraut

Löwenzahn zeigt Stickstoff an.

Margeriten sind Magerkeitszeiger.

Vorkommen

Die Landschaft Mitteleuropas bietet von den Küsten der Nord- und Ostsee über Wälder und Wiesen bis in das Hochgebirge eine Vielzahl verschiedenster Lebensräume. Viele Pflanzenarten sind als sogenannte Generalisten in ihren Umweltansprüchen wenig spezialisiert. Sie sind oft weit verbreitet und in verschiedenen Lebensräumen zu finden. So kann die Kiefer beispielsweise sowohl an besonders trockenen als auch an besonders feuchten Standorten wachsen. Andere Arten stellen wiederum besondere Ansprüche an ihre Umwelt. Der Rundblättrige Sonnentau ist ein solcher Spezialist: Er ist ausschließlich in nährstoffarmen Hochmooren zu finden.
Einige der Pflanzenarten, die nur unter ganz bestimmten Umweltbedingungen gedeihen, sind als Zeigerpflanzen bekannt. Ihr Vorkommen deutet auf bestimmte Eigenschaften ihres Lebensraums hin. Insbesondere lassen sich über das Auftreten von Zeigerpflanzen Rückschlüsse auf den Boden ziehen. Brennnessel, Löwenzahn und Weiße Taubnessel sind bekannte Stickstoffzeiger, sie wachsen an besonders nährstoffreichen Standorten. Das Vorkommen von Margerite und Ginster zeigt hingegen stickstoffarme Standorte an. Andere Arten zeigen an, ob ein Boden sauer oder kalkhaltig ist, feucht oder trocken, oder besonders verdichtet.

Beschrieben ist für jede Pflanze die geografische Verbreitung in Europa sowie ihre Häufigkeit. Die Angaben zur Häufigkeit beziehen sich dabei nicht auf einzelne Pflanzen, sondern auf die Vorkommen der Art. Eine Art ist also dann häufig, wenn sie fast überall in Mitteleuropa anzutreffen ist.

Die Namen der Pflanzen

Sehr bekannte, weit verbreitete Pflanzen haben oft eine Vielzahl volkstümlicher Namen. So wird der Gewöhnliche Löwenzahn im deutschsprachigen Raum unter anderem als »Pusteblume«, »Kuhblume« oder »Bettnässer« bezeichnet. In Norddeutschland ist er auch als »Butterblume« bekannt, ein Name, der aber auch für andere, nicht näher miteinander verwandte Pflanzen wie den Kriechenden Hahnenfuß oder die Sumpfdotterblume verwendet wird.
Erst der schwedische Naturforscher Carl von Linné führte im Jahr 1753 ein einheitliches wissenschaftliches System zur eindeutigen Benennung von Arten ein. Jeder wissenschaftliche Artname (z.B. *Ranunculus repens* für den Kriechenden Hahnenfuß) besteht aus zwei Teilen: der erste ist der Gattungsname *(Ranunculus)*, der zweite ist die Artbezeichnung *(repens)*. Oftmals verrät der wissenschaftliche Name etwas über die Pflanze.

Kriechender Hahnenfuß

Neubürger Riesen-Bärenklau

So bedeutet das lateinische Wort *ranunculus* »Fröschlein« – besonders viele Hahnenfuß-Arten leben an feuchten Orten, also dort, wo auch Frösche sich wohlfühlen. Den Namenszusatz *repens* tragen viele Pflanzen, er bedeutet »kriechend« und bezieht sich auf die Eigenschaft, Ausläufer zu bilden.

Um die große Vielfalt im Pflanzenreich zu ordnen und Verwandtschaftsbeziehungen zwischen den Arten darzustellen, werden die Pflanzen in einem System hierarchisch angeordnet. Die Namensgebung spiegelt einen Teil dieses Systems wider: Nah verwandte Arten, die eine Reihe gemeinsamer Merkmale tragen, werden in einer Gattung zusammengefasst. So gehört der Gift-Hahnenfuß *(Ranunculus sceleratus)* ebenfalls in die artenreiche Gattung Hahnenfuß. Gattungen, die wiederum gemeinsame Merkmale aufweisen, bilden gemeinsam eine Familie. Die Familie der Hahnenfußgewächse umfasst neben der Gattung Hahnenfuß beispielsweise auch die Gattungen Windröschen, Eisenhut und Nieswurz. Auf den hinteren Klappen werden acht der in Mitteleuropa artenreichsten Pflanzenfamilien mit ihren wichtigsten Merkmalen vorgestellt.

In der modernen systematischen Forschung wird mithilfe des Erbguts versucht, die Stammesgeschichte der Pflanzen nachzuvollziehen und die Pflanzen entsprechend ihrer Verwandtschaftsverhältnisse zu ordnen. Das führt manchmal dazu, dass Arten beispielsweise anderen Gattungen zugeordnet werden. Die wissenschaftlichen Namen der höheren Pflanzenarten im Buch entsprechen denen in »Rothmaler Exkursionsflora von Deutschland« (Hrsg. Jäger, 2016). Manchmal ist der aktuelle Name um ältere, bekannte Namen ergänzt.

Neubürger

Seit einigen Jahren machen immer wieder Pflanzen wie die Beifußblättrige Ambrosie, der Japanische Staudenknöterich oder der Riesen-Bärenklau Schlagzeilen. Diese Neubürger sind nicht ursprünglich bei uns heimisch, sondern erst nach der Entdeckung Amerikas im Jahr 1492 durch menschliche Aktivitäten wie Handel und Transport bei uns eingeschleppt worden. Viele der auch als Neophyten bekannten neuen Arten kommen nur unbeständig in der Natur vor, einige vermögen es aber auch, sich fest zu etablieren. Manche der Arten können großen ökologischen, aber auch wirtschaftlichen oder gesundheitlichen Schaden verursachen, sie werden als invasiv bezeichnet. In diesem Buch sind alle Arten zu finden, die aktuell vom Bundesamt für Naturschutz als invasiv oder potenziell invasiv einstuft werden. Sie sind im Text entsprechend gekennzeichnet.

Giftpflanzen

Pflanzen schützen sich durch Giftstoffe vor Fraßfeinden und Schädlingen. Viele Pflanzen, die uns in der Natur, aber auch in Gärten und Parks begegnen, sind auch für den Menschen giftig. In diesem Buch sind giftige Pflanzen entsprechend gekennzeichnet. Allerdings bedeutet dies im Rückschluss nicht, dass alle anderen Pflanzen nicht giftig sind. Von auffälligen Arten oder solchen, die beispielsweise in der Landwirtschaft eine Rolle spielen, kennt man häufig die Giftigkeit. Für viele andere Arten liegen dagegen kaum Informationen vor. Zudem kann die Menge an giftigen Inhaltsstoffen von Pflanze zu Pflanze beträchtlich schwanken, denn sie ist vom Standort der Pflanze, den Wetterbedingungen und auch den verfügbaren Nährstoffen abhängig. Auch können in Wurzeln, Blättern oder Früchten einer Pflanze verschiedene Giftstoffe bzw. Giftmengen auftreten.
Im Umgang mit Pflanzen gilt die Regel, dass alle Pflanzen, die nicht sicher als ungiftig erkannt werden, nicht verzehrt werden sollten. Vorsicht ist vor allem auch bei Verwechslungsgefahr geboten. So kann das stark giftige Maiglöckchen mit Bärlauch verwechselt werden, und viele beliebte Speisepilze haben giftige Doppelgänger. Für einen sinnvollen Umgang mit giftigen Pflanzen und Pilzen ist es am besten, die verschiedenen Arten kennenzulernen, denn die meisten Vergiftungen beruhen auf Unwissenheit und Unbekümmertheit.

Der Eisenhut ist eine der giftigsten Pflanzen.

Gänseblümchen schmecken auch im Salat.

Essbare Pflanzen

Vor mehr als 12 000 Jahren begannen Menschen mit der Landwirtschaft und bauten Pflanzen an. Im Laufe der Zeit wurden so aus wild wachsenden Pflanzen kultivierte Nutzpflanzen gezüchtet, die heute die Grundlage unserer Ernährung bilden. Wildkräuter gerieten weitestgehend in Vergessenheit. Seit einigen Jahren kehren sie auf unsere Teller zurück. Essbare Wildpflanzen wie Gänseblümchen oder Vogelmiere bereichern als Wildkräutersalat, Suppe oder Pesto unseren Speiseplan.

Der Rote Fingerhut enthält herzwirksame Inhaltsstoffe.

Der Frühlings-Enzian ist gesetzlich geschützt.

Heilpflanzen

Von alters her verwendeten Menschen Pflanzen, um Krankheiten zu heilen und Beschwerden zu lindern. Auch heute noch finden viele dieser traditionellen Heilpflanzen in der Volksheilkunde Anwendung. Für einige dieser Arten wurde mittlerweile eine Heilwirkung wissenschaftlich nachgewiesen. Auch viele Giftpflanzen fanden als Heilpflanze eine, wenn auch riskante, Anwendung. Ihre Inhaltsstoffe spielen zum Teil heute noch eine Rolle als Arzneimittel. So werden beispielsweise Herzglykoside zur Behandlung von Herzrhythmusstörungen als Reinsubstanz aus Fingerhut-Arten gewonnen.

Naturschutz

In diesem Buch sind alle Arten als »geschützt« gekennzeichnet, die in Deutschland entsprechend dem Bundesnaturschutzgesetz unter einem besonderen gesetzlichen Schutz stehen. Sie dürfen nicht gepflückt oder zerstört werden. Außerdem gibt es für bedrohte Arten nationale und regionale Rote Listen. Hier wird in verschiedenen Gefährdungskategorien angegeben, wie stark bedroht eine Art ist. In den regionalen Roten Listen finden sich viele Arten, die lokal sehr selten sind und deshalb in bestimmten Gebieten geschont werden sollten. Diese Roten Listen sind in diesem Buch nicht berücksichtigt. Im Zweifelsfall gilt deshalb: Lieber eine Pflanze stehen lassen! Die meisten Pflanzen lassen sich auch gut am Standort bestimmen, und es ist gar nicht notwendig, sie zu pflücken.
In ausgewiesenen Schutzgebieten wie Naturschutzgebieten dürfen Pflanzen grundsätzlich nicht gepflückt oder beschädigt werden. Dies gilt dort nicht nur für geschützte Arten, sondern auch für die weit verbreiteten »Allerweltsarten«.
Um Artenvielfalt zu erhalten, ist es unerlässlich, nicht nur einzelne Arten, sondern vor allem auch ihre Lebensräume zu schützen. Zu einem pfleglichen Umgang mit der Natur gehört, Standorte nicht mutwillig zu stören oder gar zu zerstören. Nur so können wir auch in Zukunft die Schönheit blühender Wiesen und wilder Wälder genießen.

Blütenpflanzen

Obwohl Wiesen-Klee, Glatthafer und Buche so unterschiedlich sind, teilen sie doch eine Reihe von gemeinsamen Merkmalen, die auf den Grundbauplan der Blütenpflanzen zurückführen. So hat jede dieser drei Arten Wurzeln, eine Sprossachse und Blätter, die Grundorgane einer Blütenpflanze.

Grundbauplan der Pflanzen

Die Wurzel verankert die Pflanze im Boden, sie dient der Aufnahme von Wasser und darin gelösten Nährstoffen. Die Sprossachse wächst meist senkrecht dem Licht entgegen. Sie kann krautig und kurzlebig (Kräuter und Gräser) oder holzig und langlebig (Bäume und Sträucher) sein. In ihr verlaufen Leitbündel, die Wasser mit den darin enthaltenen Nährstoffen von der Wurzel zu den Blättern transportieren. In den Blättern gebildete Stoffe werden umgekehrt nach unten geleitet. Die Sprossachse ist in Knoten und dazwischen liegende Stängelglieder geteilt. Die Blätter entspringen den Knoten, und auch seitliche Verzweigungen werden hier gebildet. Die grünen Blätter enthalten das für die Fotosynthese notwendige Chlorophyll, sie dienen der Ernährung der Pflanze. Zudem gibt die Pflanze über die Blätter Wasser ab. So wird der Transportstrom aufrechterhalten und die Pflanze zudem vor Überhitzung geschützt.
Die Blüten sind oft die am meisten auffallenden Teile einer Pflanze. Sie dienen der geschlechtlichen Vermehrung. Von Insekten bestäubte Blüten sind oft groß und bunt gefärbt, während windblütige Pflanzen meist zahlreiche kleine, unscheinbare Blüten haben. Die Blütenhülle besteht meist aus einem grünen Kelch und andersfarbigen Blütenkronblättern, die Blütenhüllblätter können aber auch wie bei einer Tulpe gleichartig gestaltet sein. Im Inneren der Blüte finden sich die aus Staubfäden und Staubbeuteln bestehenden Staubblätter. In ihnen wird der Pollen oder Blütenstaub gebildet, sie sind die männlichen Blütenanteile. Die Fruchtblätter sind der weibliche Blütenanteil. Narbe, Griffel und Fruchtknoten bilden zusammen den Stempel, wobei die Narbe der Aufnahme des Pollens dient. Die meisten Blüten sind wie hier beschrieben zwittrig. Es gibt aber auch eingeschlechtliche Blüten, diese haben dann entweder nur Staubblätter oder nur Fruchtblätter. Bei einhäusigen Arten findet man männliche und weibliche Blüten an einer Pflanze, wohingegen es bei zweihäusigen Arten männliche und weibliche

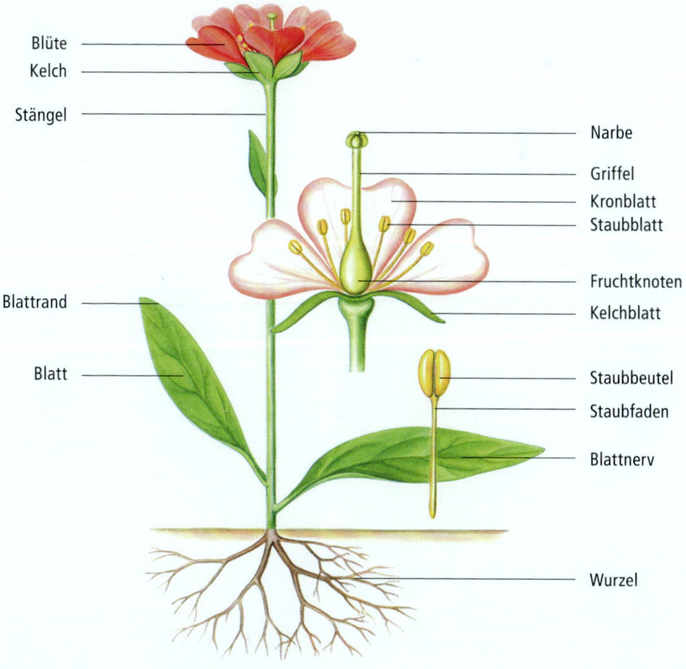

Aufbau einer Pflanze

Pflanzen gibt. Pflanzen können einzelne Blüten tragen, oftmals stehen aber auch mehrere Blüten in Blütenständen zusammen.
Nach erfolgreicher Bestäubung und Befruchtung entwickelt sich eine Frucht aus der Blüte. Die im Fruchtknoten angelegten Samen reifen heran. Öffnungsfrüchte öffnen sich zur Reifezeit und entlassen die Samen, die dann weiter-verbreitet werden. Bei Schließfrüchten bleiben die Samen hingegen im Fruchtknoten eingeschlossen, die ganze Frucht dient dann der Ausbreitung.
Abwandlungen im Grundbauplan liefern die Merkmale, die für die Bestimmung von Pflanzen herangezogen werden können. Die »Fachausdrücke im Bild« (S. 420 ff.) geben einen Überblick über die unterschiedlichen Formen, die Wurzeln, Sprossachsen und Blätter sowie Blüten und Früchte haben können.

Gräser

Süßgräser gehören zu den ältesten Nutzpflanzen. Alle Getreidearten wie Weizen, Roggen, Gerste, Hafer, Reis, Mais und Hirse gehören in diese Gruppe. Von den Steppen und Savannen bis zu den vom Menschen geschaffenen Wiesen und Weiden – Gräser bestimmen fast überall auf der Welt das Bild offener Landschaften. Mit etwa 10 000 Arten in über 700 Gattungen sind sie eine der größten Pflanzenfamilien. Bei uns sind ungefähr 70 Gattungen mit über 200 Arten heimisch. In diesem Buch werden besonders wichtige und häufige Arten vorgestellt, die leicht bestimmt werden können. Alle Süßgräser haben eine Reihe gemeinsamer Merkmale, anhand derer sie leicht als Gras angesprochen werden können. Ihr als Halm bezeichneter Stängel ist hohl und in der Regel rund. Typischerweise ist er in Knoten und dazwischen liegende Halmabschnitte, die Internodien, gegliedert. Die Blätter sind zweizeilig angeordnet. Sie sind lang, schmal und ungestielt mit parallel angeordneten Blattnerven. Oft umhüllt der untere Teil eines Blattes als Blattscheide den Halm, bevor er in die Blattspreite übergeht. Im Grenzbereich befindet sich häufig das Blatthäutchen, das wichtig für die Bestimmung sein kann. Die windbestäubten Blüten der Gräser sind sehr unscheinbar. Eine oder mehrere Blüten bilden zusammen ein Ährchen. Dieses ist von zwei Hüllspelzen umschlossen. Jede Einzelblüte ist wiederum von zwei Spelzen umgeben, einer Deckspelze, die begrannt sein kein, sowie einer Vorspelze. Dann folgen zwei Schwellkörper, die die Spelzen zur Öffnung der Blüte so auseinanderdrücken, dass die drei Staubblätter und die Narbe austreten können. Die einzelnen Ährchen bilden zusammen einen Blütenstand, die Ähre, Ährenrispe oder Rispe.
Die Binsengewächse und die Sauergräser sind zwei grasähnliche Familien, die sich jedoch gut von den Süßgräsern unterscheiden lassen. Der runde Stängel der Binsengewächse hat keine Knoten, die Blätter sind oft rund. Der Blütenstand ist meist eine Spirre, die aus mehreren Blüten zusammengesetzt und oft köpfchen- oder doldenförmig zusammengezogen ist. Die Sauergräser lassen sich gut an ihrem dreikantigen Stängel erkennen, an dem die flachen Blätter dreizeilig angeordnet sind. Die Blüten sind in Ährchen zusammengesetzt.

Kopfiger Blütenstand des Rot-Klees

Schließfrüchte der Haselnuss

Schema eines Gräser-Ährchen mit drei Blüten.

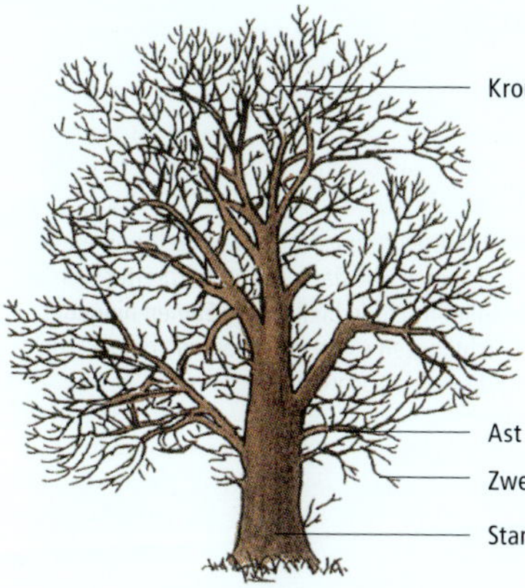

Eiche

Bäume und Sträucher

Bäume und Sträucher sind als Gehölzpflanzen dadurch charakterisiert, dass ihre Sprossachse in allen Teilen verholzt ist. Dieser verholzte Teil stirbt auch im Winter nicht ab und ermöglicht den Pflanzen, sehr alt zu werden. Bäume erreichen meist Höhen von über 3 m. Sie haben in der Regel einen unverzweigten Stamm und eine reich verzweigte Krone. Sträucher bleiben hingegen in vielen Fällen wesentlich niedriger. Einige Zwergsträucher werden sogar nur wenige Zentimeter hoch. Sträucher haben keinen Hauptstamm, sondern bilden von unten her mehrere, oft gleich starke Stämme aus. In unserem Klima werfen die meisten Bäume und Sträucher im Herbst ihr Laub ab und treiben im Frühjahr wieder neu aus. Einige Arten sind aber auch immergrün. Dazu zählen fast alle Vertreter der Nadelgehölze. Es gibt aber auch einige Laubbäume und Sträucher, die das ganze Jahr über grün sind. Die Blätter liefern wichtige Merkmale für das Bestimmen der Gehölzpflanzen. Es ist zudem hilfreich, Blüten und Früchte anzuschauen, wenn sie vorhanden sind. Besonders im Winter können auch Knospen und Borke wichtig für die Bestimmung sein. Die verschiedenen Ausprägungen von Blättern, Blüten und Früchten können anhand der »Fachausdrücke im Bild« (S. 420 ff.) zugeordnet werden.

Farnartige Pflanzen

Die farnartigen Pflanzen sind wie die bisher vorgestellten Blütenpflanzen in Wurzel, Spross und Blätter gegliedert. Zu ihnen zählen die Farne, die Schachtelhalme und die Bärlappe (einschließlich der Moosfarne). Diese Pflanzen tragen keine Blüten. Sie bilden auch keine Samen aus, sondern vermehren sich über Sporen.
Farne wachsen unterirdisch mit einem mehrjährigen Wurzelstock. Über der Erdoberfläche sind nur ihre als Wedel bezeichneten Blätter sichtbar. Diese können über 1 m lang werden. Oftmals ist die Blattspreite in zahlreiche Fiederblätter unterteilt. Auf der Blattunterseite werden die Sporen in Sporenkapseln gebildet. Meist stehen mehrere Sporenkapseln in als Sori bezeichneten Ansammlungen zusammen. Diese können von einem feinen Blatthäutchen, dem Schleier, bedeckt sein.
Die Sprosse der Schachtelhalme sind aus Knoten und dazwischen liegenden Internodien aufgebaut. An den Knoten entspringen wirtelig angeordnete Blätter oder Seitensprosse. Bärlappgewächse wiederum sind gabelig verzweigt, die Blätter sind klein und schuppenförmig. Farne gibt es seit etwa 400 Millionen Jahren auf der Erde. In der Karbonzeit bildeten sie zusammen mit Schachtelhalmen und Bärlappen riesige Wälder, aus denen unsere heutigen Steinkohle-Vorkommen hervorgegangen sind.

Moose

Moose haben sich vermutlich als erste Landpflanzen aus Grünalgen entwickelt. Sie sind insofern besonders, weil sie noch keine Stütz- und Leitgewebe ausbilden, wie sie für die Blütenpflanzen und farnartigen Pflanzen typisch sind. Hornmoose und blattlose Lebermoose bilden wenig differenzierte Lager, die beblätterten Lebermoose besitzen drei Blattreihen. Laubmoose haben zwar Stämmchen mit Blättern, sind aber nicht mit echten Wurzeln, sondern mit einem Wurzelfilz im Boden verankert. Moose pflanzen sich über Sporen fort, die in Sporenkapseln gebildet werden. In Mitteleuropa gibt es über 12 000 Moosarten. Aus dieser Fülle können in diesem Buch nur einige besonders auffällige oder häufige Arten vorgestellt werden.

Flechten

Flechten sind faszinierende Lebewesen. Sie bilden eine symbiotische Lebensgemeinschaft zwischen einem Pilz und einer Grün- oder Blaualge. Der Pilz bildet ein Geflecht von Pilzfäden, das Lager, in dem sich die Alge befindet. Beide Partner profitieren von der Symbiose: Der Pilz wird mit von der Alge produzierten Kohlenhydraten versorgt, und die Alge ist im Lager vor Trockenheit und Hitze geschützt. Man unterscheidet bei den Flechten verschiedene Wuchsformen. Bei den Krustenflechten ist das Lager fest mit der Unterlage verbunden, während Blattflechten der Unterlage nur locker aufliegen. Strauchflechten wachsen meist aufrecht und erinnern mit ihrem stielartig verzweigten Lager an Sträucher.

Algen

Algen sind Lebewesen, die Fotosynthese betreiben, jedoch nicht zu den eigentlichen Pflanzen gehören. Die verschiedenen Algenklassen unterscheiden sich stark in ihrem Bau. So gibt es vom kleinsten Einzeller über fädige und verzweigte Formen bis zu den großen, flächigen Tangen, die in den Meeren dichte Unterwasserwälder bilden können, die unterschiedlichsten Entwicklungsstufen. Die meisten Algen haben einen echten Zellkern. Dieser fehlt den zu den Bakterien gehörenden Blaualgen. Die meisten Algen leben im Meer und im Süßwasser, einige Arten findet man aber auch auf Böden oder an Baumstämmen und Felsen.

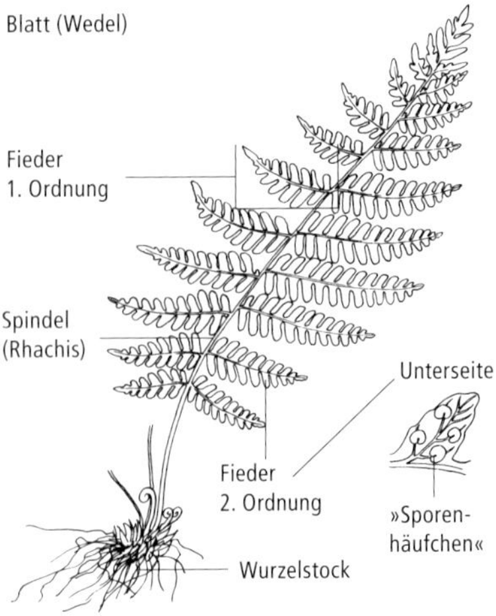

Farn

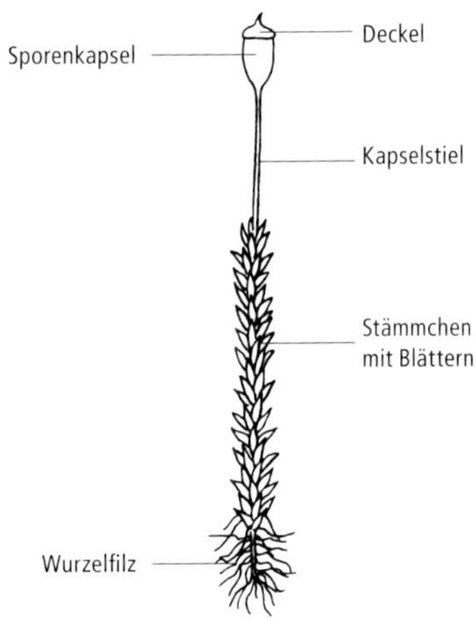

Moos (Laubmoos)

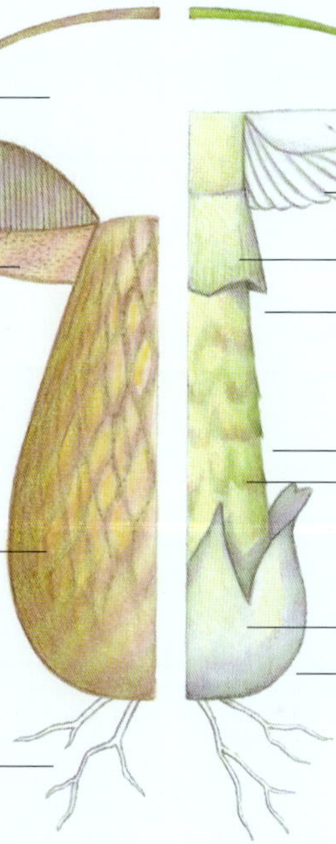

Pilze

Vor allem im Herbst werden viele Pilze für uns sichtbar. Dann erscheinen ihre Fruchtkörper, die Pilzliebhaber in die Wälder locken. Der eigentliche Pilzkörper bleibt jedoch für uns verborgen. Er besteht aus einem ausgedehnten unterirdischen Pilzgeflecht (Myzel), das aus feinen, miteinander verwobenen Pilzfäden besteht. Aus diesen Pilzfäden sind auch die Fruchtkörper aufgebaut, in denen die der Vermehrung dienenden Sporen gebildet werden. Die Fruchtkörper der meisten Großpilze sind typisch pilzförmig, mit Hut und Stiel, ausgebildet. Die Sporen werden auf der Hutunterseite gebildet. Ob diese lamellen- oder röhrenförmig ausgebildet ist, ist wichtig für die Bestimmung. Neben den Hutpilzen gibt es noch weitere Ständerpilze wie die Korallen, die durch ausgefallene Hutformen oft leicht zu bestimmen sind. Dies gilt auch für viele Vertreter der Schlauchpilze wie Morcheln oder die Echte Trüffel.
Obwohl Pilze keine Fotosynthese betreiben, wurden sie früher wegen ihrer sesshaften Lebensweise zu den Pflanzen gestellt. Heute weiß man, dass sie neben den Tieren und den Pflanzen ein eigenes Reich bilden und sogar näher mit den Tieren als mit den Pflanzen verwandt sind.
Pilze spielen im Kreislauf der Natur eine wichtige Rolle. Als Fäulnisbewohner sind sie wichtige Zersetzer von abgestorbenem organischen Material und tragen so zur Humusbildung bei. Viele Pilze gehen als Mykorrhizapilze eine Lebensgemeinschaft mit Pflanzen ein. Sie umwachsen die Wurzeln und helfen so der Pflanze, Wasser und darin gelöste Nährstoffe aufzunehmen. Im Gegenzug wird der Pilz von der Pflanze mit Zuckerverbindungen versorgt. Andere Pilzarten leben parasitisch auf Pflanzen. Sie können schwere Pflanzenkrankheiten hervorrufen und sind deswegen auf Nutzpflanzen besonders gefürchtet.

Die Pflanzenarten

1 | Kartäuser-Nelke
Dianthus carthusianorum
(Nelkengewächse)

DER DUFT DER GEWÜRZNELKE Der angenehme Duft der Blüten wird durch das ätherische Öl Eugenol hervorgerufen. Es kommt auch in den Blütenknospen des südostasiatischen Gewürznelkenstrauchs vor. Diese Knospen hießen im Mittelalter »Näglein«. In der Renaissance nannte man dann die ähnlich duftenden Garten-Nelken »Näglein-Blumen«, verkürzte dies zu »Nelke« und bezeichnete so eine ganze Gruppe von Pflanzen. Die Kartäuser-Eremiten zogen Nelken in ihren Klostergärten. Allerdings bezog sich der Name »Kartäuser-Nelke« zuerst wohl auf die als Gartenblume beliebte Bart-Nelke.
MERKMALE 15–50 cm, Blütezeit Juni–Sept., mehrjährig. Stängel kahl. Blätter schmal lanzettlich, gegenständig, an der Basis verwachsen, steil aufrecht (**1A**). Blüten bis zu 2,5 cm breit, kurz gestielt, in endständigen Büscheln (**1B**), diese sind umgeben von schuppenartigen Hochblättern, Kronblätter eiförmig, an der Spitze gezähnt.
VORKOMMEN Magere Rasen, sonnige Hänge, Böschungen, Waldränder. Meist auf kalkreichen Böden. Süd-, West- und Mitteleuropa. **GESCHÜTZ**t.

2 | Heide-Nelke
Dianthus deltoides
(Nelkengewächse)

NACHTS SIND IHRE BLÜTEN GESCHLOSSEN An geeigneten Orten kann die Heide-Nelke dichte Rasen bilden. Sie ist wie andere Nelken nicht nur, weil sie gern gepflückt wird, sondern auch durch Luftschadstoffe, die als Dünger wirken, gefährdet. Für den Garten gibt es weiße, rosafarbene, rote und gefüllte Sorten. Die duftenden Blüten locken Tagfalter an, abends schließen sie sich.
MERKMALE 15–40 cm, Blütezeit Juni–Sept., mehrjährig. Stängel verzweigt, behaart. Blätter gegenständig, schmal lanzettlich. Blüten meist einzeln, lang gestielt, bis zu 18 mm breit, purpurrot, mit weißen Flecken und dunklen Querstreifen, 2 schuppige Außenkelchblätter.
VORKOMMEN Magere Rasen und Weiden über Silikatgestein, Böschungen, Sandrasen, trockene Böden. Mittel- und Nordeuropa. **GESCHÜTZ**t.

3 | Raue Nelke
Dianthus armeria
(Nelkengewächse)

KANN SICH SELBST BESTÄUBEN Wenn ihre Blüten nicht von Tagfaltern besucht werden, können sie sich selbst bestäuben. So stellt die auch Büschel-Nelke genannte Pflanze sicher, dass Samen gebildet werden. Die weißen Punkte auf den Kronblättern imitieren Staubbeutel und erhöhen so die Attraktivität der Blüte für Bestäuber.
MERKMALE 30–60 cm, Blütezeit Juni–Juli, zweijährig. Pflanze rau behaart. Stängel verzweigt. Blätter linealisch lanzettlich, dunkelgrün. Blüten bis zu 1 cm breit, kurz gestielt, zu 2–10 in gedrängten, endständigen Büscheln auf langen, grünen Tragblättern, Krone purpurn, gepunktet.
VORKOMMEN Sonnige, warme, mäßig saure, kalkarme Standorte, Magerrasen, Waldsäume, Trockengebüsche, Hänge, v. a. in den Mittelgebirgen. Selten. Europa. **GESCHÜTZ**t.

4 | Pracht-Nelke
Dianthus superbus
(Nelkengewächse)

SIE LÄSST NICHT JEDEN RAN Nur langrüsselige Hummeln und Falter wie das Taubenschwänzchen erreichen durch die enge Blütenröhre den Nektar. Barthaare am Eingang der Blüte verhindern, dass kleine Insekten in die Röhre kriechen, ohne die Blüte zu bestäuben. Die Blüten verströmen einen schwachen Vanilleduft.
MERKMALE Bis zu 60 cm, Blütezeit Juni–Sept., mehrjährig. Stängel aufrecht. Blätter linealisch lanzettlich, grün, kahl. Blüten einzeln oder zu wenigen in den Achseln, bis zu 6 cm breit, Krone rosa bis purpurn, in feine, lange Zipfel zerschlitzt.
VORKOMMEN Kalkarme Böden, Heiden, Moorwiesen, lichte Wälder. Überwiegend in Süddeutschland. **GESCHÜTZ**t.

1A

1B

2

3

4

1 | Kornrade
Agrostemma githago
(Nelkengewächse)

SIE VERGIFTET DAS BROT Die Kornrade enthält v. a. in den Samen giftige Saponine. Früher wuchs sie oft in Getreideäckern. Sie wurde mit dem Getreide abgemäht, ihre Samen fielen beim Dreschen aus den Fruchtkapseln und mischten sich unter das Korn. Da sie sich in der Größe kaum von diesem unterscheiden, konnten sie nur schwer abgetrennt werden. So gelangten sie in die Mühlen oder bei der nächsten Aussaat wieder auf den Acker. Es kam nicht selten zu Massenvergiftungen, wenn das Brotmehl hohe Anteile an Kornrade enthielt. Heute ist sie durch moderne Methoden der Saatgutreinigung selten geworden.
MERKMALE 40–100 cm, Blütezeit Juni–Sept., einjährig. Blätter gegenständig, linealisch lanzettlich, seidig behaart. Blüten einzeln, bis zu 4 cm breit, rosarot, Schlund heller, Kronblätter von spitzen Kelchblättern überragt. **GIFTIG!**
VORKOMMEN Getreideäcker, v. a in Wintergetreide, Sandrasen. Auf humosen, sandigen oder lehmigen Böden. Fast ganz Europa.

2 | Gewöhnliches Seifenkraut
Saponaria officinalis
(Nelkengewächse)

NATÜRLICHES WASCHMITTEL Die Wurzeln enthalten Stoffe, die mit Wasser einen Schaum bilden und Waschkraft entfalten. Wurzelauszüge dienten früher als Seife, v. a. zum Waschen von Wolle. Für diesen Zweck wurde die Pflanze bis zum Beginn des 20. Jahrhunderts kultiviert. In der Medizin helfen die Wurzeln gegen Katarrhe der Atemwege, da sie zähe Schleime verflüssigen.
MERKMALE 30–80 cm, Blütezeit Juni–Sept., mehrjährig. Blätter gegenständig, breit lanzettlich, 5–10 cm lang, mit 3 Längsnerven. Blüten in Scheindolden, rosa oder weißlich, bis zu 3 cm breit, Kelch röhrig verwachsen. **SCHWACH GIFTIG.**
VORKOMMEN An Flussufern, Wegen, auf Schuttplätzen, Dämmen, Ödland. Auf nährstoffreichen Böden. Fast ganz Europa.

3 | Kuckucks-Lichtnelke
Lychnis flos-cuculi, Silene flos-cuculi
(Nelkengewächse)

KÜNDIGT DAS FRÜHJAHR AN An der Pflanze findet sich häufig Schaum der Schaumzikaden. Dieser wird im Volksmund »Kuckucksspeichel« genannt, was zur Namensgebung geführt haben kann. Auch die Blütezeit im Frühling, der bekanntlich vom Kuckuck angekündigt wird, kann dazu beigetragen haben.
MERKMALE 30–80 cm, Blütezeit Mai–Juli, mehrjährig. Pflanze fast kahl. Blätter linealisch lanzettlich, gegenständig, an der Basis verwachsen. Bis zu 30 Blüten in gabeligen Blütenständen, rosa, Kronblätter tief 4-teilig mit schmalen Zipfeln, am Schlundeingang mit 2-teiliger Schuppe (Nebenkrone). **SCHWACH GIFTIG.**
VORKOMMEN Nasse bis feuchte Fettwiesen, Sumpf- und Moorwiesen. Verbreitet von der Ebene bis ins Gebirge. Ganz Europa.

4 | Pechnelke
Lychnis viscaria, Silene viscaria, Viscaria vulgaris
(Nelkengewächse)

INSEKTEN KLEBEN AN IHR Die Stängel unter den oberen Blättern tragen einen klebrigen, schwarzroten Ring, an dem oft kleine Insekten festkleben. Möglicherweise soll der klebrige Bereich sie daran hindern, an der Pflanze emporzukrabbeln und Blüten- oder Fruchtstände zu plündern.
MERKMALE 30–60 cm, Blütezeit Mai–Juli, mehrjährig. Blätter in Grundrosette, gegenständig am Stängel. Blüten purpurrosa, 2 cm, in längeren, rispigen Blütenständen mit gegenständigen Hauptästen, Kronblätter eingebuchtet, mit Schuppen am Schlundeingang (Nebenkrone). **SCHWACH GIFTIG.**
VORKOMMEN Magerrasen, magere Weiden, Heiden, lichte Gebüsche, Waldränder. Auf trockenen, kalkarmen Böden. Im Norden und in den Alpen fehlend, sonst zerstreut.

1

2

3

4

1 | Rote Lichtnelke
Silene dioica
(Nelkengewächse)

SCHMETTERLINGE FLIEGEN AUF SIE Die duftlosen männlichen und weiblichen Blüten sitzen auf verschiedenen Pflanzen. Beide locken v. a. Tagfalter und langrüsselige Hummeln als Bestäuber an. Wiesen an geeigneten Standorten sind im Mai durch die üppige Blütenpracht oft rotviolett gefärbt. Nur wenige Nachzügler blühen später.
MERKMALE Bis zu 100 cm, Blütezeit April–Sept., mehrjährig. Zweihäusig. Stängel aufrecht, abstehend behaart. Blätter schmal eiförmig, gegenständig. Blüten bis zu 2,5 cm breit, in lockeren, gabeligen Rispen, rot oder rosa, mit weißer Nebenkrone, männliche Blüte mit zylindrischem Kelch, Kronblätter 2-spaltig, weibliche Blüte mit bauchig eiförmigem Kelch.
VORKOMMEN Feuchte Wiesen und lichte Wälder. Fast ganz Europa.

2 | Stängelloses Leimkraut
Silene acaulis
(Nelkengewächse)

ANGEPASST AN WIND UND SCHNEE Durch die Bildung von Polstern (**2A**) ist die Pflanze gut an den rauen Standort in den Alpen und der Arktis angepasst. Im Innern der Polster reichert sich Humus an, der Nährstoffe liefert und Feuchtigkeit speichert. Bei Sonne erwärmen sich die Polster bis etwa 15 °C über die umgebende Lufttemperatur. Dies fördert wohl die Entwicklung der Blüten und die Fruchtreife. Die Blüten (**2B**) sind weit sichtbar und duften stark, so werden die in den Höhenlagen raren Insekten von weit her angelockt.
MERKMALE Bis zu 5 cm, Blütezeit Juni–Sept., mehrjährig. Bildet charakteristische Polster mit Pfahlwurzel. Blätter dachziegelartig am Stängel angeordnet, schmal linealisch, Blattrand oft bewimpert. Blüten einzeln, gestielt, purpurrot, etwa 1,5 cm breit, Kelch meist rot überlaufen.
VORKOMMEN Steinige Rasen, Felsgrate, Schutthänge auf Kalk. Nordeuropa, Gebirge in Mittel- und Südeuropa. In den Alpen von 1500–3000 m.

3 | Mauer-Gipskraut
Gypsophila muralis
(Nelkengewächse)

HÜBSCHE PIONIERPFLANZE Ihr Auftreten als Pionier auf vegetationsarmen, nassen Stellen an Ufern, auf verschlammten Äckern und auf Wegen ist meist nur von kurzer Dauer. Der Name »Mauer-Gipskraut« ist irreführend, denn die Art wächst fast nie auf Mauern und bevorzugt im Gegensatz zu den anderen Gipskräutern auch keine gipshaltigen Böden.
MERKMALE 5–25 cm, Blütezeit Juni–Okt., einjährig. Pflanze ausladend, kahl, blaugrün. Blätter linealisch, gegenständig, bis zu 2 cm lang. Bis über 100 Blüten über die ganze Pflanze verteilt, Blüten 1 cm groß, Kronblätter rosa mit dunkleren Adern, vorn etwas eingebuchtet, Kelchblätter mit Hautrand.
VORKOMMEN Offener, meist kalkfreier Boden in Ackerfurchen, auf Brachland, an Ufern, Gräben. In Sand- und Silikatgegenden zerstreut, im Norden selten.

4 | Rote Schuppenmiere
Spergularia rubra
(Nelkengewächse)

BEI SCHLECHTEM WETTER SELBSTBESTÄUBEND Die flach wurzelnde, auch auf verdichteten Böden wachsende Pflanze zeigt Bodenversauerung an. Die Blüten sind nur bei hellem Wetter von etwa 9–15 Uhr geöffnet. Bei ungünstiger Witterung bestäuben sie sich selbst. Die langlebigen Samen werden meist mit dem Wind verbreitet. Es kommt aber auch vor, dass Samen mit an Fahrzeugen klebender Erde verschleppt werden.
MERKMALE Bis zu 25 cm hoch, Blütezeit Mai–Sept., ein- bis mehrjährig. Stängel niederliegend bis aufsteigend, drüsig behaart. Blätter gegenständig, linealisch, laufen in eine Stachelspitze aus, kahl, silbrige Nebenblätter. Blüten in Scheindolden, Kronblätter rosa, etwas kürzer als die Kelchblätter. Bildet lockere Rasen.
VORKOMMEN Kalkarme, sandige, offene Böden, Wege, Äcker, Ufer. Heute weltweit verbreitet.

1
2A
2B
3
4

1 | Klatsch-Mohn
Papaver rhoeas
(Mohngewächse)

EIN GUTER POLLENSPENDER Jede Blüte produziert die ungewöhnlich große Menge von rund 2,5 Millionen Pollenkörnern, die sehr nahrhaft sind und von verschiedenen Insekten gesammelt werden. Besonders Hummeln warten am Morgen oft schon auf den Blüten, bis sich diese öffnen.
MERKMALE 30–90 cm, Blütezeit Mai–Juli, einjährig. Blätter wechselständig, fiederteilig bis gefiedert. Blütenstiel lang, abstehend borstig behaart, Knospe nickend, Blüten bis zu 8 cm breit, 4 Kronblätter, nach dem Öffnen zerknittert, kräftig rot, am Grund meist mit dunklen Saftmalen, 2 borstig behaarte Kelchblätter fallen frühzeitig ab, sehr viele Staubblätter, 8–18-strahlige Narbe. Kapsel zylindrisch, unten abgerundet. Weißer Milchsaft. **GIFTIG!**
VORKOMMEN Getreidefelder, Wege, Bahnhofsgelände, Ödflächen, an Straßenböschungen auch zur Begrünung angesät. Ganz Europa.

2 | Saat-Mohn
Papaver dubium
(Mohngewächse)

KURZLEBIG Die Kronblätter der Mohn-Arten liegen geknittert in den Knospen, sie straffen sich erst beim Entfalten. Die Saat-Mohn-Blüten sind noch kurzlebiger als die des Klatsch-Mohns. Sie fallen wenige Stunden nach Öffnung der Blüte ab.
MERKMALE 30–60 cm, Blütezeit Mai–Juli, einjährig. Blätter 1–2-fach fiederteilig. Blüten 2–5 cm groß, weinrot, oft ohne schwarzen Fleck (**2A**). Kapsel länglich keulenförmig (**2B**), weniger als 10 Narbenstrahlen, flache Narbenscheibe, kahl. Milchsaft weißlich, wird an der Luft manchmal gelb. Die Blüten des ähnlichen **3** **SANDMOHNS** *(Papaver argemone)* tragen einen schwarzen Fleck (**2A**) am Grund, die Kapsel ist mit hellen Borstenhaaren besetzt (**3B**). **GIFTIG!**
VORKOMMEN Zerstreut auf Getreidefeldern, Wegen, Dämmen, Schutthalden, Steinbrüchen. Fast ganz Europa.

4 | Hohler Lerchensporn
Corydalis cava
(Erdrauchgewächse)

AMEISEN VERBREITEN DIE SAMEN Die Pflanze verdankt ihren Namen dem Umstand, dass die unterirdische Knolle hohl ist. Die weißen Anhängsel der Samen sind sehr nährstoffreich und locken Ameisen an. Diese schleppen die Samen in ihre Nester, trennen das Anhängsel ab und tragen die Samen wieder aus ihrem Nest. So werden diese viele Meter von der Mutterpflanze entfernt verbreitet.
MERKMALE 10–35 cm, Blütezeit März–Mai, mehrjährig. Stängel meist mit 2 Blättern, Blätter doppelt 3-zählig, kahl, oberseits bläulich grün, unterseits weißlich grün. Blüten zu 10–20 in aufrechter Traube, Krone purpurn, häufig auch weiß, selten gelblich, oberes Kronblatt in langen Sporn ausgezogen. Hochblätter zwischen den Blüten ungeteilt. Knollen innen hohl. **GIFTIG!**
VORKOMMEN Lichte Laub- und Schluchtwälder, Auenwälder, Obstgärten, Gebüsche. Besonders Mitteleuropa.

5 | Gefingerter Lerchensporn
Corydalis solida
(Erdrauchgewächse)

GIFTIGE KNOLLE Der Gefingerte Lerchensporn unterscheidet sich vom Hohlen Lerchensporn dadurch, dass die Hochblätter geteilt sind und dass die Knolle nicht hohl ist. Auch gibt es bei dieser Art keine weißen Blüten. Beide Arten sind giftig. Insbesondere die Knolle enthält viele Alkaloide, die zu Krämpfen führen.
MERKMALE 15–30 cm, Blütezeit März–Mai, mehrjährig. Stängel am Grund mit einer etwa 2 cm langen, ovalen Schuppe. Blätter 2–3-fach 3-blättrig. Blütenstände 5–20-blütig, Blüten purpurn, gerade gespornt. Hochblätter zwischen den Blüten fingerförmig geteilt. Kugelige Knolle nicht hohl. **GIFTIG!**
VORKOMMEN Kalkarme Böden, Laubwälder, feuchte Wiesen, Auenwälder. In Mitteleuropa weit verbreitet.

1
2A
2B
3A
3B
4
5

1 | Gewöhnlicher Erdrauch
Fumaria officinalis
(Erdrauchgewächse)

BRENNT IN DEN AUGEN Der Name »Erdrauch« hängt vielleicht damit zusammen, dass große Gruppen der Pflanze aus der Ferne grau wirken – als ob die Erde rauchen würde. Zerkleinerte Pflanzen geben außerdem schwache Säuredämpfe ab, die wie Rauch in den Augen brennen.
MERKMALE 15–30 cm, Blütezeit Mai–Okt., einjährig. Blätter wechselständig, doppelt gefiedert, bläulich grün. Blüten in aufrechten Trauben, Krone dunkelrot mit grünem Kiel, oberes Kronblatt gespornt. **GIFTIG!**
VORKOMMEN Äcker, Gärten, Ödland. Europa bis Zentralasien.

2 | Bunte Kronwicke
Securigera varia, Coronilla varia
(Schmetterlingsblütler)

SIE MACHT SCHLAFBEWEGUNGEN Die Fiederblättchen besitzen ein Gelenk an ihrer Basis und bewegen sich nachts aufwärts in eine »Schlafstellung«. Die Pflanze enthält herzwirksame Stoffe, die zu starker Übelkeit und Krämpfen, im Extremfall sogar zum Tod führen.
MERKMALE 30–60 cm, Blütezeit Juni–Aug., mehrjährig. Stängel liegend, gerillt. Blätter unpaarig gefiedert, Fiedern schmal linealisch, mit Stachelspitze. Blüten 1,2 cm lang, Schiffchen und Flügel weiß, Fahne rosa-rot, zu 12–30 in halbkugeligen Köpfen. Hülsen schmal linealisch, bis zu 8 cm lang. **GIFTIG!**
VORKOMMEN Weg- und Straßenböschungen, Bahndämme, Steinbrüche, Halbtrockenrasen, lichte Gebüsche, Waldränder. Mittel- und Südeuropa.

3 | Kleiner Vogelfuß
Ornithopus perpusillus
(Schmetterlingsblütler)

DER NAME PASST Die Fruchtstände mit den gegliederten, gekrümmten und am Ende zugespitzten Hülsen erinnern an einen Vogelfuß (Name). Die Pflanze heißt auch Mäusewicke.
MERKMALE Bis zu 40 cm, Blütezeit Mai–Juni, einjährig. Kriechend, flaumig behaart. Blätter mit 4–13 Fiederpaaren und 1 Endblättchen. Blüten zu zweit bis siebt, Fahne mit purpurroten Streifen, Schiffchen gelb. Hülsen 1–2 cm lang.
VORKOMMEN Sandige, kalkarme Standorte. Dünen, Äcker, Wege, Sportplätze. Selten. Europa.

4 | Dornige Hauhechel
Ononis spinosa
(Schmetterlingsblütler)

HILFE BEI BLASENLEIDEN Im Volksmund hieß die Pflanze früher »Weiberkrieg«, da sich die Röcke der Frauen bei der Arbeit auf den Weiden in den Dornen verfingen und sie deshalb mit der Pflanze auf Kriegsfuß standen. »Hauhechel« leitet sich von »Heuhechel« ab. Man verglich die dornigen Äste mit einem Rechen, an dem Halme hängen bleiben. Die Wurzeln werden als harntreibendes Mittel bei Nieren- und Blasenleiden empfohlen.
MERKMALE Bis zu 80 cm, Blütezeit Juni–Juli, mehrjährig. Niederliegender oder aufrechter Halbstrauch. Zweige meist lang bedornt, wenigstens im unteren Bereich. Blätter 3-zählig gefiedert, kaum drüsig. Blüten 10–15 mm groß, rosa, seltener weiß, zu 1–3 an oft verdornten Kurztrieben. Hülse 1 cm lang, aufgeblasen.
VORKOMMEN Nährstoffarme Wiesen und Weiden, Wegränder. Häufig auf Kalkböden. Mittel- und Südeuropa.

5 | Kriechende Hauhechel
Ononis repens
(Schmetterlingsblütler)

ÜBLER GERUCH *Ononis* kommt von griech. *onos* = Esel und bezieht sich auf den unangenehmen Duft der Blätter.
MERKMALE 30–60 cm, Blütezeit Juni–Juli, mehrjährig. Wie vorige Art, aber Pflanze ohne Dornen, drüsig-klebrig behaart.
VORKOMMEN Wie vorige Art.

1

2

3

4

5

1 | Berg-Platterbse
Lathyrus linifolius,
Lathyrus montanus
(Schmetterlingsblütler)

BLÜHT UNTER DER ERDE Ist es im Frühjahr zu kalt, legt die Pflanze unterirdische Blüten an. Diese öffnen sich nicht, sondern bestäuben sich selber. Auch die Samen reifen dann im Boden. Früher wurden die getrockneten Knollen in Schottland als Reiseproviant genutzt und mit Wasser und Hefe zu einem alkoholischen Getränk vergoren. Auch bei uns wurden die Knollen in Notzeiten gegessen.
MERKMALE 25–30 cm, Blütezeit April–Juni, mehrjährig. Blätter mit 2–4 Fiederpaaren und grannenartiger Spitze, Blattunterseite heller als Oberseite, ohne Ranke. 3–6 Blüten in lang gestielten Trauben, Blüten 11–15 mm lang, erst hellpurpurn, später bläulich grün. Knollig verdickte Ausläufer.
ESSBAR.
VORKOMMEN Zerstreut in kalk-und nährstoffarmen Laubwäldern, Magerrasen und Heiden. Europa.

2 | Wald-Platterbse
Lathyrus sylvestris
(Schmetterlingsblütler)

SCHÜTZT VOR EROSION Mit ihren tiefen Wurzeln dient die Pflanze der Bodenbefestigung. Früher wurde sie auch als Zier- und Futterpflanze genutzt. Da die Früchte und auch die Samen der meisten *Lathyrus*-Arten im Vergleich zur Erbse abgeflacht sind, tragen sie den Namen »Platterbse«.
MERKMALE Bis zu 2 m, Blütezeit Juli–Aug., mehr-jährig. Formenreich. Stängel niederliegend oder kletternd, breit geflügelt, Ausläufer bildend. Blätter mit verzweigter Ranke, einpaarig gefiedert, Fiedern lineal lanzettlich, 5–14 cm lang, Blattstiele geflügelt, Nebenblätter 1 cm lang. Blüten zu 3–6, um 1,5 cm lang, rosa bis hellpurpurn, Schiffchen weißlich. Hülse 5–7 cm lang.
VORKOMMEN Nährstoffreiche, oft kalkhaltige Böden. Verbreitet. Eurasien.

3 | Knollige Platterbse
Lathyrus tuberosus
(Schmetterlingsblütler)

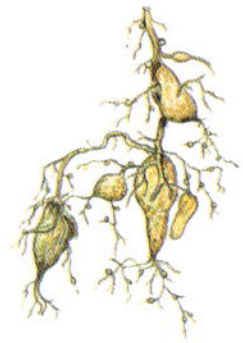
Wurzelwerk mit Knollen

DUFTENDE BLÜTEN Die Knollige Platterbse wurde früher wegen ihrer haselnussgroßen Wurzelknollen angebaut. Sie sind stärkehaltig und wurden als nahrhafte Speise oder zur Schweinemast verwendet. Die Knollen dienen der ungeschlechtlichen Vermehrung. Sie können sich von der Mutterpflanze ablösen und selbst Ausläufer treiben. Die Blüten hat man zur Parfümherstellung verwendet.
MERKMALE Bis zu 1,2 m, Blütezeit Juni–Juli, mehrjährig. Kahl, niederliegend, Wurzelknollen bildende Ausläufer. Stängel kantig, ungeflügelt. Blätter mit 1 Fiederpaar, Nebenblätter schmal, halbpfeilförmig. Blütenstand lang gestielt, Blüten zu 2–7, karminrot. Hülsen bis zu 4 cm lang, kahl, braun.
ESSBAR.
VORKOMMEN Getreidefelder, Wegränder, Dämme. Europa.

4 | Frühlings-Platterbse
Lathyrus vernus
(Schmetterlingsblütler)

ÄNDERT IHRE FARBE Die Farbe der Blüten hängt von deren Säuregehalt ab und ändert sich mit dem Alter der Blüte sehr auffällig. In der Knospe ist der Zellsaft sauer und der Farbstoff deshalb rot, in der offenen Blüte ist er neutral, was eine rotviolette und blaue Farbe zur Folge hat (**4A**). Beim Abblühen schließlich ist die Blüte basisch und ihre Färbung wechselt zu Blaugrün (**4B**).
MERKMALE 30–80 cm, Blütezeit April–Mai, mehrjährig. Stängel kantig, aufrecht oder aufsteigend. Fiederblätter unterseits glänzend, mit 2–4 Fiederpaaren, lang zugespitzt, breite Nebenblätter, rankenlos. Blüte purpurrot, später blaugrün bis violett. Hülsen braun, 4–6 mm lang.
VORKOMMEN Wälder, besonders Buchenwälder mit reichlich krautigem Unterwuchs. Auf meist kalkhaltigen Böden. Fast ganz Europa.

1

2

3

4A

4B

1 | Zaun-Wicke
Vicia sepium
(Schmetterlingsblütler)

AMEISEN LIEBEN SIE Rätselhaft scheint der reichliche Besuch der Zaun-Wicke durch Ameisen. Das Geheimnis liegt in den glänzenden dunklen Gruben, die sich auf der Unterseite der direkt am Stängel sitzenden Nebenblättchen befinden: Sie sondern süßen Nektar ab, der für die Ameisen eine willkommene Futterquelle ist. Als Gegenleistung halten die kleinen Besucher Ungeziefer wie pflanzenfressende Raupen fern.
MERKMALE Bis über 1 m, Blütezeit Mai–Juni, mehrjährig. Stängel niederliegend, aufsteigend oder kletternd. Blätter behaart, gestielt, mit 4–7 länglich ovalen Fiederpaaren, Endfiedern meist zu Ranken umgebildet. 2–6 Blüten in kurz gestielten Trauben, 1–1,5 cm lang, schmutzig violett.
VORKOMMEN Wiesen, Wegränder, Ödflächen, Gebüsche, Waldränder, Waldlichtungen. Fast ganz Europa.

2 | Schmalblättrige Wicke
Vicia angustifolia
(Schmetterlingsblütler)

STAMMFORM DER FUTTER-WICKE Die Schmalblättrige Wicke gilt als Wildform der **3 FUTTER-WICKE** *(Vicia sativa)*, die als Futterpflanze angebaut wird. Die Pflanze ist sehr formenreich, und ihre Blätter zeigen Übergänge zu denen der Futter-Wicke, sodass diese beiden Arten leicht verwechselt werden können.
MERKMALE 20–60 cm, Blütezeit Mai–Juli, einjährig. Stängel aufsteigend oder kletternd. Blätter wechselständig, leicht graugrün, kurz behaart oder kahl, mit 3–7 schmal linealischen Fiederpaaren, obere zu Endranken umgebildet. Blüten 10–17 mm lang, rosa bis violett, meist einzeln, seltener bis zu 4 Blüten in den Blattachseln. Hülsen schwarz, fast kahl.
VORKOMMEN Trockene nährstoffreiche Böden, Wege, Böschungen, Schuttplätze. Zerstreut. Ganz Europa.

4 | Rot-Klee
Trifolium pratense
(Schmetterlingsblütler)

VERBESSERT DEN BODEN Anstatt Äcker brachliegen zu lassen, säen Bauern schon seit dem 18. Jahrhundert den auch als Wiesen-Klee bekannten Rot-Klee aus. Dieser liefert nicht nur viel wertvolles Futter für das Vieh, sondern verbessert auch den Boden. Die bis zu 2 m tief reichenden Wurzeln tragen kleine Knöllchen, in denen Bakterien leben. Diese binden Stickstoff aus der Luft und machen den wichtigen Nährstoff für die Pflanze verfügbar. Gleichzeitig wird der Boden gedüngt. Neuerdings hat auch die Pflanzenheilkunde den Wiesen-Klee entdeckt: Auszüge sollen bei Beschwerden der Wechseljahre helfen.
MERKMALE 15–40 cm, Blütezeit Juni–Sept., mehrjährig. Formenreich. Stängel aufsteigend oder aufrecht. Blätter lang gestielt, 3-zählig mit ovalen Fiedern, heller oder purpurn gefleckt, Nebenblätter scharf zugespitzt. Blüten in 2–3 cm breitem Köpfchen, purpurn oder rosa, Kelch 10-nervig, behaart. **ESSBAR**.
VORKOMMEN Wiesen, Weiden, Wegränder, in verschiedenen Kulturformen auf Äckern angebaut. Ganz Europa.

5 | Zickzack-Klee
Trifolium medium
(Schmetterlingsblütler)

WÄCHST IM ZICKZACK Der Zickzack-Klee hat seinen Namen daher, dass der aufrecht wachsende Stängel sich verzweigt und dabei zickzackförmig seine Wuchsrichtung ändert. Mithilfe unterirdischer Ausläufer kann die auch als Mittlerer Klee bekannte Art dichte Gruppen bilden.
MERKMALE 15–45 cm, Blütezeit Juni–Aug., mehrjährig. Ähnlich dem Rot-Klee, aber Stängel mit typischer Wuchsform. Fiedern schlanker, elliptisch, Köpfchen einzeln, beim Rot-Klee meist zu zweit.
VORKOMMEN Wald- und Gebüschrand, Magerrasen auf basenreichen, nährstoffarmen Böden. Im nordwestlichen Tiefland selten, sonst häufig.

1
2
3
4
5

1 | Futter-Esparsette
Onobrychis viciifolia
(Schmetterlingsblütler)

ALTGESCHÄTZTE FUTTERPFLANZE Die Futter-Esparsette stammt aus Südosteuropa. Seit dem 16. Jahrhundert wurde sie in Mitteleuropa als eiweißreiche Futterpflanze kultiviert und verwilderte oft. Sie erträgt zwar keine direkte Beweidung, liefert aber wertvolles Heu. Heute spielt sie in der Landwirtschaft kaum mehr eine Rolle. Die Bauern pflanzen sehr viel häufiger Mais, Luzerne oder Rot-Klee (S. 480).

MERKMALE 30–70 cm, Blütezeit Mai–Juli, mehrjährig. Stängel aufrecht, verzweigt. Blätter mit 13–27 schmal linealischen Fiedern mit kurzer Stachelspitze. Blüten bis zu 1,5 cm lang, zahlreich in pyramidenförmigen, lang gestielten Trauben, Kronen hellrot, dunkler purpurn geadert. Hülse eiförmig, meist einsamig.

VORKOMMEN Halbtrockenrasen, Wege, Böschungen. Auf warmen, mäßig trockenen Kalkböden an sonnigen Standorten. Fast ganz Europa.

2 | Acker-Röte
Sherardia arvenis
(Rötegewächse)

EIN ALTES ACKERUNKRAUT Die Acker-Röte wurde schon zur Jungsteinzeit mit dem Getreideanbau aus dem Mittelmeergebiet eingeschleppt. Der Name bezieht sich auf die rötliche Farbe der Wurzel. Die Wurzeln vieler Rötegewächse wie Krapp *(Rubia tinctoria)* oder zahlreiche Labkraut-Arten (s. Wald-Labkraut S. 584) enthalten rot färbende Anthrachinonfarbstoffe.

MERKMALE 5–20 cm, Blütezeit Mai–Sept., einjährig. Stängel liegend bis aufsteigend, 4-kantig, mit rückwärts gerichteten Haaren. Blätter an der Stängelbasis zu viert, in der Mitte und oben zu je sechst im Wirtel, lanzettlich, bis zu 1,5 cm lang. Blüten in scheindoldigen Köpfen, klein, 7 mm breit, hellrosa oder lila.

VORKOMMEN Meist auf Lehm- und Tonböden, Getreideäcker, Brachen. Weltweit.

3 | Hügel-Meier
Asperula cynanchica
(Rötegewächse)

EINST HEILPFLANZE In Kräuterbüchern des 16. Jahrhunderts wird die Art als Heilpflanze gegen gegen »Rachenbräune« (Rachendiphtherie) genannt. Heute ist sie durch den Einsatz von Herbiziden fast verschwunden.

MERKMALE 10–40 cm, Blütezeit Juni–Juli, mehrjährig. Stängel kahl, meist aufrecht, drehrund. Blätter bis zu 1 cm breit, 4 cm lang, leicht bläulich bereift, zu viert im Wirtel, mit kurzer Grannenspitze. Blüten hellrosa bis cremeweiß, um 2 mm breit, in lockeren Rispen.

VORKOMMEN Auf kalkhaltigen, lockeren Lehm- und Lössböden, Trockenrasen und -gebüsche.

4 | Echtes Tausendgüldenkraut
Centaurium erythraea
(Enziangewächse)

HOCHGESCHÄTZTE HEILPFLANZE Der Name »Tausendgüldenkraut« soll den hohen Wert wiedergeben, den man der Heilpflanze früher zusprach. *Centaurium* bedeutet zwar nur »100 Goldstücke«, eine große Menge ließ sich volkstümlich jedoch mit 1000 besser beschreiben. Das Kraut ist Geschützt. Medizinisch verwendete Pflanzen stammen aus anderen Ländern. Das Kraut zeichnet sich durch einen hohen Gehalt an Bitterstoffen aus, der bei allen Zubereitungen zu schmecken ist. Der Tee regt den Fluss von Speichel und Magensaft an. Er hilft bei Verdauungsproblemen und Völlegefühl. In der Volksheilkunde trank man ihn gegen Eingeweidewürmer, bei Bleichsucht und Blutarmut.

MERKMALE 10–50 cm, Blütezeit Juli–Sept., zweijährig. Stängel aufrecht, verzweigt, 4-kantig. Rosettenblätter elliptisch eiförmig, Stängelblätter gegenständig, länglich lanzettlich, 5-nervig. Blüten zahlreich in lockerer, endständiger Scheindolde, Krone rosarot.

VORKOMMEN Sonnige Waldlichtungen, Halbtrockenrasen, trockene Gebüsche. Mittel- und Südeuropa. **GESCHÜTZT.**

1

2

3

4

1 | Europäisches Alpenveilchen

Cyclamen purpurascens
(Primelgewächse)

HÜBSCH, ABER GIFTIG Da die Knollen Erbrechen und Durchfälle bis hin zu Lähmungen und Krämpfen hervorrufen, wurden sie als starkes Abführmittel eingesetzt. In der Homöopathie ist die frische Knolle immer noch gegen Kopfschmerzen, Migräne und Verdauungsstörungen in Gebrauch. In der Antike war man offenbar weniger vorsichtig: Schlangenbisse, Augenkrankheiten, Gicht und Milzleiden sollten durch Alpenveilchen geheilt werden.
MERKMALE 5–15 cm, Blütezeit Juni–Sept., mehrjährig. Blätter immergrün, kahl, grundständig, lang gestielt, nieren- bis herzförmig, oberseits dunkelgrün und mit hellen Flecken, unterseits rötlich. Blüten einzeln, lang gestielt, nickend, Krone mit hochgeschlagenen Zipfeln, karminrot, wohlriechend. Rundliche Knolle ragt meist etwas aus dem Boden. **GIFTIG!**
VORKOMMEN Laubwälder auf Kalkgestein. In den Gebirgen Mittel- und Südeuropas.

2 | Wasserfeder

Hottonia palustris
(Primelgewächse)

AN DAS LEBEN IM WASSER ANGEPASST Die zerschlitzten Blätter haben eine stark vergrößerte Oberfläche, über die die Pflanze auch im Wasser Nährsalze und Kohlendioxid aufnehmen sowie Sauerstoff abgeben kann. Die Samen werden u. a. durch Anhaftung an das Gefieder von Wasservögeln verbreitet. Die Wasserfeder überwintert als grüne Pflanze und hält es sogar aus, wenn sie im Gewässer eingefroren wird.
MERKMALE Bis zu 50 cm, Blütezeit Mai–Juli, mehrjährig. Wasserpflanze, im Bodenschlamm am Gewässergrund wurzelnd. Blätter überwiegend untergetaucht, federartig bis fast zum Mittelnerv gefiedert. Blüten zahlreich, quirlständig oberhalb der Wasseroberfläche, bis zu 2,5 cm breit, Kronen weißlich oder hellrosa, gelber Schlund.
VORKOMMEN Kalkarme, oft saure, stehende oder langsam fließende Gewässer. Selten. V. a. in Tälern großer Flüsse im Norden. **GESCHÜTZT.**

3 | Mehl-Primel

Primula farinosa
(Primelgewächse)

WEIST INSEKTEN DEN WEG Die Mehl-Primel gedeiht nur an offenen Standorten. Ist der Bewuchs dichter, verschwindet sie, da ihre dem Boden anliegende Blattrosette dann nicht mehr genug Licht bekommt. Der gelbe Ring am Eingang zur Röhre der Blütenkrone weist Insekten, besonders Tagfaltern, den Weg zum Nektar.
MERKMALE 10–30 cm, Blütezeit Mai–Juli, mehrjährig. Zierlich, variabel. Blätter in grundständiger Rosette, fast glattrandig, Oberseite kahl und dunkelgrün, Unterseite weißlich mehlig überzogen. Blüten in vielblütiger Dolde, Kronen purpurrosa, selten weißlich, gelber Schlundring.
VORKOMMEN Quellige Moore, moorige Wiesen, steinige Rasen. Alpenvorland, Alpen, Nordeuropa, Pyrenäen. **GESCHÜTZT.**

4 | Acker-Gauchheil

Anagallis arvensis
(Primelgewächse)

KÜNDIGT REGEN AN Im griechischen Altertum galt Gauchheil als Mittel gegen Melancholie, im Mittelalter schätzte man ihn als Heilmittel für Geisteskranke (der »Gauch« ist ein Narr). Die Blüten öffnen sich gegen 9 Uhr und schließen sich spätestens ab 15 Uhr. Da sie sich auch bei bewölktem Himmel und bevorstehendem Regen schließen, galt die Pflanze als Wetterprophetin.
MERKMALE 5–30 cm, Blütezeit Juni–Okt., einjährig. Stängel niederliegend, verzweigt, 4-kantig. Blätter gegenständig, eiförmig, sitzend, Unterseite mit dunklen Drüsenpunkten. Blüten lang gestielt, einzeln, ziegelrot, selten bläulich. **GIFTIG!**
VORKOMMEN Äcker, Wegränder, Gärten, Weinberge, Ödland. Auf nährstoffreichen Lehmböden. Fast weltweit.

1

2

3

4

1 | Schlangen-Knöterich
Bistorta officinalis, Polygonum bistorta
(Knöterichgewächse)

WERTVOLLES WILDGEMÜSE Die Pflanze ist nicht nur schön anzusehen, sondern auch nützlich: In den Blüten finden Insekten reichlich Nektar. Junge Stängel und Blätter werden gern vom Vieh gefressen und ergeben schmackhaftes Wildgemüse. In Sibirien und auf Island aß man früher den gerösteten, stärkereichen Wurzelstock. Gemahlen diente er auch zum Strecken von Mehl. In der Volksheilkunde verwendet man ihn gegen Durchfall und Rachenentzündungen.
MERKMALE 30–100 cm, Blütezeit Mai–Juli, mehrjährig. Stängel aufrecht. Grundblätter lang gestielt, länglich, Stängelblätter kurz gestielt oder sitzend, Basis herzförmig. Blüten in bis zu 5 cm langer Scheinähre, zahlreich, rötlich weiß, Staubblätter ragen weit heraus. **ESSBAR**.
VORKOMMEN Feuchte bis nasse Wiesen, Hochstaudenfluren, Ufer. Auf nährstoffreichen Böden. Mitteleuropa, Asien.

2 | Wasser-Knöterich
Persicaria amphibia, Polygonum amphibium
(Knöterichgewächse)

KOMMT IM WASSER UND AN LAND ZURECHT Der Wasser-Knöterich wächst entweder als Wasserpflanze mit Schwimmblättern oder als Landpflanze mit aufrechtem Stängel. Er ist dabei so flexibel, dass er von einer Form in die andere wechseln kann. Fallen Gewässer trocken, wächst er einfach als Landform weiter. Er verträgt auch starke Wasserschwankungen besser als viele andere Wasserpflanzen.
MERKMALE 30–300 cm, Blütezeit Juni–Sept., mehrjährig. In 2 Formen auftretend: aquatische Form kahl mit schwimmenden Blättern, Landpflanze mit klebrig behaarten, bis zu 10 cm langen Blättern und aufrechtem Stängel. Blüten in dichten Scheinähren, rosarot, angenehm duftend.
VORKOMMEN Zwischen anderen Pflanzen in Teichen, an Ufern, in Nasswiesen, auf nassen Äckern und Schuttplätzen. Ganz Europa.

3 | Ampfer-Knöterich
Persicaria lapathifolia, Polygonum lapathifolium
(Knöterichgewächse)

REIST IM FELL VON TIEREN Beim Zersetzen der Blüten entstehen hakenförmige Gebilde, die an den Früchten erhalten bleiben. Diese bleiben am Fell von Tieren hängen und werden so verbreitet. In der Eisenzeit aßen auch Menschen die eiweißreichen Samen.
MERKMALE 20–80 cm, Blütezeit Juli–Okt., einjährig. Stängel bis zu 1 cm dick, hohl, verzweigt. Blätter bis zu 3 cm lang gestielt, 4–8-mal so lang wie breit, Blattscheiden fast kahl. 1–4 cm lange, zylindrische, ährenartige Blütenstände, Blüten 2–3 mm lang, weiß, rötlich oder grünlich. Pflanze oft dunkelrot überlaufen.
VORKOMMEN Pionierpflanze auf nassen, sehr nährstoffreichen Böden. Ufer, feuchte Wiesen. Häufig. Ganz Europa.

4 | Floh-Knöterich
Persicaria maculosa, Polygonum persicaria
(Knöterichgewächse)

FRÜHER EIN BELIEBTES FLOHMITTEL Wie bei allen Knöterich-Arten tragen die Stängel deutlich verdickte Knoten und die Blätter bilden eine Blattscheide aus, die den Stängel umgibt. Die Blätter des Floh-Knöterichs enthalten scharf schmeckende ätherische Öle. Früher wurde die Pflanze genutzt, um Flöhe zu vertreiben. Allerdings ist die Wirksamkeit nicht bewiesen.
MERKMALE 10–80 cm, Blütezeit Juli–Okt., einjährig. Ähnlich der vorigen Art, aber Rand der Blattscheiden lang bewimpert.
VORKOMMEN Pionierpflanze auf feuchten, nährstoffreichen Böden. Fast überall in Mitteleuropa auf Äckern, Schuttplätzen und in Gärten.

1

2

3

4

1 | Vogel-Knöterich
Polygonum aviculare
(Knöterichgewächse)

AUF SCHRITT UND TRITT Wie der Name andeutet, fressen Vögel gern die Samen. So sieht man in den Dörfern häufig Spatzen an den Pflanzen picken. Die vielgestaltige Art begleitet den Menschen seit der jüngeren Steinzeit und kommt heute weltweit in den gemäßigten Zonen vor. Die Samen haften gut an Schuhsohlen und werden auf diese Weise entlang der Wege verschleppt. Die Art ist sehr trittfest und gedeiht sogar in Rissen im Asphalt.
MERKMALE 5–50 cm, Blütezeit Mai–Nov., einjährig. Stängel niederliegend oder aufsteigend, dunkel gestreift. Blätter wechselständig, sitzend, eiförmig bis lanzettlich, 1–3 cm lang. Blüten zu wenigen in den Blattachseln, rötlich. **ESSBAR**.
VORKOMMEN Wege, Wegränder, Risse im Asphalt, Pflasterplätze. Weltweit.

2 | Großer Sauerampfer
Rumex acetosa
(Knöterichgewächse)

SAURE FRÜHJAHRSKUR Für den sauren Geschmack der Pflanze sind die gleichen Inhaltsstoffe verantwortlich, die auch im Sauerklee (S. 570) vorkommen. Das Wildgemüse ist reich an Vitamin C. Junge Blätter lassen sich als Salatbeigabe und in Suppen verwenden, und sie waren früher als blutreinigende Frühjahrskuren beliebt. Zu große Mengen führen jedoch aufgrund des hohen Gehalts an Oxalsäuren zu Durchfall und Erbrechen und können Nierenschäden verursachen.
MERKMALE 30–100 cm, Blütezeit Mai–Juli, mehrjährig. Stängel aufrecht. Pflanze zweihäusig. Grundblätter gestielt, Stängelblätter sitzend, Blätter pfeilförmig mit spitzen Ecken. Blüten in lockeren Rispen, rötlich grün, 6 Blütenhüllblätter, davon 3 zur Fruchtzeit deutlich größer. In kleinen Mengen **ESSBAR**, sonst **GIFTIG**.
VORKOMMEN Wiesen, Weiden, Wegränder, Fluss- und Bachufer. Ganz Europa.

3 | Kleiner Sauerampfer
Rumex acetosella
(Knöterichgewächse)

BEFESTIGT WINDGEFÄHRDETE SANDBÖDEN Die Art trägt als Pionierpflanze mit ihrem weit ausgreifenden Wurzelsystem zur Befestigung des Bodens bei. Sie ist ein typischer Anzeiger für magere und versauerte Böden. Junge Blätter lassen sich ebenso wie die vom Großen Sauerampfer verwenden.
MERKMALE Bis zu 30 cm, Blütezeit Mai–Juli, mehrjährig. Pflanze zweihäusig. Stängel aufrecht, oft rot überlaufen. Pfeilförmige Ecken der Grund- und Stängelblätter meist aufwärts gebogen, untere Blätter sitzend, stängelumfassend, obere Blätter gestielt. Blüten in schlanken Rispen, klein, grünlich rot.
VORKOMMEN Trockene, warme, kalkarme, saure Standorte, Wegränder, Sandfluren, Heiden, Dünen. In Europa weit verbreitet.

4 | Fluss-Ampfer
Rumex hydrolapathum
(Knöterichgewächse)

DER RIESEN-AMPFER Der Fluss-Ampfer ist die größte unter den Ampfer-Arten. Auf nährstoffreichen, feuchten und lichten Standorten wird das starke Wachstum der Pflanze besonders begünstigt. Die Art ist allerdings frostempfindlicher als ihre Verwandten, sodass sie in höheren Lagen selten zu finden ist. Die schwimmfähigen Früchte werden vom fließenden Wasser verbreitet. Obwohl der Fluss-Ampfer hauptsächlich im Röhricht von Gewässern vorkommt, wächst er auch an zeitweilig trockenfallenden Standorten, wenn diese ausgesprochen nährstoffreich sind.
MERKMALE Bis zu 2 m, Blütezeit Juli–Aug., mehrjährig. Pflanze groß, kräftig. Stängel aufrecht. Blätter bis zu 1 m lang, ledrig, breit lanzettlich. Blütenstände verzweigt, mit dicht quirlständigen, grünlichen Blüten. Fruchthüllblatt 3-eckig, beiderseits mit länglicher Schwiele.
VORKOMMEN Am Rand stehender oder auch fließender Gewässer. Weit verbreitet. Europa.

1

2

3

4

1 | Orangerotes Habichtskraut
Pilosella aurantiacum,
Hieracium aurantiacum
(Korbblütler)

TYPISCHE FARBE Eine Deutung des Namens geht dahin, dass viele Habichtskräuter auf nur Habichten zugänglichen Felsen wachsen. Nach einem antiken Volksglauben sollen sich Habichte ihre Augen mit dem Pflanzensaft bestreichen, wenn diese an Sehkraft verlieren. Das Orangerote Habichtskraut ist eines der wenigen Habichtskräuter, das sich gut bestimmen lässt. Die meisten anderen Arten blühen gelb. Leicht mit dem **GOLD-PIPPAU** *(Crepis aurea)* zu verwechseln.
MERKMALE 20–50 cm, Blütezeit Juni–Aug., mehrjährig. Grundblätter blass blaugrün, stumpf. Blütenköpfchen zu 2–12 in doldenartiger Rispe, 2–3 cm breit, nur orangegelbe bis orangerote Zungenblüten, Hülle meist schwärzlich behaart.
VORKOMMEN Magere Bergrasen und Bergweiden. Verwildert in Parkrasen, an Straßenböschungen, Bahndämmen. Nordeuropa, Gebirge in Mittel- und Südeuropa.

2 | Große Klette
Arctium lappa
(Korbblütler)

SIE WAR PATE FÜR DEN KLETTVERSCHLUSS Die Klettfrüchte bleiben an Tieren oder an Kleidung hängen und können weit verschleppt werden. An vielen Standorten hat der Mensch die Pflanze wohl ungewollt selbst ausgesät, wenn er die Kletten aus der Kleidung zupfte und sie wegwarf. Die Widerhaken der Klettfrüchte waren Vorbild für den Klettverschluss.
MERKMALE H 80–150 cm, Blütezeit Juli–Aug., zweijährig. Grundblätter groß, bis zu 50 cm, rundlich herzförmig. Purpurrote Röhrenblüten in runden Köpfchen, bis zu 4,5 cm breit, mehrere Körbchen bilden einen lockeren Blütenstand, Hüllblätter mit Hakenspitze.
VORKOMMEN Ödland, Wegränder, Bahnanlagen, Zäune, Ufer. Auf nährstoffreichen Böden. Europa, Asien.

3 | Kleine Klette
Arctium minus
(Korbblütler)

GESUNDE WURZELN Die Wurzeln der Kleinen wie der Großen Kletten schmecken bitter und enthalten neben Inulin als Speicherstoff auch ätherisches Öl, Schleime und schwefelhaltige Stoffe. Auszüge aus den Wurzeln können bei Hauterkrankungen und schuppigen Haaren hilfreich sein. Japaner kultivieren die Pflanze auch als Gemüse. Die fleischigen Wurzeln lassen sich wie Schwarzwurzeln zubereiten. Aus den Samen kann man das genießbare, fette Klettensamenöl gewinnen.
MERKMALE 50–120 cm, Blütezeit Juli–Sept., mehrjährig. Äste aufrecht abstehend. Grundblätter breit eiförmig, unterseits dünn graufizig, Stiel hohl. Köpfchen rund, bis zu 2,5 cm breit, zur Fruchtzeit geschlossen, Hüllblätter mit Hakenspitze. **ESSBAR**.
VORKOMMEN Nährstoffreiche Standorte, Wegränder, Bahnanlagen, Brachen, Ufer. Europa.

4 | Filzige Klette
Arctium tomentosum
(Korbblütler)

KLEBEN STATT KLETTEN *Arctium* leitet sich von griech. *arktos* = Bär ab. Der Name bezieht sich vielleicht auf die Behaarung der Pflanze, die sie vor zu starker Sonneneinstrahlung schützt. Die Köpfchenhülle der Filzigen Klette ist im Gegensatz zu den vorher genannten Arten mit Klebhaaren besetzt. Diese dienen wie die Haken der Ausbreitung.
MERKMALE 50–120 cm, Blütezeit Juli–Aug., zweijährig. Stängel beblättert. Blätter groß, am Grund herzförmig rundlich, unterseits weißfilzig. Blütenkörbchen kugelig, rispig angeordnet, 2–3 cm breit, nur rötliche Röhrenblüten. Hüllblätter der Körbchen nur z. T. hakig, aber klebrig, stark spinnwebartig behaart.
VORKOMMEN Wege, Brachland, Ufer, Schutthalden. Wärmeliebende Art, auf basenreichen Böden. Europa.

1

2

3

4

1 | Wiesen-Flockenblume
Centaurea jacea, Centaurea vulgaris
(Korbblütler)

SCHLECHT AUF WEIDEN Die Wiesen-Flockenblume enthält viele Gerbstoffe, sodass sie nur schlechtes Futter liefert. Die auffällig vergrößerten Randblüten sind steril und dienen nur der Anlockung von Insekten. Die häufigsten Besucher sind Bienen und Falter, bei deren Berührung der Pollen aus den zentralen Blüten des Köpfchens herausgeschoben wird (s. Berg-Flockenblume S. 622).
MERKMALE 30–70 cm, Blütezeit Juni–Okt., mehrjährig. Formenreich. Stängel aufrecht, verzweigt. Blätter wechselständig, lanzettlich, einfach, meist glattrandig, rau behaart, an der Basis in den kurzen Stiel verschmälert. Blütenköpfchen 2–4 cm breit, nur violette Röhrenblüten, die am Rand stehenden auffällig vergrößert, Hüllblätter mit zerfranstem Anhängsel.
VORKOMMEN Häufig in Trockenwiesen und Magerrasen sowie an Feldrainen. Europa.

2 | Skabiosen-Flockenblume
Centaurea scabiosa
(Korbblütler)

NAHRUNGSQUELLE FÜR AMEISEN Die Hüllblätter sind gefranst und bleiben an vorbeistreifenden Tieren hängen, wodurch die Früchte aus dem Köpfchen geschüttelt werden. An jeder Frucht befindet sich ein nahrhafter Ölkörper, den Ameisen gern fressen und der auf diese Weise der Verbreitung der Früchte dient.
MERKMALE 30–150 cm, Blütezeit Juli–Aug., mehrjährig. Formenreich. Stängel meist verzweigt. Blatt 1–2-fach fiederspaltig, Blattabschnitte schmal lanzettlich, rau, dunkelgrün. Einzelne Blütenköpfchen, 3–5 cm breit, Röhrenblüten purpurn, äußere Röhrenblüten stark vergrößert, Hülle eiförmig, grünbraun.
VORKOMMEN Meist auf kalkreichen, nährstoffarmen Böden, Weiden, Wiesen, Raine, Waldränder. Zerstreut. Im Nordwesten selten.

3 | Krause Distel
Carduus crispus
(Korbblütler)

Frucht mit einfachen Haaren

GUTES VOGELFUTTER Disteln der Gattung *Carduus* lassen sich leicht mit den Kratzdisteln der Gattung *Cirsium* (S. 494) verwechseln. Anhand der Haarkränze der trockenen Früchte kann man die beiden Gattungen jedoch gut unterscheiden: bei *Carduus* sind die Haare einfach, bei *Cirsium* hingegen fedrig gefiedert. Distelfrüchte sind reich an fetten Ölen und deshalb bei körnerfressenden Vögeln sehr beliebt.
MERKMALE 60–180 cm, Blütezeit Juli–Sept., zweijährig. Stängel spinnwebartig behaart, bis oben stachelig geflügelt (**3B**), Stacheln weich. Blätter fiederspaltig oder fiederlappig. Blütenköpfchen knäulig gehäuft, 1,5–2,5 cm breit, Röhrenblüten purpurn (**3A**). **ESSBAR**.
VORKOMMEN Häufig auf nährstoffreichen Böden, an gestörten Standorten wie Schuttplätzen, Ufern, Straßenrändern. Europa.

4 | Nickende Distel
Carduus nutans
(Korbblütler)

ARTISCHOCKENERSATZ Die Nickende Distel heißt auch »Bisam-Distel«, denn ihre Blüten duften süßlich und etwas moschusartig. Sie locken zahlreiche Insekten an. Früher aß man die jungen Blütenköpfchen als artischockenähnliches Gemüse und kochte auch junge Sprosse und Blätter.
MERKMALE 30–150 cm, Blütezeit Juli–Sept., zweijährig. Formenreich. Stängel aufrecht, einfach oder wenig verzweigt. Stängelblätter wechselständig, fiederspaltig, bestachelt. Blütenköpfchen einzeln, endständig, 3,5–7 cm breit, nickend, kräftig purpurn, Hüllblätter mit Stachelspitze. **ESSBAR**.
VORKOMMEN An Wegen, in Steinbrüchen, Böschungen, auf Schuttplätzen sowie auf stark beweideten, mageren Weiden. Fast ganz Europa.

1
2
3A
3B
4

1 | Acker-Kratzdistel
Cirsium arvense
(Korbblütler)

WERTVOLLE BIENENWEIDE Die Acker-Kratzdistel bietet Honigbienen und Wildbienen reichlich Nahrung in Form von Pollen und Nektar. Leider gehört die Art auch zu den problematischen Unkräutern der Landwirtschaft. Sie wurzelt bis etwa 3 m tief. Bodenbearbeitung fördert die Verbreitung ihrer Wurzelstücke. Sie kann jedoch auf biologische Weise mit einem nur auf ihr wachsenden Pilz bekämpft werden.
MERKMALE 60–150 cm, Blütezeit Juli–Sept., mehrjährig. Stängel aufrecht, nicht geflügelt, Stacheln weich. Blätter wechselständig, buchtig gezähnt oder ungeteilt, aber etwas gewellt. Blütenköpfchen zu 1–5 in lockeren Rispen, um 1 cm breit, blassrosa.
VORKOMMEN Äcker, Wege, Schuttplätze, Waldschläge, Ödflächen. Auf nährstoffreichen Böden. Ganz Europa.

2 | Sumpf-Kratzdistel
Cirsium palustre
(Korbblütler)

Frucht mit fedrigen Haaren

BEI KÖRNERFRESSERN BELIEBT Vögel – zum Beispiel der auch als Stieglitz bekannte Distelfink – lassen sich gern auf den reifen, köpfchenförmigen Fruchtständen der Sumpf-Kratzdistel nieder, um die Samen zu verzehren. Anders als bei den *Carduus*-Arten (S. 492) sind bei den Kratzdistel-Arten *(Cirsium)* die zu Haaren umgebildeten Kelchblätter fedrig. Sie lösen sich als Haarkranz von der reifen Frucht. Dieses Flugorgan der Früchte bezeichnet man als Pappus.
MERKMALE 50–150 cm, Blütezeit Juli–Sept., zweijährig. Köpfchen zu 2–8 knäuelig gehäuft (**2A**). Ansonsten wie vorige Art, aber Stängel stachelig geflügelt (**2B**), Stacheln stechend.
VORKOMMEN Häufig auf nassen Standorten, Wiesen, Moore, Gräben, Waldschläge. Europa.

3 | Gewöhnliche Kratzdistel
Cirsium vulgare
(Korbblütler)

Stachel an der Blattspitze

DISTELFALTER FLIEGEN AUF SIE Diese Art gehört zu den Futterpflanzen des Distelfalters. Die Raupen des Schmetterlings sitzen in zusammengesponnenen Blättern oder in einem Gespinst geschützt zwischen Stiel und Blattansatz.
MERKMALE 60–120 cm, Blütezeit Juli–Okt., zweijährig. Stängel aufrecht, von weit herablaufenden Blatträndern stachelig kraus geflügelt. Stängelblätter wechselständig, unterseits graufilzig, grob buchtig, enden jeweils mit langem, gelbem Stachel. Blütenköpfchen 2–4 cm breit, 8 cm lang, purpurn bis violettrot. Bildet im 1. Jahr eine sehr regelmäßige und auffällige Blattrosette.
VORKOMMEN Brachen, Wegränder, zeigt stickstoffreiche Böden an. Häufig in Europa.

4 | Stängellose Kratzdistel
Cirsium acaule
(Korbblütler)

DER WIND TRÄGT SIE FORT Bei trockener Witterung spreizen sich die Fruchthaare der Kratzdisteln und drücken die Früchte aus den Köpfchen, sodass sie leicht vom Wind erfasst werden können. Die Sinkgeschwindigkeit ist sehr niedrig, sodass die Früchte über weite Strecken transportiert werden können – vorausgesetzt, sie werden in höhere Luftschichten gewirbelt.
MERKMALE 3–25 cm, Blütezeit Juli–Aug., mehrjährig. Stängel fehlt oder sehr kurz. Blätter bestachelt, bis fast zur Mittelrippe tief fiederteilig, Blattnerven unterseits lang borstig behaart. Blütenköpfchen endständig, einzeln, selten zu 2–3, ca. 1,2–2,2 cm breit, alle Blüten röhrenförmig, zwittrig, purpurn.
VORKOMMEN V. a. auf trockenen, kalkhaltigen Lehmböden mit Halbtrockenrasen, Trockengebüsch oder extensiv genutzten Weiden. Zerstreut, im Nordwesten selten.

1

2A

2B

3

4

1 | Gewöhnlicher Wasserdost

Eupatorium cannabinum
(Korbblütler)

FRÜHER ALS WUNDKRAUT GENUTZT Die Pflanze heißt auch »Kunigundenkraut«, wohl weil sie als Wundkraut der heiligen Kunigunde, der Gemahlin Heinrichs II. (11. Jahrhundert), geweiht war. Die Volksheilkunde empfahl sie früher bei Leber- und Gallenleiden und zur Wundheilung. Heute verwendet man sie nur noch in homöopathischen Verdünnungen, da größere Mengen die Leber schädigen und Krebs auslösen können.
MERKMALE 50–150 cm, Blütezeit Juli–Sept., mehrjährig. Stängel aufrecht, dicht beblättert. Blätter gegenständig, tief handförmig geteilt. Blütenköpfchen in großen Doldenrispen, kleine Körbchen mit je 4–6 Röhrenblüten, Griffel ragen weit heraus. Bildet oft große Gruppen. **GIFTIG!**
VORKOMMEN Waldlichtungen und Säume von feuchten Wäldern, Ufer, Gräben, Böschungen. Auf feuchten Böden in ganz Europa.

2 | Gewöhnliche Pestwurz

Petasites hybridus
(Korbblütler)

KEIN MITTEL GEGEN DIE PEST Im Mittelalter meinte man, die unangenehm riechende Pflanze könne die Pest austreiben, Heilkundige verabreichten sie deshalb den Kranken. Mit dem Schweiß sollte das Gift aus dem Körper ausgeschieden werden. Auch »Pestmasken« enthielten oft zerstoßene Pestwurz. Die Wirkstoffe aus der Wurzel lösen Krämpfe, stillen Schmerzen, hemmen Entzündungen und helfen auch gegen Spannungskopfschmerz und Migräne. Da die Wildform leberschädigende Pyrrolizidinalkaloide enthält, verwendet die moderne Pflanzenmedizin Fertigpräparate aus alkaloidfreien Züchtungen. **GIFTIG!**
MERKMALE Bis zu 150 cm, Blütezeit Febr.–Mai, mehrjährig. Alle Blätter grundständig, lang gestielt, Spreiten bis zu 60 cm breit, 100 cm lang, oberseits graugrün, unterseits graufilzig, erscheinen erst geraume Zeit nach der Blüte. Blütenköpfchen 0,5–1 cm breit, in dichter Traube, nur purpurne bis blassrosa Röhrenblüten.
VORKOMMEN Bach- und Flussufer, nasse Wiesen, Talauen. Auf sickerfeuchten Böden, Kies und Schotter. Fast ganz Europa, im Süden im Gebirge.

3 | Hasenlattich

Prenanthes purpurea
(Korbblütler)

WILDWACHSENDE FUTTERPFLANZE Durch die wenigen Blüten im Köpfchen kann man sich bei dieser Art irreführen lassen und das Köpfchen für eine Einzelblüte mit wenigen Blütenblättern halten. Der Name weist darauf hin, dass es sich um eine wildwachsende Futterpflanze handelt.
MERKMALE 50–150 cm, Blütezeit Juli–Aug., mehrjährig. Alle Teile mit Milchsaft. Stängel nur oben verzweigt, im Blütenstand oft übergebogen. Untere Blätter gezähnt, obere ganzrandig, sitzend. Blütenköpfchen 1–1,5 cm breit, Zungenblüten nur zu fünft, weinrot, in einseitswendigen, lockeren Rispen.
VORKOMMEN Wälder, Lichtungen. An eher schattigen Standorten. Mittel- und Südeuropa.

4 | Bach-Nelkenwurz

Geum rivale
(Rosengewächse)

FRÜCHTE MIT WIDERHAKEN An den Früchten sitzen noch die Griffel, die sich stark verlängert haben. Sie bilden Haken, mit denen die Früchte wie Kletten an Tieren hängen bleiben und so verschleppt werden.
MERKMALE 30–70 cm, Blütezeit April–Juli, mehrjährig. Stängel wenig verzweigt, im oberen Teil drüsig behaart. Grundständige Blätter gefiedert, Stängelblätter gelappt oder einfach. Blüten in lockerer Traube, nickend, glockig, Kronblätter gelblich bis rosa, Kelchblätter purpurbraun. Nussfrüchte mit langem Griffel.
VORKOMMEN Nasse Wiesen, Gräben, Bäche, Auenwälder, Moorwiesen. Auf nährstoffreichen Böden. Ganz Europa.

1

2

3

4

1 | Meersenf
Cakile maritima
(Kreuzblütler)

AN DAS LEBEN AN DER KÜSTE ANGEPASST Die Art gehörte zu den ersten Blütenpflanzen, die die isländische Vulkaninsel Surtsey nach deren Entstehung besiedelten. Der obere Teil ihrer 2-gliedrigen Frucht enthält ein lufthaltiges Gewebe, sodass diese im Wasser weit weggespült werden kann. Der untere Teil der Frucht verbleibt zunächst an der Pflanze, fällt später zu Boden und verankert sich dort. Beide Teile der Frucht enthalten je einen Samen. Der Meersenf ist, wie viele Küstenpflanzen, als Anpassung an salzhaltige Standorte sukkulent. Zum Schutz vor Vertrocknen speichert die Pflanze Wasser in ihren Blättern, denn durch die hohe Salzkonzentration im Boden kann sie nur schlecht Wasser aufnehmen.
MERKMALE 15–40 cm, Blütezeit Juli–Okt., einjährig. Blätter wechselständig, dicklich fleischig, fiederspaltig bis ungeteilt. Blütenstand kopfig, Krone rosa bis lila, selten weiß. Früchte 1–2 cm lang, in 2 Glieder geteilt. Pflanze schmeckt scharf. Wächst oft in lockeren Gruppen.
VORKOMMEN An sandigen oder kiesigen Meeresstränden im Spülsaum. Küsten ganz Europas.

2 | Zwiebel-Zahnwurz
Cardamine bulbifera,
Dentaria bulbifera
(Kreuzblütler)

ZWIEBELN DIENEN DER VERMEHRUNG Die Vermehrung der Pflanze erfolgt überwiegend vegetativ. Die Pflanze trägt in den Blattachseln dunkelviolette Brutzwiebeln, die abfallen und oft von Ameisen verschleppt werden. Zudem bildet das Rhizom, das an Zähne erinnernde fleischige Schuppen trägt, zahlreiche Ausläufer.
MERKMALE 40–70 cm, Blütezeit April–Mai, mehrjährig. Stängel aufrecht. Untere Blätter unpaarig gefiedert, obere ungeteilt, Fiedern gesägt. Blüten in lockerer Traube, rosa bis violett, bis zu 2,5 cm breit.
VORKOMMEN Lichte, humusreiche Laub-, meist Buchenwälder. Selten. Mitteleuropa.

3 | Wiesen-Schaumkraut
Cardamine pratensis
(Kreuzblütler)

Stängelblätter wechselständig

ZAUBERT VIOLETTE WIESEN »Wiesen-Schaumkraut« leitet sich möglicherweise vom schaumartigen Eindruck ab, den die Pflanze den von ihr besiedelten Wiesen verleiht. Doch auch die recht oft an den Stängeln vorhandenen Larven der Schaumzikaden können namensgebend gewesen sein. Außer über Samen vermehrt sich das Kraut über Brutpflanzen an den unteren Blättern.
MERKMALE 10–60 cm, Blütezeit April–Juni, mehrjährig. Stängel rund, hohl. Grundblätter in Rosette, mit 2–12 Fiederpaaren und 1 Endfieder, Stängelblätter wechselständig, schmal gefiedert. Blüten rosa bis violett, selten weiß, bis zu 2 cm breit. Schoten stabförmig, 1 mm dick. Brutpflanzen an den Rosettenblättern. **ESSBAR**.
VORKOMMEN Feuchte Wiesen und Mähwiesen, Auwälder, Ufer, Moorwiesen. Nordhalbkugel.

4 | Sand-Schaumkresse
Arabidopsis arenosa,
Cardaminopsis arenosa
(Kreuzblütler)

REIST MIT DEM WIND Die Pflanze breitet sich gern entlang von Eisenbahnlinien aus, da ihre Samen sehr leicht sind und sie mit dem Fahrtwind fliegen. Sie sieht dem Wiesen-Schaumkraut sehr ähnlich, bevorzugt aber trockenere Standorte wie Sandböden oder Steinschutt.
MERKMALE 10–40 cm, Blütezeit April–Aug., einjährig, zuweilen auch mehrjährig. Unten abstehend behaart. Blätter in grundständiger Rosette fiederspaltig oder grob gezähnt, Stängelblätter buchtig gezähnt. Blüten weiß oder rötlich, 5–10 mm. Schmale Schoten, 2–4 cm lang.
VORKOMMEN Meist kalkhaltige Böden, Felsfluren, Bahndämme, Kiesflächen, Sandrasen. Mittel- und Nordeuropa.

1

2

3

4

1 | Gewöhnliche Nachtviole
Hesperis matronalis
(Kreuzblütler)

DUFTET NACHTS Den Blüten entströmt nachts ein starker, angenehmer Duft, der Nachtfalter von weit her anlockt. Darauf deuten sowohl der deutsche Name »Nachtviole« wie der wissenschaftliche Name *Hesperis* (griechisch *hespera* = Nacht) hin. Wegen des Dufts auch als Gartenpflanze beliebt.
MERKMALE 40–80 cm, Blütezeit Mai–Juli, ein- bis mehrjährig. Blätter wechselständig, eiförmig bis lanzettlich. Blüten in endständigen Trauben, violett, selten weiß, duftend. **GIFTIG.**
VORKOMMEN In Auenwäldern ursprünglich, sonst aus Gärten verwildert an Wegrändern und auf Schuttplätzen. Europa.

2 | Ausdauerndes Silberblatt
Lunaria rediviva
(Kreuzblütler)

DEN WINTER ÜBER HÜBSCH Die auch als Mondviole bekannte Pflanze trägt ihren wissenschaftlichen Namen *Lunaria* nach lateinisch *luna* = Mond, da die silbrig schimmernden, durchscheinenden Fruchtwände an Silbermonde erinnern. In diesen verfängt sich der Wind, sodass sich die Früchte bewegen und die Samen ausstreuen. Die abgestorbenen Stängel mit den pergamentartigen »Silbermonden« stehen oft noch den ganzen Winter über im Wald. Die Blüten duften etwas nach Veilchen und locken Nachtfalter und Bienen an.
MERKMALE Bis zu 1,5 m, Blütezeit Mai–Juli, mehrjährig. Stängel aufrecht, v. a. am Grund abstehend behaart. Blätter gestielt, groß, herzförmig. Blüten duftend, rosaviolett bis weißlich, Kronblätter bis zu 2 cm lang. Früchte länglich elliptisch, 5–8 cm lang, an beiden Enden zugespitzt, bei der Reife abfallende Klappen, durchscheinende Fruchtwand.
VORKOMMEN Schattige Schlucht- und Bergwälder, Waldhänge. Feuchte, nährstoffreiche Böden und Steinschutt. Fast ganz Europa. **GESCHÜTZT.**

3 | Echter Arznei-Baldrian
Valeriana officinalis
(Baldriangewächse)

LOCKT KATZEN AN Die sprichwörtliche Anziehungskraft auf Katzen geht auf den spezifischen Duft der trocknenden Wurzeln zurück. Mit diesem Duft hofften die Menschen des Mittelalters bösen Zauber und sogar die Pest abwehren und Partner anlocken zu können – Baldrian war auch ein Aphrodisiakum. Erst Mitte des 18. Jahrhunderts führte ein englischer Arzt Baldrianwurzeln als Beruhigungsmittel in die Medizin ein. Seither haben sie sich bei Nervosität und Einschlafstörungen bewährt.
MERKMALE 40–100 cm, Blütezeit Mai–Aug., mehrjährig. Vielgestaltig. Stängel aufrecht, gefurcht. Blätter gegenständig, unpaarig gefiedert, Fiedern glattrandig oder gesägt. Blüten in rispigen Scheindolden, Kronen 2–4 mm breit, weiß oder rosa. Früchte mit 10–14 fedrigen Borsten. Blüten duften anders als getrocknete Wurzeln, deshalb locken frische Pflanzen keine Katzen an.
VORKOMMEN Feuchte Wiesen, Ufer, Gräben, feuchte Wälder. Fast ganz Europa.

4 | Kleiner Baldrian
Valeriana dioica
(Baldriangewächse)

WIRKT SCHWÄCHER Der Kleine Baldrian ist zweihäusig. Die etwas größeren männlichen Blüten werden von Insekten meist zuerst besucht, sodass die Bestäubung gesichert ist. Die Inhaltsstoffe sind dieselben wie beim Arznei-Baldrian, sie sind jedoch in geringeren Mengen enthalten.
MERKMALE Bis zu 30 cm, Blütezeit Mai–Juni, meist zweijährig. Stängel aufrecht, meist erst im Blütenstand verzweigt. Grundblätter und untere Stängelblätter ungeteilt, obere Stängelblätter unpaarig gefiedert, glattrandig. Zweihäusig: männliche Blüten rötlich, weibliche Blüten weiß, jeweils in dichten Rispen.
VORKOMMEN Fast so weit verbreitet wie die vorige Art. Häufiger in Feuchtwiesen und feuchten Wäldern.

1

2

3

4

1 | Drüsiges Springkraut
Impatiens glandulifera
(Balsaminengewächse)

EINDRINGLING AUS DEM HIMALAYA Das Drüsige Springkraut stammt aus dem Himalaya. Es wurde im 19. Jahrhundert als Zierpflanze ausgesät und verwilderte rasch aus den Gärten. Heute bildet die Pflanze an Ufern und in Auenwäldern dichte Gruppen und verdrängt immer mehr die heimischen Pflanzen dieser Standorte. Naturschützer bekämpfen die Art deshalb vielerorts.
MERKMALE 50–250 cm, Blütezeit Juli–Okt., einjährig. Stängel aufrecht, meist unverzweigt, kahl. Blätter gegenständig oder oben auch zu dritt wirtelig, 10–25 cm lang, eiförmig lanzettlich, scharf gezähnt, an den Blattrandzähnen und am Blattstiel mit zahlreichen rötlichen Drüsen. Blüten hängen zu 5–20 an langen Stielen in lockeren Trauben in den Achseln der oberen Blätter (**1A**), Krone 2,5–4 cm lang, rosapurpurn, gelegentlich weißlich, mit kurzem, grünlichem Sporn (**1B**). Frucht 3–5 cm lang, keulenförmig, reife Früchte platzen bei Berührung auf.
VORKOMMEN Auenwälder, feuchte Wälder, Ufer. Fast ganz Europa. Invasiv.

2 | Blut-Weiderich
Lythrum salicaria
(Weiderichgewächse)

Längsschnitt durch die Blütentypen

AUSGEKLÜGELTES BESTÄUBUNGSSYSTEM Der Blut-Weiderich hat 3 Blütentypen, die sich in der Länge von Griffeln und Staubblättern unterscheiden. Jede Pflanze besitzt je einen Blütentyp. Bereits Darwin stellte fest, dass die meisten Samen entstehen, wenn Blütenstaub von einem Typ auf einen anderen gelangt, also von einer Pflanze auf die andere übertragen und so ein Austausch von Erbgut gesichert wird.
MERKMALE 50–100 cm, Blütezeit Juli–Sept., mehrjährig. Stängel 4-kantig, behaart. Blätter lanzettlich, sitzend, gegenständig oder zu dreien quirlständig. Blüten purpurrot, in verlängerter Ähre, 12 Staubblätter.
VORKOMMEN Nasse Wiesen, Wiesengräben, Teichufer. Fast ganz Europa.

3 | Grasnelke
Armeria maritima
(Bleiwurzgewächse)

WÄCHST AUCH AUF GIFTIGEN BÖDEN Die Grasnelke verträgt nicht nur Salz, einige Sippen besiedeln sogar Böden, die mit giftigem Schwermetall verseucht sind. Die Pflanze lagert die aufgenommenen Metalle dann in die Blätter am Grund ein.
MERKMALE 5–50 cm, Blütezeit Mai–Nov., mehrjährig. Blätter in dichter Rosette, grasartig, dicklich. Blütenstand lang gestielt, kopfig, auf trockenhäutigen Hochblättern, Blüten trichterförmig, kräftig rosa.
VORKOMMEN Strand- und Salzwiesen der Meeresküsten, Trockenrasen. Europa. **GESCHÜTZT.**

4 | Echte Hauswurz
Sempervivum tectorum
(Dickblattgewächse)

PFLANZLICHER BLITZABLEITER Früher hielt man die Hauswurz für blitzabwehrend und weihte sie den Göttern Jupiter bzw. Donar. Karl der Große verfügte sogar in einem Erlass, sie auf die Dächer seiner Güter zu pflanzen. Zwar machten sich Gelehrte bereits im 16. Jahrhundert über den angeblichen Zauber lustig, dennoch wächst die Pflanze noch heute auf vielen Dächern.
MERKMALE 15–50 cm, Blütezeit Juli–Sept., mehrjährig. Dicke, fleischige Blätter in der Grundrosette sowie an der Blütenstandsachse, Blätter stachelspitzig, blaugrün, an den Spitzen meist rötlich überlaufen. Blüten in dichten, endständigen Büscheln, mattrot, 2–3 cm. Hauptrosette bildet Tochterrosetten.
VORKOMMEN Felsen, Mauern, Dächer. Auf warmen, trockenen, sonnigen Standorten. Mittel- und Südeuropa. **GESCHÜTZT.**

1

2

1B

3

4

1 | Sommer-Adonisröschen
Adonis aestivalis
(Hahnenfußgewächse)

SCHÖNER JÜNGLING Nach der griechischen Mythologie soll das Sommer-Adonisröschen aus dem Blut des schönen Jünglings Adonis entstanden sein. Aphrodite habe ihren Liebling in diese Blume verwandelt, nachdem er auf der Jagd von einem wilden Eber getötet worden war.
MERKMALE 20–60 cm, Blütezeit Mai–Juli, einjährig. Schwach verzweigter, kahler Stängel. Blätter mehrfach gefiedert, sehr schmalzipflig. Blüten 1–3 cm breit, zinnoberrot, selten blassgelb, Kronblätter an der Basis mit schwarzem Saftmal. Blüten bei Sonne geöffnet.
VORKOMMEN Getreideäcker, Wegböschungen. Auf kalkreichen, meist steinigen Böden. Mittel- und Südeuropa.

2 | Akeleiblättrige Wiesenraute
Thalictrum aquilegiifolium
(Hahnenfußgewächse)

LOCKT VIELE INSEKTEN AN Die Akeleiblättrige Wiesenraute ist eine »Pinselblume«. Bei ihr sind nicht die Blütenblätter, sondern die zahlreichen Staubblätter die auffälligsten Blütenteile. Mit ihrem Duft und der Färbung locken sie zahlreiche Insekten wie Käfer, Fliegen, Bienen und Hummeln an, die den Pollen sammeln.
MERKMALE 40–120 cm, Blütezeit Mai–Juli, mehrjährig. Blätter wechselständig, mehrfach gefiedert. Blüten in endständigen Rispen, Kronblätter früh hinfällig, zahlreiche Staubblätter mit rötlichen oder violetten Staubfäden.
VORKOMMEN Auenwälder, Schluchtwälder, feuchte Wiesen. Hauptsächlich Mitteleuropa.

3 | Diptam
Dictamnus albus
(Rautengewächse)

ER KANN BRENNEN An heißen Tagen verdunstet die Pflanze besonders viel duftendes ätherisches Öl aus den Drüsenhaaren und Ölbehältern der Blätter. Bei Windstille bildet das Öl eine Wolke um die Pflanze und kann angezündet werden. Selten kommt es sogar zur Selbstentzündung. Die Pflanze wird deshalb auch »Brennender Busch« genannt. Sie kommt dabei jedoch – ähnlich wie flambierte Speisen – nicht zu Schaden.
MERKMALE 60–120 cm, Blütezeit Mai–Juni, mehrjährig. Stängel aufrecht, dicht drüsig behaart. Blätter wechselständig, unpaarig gefiedert, Fiedern gezähnt. Blüten in endständiger Traube, 2–3 cm breit, zweiseitig symmetrisch, Kronblätter ungleich groß, mit 2 aufgerichteten und 2 zur Seite gestreckten Fahnenblättern, weißlich rosa, dunkler purpurn bis violett geadert. Duftet nach Zitrone und Zimt. Der Saft kann auf der Haut zu Blasen führen. **GIFTIG!**
VORKOMMEN Waldränder, Felshänge, lichte Wälder. Auf trockenen, kalkreichen Böden. Mittel- und Südeuropa, Kleinasien. **GESCHÜTZT.**

4 | Gewöhnlicher Beinwell
Symphytum officinale
(Raublattgewächse)

HILFE BEI STUMPFEN VERLETZUNGEN Bereits in der Antike setzte man den Gewöhnlichen Beinwell zur Wundheilung ein, ab dem Mittelalter galt er als heilsam bei Knochenverletzungen und Beinbrüchen. Heute ist belegt, dass die Pflanze bei Prellungen, Zerrungen, Quetschungen sowie Verstauchungen hilft und die Knochenheilung anregt. Da in der Pflanze allerdings auch leberschädigende und krebsauslösende Stoffe in wechselnden Mengen vorhanden sind, sollte man nur geprüfte Arzneimittel verwenden.
MERKMALE 30–100 cm, Blütezeit Mai–Juli, mehrjährig. Stängel aufrecht, kantig. Blätter schmal lanzettlich, untere bis 25 cm lang, obere kleiner, laufen am Stängel herab. Blüten in Scheindolden, Krone cremeweiß, rötlich oder bläulich bis tiefviolett. Ganze Pflanze stark stachelig-rauhaarig. **GIFTIG!**
VORKOMMEN Ufer, Wegränder, nasse Wiesen, Gräben, Auenwälder. Fast ganz Europa.

1

2

3

4

1 | Gewöhnlicher Hohlzahn
Galeopsis tetrahit
(Lippenblütler)

TIERE STREUEN DIE FRÜCHTE AUS Der Name »Hohlzahn« leitet sich von den Zähnen in der Blüte ab, die Insekten als »Leitplanken« dienen. Wenn zur Fruchtzeit Tiere an den harten, stacheligen Kelchen vorbeistreifen, verhaken sich diese an ihnen. Die Stängel biegen sich, federn zurück und schleudern die Früchte aus den Kelchen.
MERKMALE 10–80 cm, Blütezeit Juni–Okt., einjährig. Stängel aufrecht, sparrig verzweigt, unter den Blattknoten verdickt und nur hier dicht steifhaarig. Blätter gegenständig, gestielt, eiförmig, fast kahl. Blüten zu 6–15 in dichten, etagenartig angeordneten Scheinquirlen am Stängelende, Krone bis zu 2,2 cm lang, hell purpurrot bis violett, Unterlippe mit 2 hohlen Zähnen, Kelch mit 5 stachelig begrannten Zähnen. **ESSBAR**.
VORKOMMEN Äcker, Schuttplätze, Lichtungen, Wege, Ödflächen sowie an Zäunen. Von der Ebene bis ins Gebirge. Ganz Europa.

2 | Gefleckte Taubnessel
Lamium maculatum
(Lippenblütler)

SÜSSER NEKTAR Tief im Grund verborgen enthalten die Blüten reichlich Nektar. Dieser besteht zu rund 40 Prozent aus Zucker – kein Wunder, dass langrüsselige Hummeln die Blüten so gern besuchen. Kleinere Hummeln, deren Rüssel zu kurz ist, beißen die Röhre von der Seite an. Durch diese Löcher können dann auch Honigbienen ihren Rüssel bis in den Nektar strecken.
MERKMALE 15–60 cm, Blütezeit April–Sept., mehrjährig. Stängel aufrecht. Blätter gegenständig, lang gestielt, breit oval, grob gezähnt. Blüten zu 2–8 in Scheinquirlen in den oberen Blattachseln, bilden 3–8 Etagen, Krone bis zu 2,5 cm lang, tiefrosa bis purpurn, Unterlippe mit Fleckenmuster. **ESSBAR**.
VORKOMMEN In Auenwäldern, an Waldrändern, Gräben, Hecken, Wegrändern und Zäunen. An halbschattigen Standorten. Mittel- und Südeuropa.

3 | Purpurrote Taubnessel
Lamium purpureum
(Lippenblütler)

SCHNELLWÜCHSIG Die Pflanze wächst sehr rasch und kann pro Jahr bis zu 4 Generationen hervorbringen. Bei günstigen Bedingungen blüht sie sogar im Winter. Die Früchtchen tragen einen nahrhaften Ölkörper und locken so Ameisen an, die für die Verbreitung sorgen.
MERKMALE 15–45 cm, Blütezeit März–Okt. (Dez.), einjährig. Stängel aufsteigend oder aufrecht. Blätter gegenständig, Spreite 1–1,5 cm breit, fast ebenso lang, meist im oberen Stängeldrittel schopfig gehäuft, weichhaarig, riechen beim Abstreifen unangenehm. Blüten in Scheinquirlen, Kronen 1–1,5 cm lang, tiefrosa bis purpurn. Blätter an sonnigen Standorten oft rot gefärbt.
VORKOMMEN Lückige Bestände auf Äckern, in Gärten, Weinbergen, an Wegen, auf Schuttplätzen und Ödflächen. Ganz Europa.

4 | Stängelumfassende Taubnessel
Lamium amplexicaule
(Lippenblütler)

BEI SCHLECHTEM WETTER SELBSTBESTÄUBEND Bei ungünstigem Wetter bildet diese Art neben normalen Blüten auch kleine Blüten, die geschlossen bleiben und im Kelch verborgen sind. Diese öffnen sich nicht, sondern bestäuben sich selbst.
MERKMALE Bis zu 30 cm hoch, Blütezeit März–Juni, einjährig. Stängel aufsteigend bis aufrecht. Blätter gegenständig, untere gestielt, obere sitzend, rundlich nierenförmig, gekerbt oder leicht eingeschnitten. Blüten in Scheinquirlen in den obersten Blattachseln, Krone bis zu 1,5 cm lang, tiefrosa bis purpurviolett.
VORKOMMEN Auf nährstoffreichen Böden, Äcker, Gärten, Weinberge, Brachen. Europa.

1

2

3

4

1 | Schwarznessel
Ballota nigra
(Lippenblütler)

SIE MÜSSTE STINKNESSEL HEISSEN Früher nannte man die Schwarznessel wegen des widerwärtigen Geruchs »Gottvergess«. Den heutigen deutschen Namen erhielt sie, weil ihre Blätter denen der Brennnessel ähnlich sehen (S. 712). Der unangenehme Geruch des Krauts scheint den Menschen abzuschrecken. Vielleicht wurde es deshalb in der Volksheilkunde so selten verordnet. Verwendung fand die Art bei krampfartigem Husten, zur Beruhigung bei Hysterie, bei Magenkrämpfen, Übelkeit und äußerlich gegen Gicht.
MERKMALE 30–100 cm, Blütezeit Juni–Sept., mehrjährig. Stängel verzweigt, aufrecht, dicht behaart, rötlich überlaufen. Blätter gegenständig, kurz gestielt, breit lanzettlich bis oval, an der Basis gestutzt, runzlig. Blüten zu wenigen in den Achseln der oberen Blätter, Krone 1–1,5 cm lang, trübrot. Pflanze dunkelgrün, oft fast schwärzlich.
VORKOMMEN Bestände an Wegen, Zäunen, auf Schuttplätzen, v. a. in Dörfern. Besonders in Mittel- und Südeuropa.

2 | Wasser-Minze
Mentha aquatica
(Lippenblütler)

DEN DRUIDEN HEILIG Die Wasser-Minze zählte neben dem Echten Mädesüß (S. 580) und dem Eisenkraut (S. 606) zu den heiligen Kräutern der Druiden. Man kann sie für Tee sammeln, allerdings ist ihr Aroma nicht so angenehm wie das der Pfeffer-Minze. Diese kommt wild nicht vor, sondern entstand Ende des 17. Jahrhunderts in England aus einer Kreuzung der Wasser-Minze mit der Grünen Minze.
MERKMALE 20–80 cm, Blütezeit Juli–Okt., mehrjährig. Stängel meist aufrecht, verzweigt, rötlich, behaart. Blätter gegenständig, oval, gezähnt. Blüten in kopfigen Scheinähren, Krone ca. 7 mm lang, hellrosa bis blasslila. Essbar.
VORKOMMEN Ufer, Gräben, Schilf, nasse Wiesen und Moorwiesen. Ganz Europa.

3 | Acker-Minze
Mentha arvensis
(Lippenblütler)

NICHT IMMER SICHER ZU BESTIMMEN Beim Abstreifen werden die ätherischen Öle aus Drüsenhaaren freigesetzt und können dann erst wahrgenommen werden. Fast alle heimischen Minze-Arten kreuzen sich miteinander und bilden schwer bestimmbare Bastarde. Diese sind oft steril – sie blühen zwar, bilden aber keine Früchte.
MERKMALE 10–40 cm, Blütezeit Juli–Sept., mehrjährig. Stängel aufsteigend bis aufrecht. Blätter gegenständig, elliptisch oval, wenig gekerbt, duften beim Abstreifen angenehm. Blüten in dichten, etagenartig angeordneten Scheinquirlen im oberen Stängelbereich (**3A**), diese enden mit einem Blattschopf, Krone um 5 mm lang, rosa bis helllila (**3B**). Essbar.
VORKOMMEN Gräben, nasses Brachland, Ackerränder, Wegsäume und Waldlichtungen. Verbreitet bis häufig.

4 | Ross-Minze
Mentha longifolia
(Lippenblütler)

NICHT GANZ SO AROMATISCH »Ross« soll auf den geringeren Wert dieser Art im Vergleich zu anderen Minzen hinweisen und auf den Duft, der etwas an Pferdeurin erinnert. Offensichtlich wurde sie früher auch zur Behandlung von Pferdekrankheiten verwendet. Als Teepflanze ist sie weniger geeignet. Die asiatische Küche kennt sie jedoch als Gewürz.
MERKMALE 50–100 cm, Blütezeit Juli–Sept., mehrjährig. Stängel aufrecht, nur mit unterirdischen Ausläufern. Blätter gegenständig, sitzend, länglich oval, scharf gezähnt, unterseits weißfilzig. Blüten in dichten, endständigen Scheinähren, Krone bis zu 4 mm lang, lila oder rosa.
VORKOMMEN Ufer, nasse Weiden, Gräben, Wegränder. Auf nassen, oft auch zeitweise überschwemmten Böden. Besonders Mittel- und Südeuropa.

1

2

3A

3B

4

1 | Heil-Ziest

Betonica officinalis,
Stachys officinalis
(Lippenblütler)

FRÜHER BEDEUTENDE HEILPFLANZE Der Heil-Ziest enthält Gerbstoffe und wirkt deshalb bei Durchfall leicht stopfend. Im Altertum war er eine hochgeschätzte Arzneipflanze, von der man glaubte, dass sie vor Epidemien und bösem Zauber schütze. Im 16. und 17. Jahrhundert glaubte man, dass kaum eine Krankheit nicht mit dem Kraut behandelt werden könne.
MERKMALE 30–100 cm, Blütezeit Juli–Aug., mehrjährig. Stängel aufrecht, unverzweigt, etwas gerillt, schütter borstig behaart. Grundblätter rosettig, Stängelblätter gegenständig, gestielt, länglich oval, gekerbt. Blüten zahlreich in endständiger Ähre, manchmal darunter 1–2 Scheinquirle in den oberen Blattachseln, Krone bis zu 1,5 cm lang, tiefrosa bis hellpurpurn.
VORKOMMEN Moorwiesen, magere Bergwiesen, Heiden. Auf feuchten Böden an etwas wärmeren Standorten. Besonders Mittel- und Südeuropa.

2 | Sumpf-Ziest

Stachys palustris
(Lippenblütler)

GUTES SCHWEINEFUTTER Die Pflanze bildet knollig verdickte Ausläufer, die einen zuckerähnlichen Speicherstoff enthalten. Diese Stachyose genannte Substanz ist sehr nährstoffreich und wurde früher als Schweinefutter genutzt, deswegen heißt der Sumpf-Ziest zuweilen auch »Schweinsrübe«.
MERKMALE Bis zu 1 m, Blütezeit Juni–Sept., mehrjährig. Stängel aufsteigend bis aufrecht, behaart, auf den Kanten langhaarig. Blätter gegenständig, mit herzförmigem Grund, sitzend, gekerbt. Blüten zu 2–6 in Scheinquirlen in den oberen Blattachseln, Krone bis zu 1,8 cm lang, tiefrosa bis purpurviolett, Unterlippe mit dunkleren Strichen und Punkten gemustert. Essbar.
VORKOMMEN Gräben, Ufer, feuchte Ackerränder, Nasswiesen, Lichtungen. Häufig. Europa.

3 | Wald-Ziest

Stachys sylvatica
(Lippenblütler)

UNANGENEHMER GERUCH Als Eselsbrücke zum Namen und Standort dieser Waldpflanze mag folgender Spruch dienen: »Wenn du in den Wald ziehst, siehst du den Wald-Ziest«: Die Art gehört zu den wenigen Blütenpflanzen, die auch im schattigen Wald noch blühen. Die stumpfgrünen Blätter riechen beim Abstreifen unangenehm.
MERKMALE 30–100 cm, Blütezeit Juni–Sept., mehrjährig. Mit behaartem, aufrechtem, nur oben verzweigtem Stängel. Blätter gegenständig, gestielt, obere sitzend, 2–6 cm breit, bis zu 9 cm lang, breit oval, grob gezähnt. Blüten meist zu sechst in den Achseln der obersten Blätter, Krone 1–1,3 cm lang, dunkel- bis weinrot, Unterlippe mit auffälligem Muster.
VORKOMMEN Wälder, Gebüsche, Waldquellen, Waldwege. Auf feuchten bis nassen, nährstoffreichen Böden. Fast ganz Europa, im Süden in den Gebirgen.

4 | Wirbeldost

Clinopodium vulgare
(Lippenblütler)

ALS HEILPFLANZE UNTERSCHÄTZT Duftet beim Abstreifen angenehm würzig-aromatisch, aber weniger stark als der Echte Dost (S. 512). Junge Triebe enthalten das arzneilich wirksame Betulin mit antientzündlicher, antibakterieller sowie antiviraler Wirkung. Man vermutet zudem, dass es gegen Tumore helfen könnte, sodass der Wirbeldost eine interessante Heilpflanze ist.
MERKMALE Bis zu 50 cm, Blütezeit Juli–Sept. mehrjährig. Stängel aufsteigend bis aufrecht, meist unverzweigt, dicht abstehend behaart. Blätter gegenständig, sitzend, eiförmig, fast glattrandig, v. a. unterseits behaart. Blüten in Etagen in Scheinquirlen, Krone bis zu 2,3 cm lang, tiefrosa bis hellpurpurn, Oberlippe kurz und flach, Unterlippe 3-zipflig.
VORKOMMEN Lichte Wälder, Gebüsche. Verbreitet. Europa.

1

2

3

4

1 | Echter Dost
Origanum vulgare
(Lippenblütler)

SCHMECKT NICHT NUR AUF PIZZA Auch bei uns wachsender Dost lässt sich als Gewürz verwenden. Was sich unter der Bezeichnung »Oregano« im Handel befindet, enthält jedoch meist Blätter und Blüten von im Mittelmeerraum heimischen Rassen des Echten Dosts mit kräftigerem Aroma sowie von verwandten Arten. Im Volksglauben gehörte Dost zu den Pflanzen, mit denen man böse Geister und den Teufel abwehrte.
MERKMALE 20–60 cm, Blütezeit Juli–Sept., mehrjährig. Stängel aufrecht, verzweigt. Blätter gegenständig, kurz gestielt, oval, fast glattrandig, behaart, im Blütenstand rötlich, duften würzig nach Pizza. Blüten zahlreich in endständigen Doldenrispen, Krone um 6 mm lang, blassrosa. Essbar.
VORKOMMEN Gebüschränder, Trockenrasen, lichte warme Gehölze und Kahlschläge, Böschungen. Fast ganz Europa.

2 | Arznei-Thymian
Thymus pulegioides
(Lippenblütler)

WIRKSAM GEGEN HUSTEN Die auch als Quendel bekannte Art ist mit ihren kleinen, immergrünen Blättern gut an trockene Standorte angepasst. Über die Öldrüsen wird ein ätherisches Öl abgegeben, das die Pflanze vor Verdunstung schützt. Der Hauptbestandteil Thymol unterstützt insbesondere die Verdauung fetter Speisen und wird auch medizinisch eingesetzt, v. a. als Hustenmittel.
MERKMALE 5–20 cm, Blütezeit Juni–Sept., mehrjährig. Stängel kurz kriechend, dann aufsteigend, unten meist verholzt, ohne Ausläufer. Blätter gegenständig, bis zu 2 cm lang, 1,5 cm breit, etwas ledrig, duften beim Zerreiben intensiv. Blüten in zylindrischen Köpfen, Krone purpurrosa. Wächst oft in ausgedehnten Rasen. Essbar.
VORKOMMEN Magerrasen, Felsen, Wegränder. Weit verbreitet. Europa.

3 | Feld-Steinquendel
Acinos arvensis
(Lippenblütler)

ÄHNELT DEM ARZNEI-THYMIAN Die Pflanze riecht beim Zerreiben angenehm nach Minze. Der deutsche Name weist auf die Ähnlichkeit zur vorigen Art hin. Beide Arten wachsen auch an ähnlichen Standorten.
MERKMALE 10–30 cm hoch, Blütezeit Juni–Sept., ein- bis zweijährig. Stängel aufsteigend bis aufrecht, schwach 4-kantig, von der Basis an verzweigt, dicht behaart. Blätter gegenständig, kurz gestielt, eiförmig, glattrandig oder wenig gezähnt. Blüten zu 1–3 in den Achseln der oberen Blätter, Krone bis zu 1 cm lang, lila- bis rosaviolett.
VORKOMMEN Trockenrasen, Mauerkronen und -fugen, Dämme, Wegränder, gern auf Kalkböden. Pionierpflanze. Zerstreut.

4 | Roter Fingerhut
Digitalis purpurea
(Wegerichgewächse)

WIRKSAM GEGEN HERZLEIDEN Die Mythologie des Nordens berichtet, dass Elfen die Blüten von Fingerhüten aufsetzen, wenn sie im Mondschein tanzen. Als hochwirksame Heilpflanze kann der Fingerhut, von Ärzten genau dosiert, bestimmte Herzleiden lindern. Diese Wirkung erkannte erst im 18. Jahrhundert der englische Arzt William Withering, bis dahin verwendete man die Pflanze nur gegen Abszesse und Geschwüre.
MERKMALE 40–150 cm, Blütezeit Juni–Aug., zweijährig. Stängel meist einfach, aufrecht, graufilzig. Rosettenblätter bis zu 30 cm lang, gestielt, lanzettlich, oberseits flaumig, Stängelblätter meist sitzend, runzlig. Blüten in einseitswendiger Traube, Krone bis zu 5 cm lang, purpurrot, seltener rosa oder weiß, innen mit langen Haaren und dunklen, weißlich umrandeten Flecken. Im 1. Jahr Blattrosette, im 2. Jahr Stängel mit Blüten. **GIFTIG!**
VORKOMMEN Kahlschläge, Wege, Lichtungen. Auf lockeren, sauren Böden. Westeuropa.

1

2

3

4

1 | Wilde Malve
Malva sylvestris
(Malvengewächse)

EIN MITTEL GEGEN HUSTEN Im 16. Jahrhundert galt die Wilde Malve noch als Allheilmittel, heute verwendet man die Pflanze nur noch bei trockenem Reizhusten und entzündeten Rachenschleimhäuten. Die Blätter und Blüten enthalten bis zu 8% Schleim. Dunkle Malvenblüten eignen sich auch zum Färben von Lebensmitteln.
MERKMALE 30–100 cm, Blütezeit Juni–Okt., mehrjährig. Blätter lang gestielt, handförmig in 3–7 Lappen geteilt, gezähnt. Blüten zu mehreren in den oberen Blattachseln, rosarot, dunkler gestreift, bis zu 4 cm breit, Kelchblätter bis zur Mitte verwachsen. **ESSBAR**.
VORKOMMEN Bestände an Wegen, auf Schuttplätzen, Ödflächen. An eher warmen, trockenen Standorten. Fast ganz Europa.

2 | Weg-Malve
Malva neglecta
(Malvengewächse)

Frucht scheibenförmig

DIE FRÜCHTE ERINNERN AN KÄSE Die scheibenförmigen, platten Früchte ähneln einem kleinen Käselaib, deshalb wird die Weg-Malve auch Käsepappel genannt. Besonders Kinder haben sie früher unreif gesammelt und roh gegessen. Sie erinnern im Geschmack etwas an Kohl. Die Früchte zerfallen bei Reife in kleine Teilfrüchte, die bei Nässe an Tieren haften bleiben und so verbreitet werden.
MERKMALE 15–50 cm, Blütezeit Juni–Okt., ein- bis zweijährig. Stängel niederliegend bis aufsteigend. Blätter und Stängel abstehend behaart. Untere Blätter nierenförmig, 5-lappig, obere handförmig 3–7-teilig gelappt. Blüten einzeln, hellrosa mit dunkleren Adern, bis zu 2 cm breit, Kronblätter doppelt so lang wie der Kelch. **ESSBAR**.
VORKOMMEN Ödland, Wegränder, Ackerraine, Gärten. Auf nährstoffreichen Böden. Europa, Asien, Nordafrika.

3 | Moschus-Malve
Malva moschata
(Malvengewächse)

Kronblätter eingedreht

VERBREITET MOSCHUSDUFT Die Blüten, manchmal auch die trockenen Blätter, duften nach Moschus. Die Art ist als Zierpflanze geeignet, und einige Vorkommen der Pflanze lassen sich auf Gartenflüchtlinge zurückführen. Bei allen Malven-Arten liegen die Konblätter eingedreht in der Knospe.
MERKMALE 20–80 cm hoch, Blütezeit Juni–Okt., mehrjährig. Stängel aufrecht, abstehend behaart. Untere Blätter nierenförmig, 5-lappig, obere handförmig 3–7-teilig gelappt, mit schmalen Zipfeln. Blüten rosa oder weiß, dunkler geadert, 3 Außenkelchblätter, lineal lanzettlich. Früchte dicht behaart.
VORKOMMEN Nährstoffreiche, meist kalkarme, warme, sonnige Standorte, Wiesen, Wegränder, Straßenböschungen. Selten.

4 | Siegmarswurz
Malva alcea
(Malvengewächse)

BESONDERE BLÜTEN Die auch als Rosen-Malve bekannte Art ist eine üppig blühende Zierpflanze. Auffällig sind die Blüten aller Malvengewächse: Die Staubbeutel sind zu einer hohlen Röhre verwachsen, die den Griffel umgibt. Der zweite Teil des wissenschaftlichen Namens *alcea* kommt von griech. *alke* = Abwehr, Stärke und weist auf die antike Nutzung als Heilpflanze hin. Die Stängel der Siegmarswurz sind reich an stabilen Fasern, aber sie wurden nie wie beispielsweise Jutefasern in größerem Maßstab genutzt. Die Blätter und Blüten der Rosen-Malve können als Wildgemüse genutzt werden.
MERKMALE 40–125 cm, Blütezeit Juni–Okt., mehrjährig. Ähnlich der vorigen Art, aber die Außenkelchblätter sind eiförmig, nicht lineal lanzettlich.
VORKOMMEN Wie die vorige Art.

1

2

3

4

1 | Gewöhnlicher Reiherschnabel
Erodium cicutarium
(Storchschnabelgewächse)

BOHRT SICH IN DIE ERDE Die Früchtchen zeigen Feuchtigkeit an: Trocken ist ihr »Schnabel« eingerollt, feucht gestreckt. Die Bewegung, die beim Anfeuchten stattfindet, lässt sich mit bloßem Auge beobachten. Findet sie bei einer auf dem Boden liegenden Frucht statt, bohrt sich der Samen in den Boden.

trockene Teilfrucht mit eingerollter Granne

MERKMALE 10–60 cm, Blütezeit April–Okt., ein- bis zweijährig. Stängel meist liegend. Blätter wechselständig, oft fast alle Blätter rosettenartig am Boden liegend, unpaarig gefiedert, Fiedern oval, tief fiederspaltig. Blüten zu 3–8 in offener Dolde, Krone bis zu 2 cm breit, rotviolett oder rosa, an der Basis dunkler, Kelchblätter behaart. Früchtchen mit 3–4 cm langem »Schnabel«.
VORKOMMEN Lockere Bestände auf Sandflächen, Äckern, Ödflächen, in Weinbergen, an Wegen. Ganz Europa.

2 | Pyrenäen-Storchschnabel
Geranium pyrenaicum
(Storchschnabelgewächse)

KOMMT AUS DEM MITTELMEERGEBIET Diese Art stammt aus dem westlichen Mittelmeerraum und ist erst seit etwa 1800 bei uns eingebürgert. Wahrscheinlich kam sie als Zierpflanze zu uns und verwilderte dann aus Gärten. In Gärtnereien kann man auch weiß- oder sattpurpurn blühende Sorten kaufen.
MERKMALE 25–70 cm, Blütezeit Mai–Okt., mehrjährig. Stängel aufrecht oder aufsteigend, verzweigt, abstehend behaart. Blätter gegenständig, im Umriss rundlich, bis über die Mitte handförmig 5–9-teilig, Blattabschnitte wenig tief geteilt. Blüten stehen zu zweit, überragen die Blätter, 1–2 cm breit, hellviolett, Kronblätter tief herzförmig eingebuchtet.
VORKOMMEN Auf Sandflächen, Äckern, Ödflächen, in Weinbergen, an Wegen. Ganz Europa.

3 | Blutroter Storchschnabel
Geranium sanguineum
(Storchschnabelgewächse)

HILFE GEGEN GRIPPE Der Name bezieht sich auf die Blütenfarbe, die Herbstfärbung oder die Farbe des aufgeschnittenen Wurzelstocks. Dieser enthält reichlich Gerbstoffe. Früher diente er zum Blutstillen, nach neueren Untersuchungen hemmen Auszüge daraus auch die Vermehrung von Grippeviren.

Wurzelstock färbt sich innen rot

MERKMALE 15–50 cm, Blütezeit Juni–Aug., mehrjährig. Stängel aufsteigend, etwas schlaff, behaart. Blätter gegenständig, bis zur Basis handförmig 7-teilig, Zipfel schmal. Blüten einzeln in den Achseln der oberen Blätter, leuchtend karminrot, flach, 3–4 cm breit, Kronblätter etwas ausgerandet. Frucht 3–4 cm lang.
VORKOMMEN Trockengebüsche, trockene Wälder, Magerrasen. V. a. Mittel- und Südeuropa.

4 | Sumpf-Storchschnabel
Geranium palustre
(Storchschnabelgewächse)

DOPPELGÄNGER Die Art sieht dem Blutroten Storchschnabel ähnlich, ist aber viel seltener.
MERKMALE 25–100 cm, Blütezeit Juni–Sept., mehrjährig. Stängel aufrecht, verzweigt, rückwärts abstehend behaart. Blätter gegenständig, 8–12 cm breit, bis weit über die Mitte handförmig 5–7-teilig, Abschnitte mit stumpfen Zipfeln. Blüten zu zweit in den oberen Blattachseln, überragen das nächste Blatt, Krone bis zu 3,5 cm breit, hell rotviolett, dunkler geadert, Kronblätter vorn abgerundet. Blütenstiele nach dem Abblühen abwärts gebogen.
VORKOMMEN Staudenfluren in Auenwäldern, Röhrichtränder, Moorwiesen. Im Norden selten.

1

2

3

4

1 | Schlitzblättriger Storchschnabel

Geranium dissectum
(Storchschnabelgewächse)

TYPISCHE FRUCHT *Geranium* kommt von griech. *geranos* = Kranich. Sowohl der wissenschaftliche als auch der deutsche Name beschreiben den langen Schnabel, der zur Fruchtzeit vom oberen Teil des Fruchtknotens gebildet wird. Anhand dieses Schnabels lassen sich die Storchschnabel-Arten gut erkennen.
MERKMALE 10–60 cm, Blütezeit Mai–Aug., einjährig. Blätter bis zum Grund handförmig geteilt, mit linealen Zipfeln. Blüten zu zweit an kurzem Stiel, überragen die benachbarten Blätter nicht, Kronblätter purpurrot, vorn eingebuchtet.
VORKOMMEN Gärten, Äcker mit Hackfrüchten, Wege, Schuttplätze. Ziemlich häufig. Heute in gemäßigtem Klima weltweit verbreitet.

2 | Weicher Storchschnabel

Geranium molle
(Storchschnabelgewächse)

EFFEKTIVE SAMENKATAPULTE Bei der Fruchtreife lösen sich die Klappen durch Austrocknen von der Mittelsäule und schleudern dabei die Samen mehr als 3 m weit von der Mutterpflanze weg. Der deutsche wie der wissenschaftliche Name (lat. *mollis* = weich) deuten auf die zottig weiche Behaarung des Stängels und der Blätter hin.

reife Frucht mit sich ablösender Fruchtklappe

MERKMALE 10–30 cm, Blütezeit Mai–Okt., ein- bis zweijährig. Stängel niederliegend oder aufsteigend, mit 1–2 mm langen abstehenden Haaren. Blätter weich behaart, 3 cm groß, bis zur Mitte handförmig 5–9-teilig, Blattabschnitte 1–2-mal geteilt. Je 2 Blüten in den Blattachseln, rosa, Kronblätter herzförmig eingebuchtet.
VORKOMMEN Auf im Sommer warmen, nährstoffreichen Böden, sonnige Bestände, an Wegen und auf Brachland. Ziemlich häufig. Kommt heute weltweit vor.

3 | Kleiner Storchschnabel

Geranium pusillum
(Storchschnabelgewächse)

KLEBT BEI NÄSSE AN TIEREN Der Kleine Storchschnabel gehört wie die anderen Arten auf dieser Seite in die Gruppe der kleinblütigen Storchschnabel-Arten. Die behaarten Teilfrüchte haften nass an Tierfell und werden so wirksam verbreitet. Außerdem können sie sich bei wiederholtem Trocknen und Feuchtwerden auch auf dem Boden kriechend fortbewegen.
MERKMALE Bis zu 25 cm, Blütezeit Mai–Okt., einjährig. Stängel liegend oder aufsteigend, reich verzweigt, kurz behaart. Blätter gegen- bis wechselständig, dicht und weich behaart, Spreite tief handförmig geteilt, Zipfel breit und stumpf. Blüten in Scheindolden am Stängelende, Krone 5–9 mm breit und damit die kleinste der Gattung, blauviolett bis blassrosa.
VORKOMMEN Wegränder, Hackfruchtäcker, Brachen, Weinberge. Europa.

4 | Ruprechtskraut

Geranium robertianum
(Storchschnabelgewächse)

LEICHT ERKENNBAR AM GERUCH Aus alten Kräuterbüchern ist nur Lobendes über dieses Kraut zu hören – heute wird es allenfalls in der Homöopathie verwendet. Die Gerbstoffe in den oberirdischen Teilen halfen bei Durchfall und äußerlich bei schlecht heilenden Wunden. Wegen des für die meisten Nasen unangenehmen Geruchs wird die Pflanze auch »Stinkender Storchschnabel« oder »Stinkender Robert« genannt. Früher verwendete man sie auch gegen Motten.
MERKMALE 20–40 cm, Blütezeit Mai–Okt., einjährig. Stängel aufrecht, verzweigt, meist karminrot, dicht drüsig behaart. Blätter wechselständig, 3–5-zählig gefiedert, duften beim Zerreiben wie die übrigen Teile unangenehm. Blüten 1–2,5 cm breit, lang gestielt, Kronblätter rosa mit 3 weißlichen Längsstreifen.
VORKOMMEN Wälder, Auen, Mauern, Felsen, Hecken, steinige Plätze, Ödflächen. Fast ganz Europa.

1

2

3

4

1 | Schmalblättriges Weidenröschen
Epilobium angustifolium
(Nachtkerzengewächse)

HILFT BEI PROSTATALEIDEN Die oberirdischen, getrockneten Teile enthalten ein Gemisch von Wirkstoffen, das bei gutartiger Prostatavergrößerung das Harnlassen erleichtert. Jede Pflanze bildet Tausende winziger Samen, die dank ihrer Haarschöpfe (**1A**) bis zu 10 km weit fliegen können.
MERKMALE 60–120 cm, Blütezeit Juli–Aug., mehrjährig. Stängel aufrecht. Blätter wechselständig, lanzettlich. Blüten in langen endständigen Trauben (**1B**), 4 Kronblätter, bis zu 1,5 cm lang, 4 Kelchblätter, Narbe mit 4 sternförmigen Ästen. Frucht undeutlich 4-kantig.
VORKOMMEN Waldlichtungen, Kahlschläge, Sturmwurfflächen, Waldwege, Ufer. Auf meist kalkarmen Böden. Fast ganz Europa.

2 | Zottiges Weidenröschen
Epilobium hirsutum
(Nachtkerzengewächse)

SAMENHAARE ALS POLSTERMATERIAL Früher nutzte man die Samenhaare für Polster und Bettdecken und fertigte Dochte und kleine Stricke daraus. Ihr Wert als Faserlieferant ist jedoch nur gering, da sie sich nicht verspinnen lassen.
MERKMALE 80–150 cm, Blütezeit Juni–Sept., mehrjährig. Stängel mit Drüsenhaaren dicht behaart. Fleischige Ausläufer. Blätter sitzend, stängelumfassend, untere gegenständig, obere teilweise wechselständig. Kelchblätter stachelspitzig, Kronblätter bis zu 2 cm lang, purpurrot.
VORKOMMEN Bäche, Grabenränder, Quellen. Auf nassen, nährstoffreichen, meist kalkhaltigen Böden. Fast ganz Europa.

3 | Berg-Weidenröschen
Epilobium montanum
(Nachtkerzengewächse)

FRUCHTKNOTEN Alle Weidenröschen-Arten haben einen unterständigen Fruchtknoten, der wie ein dicker Blütenstiel wirkt. Diese Art kommt an unterschiedlichen Standorten – nicht nur in den Bergen – vor.
MERKMALE 30–80 cm, Blütezeit Juni–Sept., mehrjährig. Stängel aufrecht. Blätter fast sitzend. Blüten vereinzelt, kleiner als bei den vorigen Arten, Narben 4-ästig.
VORKOMMEN Lichte, krautreiche Wälder, Hecken, Gebüsche, Gärten, Parks. Häufig. Europa.

4 | Sumpf-Weidenröschen
Epilobium palustre
(Nachtkerzengewächse)

WINTERKNOSPEN Die Art bildet Ausläufer, an deren Spitze sich Winterknospen bilden, aus denen im nächsten Jahr neue Pflanzen auswachsen.
MERKMALE 10–50 cm, Blütezeit Juli–Sept., mehrjährig. An der Stängelbasis unterirdische, rote Ausläufer. Stängel stielrund, zuweilen mit 2 Haarleisten. Blätter schmal lanzettlich, meist ganzrandig, mit nach unten gebogenem Rand. Blüten (**4A**) rosa bis hellviolett, bis zu 8 mm lang, Narben keulig. Früchte (**4B**) anliegend drüsig behaart.
VORKOMMEN Gestörte Flachmoore, Grabenränder, nasse Wiesen. Meist auf kalkarmen Böden. Fast ganz Europa.

5 | Kleinblütiges Weidenröschen
Epilobium parviflorum
(Nachtkerzengewächse)

FÜR HEILTEE Dieser bescheiden blühende Vertreter der Gattung ist medizinisch ebenso wirksam wie das Schmalblättrige Weidenröschen.
MERKMALE 30–80 cm, Blütezeit Juni–Sept., mehrjährig. Stängel rund, filzig behaart. Blätter sitzend, untere gegenständig, obere wechselständig, lanzettlich, am Rand schwach gezähnt, weichhaarig. Blüten in den Blattachseln der oberen Blätter, 6–9 mm breit, Kronblätter herzförmig, Narben sternförmig ausgebreitet.
VORKOMMEN Bachränder, feuchte Wege, Gräben, nasse, nährstoffreiche Böden. Häufig.

1A
1B
2
3
4A
4B
5

1 | Acker-Winde

Convolvulus arvensis
(Windengewächse)

SIE IST SCHWER ZU BEKÄMPFEN Die Acker-Winde gilt als lästiges Unkraut. Sie umschlingt andere Pflanzen und kann diese ersticken. Selbst Unkrautvernichtungsmittel können sie nicht vollständig beseitigen. Nach dem Jäten wächst sie fast immer wieder nach, da man ihre unterirdischen Teile praktisch nie vollständig entfernen kann. Kleinste Bruchstücke entwickeln sich wieder zu neuen Pflanzen.
MERKMALE 20–80 cm, Blütezeit Juni–Sept., mehrjährig. Kletterpflanze. Meist kriechender, seltener windender Stängel aus fleischigem Wurzelstock. Blätter wechselständig, pfeil- bis spießförmig. Blüten einzeln lang gestielt in den Blattachseln, nur einen Tag geöffnet, Krone weiß mit rosa Streifen, trichterförmig, 2,5–4 cm breit, Vorblätter unter dem Kelch klein.
VORKOMMEN Äcker, Weinberge, Gärten, Schuttplätze, Wegränder, Ödflächen. Ganz Europa.

2 | Nessel-Seide

Cuscuta europaea
(Windengewächse)

EIN WINDENDER SCHMAROTZER Die Nessel-Seide ist ein Vollparasit. Der fadenförmige Keimling sucht mit kreisförmigen Bewegungen einen geeigneten Wirt. Nachdem er sich um dessen Stängel gewickelt hat, bildet er kleine Saugorgane, die in die Wirtspflanze eindringen und ihr Wasser und Nährstoffe entziehen.
MERKMALE 30–150 cm, Blütezeit Juni–Aug., einjährig. Kletterpflanze. Fadenförmige, bis etwa 1 m lange, verzweigte, gelblich rötliche Stängel ohne Wurzeln, linkswindend. Blätter schuppenförmig, klein, bleich. Blüten klein, weißlich rötlich, zahlreich in kugeligen Köpfen, Krone bis zu 4 mm lang, 4-zipflig.
VORKOMMEN Meist auf Brennnesseln, Hopfen oder Beifuß, auch auf Weiden, an Ufern, in Hecken. Nährstoffreiche Standorte. Verbreitet. Europa.

3 | Alpenhelm

Bartsia alpina
(Sommerwurzgewächse)

SOMMERWURZGEWÄCHSE SIND SCHMAROTZER Die Pflanzen senken Saugwurzeln in die Wurzeln der Wirtspflanzen und entziehen diesen Wasser und Nährstoffe. Halbschmarotzer wie der Alpenhelm besitzen auch Blattgrün und können durch Fotosynthese selbst Kohlenhydrate bilden.
MERKMALE 20 cm, Blütezeit Juli–Aug., mehrjährig. Stängel stumpf 4-kantig, aufrecht, meist rötlich überlaufen und zottig behaart. Blätter gegenständig, bis zu 2 cm lang, breit oval. Blüten einzeln in den Achseln der oberen Blätter, Kelch glockig, violett überlaufen, Krone bis zu 2,5 cm lang, schwarzrot bis blauviolett.
VORKOMMEN Alpine Quellsümpfe, Zwergstrauchbestände. Sudeten, Vogesen, Südschwarzwald, Schweizer Jura vereinzelt, in den Alpen zerstreut.

4 | Acker-Wachtelweizen

Melampyrum arvense
(Sommerwurzgewächse)

FÄRBT DAS MEHL BLAU Die Früchte enthalten weizenkornähnlich geformte und etwa ebenso große schwarze Samen. Gelangten sie früher ins Mehl oder Brot, färbte sich dieses bläulich. Der wissenschaftliche Name *Melampyrum* leitet sich von griech. *melas* = schwarz und *pyros* = Weizen ab. Die Pflanze ist ein Halbschmarotzer auf Getreide und anderen Gräsern.
MERKMALE 15–50 cm, Blütezeit Juni–Sept., einjährig. Stängel aufrecht, nur wenig verzweigt. Blätter gegenständig, schmal lanzettlich, unterhalb der Blütenregion glattrandig, zum Blütenstand breiter und lang gezähnt, oberste dekorativ purpurviolett überlaufen. Blüten zu mehreren in zylindrischer Ähre, Krone bis zu 2 cm lang, im Lippenbereich und an der Basis überwiegend purpurrot, sonst weißlich gelb.
GIFTIG!
VORKOMMEN Getreideäcker, Gebüschränder, sonnige Hecken, Wege. Auf eher trockenen, nährstoffreichen Böden in fast ganz Europa.

1

2

3

4

1 | Roter Zahntrost
Odontites vulgaris
(Sommerwurzgewächse)

GEHÖRT ZU DEN HALBSCHMAROTZERN Mit ihren Wurzeln zapft die Pflanze das Wurzelwerk ihrer Wirtspflanzen für Wasser und Mineralstoffe an, ernährt sich aber sonst durch Fotosynthese. Wegen ihres relativ späten Blühtermins sind die Blüten wichtig für Wildbienen.
MERKMALE 10–45 cm, Blütezeit Mai–Okt., einjährig. Sehr formenreich. Aufrechte oder ausgebreitete, sparrig verzweigte Stängel. Blätter gegenständig, um 1 cm breit, 2–4 cm lang, schmal oval, grob gezähnt. Blüten in einseitswendigen, beblätterten Trauben an den Zweigenden, Kelch 4-zipflig, meist rötlich überlaufen, Krone ca. 1 cm lang, fleisch- oder weinrot bis purpurrosa, 2-lippig, Oberlippe helmförmig, Unterlippe gerade, mit 4 dunkleren Flecken.
VORKOMMEN Wegränder, Waldwege, Weiden. An im Sommer warmen Standorten, auch an trittbelasteten Stellen. Ganz Europa.

2 | Sumpf-Läusekraut
Pedicularis palustris
(Sommerwurzgewächse)

WIRKT GEGEN LÄUSE Der Name Läusekraut geht auf die frühere Verwendung als Mittel gegen Läuse und anderes Ungeziefer zurück. Der Halbschmarotzer wird von kräftigen Hummeln bestäubt, die die schmale Öffnung der Kronröhre auseinanderdrücken, um an den Nektar zu gelangen. Kleinere Hummeln beißen die Blüten seitlich an.
MERKMALE 30–50 cm, Blütezeit Mai–Juni, zweijährig. Formenreich. Stängel aufrecht, meist unverzweigt, kahl. Blätter wechselständig, sitzend, bis zur Mittelrippe tief fiederteilig. Blüten in kopfig gedrängten Ähren, Krone bis zu 2,2 cm lang, hellpurpurn, Oberlippe sichelförmig, an der Spitze mit 2 stumpfen Zähnen. **GIFTIG!**
VORKOMMEN Nasswiesen, Feuchtheiden, Nieder- und Zwischenmoore, verträgt Überflutung. Zerstreut. **GESCHÜTZ**t.

3 | Schuppenwurz
Lathraea squamaria
(Sommerwurzgewächse)

WÄCHST AUCH OHNE LICHT Die Schuppenwurz lebt als Vollschmarotzer auf ausdauernden Pflanzen, hauptsächlich Erle, Hasel und Pappel. Sie senkt Saugwurzeln in deren Wurzeln und entnimmt ihnen alles, was sie zum Wachsen und Gedeihen benötigt: Wasser, Nährsalze und organische Substanzen. So braucht die Schuppenwurz kein Licht und kann an sehr dunklen Stellen im Wald wachsen. Der Wurzelstock der Schuppenwurz kann mehrere Kilogramm schwer werden.
MERKMALE 10–30 cm, Blütezeit März–Mai, mehrjährig. Liegende, an den Enden aufsteigende, fleischige Stängel. Blätter wechselständig, schuppenförmig kurz, ohne Blattgrün. Blüten in dichter, einseitswendiger, meist etwas überhängender Ähre, Krone um 1 cm lang, hellrosa bis weißlich violett, Unterlippe etwas heller.
VORKOMMEN Auenwälder, Schluchtwälder. Meist in kleinen Gruppen von der Ebene bis in mittlere Gebirgslagen in fast ganz Europa.

4 | Blutrote Sommerwurz
Orobanche gracilis
(Sommerwurzgewächse)

DER WIRT IST ENTSCHEIDEND In Deutschland gibt es etwa 20 Sommerwurz-Arten, die alle Vollschmarotzer auf jeweils ganz bestimmten Wirtspflanzen sind. Sommerwurz-Arten sehen sich sehr ähnlich und lassen sich am besten über ihren jeweiligen Wirt bestimmen. Die Blutrote Sommerwurz parasitiert auf Schmetterlingsblütlern wie Klee und Ginster.
MERKMALE 15–50 cm, Blütezeit Mai–Sept., ein- bis mehrjährig. Stängel aufrecht, unverzweigt, recht schlank, an der Basis wenig verdickt, rötlich gelb, drüsig behaart, nur im unteren Teil mit bleichen Schuppenblättern. Blüten in schlanker, endständiger Ähre, Krone bis zu 2,5 cm lang, 2-lippig, gelblich, zum Rand weinrot-bräunlich überlaufen.
VORKOMMEN Meist in Halbtrockenrasen, Magerwiesen, Gebüschsäumen. Selten.

1

2

3

4

1 | Rotes Waldvögelein
Cephalanthera rubra
(Orchideengewächse)

DIE PERLEN DER HEIMISCHEN FLORA Alle in Deutschland vorkommenden Orchideen-Arten sind Geschützt. Ihr Bestand ist nicht nur durch Sammler, sondern vor allem durch den Verlust geeigneter Lebensräume gefährdet, zumeist durch Intensivierung der landwirtschaftlichen Nutzung. Obwohl die Blüten des Roten Waldvögeleins keinen Nektar produzieren, wird die Art durch kleine Wildbienen-Arten bestäubt. Diese verwechseln die Blüten anscheinend mit denen blaublütiger Glockenblumen-Arten, die am gleichen Standort vorkommen.
MERKMALE 30–70 cm, Blütezeit Mai–Juli, mehrjährig. Gedrungener Wurzelstock. Oft gebogener oder geschlängelter Stängel. Blätter 5–12 cm lang, bis zu 3 cm breit, mehr oder weniger 2-zeilig angeordnet. Blüten rosa bis rotlila, 2,5–4 cm, Lippe ohne Sporn, vorderer Teil 3-eckig, mit bis zu 10 bräunlichen Längsrippen.
VORKOMMEN Meist im Halbschatten lockerer Wälder auf kalkreichem Boden. Fehlt im Tiefland meist, im Bergland teils nicht selten. **GESCHÜTZT.**

2 | Braunrote Stendelwurz
Epipactis atrorubens
(Orchideengewächse)

EINST AUF DÜNEN Die nach Vanille duftenden Blüten werden von Wespen, Hummeln und Honigbienen besucht. Früher fand man diese Art auch an Dünen-Standorten, worauf auch der seltener benutzte Name »Strandvanille« hindeutet.
MERKMALE 20–70 cm, Blütezeit Juni–Aug., mehrjährig. Waagerecht kriechender, kurzer Wurzelstock. Blätter eiförmig bis länglich eiförmig, 4–8 cm lang, 4 cm breit. Blüten 12–18 mm, dunkel purpurrot, nach Vanille duftend, zu 6–40 in einer lockeren Ähre.
VORKOMMEN Auf kalkreichen Böden, lockere Trockenwälder, steinige Hängen. V. a. im Bergland, im Flachland selten. **GESCHÜTZT.**

3 | Breitblättrige Stendelwurz
Epipactis helleborine
(Orchideengewächse)

BREITET SICH AUS Die Breitblättrige Stendelwurz ist eine der wenigen Orchideen-Arten, die auch in der modernen Kulturlandschaft geeignete Lebensräume findet und in manchen Gegenden sogar in Ausbreitung begriffen ist. Ihre staubfeinen Samen können mit dem Wind kilometerweit fliegen und an den Rändern von Waldwegen oder in gehölzreichen Gärten für Überraschung sorgen.
MERKMALE 20–80 cm, Blütezeit Juli–Sept., mehrjährig. Kurzer, dicker Wurzelstock. Blätter eiförmig, obere zunehmend lanzettlich, bis zu 13 cm lang, 7 cm breit. Blüten grünlich, oft rot überlaufen, 2–2,5 cm, sporn- und duftlos, zu 13–80 in einer lockeren Ähre.
VORKOMMEN Meist an etwas offenen Stellen in Wäldern (Lichtungen, Wegränder), vorzugsweise auf kalkreichem Boden. In den meisten Gegenden nicht selten. **GESCHÜTZT.**

4 | Mücken-Händelwurz
Gymnadenia conopsea
(Orchideengewächse)

LOCKT FALTER AN Der lange, dünne Blütensporn weist auf die Bestäuber dieser Orchidee hin: Tag- und Nachtfalter, die ihren dünnen Rüssel gut durch den weniger als 1 mm breiten Eingang in die Röhre einführen und den reichlichen, im Gegenlicht gut sichtbaren Nektar aufsaugen. An manchen Standorten duften die Pflanzen besonders intensiv in der Abenddämmerung.
MERKMALE 25–60 cm, Blütezeit Mai–Aug., mehrjährig. Flache, handförmig geteilte Knollen. Blätter lanzettlich, bis zu 20 cm lang, 3 cm breit. Bis zu 15 cm lange, dichte, zylindrische Ähre mit bis zu 140 Blüten, Blüten 10–15 mm, rosa bis rotviolett, selten weiß, sehr langer, dünner, abwärts gerichteter Sporn, Blüten duften stark.
VORKOMMEN Moorige Wiesen, Magerrasen, lichte Wälder. Trockene und feuchte, meist kalkhaltige Böden. Fast ganz Europa. **GESCHÜTZT.**

1

2

3

4

1 | Schwarzes Kohlröschen
Nigritella nigra
(Orchideengewächse)

LIPPE NACH OBEN Beim Kohlröschen ist der Fruchtknoten nicht gedreht, sodass die Lippe nach oben weist. Bei den meisten Orchideen-Arten ist er um 180° gedreht, was zu der typischen, nach unten gerichteten Lippenstellung führt. Das seltenere **ROTE KOHLRÖSCHEN** *(Nigritella rubra)* hat hellrote Blüten in einem stärker gestreckten Blütenstand. Es blüht etwa 2 Wochen vor dem Schwarzen Kohlröschen und hat eine an der Basis tütenförmig zusammengezogene Lippe.
MERKMALE 5–20 cm, Blütezeit Mai–Aug., mehrjährig. Handförmig geteilte Knolle. Blätter bis zu 10 cm lang, 8 mm breit, an der Stängelbasis rosettig gehäuft. Blüten 10–15 mm, dunkelrot bis schwarzpurpurn, selten rosa oder gelb, nach Vanille duftend, in zunächst kegelförmiger, später kugeliger bis eiförmiger, dichter Ähre, Lippe 3-eckig zugespitzt, nach oben gerichtet.
VORKOMMEN Sonnige Bergwiesen, trockene Rasen, 1400–2400 m. Meist auf Kalkböden.
GESCHÜTZT.

2 | Fliegen-Ragwurz
Ophrys insectifera
(Orchideengewächse)

VERLOCKEND Die Blüten ahmen in Form, Farbe und Behaarung Insektenweibchen nach und bilden Sexuallockstoffe, mit denen normalerweise Grabwespenweibchen paarungsbereite Männchen anlocken. Letztere versuchen deshalb, sich mit den Blüten zu paaren, und transportieren dabei den Blütenstaub von einer Blüte zur anderen.
MERKMALE 15–40 cm, Blütezeit Mai–Juni, mehrjährig. Rundliche Knollen. Stängel gelbgrün, aufrecht. Blätter schmal lanzettlich, bis zu 9 cm lang, 1 cm breit. Blüten 12–18 mm, Lippe dunkelbraun, mit 2 schmalen Seitenlappen und 2 breiten Endlappen, in der Mitte blau glänzender Fleck, 3 Blütenblätter gelbgrün, 2 fadenförmig, braun.
VORKOMMEN Magere Rasen, lichte Kiefernwälder. Kalkreiche Böden. Fast ganz Europa.
GESCHÜTZT.

3 | Bienen-Ragwurz
Ophrys apifera
(Orchideengewächse)

AUCH OHNE BESTÄUBUNG Die Blüten der Bienen-Ragwurz ahmen ebenfalls Insektenweibchen nach. Wissenschaftler beobachten besonders seit den 90er-Jahren, dass die Pflanze öfters an neuen Standorten auftritt. Außer der Klimaerwärmung trägt hierzu sicher bei, dass sie auch ohne Bestäubung Samen bildet. Bei guten Bedingungen blühen bereits 3–4 Jahre alte Pflanzen. Viele heimische Orchideen blühen erst nach 10 Jahren.
MERKMALE 20–40 cm, Blütezeit Mai–Juni, mehrjährig. Rundliche Knollen. Blätter lanzettlich, bis zu 13 cm lang, 3 cm breit, immergrün. Blüten 2–2,5 cm, Lippe oval, hochgewölbt, am Grund mit 2 behaarten Seitenhöckern, dunkelbraun, gelblich gezeichnet, übrige Blütenblätter rosa oder weißlich.
VORKOMMEN Mager- und Halbtrockenrasen, lichte Eichen-Kiefernwälder. Kalkreiche Böden an warmen Standorten. Mittel- und Südeuropa.
GESCHÜTZT.

4 | Breitblättriges Knabenkraut
Dactylorhiza majalis
(Orchideengewächse)

FINGERWURZ Knabenkraut-Arten werden wegen ihrer fingerförmig geteilten Knollen auch »Fingerwurz« genannt. Im Volksglauben verglich man die dunkle Knolle des Vorjahrs mit einer Teufelshand, die helle neue Knolle mit einer Marienhand, welche am 24. Juni, dem Johannistag, gegen Krankheiten wirken sollte.
MERKMALE 15–40 cm, Blütezeit Mai–Juni, mehrjährig. Fingerförmig geteilte Knolle. Blätter eiförmig bis eiförmig lanzettlich, 6–16 cm lang, bis zu 5 cm breit, meist deutlich dunkel gefleckt. Blüten heller oder dunkler purpurrot, Lippe mit dunkleren Punkten und Schleifen, Sporn leicht nach unten gebogen.
VORKOMMEN Auf Feuchtwiesen. Deutlich zurückgegangen. **GESCHÜTZT.**

1

2

3

4

1 | Geflecktes Knabenkraut
Dactylorhiza maculata
(Orchideengewächse)

WINZIGE SAMEN Wie alle Orchideen bildet auch das Gefleckte Knabenkraut staubfeine, mit einer losen Hülle versehene Samen aus. Diese sind so hervorragend an eine Verbreitung durch den Wind angepasst, dass sie bis zu 10 km weit fliegen können. Allerdings enthalten sie praktisch keine Reservestoffe und nur einen winzigen Keimling. Für das Wachstum des Keims ist deshalb die Lebensgemeinschaft mit einem Pilz erforderlich.
MERKMALE 10–60 cm, Blütezeit Mai–Aug., mehrjährig. Untere Blätter breit lanzettlich, dunkelgrün, oberseits dunkelbraun gefleckt. Blütenähre anfangs kegelförmig, später zylindrisch, 20–70 meist blassviolette Orchideenblüten, Lippe 0,5–1 cm lang, mit Punkten und Mustern, 2 Blütenblätter stehen seitlich ab.
VORKOMMEN Feuchte Magerrasen, Heidemoore, Heiden. Nasse oder feuchte, modrige oder humusreiche Böden. Fast ganz Europa. **GESCHÜTZ**t.

2 | Manns-Knabenkraut
Orchis mascula
(Orchideengewächse)

KNOLLEN STEHLEN BLÜTEN DIE SCHAU Die immer paarweise stehenden Knollen erinnern an Hoden (griech. *orchis* = Hoden). Im 1. Jahrhundert n. Chr. beschrieb der griechische Gelehrte Dioskurides, dass man durch den Genuss dieser Knollen das Geschlecht eines Kindes beeinflussen könne.
MERKMALE 15–50 cm, Blütezeit Mai–Juni, mehrjährig. Eiförmige Knollen. Blätter rosettig an der Stängelbasis, lanzettlich, 4–17 cm lang, 3,5 cm breit, oft dunkel gefleckt oder gesprenkelt. Blüten in lockerer, gleichmäßiger Ähre zu 20–70, rosa bis purpurrot, bis zu 2,5 cm, Lippe ungeteilt oder 3-lappig, am Grund meist aufgehellt und mit dunklen Punkten gezeichnet, aufrecht gerichteter Sporn.
VORKOMMEN Magere Gebirgswiesen, Halbtrockenrasen, lichte Wälder, Auenwälder, Steinbrüche. Ganz Europa. **GESCHÜTZT.**

3 | Helm-Knabenkraut
Orchis militaris
(Orchideengewächse)

HELMFÖRMIGE BLÜTE Der Pollen ist wie bei allen Knabenkräutern in 2 gestielten Pollenpaketen (Pollinien) verpackt. Diese liegen über dem Eingang des Sporns und heften sich mit Klebscheiben an Rüssel oder Kopf des Blütenbesuchers. Wenig später neigen sich die Stiele der Pollinien nach vorn, sodass der Pollen beim nächsten Blütenbesuch auf die Narbe trifft.
MERKMALE 25–45 cm, Blütezeit Mai–Juni, mehrjährig. Eiförmige Knollen. Blätter schmal oval, 5–15 cm lang, bis zu 4 cm breit, am Stängelgrund rosettenartig gehäuft. 20–50 Blüten in zylindrischer, dichter Ähre (**3A**), hellrosa, 20–25 mm groß, Lippe mit 2 breiten Seitenlappen, am Ende in 2 ähnlich breite Lappen geteilt, in der Mitte mit dunkleren Punkten, übrige Blütenblätter neigen sich zu einem geschlossenen Helm (**3B**).
VORKOMMEN Magerrasen, Böschungen, moorige Wiesen, Flussauen, lichte Gebüsche. Kalkreiche, humushaltige Böden an etwas wärmeren Standorten. Fast ganz Europa. **GESCHÜTZT.**

4 | Kleines Knabenkraut
Orchis morio
(Orchideengewächse)

HILFREICHE KNOLLE Die Knolle dieser und anderer Arten war früher als Salep bekannt. Sie enthält Schleim und Stärke. Der Schleim linderte die Beschwerden bei Husten, Mund- und Rachenentzündungen, Sodbrennen und Verdauungsstörungen.
MERKMALE 10–40 cm, Blütezeit April–Juni, mehrjährig. Eiförmige Knollen. Blätter lanzettlich, 2,5–12 cm lang, bis zu 2 cm breit. Blüten variabel, 13–18 mm groß, Lippe breiter als lang, violett, rosa oder weiß, in der Mitte mit einem länglichen, hellen, meist rot gezeichneten Fleck, übrige Blütenblätter bilden einen innen grün gestreiften Helm.
VORKOMMEN Nährstoffarme, trockene Rasen und Wiesen. Süd- bis Mitteleuropa, Nordafrika, Westasien. **GESCHÜTZT.**

1

2

3A

3B

4

1 | Weinbergs-Lauch
Allium vineale
(Lauchgewächse)

WILDER VERWANDTER DES SCHNITT-LAUCHS Der Weinbergs-Lauch vermehrt sich hauptsächlich über Brutzwiebeln, die aus umgewandelten Blütenanlagen entstehen (**1A**). Die Tochterpflanzen haben dasselbe Erbgut wie die Mutterpflanze.
MERKMALE 30–70 cm, Blütezeit Juni–Aug., mehrjährig. Stängel bis zur Mitte beblättert. Junge Blätter stielrund, ältere mit Rinne, röhrig, graurün. Blüten rot bis grünlich weiß, 4–5 mm lang, Blütenstand oft ohne Blüten, aber mit vielen, oft austreibenden Brutzwiebeln (**1B**). Pflanze riecht nach Knoblauch, schmeckt scharf. **ESSBAR**.
VORKOMMEN Weinberge, Parkrasen, Wegränder, Obstbaumwiesen. Besonders auf nährstoff- und kalkreichen Böden in Weinbaugebieten.

2 | Gewöhnliche Schachblume
Fritillaria meleagris
(Liliengewächse)

HÜBSCHE BLÜTEN Der auch als Kiebitzei bekannte Frühblüher verdankt seine beiden deutschen Namen dem Muster der Blüten. Innen haben die Blütenblätter eine Längsfurche, die Nektar enthält und Bienen und Hummeln anlockt.
MERKMALE 15–30 cm, Blütezeit Apr.–Mai, mehrjährig. Stängel in der oberen Hälfte mit 4–6 graugrünen Blättern. Blüten einzeln, seltener zu 3–4, bis zu 4 cm lang, hängend, bauchig-glockig, schachbrettartig purpurrot und weiß gefleckt, selten reinweiß. **GIFTIG!**
VORKOMMEN Ungedüngte, nicht vor Anfang Juni gemähte Überschwemmungs- und Nasswiesen. Selten. Äußerst gefährdet, da es kaum noch geeignete Standorte an Flüssen gibt. **GESCHÜTZT.**

3 | Türkenbund
Lilium martagon
(Liliengewächse)

GOLDENE ZWIEBEL FÜR ALCHEMISTEN Die Blüten locken Schwärmer an, die beim Saugen des Nektars vor den Blüten schweben. Andere Schmetterlinge können sich auf den ölig überzogenen Blütenblättern kaum festhalten. Wichtig war früher die goldfarbene Zwiebel: Die Alchemisten des 16. Jahrhunderts setzten sie bei ihren Experimenten zur Goldherstellung ein. Sie sollte auch als Amulett um den Hals von zahnenden Kindern helfen sowie gegen »goldene Adern«, ein alter Name von Hämorrhoiden, wirken.
MERKMALE 40–100 cm, Blütezeit Juni–Juli, mehrjährig. 2–5 cm große Zwiebel. Blätter breit lanzettlich, bis zu 15 cm lang, 4 cm breit, in der Stängelmitte quirlständig, darüber und darunter wechselständig. Blüten rötlich violett, dunkel gefleckt, ca. 5 cm groß, nickend, turbanartig zurückgeschlagene Blütenblattzipfel, Traube mit 10 oder mehr Blüten.
VORKOMMEN Wälder mit krautigem Unterwuchs, Gebüsche, Bergwiesen bis etwa 2400 m. Auf Kalkböden im Halbschatten. Gebirge Europas. **GESCHÜTZT.**

4 | Schwanenblume
Butomus umbellatus
(Schwanenblumengewächse)

FLECHTMATERIAL FÜR KÖRBE Der Name »Schwanenblume« bezieht sich auf den langen, dünnen, biegsamen Blütenstiel, den man mit einem Schwanenhals verglich. Wächst die Pflanze in tieferem Wasser, blüht sie nicht und bildet bandförmige Blätter. Früher stellte man aus diesen Körbe und Matten her. Als Zierpflanze für Gartenteiche bieten Gärtnereien Pflanzen aus Kulturen an.
MERKMALE 50–150 cm, Blütezeit Juni–Aug., mehrjährig. Wasserpflanze, kriechender Wurzelstock. Blätter 3-kantig, 50–100 cm lang, nach oben verschmälert, zugespitzt. Blüten in 20–50-blütigen Scheindolden auf einem die Blätter überragenden Stängel, 2–3 cm groß, 6 rosafarbene Hüllblätter.
VORKOMMEN Ufer oder Ufernähe von flachen, stehenden oder langsam fließenden, nährstoffreichen Gewässern und Gräben. Fast ganz Europa.

1A

1B

2

3

4

1 | Weiße Seerose
Nymphaea alba
(Seerosengewächse)

EIN BETT FÜR KÄFER Die Weiße Seerose gehört in der heimischen Flora zu den Rekordhaltern für die längsten Blatt- und Blütenstiele (bis zu 3 m) und die größten Blüten. Lufthaltiges Gewebe in den Stielen sorgt für Auftrieb der Blätter und Blüten im Wasser. Die Blüten sind nachts geschlossen und dienen Käfern und Fliegen, die die Blüten auch bestäuben, als Schlafstätte.
MERKMALE 50–250 cm, Blütezeit Juni–Aug., mehrjährig. Wasserpflanze, im Schlamm wurzelnd. Blätter schwimmend. Blüten weiß, seltener rötlich, bis zu 20 cm, zahlreiche spiralig angeordnete Blütenblätter, zahlreiche Staubblätter, nur bei Sonne geöffnet.
GIFTIG!
VORKOMMEN Teiche, Altwässer, ruhige Seen. In stehendem oder sehr langsam fließendem Wasser mit 1–3 m Wassertiefe. Fast ganz Europa.
GESCHÜTZT.

2 | Fieberklee
Menyanthes trifoliata
(Fieberkleegewächse)

ENTHÄLT VIELE BITTERSTOFFE Wie viele andere bitter schmeckende Pflanzen verordnete man früher Fieberklee bei Fieber. Er enthält jedoch keine fiebersenkenden Wirkstoffe. Ein Tee aus der Pflanze regt den Appetit an und fördert die Verdauung. Wildvorkommen der Pflanze sind geschützt. Besonders durch Entwässerungsmaßnahmen sind viele Standorte gefährdet.
MERKMALE 15–30 cm, Blütezeit Mai–Juli, mehrjährig. Stängel als 1–2 cm dicker Wurzelstock im Bodenschlamm. Blätter 15–30 cm lang gestielt, 3-zählig gefiedert, Fiedern eiförmig, glattrandig, etwas fleischig. Blüten 1–1,6 cm breit, in dichter, aufrechter Traube, Krone in der Knospe rötlich, nach dem Aufblühen weiß, am Rand bärtig behaart. **GIFTIG!**
VORKOMMEN Verlandende Teiche, kleine Seen, Flachmoore, nasse Wiesen. Nord- und Mitteleuropa, in Südeuropa im Gebirge. **GESCHÜTZT.**

3 | Wassernuss
Trapa natans
(Wassernussgewächse)

MIT DORNEN BESETZT Die Früchte der Wassernuss haben dornige Fortsätze, die der Klettverbreitung, z B. durch Wasservögel, dienen. Die nussartig schmeckenden Samen sind sehr stärkereich und wurden von der Jungsteinzeit bis Anfang des 20. Jahrhunderts verzehrt.
MERKMALE 60–300 cm, Blütezeit Juli–Aug., einjährig. Schwimmpflanze mit Blattrosette. Blätter rautenförmig, grob gezähnt, Blattstiele blasig aufgetrieben. Blüten weiß, 4-zählig, einzeln in den Blattachseln, Kelch mit hornförmigen Fortsätzen. Holzige Frucht mit Dornen.
VORKOMMEN Warme, stehende Gewässer. Selten, z. B. in den Altwässern des Rheins.
GESCHÜTZT.

4 | Sumpf-Herzblatt
Parnassia palustris
(Spindelbaumgewächse)

TÄUSCHT INSEKTEN EINE REICHE BELOHNUNG VOR Die gelblichen Köpfchen in den Blüten glänzen, als ob sie von Nektar feucht wären und damit Insekten einen zuckerreichen Saft bieten könnten. In Wirklichkeit sondern sie jedoch nur Wasser ab. Die schalenförmigen Blüten wirken aber nicht nur wegen des vermeintlichen Nahrungsangebots attraktiv auf Fliegen: Wie in einem Parabolspiegel werden die Sonnenstrahlen in der Blüte gebündelt. So entsteht ein geheizter Rastplatz.
MERKMALE 10–25 cm, Blütezeit Juli–Sept., mehrjährig. Grundblätter herzförmig, lang gestielt, bogige Hauptnervatur, im unteren Drittel des Stängels ein einziges stängelumfassendes Blatt. Blüten einzeln, lang gestielt, 1–3,5 cm groß, mit weißer, grünlich gestreifter Krone,
5 Staubblätter, vor jedem Kronblatt ein verzweigtes Gebilde mit glänzenden Köpfchen.
VORKOMMEN Niedermoore, Quellmoore, Moorwiesen, nasse Magerrasen und Schutthänge. Bis auf über 2500 m. Fast ganz Europa, im Süden nur im Gebirge. **GESCHÜTZT.**

1
2
3
4

1 | Christophskraut
Actaea spicata
(Hahnenfußgewächse)

VÖGEL FRESSEN DIE BEEREN Im Gegensatz zu allen anderen heimischen Hahnenfußgewächsen hat das Christophskraut keine Balgfrüchte, sondern Beeren, die, wenn sie reif sind, glänzend schwarz werden und von Vögeln verbreitet werden. Die Blätter der Pflanze riechen beim Zerreiben unangenehm scharf wie Schwefelhölzer. Die Pflanze spielte eine große Rolle im Volksglauben und ist nach dem heiligen Christoph benannt.
MERKMALE Bis zu 60 cm, Blütezeit Mai–Juli, mehrjährig. Stängel aufrecht, wenig verzweigt. Blätter wechselständig, lang gestielt, doppelt 3-zählig. Blüten in dichten Trauben, 4-zählig, weiß, 1 cm. Beeren glänzend schwarz. **GIFTIG!**
VORKOMMEN Feuchte, schattige Standorte, Schlucht- und Hangwälder, Hochstaudenfluren, auf Kalk. Im Norden seltener bis fehlend.

2 | Busch-Windröschen
Anemone nemorosa
(Hahnenfußgewächse)

BILDET IM FRÜHJAHR WEISSE BLÜTENTEPPICHE Die Pflanze nutzt als Frühblüher die guten Lichtverhältnisse im Wald, bevor das Laub der Bäume austreibt und Schatten wirft. Bereits im Mai oder Juni, nach der Fruchtreife, zieht es seine oberirdischen Teile zurück und überdauert unterirdisch bis zum nächsten Jahr. Außer über Samen vermehrt es sich auch über unterirdische Verzweigungen. Eine Gruppe mit 100 blühenden Stängeln kann zu einer einzigen Pflanze gehören.
MERKMALE 10–25 cm, Blütezeit Febr.–April, mehrjährig. Grundständige Blätter gestielt, handförmig geteilt, Stängelblätter in einem 3-zähligen Hochblattquirl. Blüten einzeln, reinweiß oder hellrosa überlaufen, kein Kelch, meist 6 Kronblätter, viele Staubblätter. Frucht aus zahlreichen, 1-samigen Nüsschen.
GIFTIG!
VORKOMMEN Laub- und Nadelwälder, Gebüsche, Bergwiesen. Auf frischen bis feuchten Böden. Fast ganz Europa.

3 | Großes Windröschen
Anemone sylvestris
(Hahnenfußgewächse)

REFLEKTIERT DAS LICHT Das Weiß der Blüten entsteht nicht durch einen Farbstoff, sondern durch luftgefüllte Räume zwischen den Zellen, an deren Grenzflächen sich das Licht bricht. Drückt man die Blüten kräftig, wird die Luft verdrängt und das Gewebe wirkt glasig. Der Blütenstaub der Windröschen ist für Insekten einfach zu erreichen und wird von Bienen, Fliegen und Käfern gesammelt. Die langhaarigen Früchtchen stehen auf aufrechten Stängeln, sodass der Wind sie gut erreichen und verblasen kann.
MERKMALE 15–35 cm, Blütezeit April–Juni, mehrjährig. 2–6 lang gestielte grundständige Blätter, bis zum Grund 3–5-teilig, in der Mitte des Stängels 3 Stängelblätter. Meist nur eine Blüte pro Pflanze, 3–7 cm groß, duftend, Hüllblatt weiß, außen behaart. Früchtchen mit langen weißen Haaren.
GIFTIG!
VORKOMMEN Lichte Kiefern- und Laubwälder, Waldränder, Böschungen, Halbtrockenrasen. Meist auf kalkhaltigem Boden. Mitteleuropa.
GESCHÜTZT.

4 | Christrose
Helleborus niger
(Hahnenfußgewächse)

GIFTIGES NIESPULVER Früher trocknete man die schwarzbraunen Wurzelstöcke, pulverisierte sie und stellte daraus Niespulver her. Daher rührt auch der ebenfalls gebräuchliche Name »Schwarze Nieswurz«. Auch gegen Geisteskrankheiten und Schwermut sowie als Abführmittel sollte sie helfen.
MERKMALE 15–50 cm, Blütezeit Dez.–März, mehrjährig. Blätter geteilt, nur leicht gezähnt. Blüten meist einzeln, weiß, bis zu 10 cm, Blütenblätter bleiben nach der Blüte erhalten. **GIFTIG!**
VORKOMMEN Laubwälder, Kiefernwälder, Gebüsche. Auf kalkhaltigen Böden. Oft auch als Zierpflanze in Gärten. Alpen sowie Gebirge in Südosteuropa. **GESCHÜTZT.**

1

2

3

4

Blütenfarbe weiß
(Hahnenfußgewächse / Erdrauchgewächse)

1 | Gewöhnlicher WasserHahnenfuß
Ranunculus aquatilis
(Hahnenfußgewächse)

BLÄTTER SIND ANS WASSER ANGEPASST Die Art ist ein Beispiel für umweltbedingte Verschiedenblättrigkeit. Die Unterwasserblätter sind fadenförmig zerteilt und fallen außerhalb des Wassers pinselförmig zusammen, während die Schwimmblätter gelappt sind. Zudem können fiederteilige Landblätter ausgebildet sein.
MERKMALE Bis zu 3 m lang, Blütezeit Mai–Sept., ein- bis mehrjährig. Wasserpflanze. Flutende Stängel. Schwimmblätter 3-teilig, untergetauchte Blätter haarfein zerschlitzt. Blüten einzeln in den oberen Blattachseln, lang gestielt aus dem Wasser ragend, duftend, bis zu 1,5 cm, weiß.
VORKOMMEN Nährstoffreiche, kalkarme, flache, stehende oder langsam fließende Gewässer, Schwimmblattpflanzengürtel. Weltweit verbreitet, aber bei uns stark zurückgegangen.

2 | Flutender Wasser-Hahnenfuß
Ranunculus fluitans
(Hahnenfußgewächse)

EINE KINDERSTUBE FÜR FISCHE Die ausgedehnten Bestände des Flutenden Wasserhahnenfuß werden von Fischen gern als Laichplätze genutzt. Die Pflanze ist mit ihren fein zerteilten, schlaffen Blättern ideal an fließendes Wasser angepasst. Die Blätter setzen der Strömung nur wenig Widerstand entgegen und werden kaum zerstört, sondern umspült. Gleichzeitig nimmt die Pflanze so über die Blattoberfläche Nährsalze und Gase auf.
MERKMALE 50–600 cm, Blütezeit Juni–Aug., mehrjährig. Wasserpflanze. Flutende Stängel. Blätter alle untergetaucht, bis zu 25 cm lang, dicklich fadenförmig, mehrfach zipflig geteilt. Blüten einzeln auf langen Stielen über der Wasseroberfläche, bis zu 3 cm breit, weiß mit gelbem Grund.
VORKOMMEN In strömenden bis schnell fließenden Bächen und Flüssen mit sauerstoffreichem Wasser. Besonders Mitteleuropa.

3 | Gletscher-Hahnenfuß
Ranunculus glacialis
(Hahnenfußgewächse)

WAGT SICH IN GROSSE HÖHEN Der Gletscher-Hahnenfuß ist sehr gut an den beweglichen Schuttuntergrund seines Standorts angepasst. Der knollig verdickte Wurzelstock ist mit zahlreichen Faserwurzeln im Untergrund verankert. Die Grundblätter werden von scheidigen Nebenblättern vor Verletzungen geschützt. Die Art zählt zu den am höchsten vorkommenden Blütenpflanzen der Alpen. Sie konnte auf dem Finsteraarhorn noch in 4275 m Höhe gefunden werden.
MERKMALE 5–20 cm, Blütezeit Juli–Aug., mehrjährig. Stängel niederliegend oder aufsteigend. Blätter fleischig, glänzend grün, überwiegend grundständig, in 3–5 gestielte Abschnitte geteilt, obere Stängelblätter sitzend, mit schmal lanzettlichen Abschnitten. Blüten zunächst weiß, später rosa bis purpurrot, 1,5–3 cm, Kelchblätter rotbraun behaart.
VORKOMMEN Felsspalten, Moränen, kalkarmer Gesteinsschutt, oft in der Nähe von Schneeflecken. Oberhalb von 2300 m.

4 | Rankender Lerchensporn
Ceratocapnos claviculata
(Erdrauchgewächse)

KLETTERT ZUM LICHT Der Name Lerchensporn geht darauf zurück, dass der Blütensporn an die Form von Lerchenzehen erinnern soll. Mithilfe seiner Wickelranken klettert der Rankende Lerchensporn in Kräutern und niedrigem Gebüsch.
MERKMALE 50–100 cm, Blütezeit Mai–Sept., einjährig. Kletterpflanze. Stängel dünn, 4-kantig, wenig standfest. Blätter blassgrün, doppelt gefiedert und mit einer gabeligen Endranke (Wickelranke). Blüten zu 5–12 in dichten Trauben, 5–6 mm lang, milchig weiß, kurz gespornt. Fruchtkapsel mit 2–3 Samen.
VORKOMMEN Saure Sand- und Lehmböden, lichte Wälder, Gebüsch, Felsen, Heiden. Selten.

1

2

3

4

1 | Gewöhnliches Hexenkraut
Circaea lutetiana
(Nachtkerzengewächse)

GILT ALS ZAUBERPFLANZE Die Art hat keulenförmige Früchte (**1B**). Mit ihren Häkchen bleiben sie sehr leicht an Tieren und auch an den Kleidern des Menschen hängen. So können sie über große Strecken verbreitet werden. Vielleicht trug das etwas unheimliche, unbemerkte Anhängen der Früchte an die Kleidung zum Namen »Hexenkraut« und *Circaea* bei. Circe war eine Zauberin der griechischen Mythologie.
MERKMALE 20–70 cm, Blütezeit Juni–Aug., mehrjährig. Stängel zur Spitze hin flaumig behaart. Blätter gegenständig, kurzstielig, auf den Nerven behaart. 2 weiße Kronblätter (**1A**), tief 2-spaltig, dadurch scheinbar 4-zählig. Nussfrüchte mit Widerhaken (**1B**).
VORKOMMEN Wälder, Waldwege, Gebüsche, Auen. Auf feuchten Böden. Fast ganz Europa.

2 | Rundblättriges Wintergrün
Pyrola rotundifolia
(Heidekrautgewächse)

KAM ALS FORSTBEGLEITER ZU UNS Während die übrigen bei uns heimischen Heidekrautgewächse wie Preiselbeere oder Heidekraut holzig sind, ist diese grün überwinternde Art krautig. Ihre Staubbeutel öffnen sich in den meist hängenden Blüten mit Poren und lassen die Pollenkörner wie aus Salzstreuern auf die Blütenbesucher rieseln. Der eigentliche Verbreitungsschwerpunkt fast aller Arten liegt in der nordischen Tundra. V. a. durch Aufforstungen mit Nadelholzsämlingen aus diesen Gebieten kamen sie auch nach Mitteleuropa, sind hier aber wieder stark im Rückgang.
MERKMALE 15–30 cm, Blütezeit Juni–Juli, mehrjährig. Pflanze mit verzweigtem, dünnem Rhizom. Stängel stumpfkantig. Blätter in grundständiger Rosette, gestielt, immergrün. Traubiger Blütenstand mit bis zu 30 Blüten, leicht glockige, weiße oder seltener rosa Blüten.
VORKOMMEN Frische, saure, humose Standorte, Nadelwälder, Birkenmoorwälder.

3 | Knöllchen-Knöterich
Bistorta vivipara
(Knöterichgewächse)

FUTTER FÜR SCHNEEHÜHNER Im unteren Teil des Blütenstands sitzen purpurne Brutknospen zur vegetativen Vermehrung. Sie werden auch über Schneehühner, die sie aufnehmen, verdauen und wieder ausscheiden, verbreitet.
MERKMALE Bis zu 30 cm, Blütezeit Juni–Aug., mehrjährig. Stängel kahl, aufrecht, unverzweigt. Blätter schmal lanzettlich, nur die unteren gestielt, Blattrand aufwärts gebogen. Blüten in ährigem Blütenstand, weiß.
VORKOMMEN Frische, kalkarme Standorte, Magerrasen, Bergwiesen. Bis in 2000 m Höhe.

4 | Japanischer Flügelknöterich
Fallopia japonica
(Knöterichgewächse)

EIN AGGRESSIVER NEUANKÖMMLING Die Art kam um 1825 erstmals als dekorative Blattpflanze in europäische Parks. 1847 erhielt sie in den Niederlanden sogar eine Goldmedaille als »interessante neue Pflanze«. Auch als Viehfutter und zur Festigung von Abhängen wurde sie kultiviert. Die Art verwilderte jedoch bald und wurde zu einem lästigen Unkraut. Sie wächst sehr rasch und duldet kaum andere Pflanzen in ihrer Nähe. So kann sie einheimische Pflanzen großflächig von Fluss- und Bachufern verdrängen. Der **5 SACHALIN-FLÜGELKNÖTERICH** *(Fallopia sachalinensis)* und der **BASTARD-FLÜGELKNÖTERICH** (*Fallopia × bohemica*) sind ähnliche Arten, die ebenfalls heimische Pflanzen verdrängen.
MERKMALE 100–200 cm, Blütezeit Juli–Sept., mehrjährig. Blätter wechselständig, oft in 2 Zeilen angeordnet, breit eiförmig, 5–13 cm lang. Blüten in 3–10 cm langen Rispen, 5 grünlich weiße Blütenblätter, Blüte gestielt. Frucht geflügelt.
VORKOMMEN Gepflanzt, verwildert oder eingebürgert an Ufern und in Uferwäldern. Auf nassen, nährstoffreichen Böden. Fast ganz Europa. Invasiv.

1A

1B

2

3

4

5

1 | Giersch
Aegopodium podagraria
(Doldenblütler)

BEI GÄRTNERN EIN GEFÜRCHTETES UNKRAUT Die deutsche Bezeichnung »Geißfuß« soll sich auf die Form der Teilblättchen beziehen, die oft dem Tritt einer Ziege ähneln. Volksmedizinisch trinkt man den »Zipperleintee« gegen Rheuma und Gicht. Junge Stängel und Blätter eignen sich auch für Suppen und Gemüse.
MERKMALE 50–90 cm, Blütezeit Juni–Juli, mehrjährig. Stängel meist kahl, kantig. Blätter doppelt 3-zählig gefiedert, Fiedern oval, gezähnt, bis zu 4 cm breit, 10 cm lang. Blüten in zusammengesetzten Dolden ohne Hülle und Hüllchen, weiß oder grünlich weiß. **ESSBAR**.
VORKOMMEN Feuchte Wälder, Waldränder, Ufer, Gärten, Parks. Im Halbschatten. Von der Ebene bis ins Gebirge. Fast ganz Europa.

2 | Wiesen-Kerbel
Anthriscus sylvestris
(Doldenblütler)

TRITT IM FRÜHJAHR IN MASSEN AUF Stark gedüngte Wiesen verwandelt der Wiesen-Kerbel oft gemeinsam mit dem Scharfen Hahnenfuß (S. 204) im Frühjahr in weiß-gelbe Blütenmeere. Im Gegensatz zum Garten-Kerbel riecht die Pflanze zerrieben nicht besonders gut und eignet sich nicht als Gewürz. In Verbindung mit Sonnenlicht kann der Saft sonnenbrandähnliche Hautreaktionen auslösen.
MERKMALE 60–150 cm, Blütezeit April–Juli, mehrjährig. Stängel aufrecht, verzweigt, gerillt, kahl, nur an der Basis rau behaart, nie rötlich gefleckt. Blätter 2–3-fach gefiedert, Fiedern oberseits glänzend dunkelgrün. Blüten in zusammengesetzten Dolden (meist) ohne Hülle, aber mit 4–8 schmalen Hüllchenblättern, weiß, Dolden 6–12 cm. Spaltfrucht 6–10 mm lang, kahl, glänzend, schwarzbraun.
VORKOMMEN Gedüngte Wiesen, Wegränder, grasige Haine. Von der Ebene bis ins Gebirge. Ganz Europa.

3 | Wiesen-Kümmel
Carum carvi
(Doldenblütler)

EIN ALTBEKANNTES GEWÜRZ Bereits in vorgeschichtlichen Pfahlbausiedlungen fand man Kümmelkörner und schloss daraus, dass sie schon damals als Gewürz verwendet wurden. Außer dem aromatischen Geschmack schätzt man auch ihre verdauungsfördernde Wirkung. Kümmel wirkt krampflösend, lindert Blähungen, Magen-Darm-Krämpfe und Völlegefühl und soll den Fluss der Muttermilch fördern.
MERKMALE 30–80 cm, Blütezeit Mai–Juli, zweijährig. Stängel ästig, kahl, aufrecht. Blätter 2–3-fach gefiedert mit sehr schmalen Zipfeln, duften beim Zerreiben würzig aromatisch. Blüten in zusammengesetzten Dolden mit ungleich langen Strahlen, meist ohne Hülle und Hüllchen, Kronblätter weiß oder rötlich, breit herzförmig. Spaltfrucht 3–3,5 mm lang, Teilfrüchte gebogen, gerippt, riechen zerrieben aromatisch. **ESSBAR**.
VORKOMMEN Wiesen und Weiden v. a. der Mittelgebirge und Gebirge, Wegränder. Auf mäßig nährstoffreichen Böden. Fast ganz Europa.

4 | Acker-Hundspetersilie
Aethusa cynapium
(Doldenblütler)

GEFÄHRLICHER DOPPELGÄNGER Sie sieht glattblättrigen Sorten der Garten-Petersilie ähnlich, sollte aber nicht mit ihr verwechselt werden: Die Pflanze gilt als stark giftig und eine Verwechslung kann zu tödlichen Vergiftungen führen. Zerriebene Blätter riechen allerdings im Gegensatz zur Garten-Petersilie unangenehm.
MERKMALE 20–100 cm, Blütezeit Juni–Okt., einjährig. Stängel aufrecht, bläulich bereift, oft rötlich. Blätter 2–3-fach gefiedert, mit schmalen Abschnitten, oberseits glänzend dunkelgrün. Blüten weiß, in zusammengesetzter Dolde ohne Hülle, Döldchen mit 3 hängenden Hüllchenblättern. **GIFTIG!**
VORKOMMEN Brachen, Hackfruchtäcker, Gärten. Weit verbreitet.

1

2

3

4

1 | Wald-Engelwurz
Angelica sylvestris
(Doldenblütler)

ALTE HEILPFLANZE Der Namensbezug zu »Engeln« leitet sich von den hochgelobten Heilkräften der verwandten Echten Engelwurz *(Angelica archangelica)* ab. Früher verwendete man die Wald-Engelwurz als Gemüse und stellte gelegentlich auch kandierte Stängel her. Als Heilpflanze half sie bei Husten und Magenleiden. Heute wird die Art nicht mehr verwendet.
MERKMALE 80–150 cm, Blütezeit Juli–Sept., mehrjährig. Stängel rund, hohl, weißlich bereift. Blätter 2–3-fach fiederteilig, die unteren länger als 50 cm, Blattscheiden bauchig aufgeblasen. Blüten in zusammengesetzten Dolden mit
20–40 Strahlen, 8–20 cm breit, stark gewölbt, Hülle fehlt oder nur 1–3 Blättchen, Hüllchenblätter zahlreich, lineal. Spaltfrucht 4–6 mm lang, stark abgeflacht, randliche Rippen geflügelt.
VORKOMMEN Auenwälder, feuchte Wälder, Ufer, nasse Wiesen, Wegränder. Von der Ebene bis ins Gebirge. Ganz Europa.

2 | Echter Sellerie
Apium graveolens
(Doldenblütler)

TRADITIONELLE NUTZ- UND HEILPFLANZE In der Küche verwendet man Knolle und Blattstiele, die stärkste Heilkraft sitzt aber in den Samen: Sie enthalten ein komplexes ätherisches Öl. Der Tee ist wassertreibend, fördert Appetit und Verdauung. Mit Zucker zu Sirup eingekochter Knollensaft diente als Hustenmittel. Nicht verwenden bei Nierenentzündung.
MERKMALE 30–100 cm, Blütezeit April–Okt., zweijährig. Stängel gefurcht, aufrecht, hohl, meist verzweigt. Grundblätter lang gestielt, Stängelblätter kürzer bis sitzend, 1–2-fach gefiedert, oberseits glänzend dunkelgrün, Fiedern breit oval, gezähnt. Blüten in zusammengesetzten Dolden ohne Hülle und Hüllchen, weiß bis gelblich grün. Teilfrüchte mit 3 hellen Rippen. Pflanze duftet intensiv. **ESSBAR**.
VORKOMMEN Feuchtwiesen in Küstennähe, aber weithin kultiviert.

3 | Wilde Möhre
Daucus carota
(Doldenblütler)

WILDFORM DER KULTURMÖHRE Die schwarzen »Mohrenblüten« im Zentrum der Dolde helfen bei der Bestäubung: Die Dolden werden von Fliegen besucht. Diese landen am liebsten dort, wo schon andere Fliegen sitzen. Die dunklen Blüten wirken deshalb als Fliegenattrappen.
MERKMALE 30–100 cm, Blütezeit Juni–Sept., zweijährig. Stängel aufrecht, rund, stark borstig behaart. Relativ dünne, weiße Wurzel. Blätter mehrfach gefiedert mit schmalen Endzipfeln, bei den oberen Blättern noch schlanker, duften beim Zerreiben nach Mohrrübe. Blüten klein, weiß, zahlreich in zusammengesetzter, anfangs napfförmiger, aufgeblüht konvex gewölbter Dolde (**3A**) mit dunkler Mittelblüte, während der Fruchtreife nestartig eingekrümmt (**3B**).
VORKOMMEN Wiesen, Ödflächen, Wegränder, Steinbrüche, Bahnhofsareale. Auf eher trockenen, meist kalkreichen Böden. Fast ganz Europa.

4 | Gewöhnlicher Klettenkerbel
Torilis japonica
(Doldenblütler)

REIST IM FELL VON TIEREN Die hakig bestachelten Früchte werden von Tieren verbreitet. Da die Art bei uns heimisch ist, trägt sie den Namensbestandteil *japonica* zu Unrecht.
MERKMALE 30–120 cm, Blütezeit Juli–Aug., einjährig überwinternd. Stängel aufrecht, von Grund an verzweigt, meist rötlich braun, durch rückwärts gerichtete Borstenhaare rau. Blätter wechselständig, 2–3-fach fiederteilig mit schmalen Zipfeln. Blüten in zusammengesetzten Dolden mit Hülle und Hüllchen sowie mit borstigen Strahlen, Krone weiß bis rosa.
VORKOMMEN Laubwälder, Waldwegränder, Gebüschsäume. Häufig.

1

2

3A

3B

4

1 | Wasserschierling
Cicuta virosa
(Doldenblütler)

GEFÄHRLICHE GIFTPFLANZE Die Pflanze führte früher immer wieder zu Vergiftungen, da man sie aufgrund ihres Geruchs mit Sellerie, Pastinak oder Petersilie verwechselte. In Preußen erließ man deshalb ein Gesetz, nach dem die Pflanze ausgerottet werden sollte. Das Gift des Wasserschierlings führt zu Krämpfen, Bewusstlosigkeit und Tod.
MERKMALE 60–120 cm, Blütezeit Juli–Sept., mehrjährig. Stängel aufrecht, kahl. Kräftiger Wurzelstock. Blätter 2–3-fach gefiedert, Fiedern schmal lanzettlich, scharf gezähnt, bis zu 8 cm lang. Blüten zahlreich in zusammengesetzten Dolden mit wenigen (mitunter fehlenden) Hüll- und vielen Hüllchenblättern, weiß. **GIFTIG!**
VORKOMMEN Ufer von Tümpeln, verlandende Seen, Gräben. Im flachen Wasser oder auf nassen Böden. Besonders Nord- und Mitteleuropa.

2 | Gefleckter Schierling
Conium maculatum
(Doldenblütler)

Blüte etwa 2 mm groß

SOKRATES WAR SEIN BERÜHMTESTES OPFER Vergiftungen mit der etwas nach Mäuseharn riechenden Pflanze führen zu Brennen im Mund, Sehstörungen und Lähmungen. Der Tod tritt durch Atemlähmung ein – meist bei vollem Bewusstsein. Im Altertum verabreichte man zum Tode Verurteilten einen Schierlingsbecher.
MERKMALE 80–180 cm, Blütezeit Juni–Sept., zweijährig. Stängel rund, bläulich bereift, rot oder violett gefleckt (typisch) oder gestreift. Blätter 2–4-fach gefiedert oder fiederspaltig, dunkelgrün. Blüten in 2–5 cm großen Dolden. Pflanze kahl. **GIFTIG!**
VORKOMMEN An Gräben, Schuttplätzen, Wegrändern in Dörfern. An im Sommer warmen Standorten. Fast ganz Europa.

3 | Riesen-Bärenklau
Heracleum mantegazzianum
(Doldenblütler)

BERÜHMT-BERÜCHTIGTER EINWANDERER Die auch als Herkulesstaude bekannte Pflanze stammt aus dem Kaukasus, von wo sie als Bienenweide eingeführt wurde. Heute ist die Art vielerorts zu einem lästigen Unkraut geworden. Sie verdrängt heimische Pflanzen, und ihre Giftigkeit macht den Umgang mit ihr zum Problem. Kommt bei Sonnenschein Pflanzensaft auf die Haut, entzündet diese sich und bildet Blasen wie bei Verbrennungen. Diese heilen nur langsam ab. Zurück bleibt oft eine lang anhaltende braune Pigmentierung.
MERKMALE 200–350 cm, Blütezeit Juli–Sept., mehrjährig. Stängel kantig gefurcht, am Grund armdick. Blätter bis zu 1 m lang, tief 3–5-teilig. Blüten weiß, in 10–50 cm breiten zusammengesetzten Dolden, ohne Hülle, aber mit Hüllchenblättern. **GIFTIG!**
VORKOMMEN An Ufern, Straßen, Waldschlägen. Oft Einzelpflanze. Eingebürgert in fast ganz Europa.

4 | Wiesen-Bärenklau
Heracleum sphondylium
(Doldenblütler)

ATTRAKTIVE DOLDEN Die vergrößerten Kronblätter der Randblüten erhöhen den Schaueffekt der Dolden, sodass sie besonders attraktiv auf Insekten wirken. Nach Kontakt können ähnliche Hautreaktionen wie beim Riesen-Bärenklau auftreten. Diese sind jedoch meist nicht so heftig.
MERKMALE 50–150 cm, Blütezeit Juni–Sept., mehrjährig. Stängel aufrecht, steif borstig behaart, kantig gefurcht. Blätter grobschnittig gefiedert oder stark gelappt, oberseits dicht steifhaarig, grob gezähnt, mit auffälliger, gestreifter Blattscheide und meist dunkelrotem Blattstiel. Blüten weiß, in 5–15 cm breiten zusammengesetzten Dolden mit fehlender bzw. höchstens 6-teiliger Hülle und zahlreichen Hüllchenblättern.
VORKOMMEN Wiesen, Ödflächen, Gräben, Waldränder. Auf frischen, nährstoffreichen Böden. Ganz Europa.

1

2

3

4

1 | Bärwurz
Meum athamanticum
(Doldenblütler)

ROHSTOFF FÜR SCHNAPS Die Bärwurz ist eine typische Gebirgspflanze und wird daher nur in der Volksheilkunde dieser Regionen geschätzt. Die vielleicht bekannteste Zubereitung ist der magenstärkende Bärwurz-Schnaps. Die Wurzel wird aber auch in Form von Tees bei Verdauungsstörungen und zum Anregen des Appetits getrunken. Sie soll auch bei Menstruationsstörungen helfen.
MERKMALE 15–45 cm, Blütezeit Mai–Juni, mehrjährig. Stängel aufsteigend bis aufrecht, fein gerillt, kahl. Blätter mit haarfeinen Fiedern, lebhaft dunkel(gelb)grün. Blüten um 3 mm breit, weiß oder gelblich weiß, äußere weinrot bis rotviolett, in zusammengesetzten Dolden. Pflanze duftet würzig. **ESSBAR**.
VORKOMMEN Bergwiesen, Weiden. Auf nährstoffarmen Böden. Mittelgebirge und Alpen. Europa.

2 | Große Bibernelle
Pimpinella major
(Doldenblütler)

MEDIZINISCH WIRKSAM Die scharf schmeckenden Wurzeln der Großen Bibernelle enthalten ätherisches Öl und eine Reihe weiterer Wirkstoffe. Die »Deutsche Theriakwurzel« wird als Tee oder als Fertigpräparat bei Katarrhen der oberen Luftwege eingenommen. Bei Entzündungen im Mund- und Rachenraum hilft ein Gurgelwasser. In der Volksheilkunde badet man schlecht heilende Wunden in dem Aufguss und trinkt den Tee bei Entzündungen in den ableitenden Harnwegen.
MERKMALE 40–100 cm, Blütezeit Juni–Sept., mehrjährig. Stängel kantig gefurcht. Blätter einfach unpaarig gefiedert. Dolden mit 10–15 Döldchen, Dolden vor dem Aufblühen überhängend, Einzelblüten 2,5 mm breit.
VORKOMMEN Fettwiesen, Viehweiden. Auf tiefgründigen, nährstoffreichen Böden. Europa.

3 | Kleine Bibernelle
Pimpinella saxifraga
(Doldenblütler)

BRENNEND SCHARFE PFEFFERWURZ Diese etwas kleinere Art enthält dieselben Inhaltsstoffe wie die Große Bibernelle. Sie taucht erstmals 1588 in dem berühmten Kräuterbuch von Tabernaemontanus auf und wird dort für zahlreiche Krankheiten empfohlen.
MERKMALE 30–60 cm, Blütezeit Juni–Sept., mehrjährig. Stängel rund, fein gerillt. Blätter einfach gefiedert, mit 7–11 Fiedern, an den oberen Stängelblättern sehr schmal. Blüten in zusammengesetzten Dolden, weiß, Hüll- und Hüllchenblätter fehlen, selten 1–2.
VORKOMMEN Magerrasen, Heiden, Wiesen, Ödland. Auf mageren Böden. Europa bis Zentralasien.

4 | Wald-Sanikel
Sanicula europaea
(Doldenblütler)

FRÜHER UNIVERSELLE HEILPFLANZE Die Art ist der einzige Vertreter der Gattung in Europa, während es in Nordamerika und Ostasien mehrere Arten gibt. Wald-Sanikel enthält Saponin-Verbindungen, die eine auswurffördernde Wirkung haben. Es wurde bei Katarrhen der Atemwege, zum Gurgeln und früher auch bei Magenblutungen und zur Wundheilung verordnet. Im Mittelalter und später, das belegen die Kräuterbücher, galt das Kraut als Heilmittel für eine Vielzahl von Krankheiten (lat. *sanare* = heilen). Heute wird die Pflanze medizinisch nicht mehr verwendet.
MERKMALE 20–60 cm, Blütezeit Mai–Juni, mehrjährig. Stängel aufrecht, wenig verzweigt, kahl. Grundblätter lang gestielt, Spreite rundlich, etwas ledrig, immergrün, tief handförmig mit gezähnten Lappen, Stängelblätter meist fehlend. Blüten klein, in kopfigen Döldchen, Krone weiß oder rosa, außen meist männlich, innen überwiegend zwittrig. Früchte mit hakigen Stacheln.
VORKOMMEN Unterwuchs von Laub- und Mischwäldern. Auf humusreichen Böden. Europa.

1

2

3

4

1 | Großer Wasserfenchel
Oenanthe aquatica
(Doldenblütler)

FRÜHER ALS HEILPFLANZE VERWENDET Der deutsche Name bezieht sich auf die fenchelähnlichen Unterwasserblätter. Der Große Wasserfenchel ist aber nicht essbar, von Weidevieh sind sogar Vergiftungen bekannt.
MERKMALE 30–150 cm, Blütezeit Juni–Aug., ein- bis mehrjährig. Stängel aufrecht, unten bis zu 5 cm dick, rund, hohl, gerillt. Blätter wechselständig, 2-fach gefiedert, untergetauchte Blätter mit fadenförmigen Zipfeln, Zipfel der Luftblätter kürzer und breiter. Blüten in Dolden meist ohne Hülle, aber mit vielen Hüllchenblättern, weiß. **GIFTIG!**
VORKOMMEN Röhricht an Altarmen, in Auenwäldern. Zerstreut, vor allem in den Flusstälern der tieferen Lagen.

2 | Berle
Berula erecta
(Doldenblütler)

VERSTECK FÜR WASSERTIERE Die Pflanze überwintert untergetaucht und ist ein wichtiger Unterschlupf für Fische und Amphibien. Untergetauchte Pflanzen kommen nicht zur Blüte, können aber in fließenden, klaren Gewässern große Gruppen bilden. Die Art heißt auch Schmalblättriger Merk.
MERKMALE Bis zu 80 cm, Blütezeit Juli–Aug., mehrjährig. Stängel rund, hohl, aufrecht, wenig verzweigt. Blätter wechselständig, lang gestielt, unpaarig gefiedert, mit 2–9 Paar ovalen, unregelmäßig eingeschnittenen Fiedern, riechen zerrieben aromatisch. Blüten in zusammengesetzten Dolden mit gezähnten Hüllblättern, weiß.
VORKOMMEN Auf schlammig nassen Böden von Gräben und kleineren Bächen. Ziemlich selten. Fehlt im nordwestlichen Tiefland.

3 | Sumpf-Haarstrang
Peucedanum palustre
(Doldenblütler)

KOMMT IM HOHEN NORDEN VOR Die stark geflügelten Früchte werden mit dem Wind verbreitet, sie können aber auch mit dem Wasser davongetragen werden. Die Art kommt im Norden bis zum Polarkreis vor, fehlt aber eigenartigerweise fast überall in den Alpen, obwohl beide Verbreitungsgebiete sonst viele gemeinsame Arten aufweisen. Der Sumpf-Haarstrang hat um den Griffel einen glänzenden Wulst, der Nektar absondert und typisch für die Doldenblütler ist.
MERKMALE Bis zu 150 cm, Blütezeit Juli–Aug., mehrjährig. Stängel aufrecht, sparrig verzweigt, hohl, gefurcht, oft weinrot überlaufen, jung mit Milchsaft. Blätter wechselständig, bis zu 3-fach fiederteilig mit schmalen Fiedern. Blüten zahlreich in zusammengesetzten Dolden mit Hülle und Hüllchen, zahlreiche zurückgeschlagene Hüllblätter.
VORKOMMEN Lichte Bruchwälder, Ufer, Auen. Gebietsweise selten.

4 | Wassernabel
Hydrocotyle vulgaris
(Araliengewächse)

BESONDERE SCHILDFÖRMIGE BLÄTTER Früher wurde der Wassernabel zu den Doldenblütlern gestellt, doch die moderne Pflanzensystematik hat gezeigt, dass er wie auch der Efeu (S. 382) zu den Araliengewächsen gehört. Die Pflanze ist das einzige Beispiel der heimischen Flora mit peltaten Blättern – das sind kreisrunde Blattspreiten, an denen der Blattstiel wie bei der Kapuzinerkresse in der Mitte der Unterseite ansetzt. Aus Nordamerika stammt der eingeschleppte **GROSSE WASSERNABEL** *(Hydrocotyle ranunculoides)*, der in Gewässern schnell Massenbestände ausbilden kann.
MERKMALE Bis zu 1 m lang, Blütezeit Juli–Aug., mehrjährig. Unauffällig. Stängel fadendünn, kriechend. Blätter 4–20 cm lang gestielt mit schildförmiger, rundlicher Spreite. Blüten in kopfigen Dolden unterhalb der Blätter, Krone rötlich weiß.
VORKOMMEN Feuchte Wiesen, Niedermoore, Gräben, Ufer, Bruchwälder. V. a. im Norden, fehlt in den Alpen.

1

2

3

4

1 | Echte Kamille
Matricaria chamomilla,
Matricaria recutita
(Korbblütler)

KULTURBEGLEITER SEIT DER JUNGSTEINZEIT Bereits im 16. Jahrhundert galt die Echte Kamille bei uns als eine der wichtigsten Heilpflanzen. Sie wurde gegen vielerlei Krankheiten, besonders auch gegen Frauenleiden, eingesetzt. Noch heute gehören die Blütenköpfchen zu den bewährten Heilmitteln. Dank ihrer Inhaltsstoffe lindern sie Entzündungen und Krämpfe. Früher sammelte man die Pflanze zu Heilzwecken wild, heute wird sie auf großen Flächen kultiviert, besonders in Osteuropa und Ägypten.
MERKMALE 15–40 cm, Blütezeit Mai–Aug., einjährig. Stängel meist aufrecht, etwas schlaff, reich verzweigt. Blätter wechselständig, mehrfach gefiedert. Blütenköpfchen kegelig, Zungenblüten weiß, Röhrenblüten goldgelb, Köpfchenboden hohl. Beim Zerreiben duftend. **ESSBAR**.
VORKOMMEN Getreidefelder, Wege, Schuttplätze, Straßenränder. Auf nährstoffreichen Böden. Ganz Europa.

2 | Geruchlose Kamille
Tripleurospermum inodorum
(Korbblütler)

SIE HAT KEINE HEILWIRKUNG Echte und Geruchlose Kamille wachsen oft am gleichen Standort. Die beiden Arten werden öfters miteinander verwechselt. Anhand des fehlenden Duftes und des gefüllten Blütenköpfchens lässt sich die meist kräftigere Geruchlose Kamille jedoch gut von der Echten Kamille unterscheiden. Sie eignet sich gut für Wildblumensträuße.
MERKMALE 10–45 cm, Blütezeit Juni–Okt., ein- bis zweijährig. Stängel verzweigt, oft braunrot. Blätter mit fast fadenförmigen Abschnitten. Blütenköpfchen einzeln, 2,5–5 cm breit, weiße Zungenblüten, gelbe Röhrenblüten, Köpfchenboden gefüllt, gewölbt. Zerrieben ohne Duft.
VORKOMMEN Schuttplätze, an Weg- und Straßenrändern, Mittelstreifen von Autobahnen, Äcker. Ganz Europa.

3 | Acker-Hundskamille
Anthemis arvensis
(Korbblütler)

ZEIGT VERSAUERTE BÖDEN AN Diese Art wird oft mit der Echten und der Geruchlosen Kamille verwechselt. Nachts neigen sich ihre Zungenblüten abwärts, während sie am Tag waagerecht ausgerichtet sind. Die Pflanze enthält nur wenig ätherisches Öl.
MERKMALE 10–50 cm, Blütezeit Juni–Sept., ein- bis zweijährig. Stängel meist ausgebreitet liegend oder aufrecht. Blätter wechselständig, mehrfach gefiedert, beim Zerreiben ohne Duft. Blütenköpfchen 2–3,5 cm breit, flach gewölbt, Köpfchenboden anfangs halbkugelig, später kegelförmig verlängert, nicht hohl, Zungenblüten weiß, Röhrenblüten gelb.
VORKOMMEN Häufig auf Äckern, Brachen, an Wegrändern, v. a. auf kalkfreien, sauren Böden.

4 | Gewöhnliche Margerite
Leucanthemum vulgare
(Korbblütler)

PERLEN FÜR EINE KÖNIGIN Noch heute zupft man von der »Orakelblume« die weißen Zungenblüten, um die Zukunft zu erfahren. Schon Gretchen in Goethes »Faust« befragte die Blume mit »Er liebt mich – er liebt mich nicht ...«. Margerite stammt von franz. *marguerite* und bedeutet »Perle«. Auf den Kleidern der Gemahlin von Heinrich VI., die sich als »Perle unter Perlen« fühlte, prangten deshalb drei gestickte Margeriten. Die Art gehört als »Gewöhnliche Wucherblume« in jeden Wiesenblumenstrauß.
MERKMALE 20–70 cm, Blütezeit Juni–Okt., mehrjährig. Stängel leicht kantig, fest, aufrecht, meist unverzweigt. Blätter wechselständig, spatelförmig, zur Basis grob gezähnt. Blütenköpfchen 4–6 cm breit, einzeln endständig, flach, Zungenblüten weiß, Röhrenblüten goldgelb, Hülle dachziegelartig. **ESSBAR**.
VORKOMMEN Wiesen, Weiden, Halbtrockenrasen, Äcker, Ödflächen, Felsen. Von der Ebene bis ins Hochgebirge. Fast ganz Europa.

1
2
3
4

1 | Wiesen-Schafgarbe
Achillea millefolium
(Korbblütler)

SIE TRÄGT DEN NAMEN EINES HELDEN Schon Achilles, der Held von Troja in der griechischen Mythologie, soll die Heilkraft der Pflanze genutzt haben. Sie enthält ähnliche ätherische Öle wie die Echte Kamille (S. 104) und hilft Wunden zu heilen und Verdauungsbeschwerden zu lindern. Schafe fressen gern die Blätter, lassen aber die Blütenstände stehen. Diese bleiben dann auf Weiden als auffällige Büschel stehen.
MERKMALE 20–120 cm, Blütezeit Juni–Okt., mehrjährig. Stängel aufrecht, steif, meist mit Ausläufern. Blätter meist auch im Winter dunkelgrün, doppelt fiederteilig mit feinen, zipfligen Abschnitten. Blütenköpfchen bis 8 mm breit, in endständigen Doldenrispen, Zungenblüten weiß oder rötlich, Röhrenblüten cremefarben. Riecht zerrieben aromatisch. **ESSBAR**.
VORKOMMEN Wiesen, Weiden, Äcker, Ödland, Rasenflächen. Auf nährstoffreichen Böden von der Ebene bis ins Hochgebirge. Ganz Europa.

2 | Sumpf-Schafgarbe
Achillea ptarmica
(Korbblütler)

VERTRIEB ANGEBLICH HEXEN Die Wurzel schmeckt brennend scharf und wurde früher als Niespulver verwendet. Der Scharfstoff der Wurzel wirkt tödlich auf Insekten. Das Kraut wurde einst zum Blutstillen und zur Stärkung genutzt. In Gärten findet man gelegentlich eine gefülltblütige Form, deren Röhrenblüten in Zungenblüten umgewandelt sind.
MERKMALE 30–90 cm, Blütezeit Juli–Sept., mehrjährig. Stängel aufrecht, kantig, behaart. Blätter linealisch lanzettlich, ungestielt, fein gezähnt. Blütenköpfchen bis zu 1,5 cm breit, flach, zu mehreren in Doldenrispen, außen mit 5–12 weißen Zungenblüten, innen weißliche Röhrenblüten.
VORKOMMEN Häufig an Ufern und Gräben sowie in Nasswiesen. Europa, Asien.

3 | Gewöhnliches Katzenpfötchen
Antennaria dioica
(Korbblütler)

DIE BLÜTEN SCHMÜCKEN TEEMISCHUNGEN In den getrockneten Blütenköpfchen ist eine Reihe von Wirkstoffen enthalten, die in der Schulmedizin allerdings nicht hoch geschätzt werden. Die Volksheilkunde empfiehlt den Tee bei Beschwerden von Galle und Leber sowie bei Durchfall und Erkältung.
MERKMALE 10–20 cm, Blütezeit Mai–Juni, mehrjährig. Zweihäusig. Stängel flockig weißgrau-filzig, oberirdische, beblätterte Ausläufer. Blätter spatelig stumpflich, oberseits kahl, unterseits graufilzig. Blütenköpfchen kopfig gedrängt am Stängelende, 3–7 mm breit, rein männliche meist weiß (**3A**), rein weibliche meist rot (**3B**).
VORKOMMEN Magerrasen und Weiden, Heiden, Kiefernwälder. Auf leicht sauren Böden. Europa, Asien. **GESCHÜTZT.**

4 | Gänseblümchen
Bellis perennis
(Korbblütler)

EINE DER BEKANNTESTEN WILDPFLANZEN Nachts und bei kühlem Wetter sind die Blütenköpfchen geschlossen. Die kleinen Früchte werden vom Wind verblasen, vom Regen aus dem Körbchen gespült oder können bei Nässe an Tieren haften bleiben. Außerdem werden sie von Regenwürmern gefressen und unversehrt wieder abgegeben. Die Blütenköpfchen verschönern Salat und liefern, in Essig eingelegt, einen heimischen Ersatz für Kapern.
MERKMALE 5–15 cm, Blütezeit Jan.–Nov., mehrjährig. Blätter in grundständiger Blattrosette, spatelförmig bis verkehrt eiförmig. Stängel dicht behaart, unbeblättert. Blütenköpfchen einzeln, außen mit weißen, an den Spitzen rötlichen Zungenblüten, innen mit gelben Röhrenblüten. **ESSBAR**.
VORKOMMEN Rasen in Hausgärten und Parks, Wiesen, Weiden. Auf nährstoffreichen Böden an hellen Standorten. Fast ganz Europa.

1

2

3A

3B

4

1 | Feinstrahl-Berufkraut
Erigeron annuus
(Korbblütler)

STAMMT AUS NORDAMERIKA Die Art wurde in Europa Anfang des 17. Jahrhunderts als Zierpflanze eingeführt. Sie ist im 18. Jahrhundert verwildert und hat sich seither weit ausgebreitet.
MERKMALE 50–100 cm, Blütezeit Juni–Sept., ein- bis mehrjährig. Stängel aufrecht. Pflanze behaart bis fast kahl. Unter Blätter rundlich bis lanzettlich, gestielt, obere lanzettlich, kurz gestielt oder sitzend. Blütenköpfchen 1–2 cm breit, in lockerer, doldiger Blütenrispe, Zungenblüten sehr schmal, ausgebreitet, weiß oder blasslila, Röhrenblüten gelb. Essbar.
VORKOMMEN Ufer, Wegböschungen, Bahnschotter, Schuttplätze. In Europa ziemlich häufig.

2 | Kanadisches Berufkraut
Conyza canadensis
(Korbblütler)

HEUTE WELTWEIT VERBREITET Da fruchtende Pflanzen oft wie behaart wirken, heißt die Art auch Katzenschweif. Sie stammt aus dem atlantischen Nordamerika und wurde im 17. Jahrhundert nach Europa eingeschleppt.
MERKMALE 10–80 cm, Blütezeit Juni–Sept., meist einjährig. Stängel aufrecht, glatt oder leicht gerippt, dicht beblättert. Blätter wechselständig, schmal lanzettlich, nach oben schmaler, sitzend. Blütenköpfchen sehr zahlreich in einer langen, beblätterten Rispe (**2A**), bis zu 4 mm breit, Zungenblüten weißlich bis rötlich, Röhrenblüten gelb, Zungenblüten ragen nur wenig aus der Hülle (**2B**).
VORKOMMEN Häufig an Wegrändern, auf Brachen.

3 | Kleinblütiges Knopfkraut
Galinsoga parviflora
(Korbblütler)

WELTWEIT EINES DER HÄUFIGSTEN UNKRÄUTER Die Pflanze stammt aus Südamerika. Der Name »Franzosenkraut« bezieht sich darauf, dass sich die Art Anfang des 19. Jahrhunderts, etwa zur gleichen Zeit wie der Vormarsch der französischen Armee, nach Osten ausbreitete.
MERKMALE 10–60 cm, Blütezeit Mai–Okt., einjährig. Stängel stark verzweigt. Blätter gegenständig, untere Blätter eiförmig. Blütenköpfchen einzeln oder zu wenigen, um 7 mm breit, meist 5 weiße, 3-zipfelige Zungenblüten, zahlreiche gelbe Röhrenblüten. **ESSBAR**.
VORKOMMEN Auf Äckern, Schuttplätzen, in Gärten und Weinbergen. Wächst in fast ganz Europa bis in Höhen von 700 m.

4 | Behaartes Knopfkraut
Galinsoga quadriradiata, Galinsoga ciliata
(Korbblütler)

NEUBÜRGER Die Art stammt wie das ähnliche, aber unbehaarte Kleinblütige Knopfkraut aus Mittel- bzw. Südamerika. Sie verwilderte um 1800–1820 und ist heute fest eingebürgert.
MERKMALE 10–70 cm, Blütezeit April–Okt., einjährig. Stängel aufrecht, verzweigt, im oberen Teil abstehend zottig behaart. Blätter gegenständig, länglich oval, gezähnt, spitz. Blütenköpfchen um 5 mm breit, 4–5 weiße Zungenblüten, nur wenige gelbe Röhrenblüten. **ESSBAR**.
VORKOMMEN Äcker, Gärten, Brachen. Häufig.

5 | Wald-Ruhrkraut
Gnaphalium sylvaticum
(Korbblütler)

EINSTIGE HEILPFLANZE Die Pflanze enthält viele Gerbstoffe und wurde deswegen früher gegen Ruhr (Durchfall) verwendet.
MERKMALE 10–50 cm, Blütezeit Juli–Sept., mehrjährig. Stängel meist steif aufrecht, unverzweigt, graufilzig behaart (Haare anliegend), dicht beblättert. Blätter wechselständig, lanzettlich, nach oben eher linealisch, 1-nervig. Blütenköpfchen zu 1–5 in den Achseln der oberen Stängelblätter, unauffällig gelblich braun.
VORKOMMEN Feuchte Wälder, v. a. Schlagstellen, Wegränder. In den Alpen bis in 1700 m Höhe.

1
2A
2B
3
4
5

Blütenfarbe weiß
(Korbblütler / Kardengewächse / Leinwächse)

1 | Silberdistel
Carlina acaulis
(Korbblütler)

SIE EHRT KARL DEN GROSSEN Die Pflanze ziert viele Wappen. Sie ist auch für Trockengestecke beliebt und wird hierfür angebaut, da sie geschützt ist. Früher verwendete man die Pflanze gegen Schweinekrankheiten und nannte sie deshalb auch »Eberwurz«. Nach einer Legende hat Karl der Große während einer Pestepidemie die Distel im Traum gesehen. Auch wenn sie nicht gegen die Pest hilft, soll sie den wissenschaftlichen Namen *Carlina* ihm zu Ehren tragen.
MERKMALE 5–20 cm, Blütezeit Juli–Sept., mehrjährig. Blätter tief fiederspaltig, stechend, unterseits spinnwebig, in grundständiger Rosette. Blütenköpfchen einzeln am Ende des kurzen Stängels, 6–12 cm breit, nur weiße (**1A**) bis weinrote (**1B**) Röhrenblüten, innere Hüllblätter silbrig weiß, Blütenköpfchen nur bei trockenem Wetter offen.
VORKOMMEN Magere Wiesen und Weiden, steinige Hänge, Trockenrasen. Gebirge Mittel- und Südeuropas, bis ins Hochgebirge. **GESCHÜTZT.**

2 | Edelweiß
Leontopodium nivale ssp. alpinum,
Leontopodium alpinum
(Korbblütler)

NIMBUSPFLANZE DES ALPENRAUMS Der wissenschaftliche Name *Leontopodium* bedeutet »Löwenfüßchen« – man verglich die wollig-filzigen Blütenstände mit kleinen Löwenpranken. Die Behaarung dient der Pflanze im Hochgebirge als Schutz vor zu hoher UV-Strahlung und vor Verdunstung. Für die Gartenkultur gibt es im Fachhandel Pflanzen aus dem Himalaya, die auch im Tiefland sehr gut gedeihen. Wegen des andersartigen Klimas entwickeln sie jedoch keinen dichten Polsterwuchs wie im Hochgebirge.
MERKMALE 5–20 cm, Blütezeit Juli–Aug., mehrjährig. Stängel aufrecht, grauweiß wollig-filzig, locker beblättert. Blätter lanzettlich. Blütenköpfchen zu 2–12 in gedrängter Doldentraube am Stängelende, Stern aus 5–15 weißfilzigen Hochblättern, Köpfchen 4–8 mm breit, äußere Blüten im Körbchen fadenförmig dünn und weiblich, die inneren, röhrenförmigen meist männlich.
VORKOMMEN Felsabsätze, -köpfe, steinige Rasen in 1700–3400 m Höhe. Gebirge Mittel- und Südeuropas. Durch Pflücken und Ausgraben wurden sehr viele Vorkommen zerstört. **GESCHÜTZT.**

3 | Behaarte Karde
Dipsacus pilosus
(Kardengewächse)

SELBSTBESTÄUBUNG UNERWÜNSCHT Die Blüten sind vormännlich: Zuerst ragen die Staubblätter mit schwarzvioletten Staubbeuteln aus den Blüten, erst danach schieben sich die Narben nach draußen. Dies soll Selbstbestäubung verhindern.
MERKMALE 60–120 cm, Blütezeit Juli–Aug., zweijährig. Stängel aufrecht. Blätter gegenständig, kurz gestielt. Gelblich weiße Blüten in 2–2,5 cm großen, dichten Blütenköpfchen, von lanzettlichen Hüllblättern umgeben. Wirkt distelartig.
VORKOMMEN Auf sehr feuchten, nährstoffreichen Böden in Auenwäldern und feuchten Wäldern. Selten.

4 | Purgier-Lein
Linum catharticum
(Leingewächse)

REINIGEND Die Pflanze ist reich an Bitterstoffen und wurde in der Volksmedizin als Abführmittel verwendet (lat. *purgare* = reinigen, abführen). Bei Überdosierung ist sie jedoch stark giftig.
MERKMALE Bis zu 15 cm, Blütezeit Juni–Juli, ein-, seltener zweijährig. Zart, formenreich. Stängel aufrecht. Blätter gegenständig, obere zuweilen wechselständig, etwa 1 cm lang, schmal eiförmig-lanzettlich, stumpf, 1-nervig. Knospen nickend, bis zu 25 Blüten in lockerer, gabelästiger Rispe, weiß, am Grund gelb, 4–6 mm, Kelchblätter drüsenhaarig. **GIFTIG!**
VORKOMMEN Moorwiesen, feuchtere Kalkmagerrasen. In Europa weit verbreitet.

1A
1B
2
3
4

Blütenfarbe weiß
(Kreuzblütler)

1 | Knoblauchsrauke
Alliaria petiolata
(Kreuzblütler)

PASST GUT ZUM KÄSEBROT Wer Knoblauch mag, kann die jungen Blätter der Knoblauchsrauke zerkleinern und zum Würzen, etwa von Quark oder Salaten, verwenden. Sie schmecken und riechen knoblauchähnlich. Außerdem enthalten sie reichlich Vitamin A und C. Die Blätter lassen sich auch auf Vorrat einfrieren. Beim Trocknen dagegen verlieren sie ihr Aroma.
MERKMALE 20–100 cm, Blütezeit April–Juni, einjährig. Blätter wechselständig, lang gestielt, buchtig gekerbt, untere nierenförmig, obere herzförmig. Blüten in endständiger Traube, weiß, bis zu 6 mm breit. Schote 2–7 cm lang, 4-kantig, abstehend. Blätter riechen beim Zerreiben nach Knoblauch. **ESSBAR**.
VORKOMMEN Schattige Bestände an Waldrändern, Hecken, in Gärten sowie Parks. Von der Ebene bis in mittlere Gebirgslagen. Fast ganz Europa.

2 | Gewöhnlicher Meerrettich
Armoracia rusticana
(Kreuzblütler)

kräftige Pfahlwurzel

IM MITTELALTER ERSATZ FÜR TEUREN PFEFFER Der Meerrettich stammt aus Südosteuropa, wird seit alters gepflanzt und ist oft verwildert. Der Name soll an den Wuchsort der wilden Pflanzen in Meeresnähe erinnern. Die geriebenen Wurzeln eignen sich gut als Gewürz für Salate, Soßen und Fleisch, aber nicht jeder mag sie. Frisch gerieben schmecken sie am besten. Medizinisch nutzt man die bakterienabtötende, krampflösende und durchblutungsfördernde Wirkung der Inhaltsstoffe.
MERKMALE 60–120 cm, Blütezeit Mai–Juli, mehrjährig. Wurzel fleischig. Grundblätter bis zu 1 m lang, dicklich, glänzend, Ränder gewellt, stumpf gezähnt, obere Blätter schmal, gezähnt. Blüten in Trauben, 5–9 mm groß, 4 weiße Kronblätter. Schötchen fast kugelig. **ESSBAR**.
VORKOMMEN Wege, Schuttplätze, Straßenränder, Ödflächen, Ufer. Auf nährstoffreichen Böden. Fast ganz Europa.

3 | Acker-Hederich
Raphanus raphanistrum
(Kreuzblütler)

WILDFORM VON RETTICH UND RADIESCHEN Die Art enthält die für alle Kreuzblütler typischen Senfölglykoside, die für den scharfen Geschmack verantwortlich sind. Junge Triebe können roh oder gekocht gegessen werden.
MERKMALE 30–60 cm, Blütezeit April–Sept., einjährig. Stängel insbesondere unten rau behaart. Untere Blätter gefiedert, obere ungeteilt. Kronblätter meist weiß mit violetten Adern, stellenweise hellgelb, dunkler geadert. Schoten perlschnurartig eingeschnürt. **ESSBAR.**
VORKOMMEN Auf Äckern und in Gärten. Häufig. Weltweit.

4 | Acker-Schmalwand
Arabidopsis thaliana
(Kreuzblütler)

LIEBLINGSPFLANZE DER GENETIK Die Art keimt, blüht und fruchtet innerhalb von 6 Wochen, sodass sie pro Jahr mehrere Generationen hervorbringt. Zudem ist sie sehr anspruchslos und lässt sich leicht im Labor kultivieren. Ihr Erbgut ist auf nur 5 Chromosomen-Paare verteilt. So war die Acker-Schmalwand die erste Blütenpflanze, deren Genom im Jahr 2000 vollständig aufgeschlüsselt wurde.
MERKMALE 5–30 cm, Blütezeit April–Mai, einjährig. Stängel unten abstehend behaart. Blätter ganzrandig oder gezähnt, mit gegabelten Haaren. Blüten 4–7 mm. Schoten waagerecht bis abstehend, etwas gebogen, auf dünnen Stielen.
VORKOMMEN Äcker, Magerrasen, Mauern, Schutt, Ödflächen. Pionierpflanze. Häufig von der Ebene bis ins Gebirge.

1

2

3

4

1 | Behaarte Gänsekresse
Arabis hirsuta
(Kreuzblütler)

GÄNSEFUTTER Die Art ist als Futterpflanze wertlos und man überließ sie früher den Gänsen.
MERKMALE 10–80 cm, Blütezeit Mai–Juli, zwei- bis mehrjährig. Stängel steif aufrecht, rauhaarig. Bleibende Blattrosette, Stängel beblättert, Blätter mehr oder weniger dicht behaart. Blüten 2–5 mm (**1A**), in reichblütiger Traube, anfangs doldenähnlich (**1B**), später lang gestreckt. Schoten aufrecht oder anliegend.
VORKOMMEN Magerwiesen, Gebüschränder, Wegraine, lichte Kiefernwälder, meist auf Kalk. Häufig.

2 | Graukresse
Berteroa incana
(Kreuzblütler)

MIT GRAUEM PELZ Die Art schützt sich mit der graufilzigen Behaarung vor Verdunstung. Eine Pflanze kann bis zu 7000 Samen mit hoher Keimfähigkeit ausbilden.
MERKMALE 30–65 cm, Blütezeit Juni–Okt., ein- bis zweijährig. Stängel aufrecht, meist verzweigt. Blüten in dichten, später stark verlängerten Trauben. Schötchen breit elliptisch, 4–9 mm lang, 3–5 mm dick. Ganze Pflanze graugrün filzig.
VORKOMMEN Pionier auf Sandflächen, trockene Standorte wie Wege, Ödflächen. Zerstreut in wärmeren Gegenden.

3 | Feld-Kresse
Lepidium campestre
(Kreuzblütler)

SCHARFES PFLÄNZCHEN Schon im Mittelalter nannte man verschiedene Pflanzen mit scharf-würzigem Geschmack »Kresse«. Bei der beliebten Garten-Kresse handelt es sich um die verwandte Art *Lepidium sativum* mit fiederspaltigen Blättern.
MERKMALE 20–60 cm, Blütezeit Mai–Juni, einjährig. Stängel dicht beblättert, obere Blätter stängelumfassend mit pfeilförmigem Grund. Reichblütige, kurze Trauben, oft mit Seitentrauben, Kronblätter spatelförmig. Schötchen breit eiförmig, auf waagerechten Stielen. **ESSBAR**.
VORKOMMEN Meist auf Kalk. Hackfruchtäcker, Wege, Schuttplätze, Steinbrüche, Ödland. Im Süden zerstreut, im Norden selten.

4 | Pfeilkresse
Cardaria draba, Lepidium draba
(Kreuzblütler)

ZUWANDERER Die aus Vorderasien stammende Pflanze wanderte erst im 18. Jahrhundert ein. Sie vermehrt sich vegetativ durch Wurzelsprosse.
MERKMALE 20–50 cm hoch, Blütezeit Juni–Juli, mehrjährig, aufrecht. Blätter buchtig gezähnt, an der Basis herzförmig-pfeilförmig, stängelumfassend, meist kahl, hellgrün. Blüten in doldigen Trauben, weiß. Schötchen herzförmig.
VORKOMMEN Nährstoffreiche, warme Standorte, Schotter, Wegränder, Böschungen, Bahndämme, Brachen, Rohbodensiedler.

5 | Echte Brunnenkresse
Nasturtium officinale
(Kreuzblütler)

GESUNDES WINTERGEMÜSE Brunnenkresse enthält Senföle, Vitamin A und C sowie reichlich Mineralstoffe. Sie liefert herb-pikanten und gesunden Salat oder Gemüse, muss allerdings gut geputzt werden, da oft Wasserschnecken und andere Wassertiere an ihr sitzen. Ab dem Mittelalter kultivierte man Brunnenkresse in Westeuropa, ab dem 16. Jahrhundert auch in Thüringen in besonderen Wasserbeeten (Kressegärten), um sie in den Wintermonaten ernten zu können.
MERKMALE 20–80 cm, Blütezeit Mai–Okt., mehrjährig. Stängel oft untergetaucht, schwimmend oder kriechend. Blätter wechselständig, mit rundlichen Fiedern, etwas dicklich, im Winter grün bleibend. Triebe nach der Blüte lila. **ESSBAR**.
VORKOMMEN In Bächen, Gräben und Quellen mit klarem, kühlem, fließendem Wasser. Von der Ebene bis ins Gebirge in ganz Europa.

1A
2
1B
3
4
5

Blütenfarbe weiß
(Kreuzblütler)

1 | Bitteres Schaumkraut
Cardamine amara
(Kreuzblütler)

MIT VITAMIN C GEGEN SKORBUT Die Pflanzen bilden Ausläufer und treten so oft truppweise auf. Die Art ähnelt der Brunnenkresse (S. 114), diese trägt jedoch gelbe Staubbeutel, während die Staubbeutel des Bitteren Schaumkrauts violett sind.

Staubbeutel violett

Die Blätter sind essbar und liefern bereits früh im Jahr Vitamin C, allerdings schmecken sie – wie der Name verrät – bitter.
MERKMALE Bis zu 50 cm, Blütezeit April–Juni, mehrjährig. Stängel aufrecht, kantig, nicht hohl. Blätter mit 3–5 Fiederpaaren. Blüten weiß, bis zu 1,2 cm breit, Staubbeutel violett. Schoten aufrecht abstehend, 2–4 cm lang, stabförmig. **ESSBAR**.
VORKOMMEN Nasse, nährstoffreiche, schattige Standorte, Bäche, Gräben, Nasswiesen, Feuchtwälder. In Mitteleuropa weit verbreitet.

2 | Spring-Schaumkraut
Cardamine impatiens
(Kreuzblütler)

SEINE SAMEN SPRINGEN DAVON In der reifen Frucht entstehen Spannungen. Bei Berührung rollen sich die beiden Fruchtklappen dann ruckartig nach außen. Dabei werden die Samen bis zu 5 m weit weggeschleudert.
MERKMALE 10–85 cm, Blütezeit Mai–Juli, einjährig. Rosettenblätter bald absterbend, Stängelblätter unpaarig gefiedert mit 5–9 Fiederpaaren und etwas größerer Endfieder. Unscheinbare Blüten in Trauben, Kronblätter oft fehlend. Schoten 2–3 cm lang, abstehend.

Schote öffnet sich

VORKOMMEN Schlucht- und Laubwälder, Waldwege, auf feuchten, nährstoffreichen Kalk- und Lehmböden. Zerstreut.

3 | Viermänniges Schaumkraut
Cardamine hirsuta
(Kreuzblütler)

REAGIERT AUF BERÜHRUNG Wie beim Spring-Schaumkraut entstehen in der reifen Frucht Spannungen, und die Samen werden beim Aufreißen mehr als 1 m weit weggeschleudert.
MERKMALE 7–30 cm, Blütezeit März–Juni, einjährig. Pflanze mit Blattrosette und mehreren 2–4-blättrigen Stängeln. Stängelblätter mit je 1–7 rundlichen Fiederpaaren und einer Endfieder, mit einzelnen Haaren. Blütentrauben erst doldenartig, später verlängert, Kronblätter schmal, gelegentlich fehlend. Schoten steil aufrecht stehend.
VORKOMMEN Auf nährstoffreichen Böden in Gärten, Parks, Gärtnereien, Wege, Äcker, in Blumentöpfen. Früher selten, ist die Art seit 3 Jahrzehnten jedoch in Ausbreitung begriffen.

4 | Hirtentäschelkraut
Capsella bursa-pastoris
(Kreuzblütler)

DIE FRÜCHTE SIND UNVERWECHSELBAR Das Gewöhnliche Hirtentäschel erhielt seinen Namen von der Ähnlichkeit der herzförmigen Früchte mit den Umhängetaschen mittelalterlicher Hirten. In China nutzt man das Kraut als Gemüsepflanze, in Europa als Heilpflanze bei unregelmäßigen Regelblutungen und Nasenbluten. Die Art ist eine typische Pionierpflanze, sie kann bis zu 40 000 Samen pro Pflanze hervorbringen.

Blüte mit aufrechten Kelchblättern

MERKMALE 2–70 cm, Blütezeit Jan.–Dez., ein- bis zweijährig. Rosettenblätter buchtig gelappt, Stängelblätter lanzettlich, pfeilförmig stängelumfassend. Blüten in lockerer Traube, Kelchblätter aufrecht. Frucht typisch herzförmig. Blüht und fruchtet auch im Schnee.
VORKOMMEN Auf Äckern, Ödflächen, Schuttplätzen, in Gärten, an Wegen. Von der Ebene bis ins Gebirge. Ganz Europa.

1
2
3
4

1 | Echtes Löffelkraut
Cochlearia officinalis
(Kreuzblütler)

VITAMINLIEFERANT FÜR SEEFAHRER Wegen des hohen Vitamin-C-Gehalts war das Kraut bei Seefahrern beliebt, denn es war ein gutes Mittel gegen Skorbut (»Skorbutkraut«). In der Volksheilkunde galt es als verdauungsfördernd und harntreibend, es wurde bei mangelndem Appetit, Gicht, Rheuma und Magenbeschwerden genommen.
MERKMALE 20–50 cm, Blütezeit Mai–Juni, zwei- bis mehrjährig. Stängel kantig gefurcht. Grundblätter fleischig, nierenförmig, obere Blätter sitzend, wintergrün. Blüten in dichten Trauben, schwach duftend, Kronblätter 3–7 mm lang. Ähnlich dem **2 DÄNISCHEN LÖFFELKRAUT** *(Cochlearia danica)*, das aber überwiegend gestielte Stängelblätter hat.
VORKOMMEN Salzrasen an den Küsten von Nord- und Ostsee. **GESCHÜTZT.**

3 | Frühlings-Hungerblümchen
Draba verna
(Kreuzblütler)

UNSCHEINBARER FRÜHBLÜHER Die Pflanze keimt im Herbst, überwintert als Rosette und blüht im Frühling. Sie besiedelt nährstoffarme Böden, auf denen sich Kulturpflanzen nicht optimal entwickeln. Das Hungerblümchen ist also ein Anzeiger für »Hungerböden«. Früher glaubte man, dass eine Missernte bevorsteht, wenn im Frühjahr sehr viele Hungerblümchen blühen.
MERKMALE 3–15 cm, Blütezeit März–Mai, einjährig. Blätter in grundständiger Rosette, elliptisch bis lanzettlich, ganzrandig, zuweilen mit 1–2 Zähnen, mit 2–4-strahligen Haaren. Blüten weiß, teils rötlich, tief 2-spaltig. An geöffneter Frucht bleibt eine helle Wand stehen, zahlreiche Samen, junge Früchte oft noch mit Blütenresten. Blätter welken noch vor der Fruchtreife.
VORKOMMEN Äcker, Wege, Mauern, Gleisanlagen, Flachdächer, lückige Magerrasen, Sandrasen, Kies- und Ödflächen. Ganz Europa.

4 | Acker-Hellerkraut
Thlaspi arvense
(Kreuzblütler)

AN DEN FRÜCHTEN LEICHT ZU ERKENNEN Die münzenähnlichen Früchte geben dem Hellerkraut den Namen. An ihrem breiten Rand kann sich der Wind verfangen. Er reißt die reifen Früchte auf und sorgt dafür, dass die Samen verbreitet werden. Aus den Samen presste man früher Brenn- und Speiseöl.
MERKMALE 10–50 cm, Blütezeit April–Aug., einjährig. Pflanze kahl. Stängel kantig. Grundblätter gestielt, Stängelblätter sitzend, pfeilförmig, unregelmäßig gezähnt. Blüten in endständiger, abgeflachter Traube. Früchte fast kreisrund, vorn eingeschnitten, flach, breit geflügelt. Meist Blüten und Früchte gleichzeitig. Pflanze riecht zerrieben etwas nach Lauch. Essbar.
VORKOMMEN In Äckern, Weinbergen, auf Schuttplätzen, Ödland. Auf nährstoffreichen Böden. Ganz Europa.

5 | Durchwachsenblättriges Kleintäschelkraut
Microthlaspi perfoliatum,
Thlaspi perfoliatum
(Kreuzblütler)

REGEN HILFT BEI DER AUSBREITUNG Die Früchte der auch als Stängelumfassendes Hellerkraut bekannten Art stehen waagerecht ab und sind löffelartig vertieft. Fallen Regentropfen darauf, biegen sich die Fruchtstiele nach unten und die Fruchtklappen lösen sich. Beim Zurückschnellen werden die Samen bis 80 cm weit geschleudert.
MERKMALE 7–20 cm, Blütezeit März–Juni, einjährig. Stängel rund. Blätter ganzrandig oder schwach gezähnt, obere Blätter herzförmig stängelumfassend. Blüten in reichblütiger Traube, anfangs kopfig dicht, später verlängert, Kronblätter spatelförmig, 2–2,5 mm lang. Schötchen verkehrt herzförmig, vorn breit geflügelt.
VORKOMMEN Sonnige, lückige Standorte auf Magerrasen, Wegen, Äckern, in Weinbergen. Im Süden häufig, im Norden selten oder fehlend.

1

2

3

4

5

1 | Gewöhnliches Tellerkraut
Claytonia perfoliata
(Quellkrautgewächse)

SPINATERSATZ DER INDIANER NORDAMERIKAS Im Winter kann man die mild schmeckenden Blätter als Winterpostelein, Winter-Portulak oder Kubaspinat kaufen. Sie passen gut in Mischsalate.
MERKMALE 7–20 cm, Blütezeit April–Juni, einjährig. Blätter etwas fleischig, saftig grün, untere lang gestielt, Blattspreite eiförmig bis rhombisch eiförmig. Blütenstängel mit 2 teller- oder schüsselartig verwachsenen Blättern. Blüten unscheinbar, 5–8 mm, in rispen- oder traubenartigen Blütenständen.
ESSBAR.
VORKOMMEN Stammt aus dem pazifischen Nordamerika. Bei uns als Salatpflanze eingeführt, gelegentlich auf nährstoffreichen Böden verwildert.

2 | Gewöhnliche Zaunwinde
Calystegia sepium
(Windengewächse)

AUSBREITUNGSSTARK Die Triebspitzen führen gegen den Uhrzeigersinn kreisende Bewegungen um Pflanzen, Zaunlatten u. Ä. aus. In etwa 2 Stunden findet eine Umdrehung statt. Mit der Pflanze lassen sich Zäune oder Gitter begrünen. Sie kann sich jedoch stark ausbreiten, weshalb sich für Gärten die als Zierpflanzen angebotenen bunten Prunkwinden meist besser eignen.
MERKMALE 100–300 cm, Blütezeit Juni–Sept., mehrjährig. Kletterpflanze. Stängel windend. Blätter wechselständig, gestielt, Spreite 3-eckig bis herzförmig, bis zu 15 cm lang. Blüten reinweiß, Krone trichterförmig, bis 5 cm groß. **GIFTIG!**
VORKOMMEN Ufer, Auenwälder, Hecken, Zäune, Wegränder. Auf feuchten, nährstoffreichen Böden. Ganz Europa.

3 | Weiße Schwalbenwurz
Vince-toxicum hirundinaria
(Hundsgiftgewächse)

KLEMMFALLE FÜR INSEKTEN Staubblätter und Narbe bilden in der Mitte der Blüte eine Säule mit 5 Spalten, in denen Insekten mit ihren Beinen hängen bleiben. Beim Befreien ziehen sie ein Pollenpaket mit heraus. Früher gewann man aus den Stängeln ziemlich lange, feste Fasern. Die Pflanze enthält Giftstoffe, die zu Krämpfen und Lähmungen führen können.
MERKMALE 30–120 cm, Blütezeit Mai–Aug., mehrjährig. Stängel unverzweigt. Blätter gegenständig, Blatt eiförmig lanzettlich, lang zugespitzt. Krone 3–8 mm groß, fast bis zum Grund in 5 Zipfel geteilt, Staubblätter und Narbe in zentralem Komplex. 3–5 cm lange Balgfrüchte, Samen mit seidenglänzenden Haaren. **GIFTIG!**
VORKOMMEN Waldränder, lichte Kiefernwälder, Steinschutthalden, Felsrasen. Meist auf kalkhaltigen Böden. Fast ganz Europa.

4 | Rotfrüchtige Zaunrübe
Bryonia dioica
(Kürbisgewächse)

ALS HEILPFLANZE NICHT ZU EMPFEHLEN Zaunrüben enthalten Stoffe, die Haut und Schleimhäute stark reizen. Bei Vergiftungen kommt es zu Schwindel, Erbrechen, Koliken, Durchfall, Nierenschäden und Krämpfen. Früher verwendete man die Wurzeln als nicht ungefährliches Abführmittel. Auch gegen Fieber, Gicht und Schlaganfall sollten die »Gichtrüben« helfen. Eine geschnittene Wurzel, anstelle eines Pflasters aufgelegt, sollte Splitter und Dornen aus Wunden ziehen. Heute finden homöopathische Zubereitungen der Zaunrübe oft Anwendung bei Fieber, Rheuma und Katarrhen.
MERKMALE 200–400 cm, Blütezeit Juni–Sept., mehrjährig. Zweihäusig. Kletterpflanze. Ranken aus Spross und Blatt gebildet, führen kreisförmige Suchbewegungen aus. Blätter 5-zipfelig gelappt, borstig behaart. Blüten weiß-gelblich (**4A**), grün geadert, weibliche Blüten mit unterständigem, verdicktem Fruchtknoten. Beeren rot (**4B**). **GIFTIG!**
VORKOMMEN Hecken, Zäune, Schuttplätze, Wege. Auf nährstoffreichen Böden an wärmeren Standorten. Mittel- und Südeuropa.

1
2
3
4A
4B

1 | Wald-Sauerklee
Oxalis acetosella
(Sauerkleegewächse)

NUR IN KLEINEN MENGEN GENIESSEN Die Fiederblättchen des Wald-Sauerklees nehmen nachts eine senkrechte Ruhestellung ein. Sie richten sich morgens auf und gehen wieder in die Ruhestellung, wenn die Sonne zu heiß wird. Wirklich gesund sind die Blätter nicht, sie enthalten Salze der Oxalsäure. Einige Blätter als säuerlich würzige Zutat zu Wildkräutersalaten sind aber sehr schmackhaft und unbedenklich. Wald-Sauerklee kann noch an Standorten mit nur 1 Prozent des Tageslichts wachsen. So findet man ihn öfters im dunklen Wald und in Höhleneingängen.
MERKMALE 5–12 cm, Blütezeit April–Mai, mehrjährig. Alle Blätter grundständig am Wurzelstock, lang gestielt, 3-zählig gefiedert, hellgrün, schütter behaart. Blüten einzeln, lang gestielt, Krone weiß mit dunkleren Streifen. In kleinen Mengen **ESSBAR**, in größeren Mengen **GIFTIG**.
VORKOMMEN Wälder. Auf frischen bis feuchten, modrigen Böden. Im Gebirge bis in Höhen über 2000 m. Ganz Europa, im Süden nur in Gebirgen.

2 | Weißer Stechapfel
Datura stramonium
(Nachtschattengewächse)

BESTANDTEIL DER HEXEN- ODER FLUGSALBEN Bereits die Indianer kannten die Wirkung des Stechapfel-Gifts: Je nach Dosis führt es zu Sinnestäuschung, Rausch, Benommenheit oder Tod durch Atemlähmung. Sie verwendeten die Pflanze zu Ritualen, aber auch für Racheakte. Die Art wurde im 16. Jahrhundert nach Europa eingeführt, breitete sich dann rasch aus und tauchte oft in den Verhörprotokollen der Hexenprozesse auf.
MERKMALE 30–120 cm, Blütezeit Juni–Okt., einjährig. Stängel aufrecht, kahl. Blätter wechselständig, gestielt, oft ungleich groß, oval bis rundlich, buchtig gezähnt. Blüten einzeln gestielt in den oberen Blattachseln, Krone trichterförmig, bis zu 10 cm (**2A**). Namengebende Kapselfrucht derb bestachelt, bis zu 5 cm lang (**2B**). **GIFTIG!**
VORKOMMEN Auf Schutt, Müllplätzen, an Wegen. Zeigt Stickstoff an und erträgt Salz. Besonders in Südeuropa.

3 | Schwarzer Nachtschatten
Solanum nigrum
(Nachtschattengewächse)

IN ALLEN TEILEN GIFTIG Alle Nachtschattengewächse sind durch den Gehalt an Alkaloiden giftig. Die **KARTOFFEL** *(Solanum tuberosum)*, die in ihren grünen Teilen ebenfalls giftig ist, gehört in die gleiche Gattung.
MERKMALE 20–80 cm, Blütezeit Juni–Okt., einjährig. Stängel aufrecht, schwach kantig, auch an der Basis krautig. Blätter wechselständig, breit lanzettlich, dunkelgrün. Blüten in doldigen Trauben, Krone weiß, mitunter bläulich gestreift, um 1,5 cm breit, Staubblätter goldgelb, kegelförmig zusammenneigend. Beere glänzend schwarz, um 1 cm breit, kugelig. **GIFTIG!**
VORKOMMEN Hackfruchtäcker, Brachen, Gärten sowie Ruinen. In wärmeren Gegenden verbreitet.

4 | Gewöhnliche Blasenkirsche
Physalis alkekengi
(Nachtschattengewächse)

LAMPIONS FÜR HERBST- UND WINTERSTRÄUSSE
Nach der Blüte vergrößern sich die Kelchblätter fast um das Zehnfache und bilden einen roten Lampion (**4B**), der eine einzelne Beere enthält. Der zweite Name – Judenkirsche – leitet sich von den im Frühmittelalter für Juden vorgeschriebenen Kopfbedeckungen ab, die eine ähnliche Form wie der aufgeblasene Kelch hatten.
MERKMALE 30–50 cm, Blütezeit Mai–Aug., mehrjährig. Blätter eiförmig, locker flaumig behaart. Blüten (**4A**) einzeln, grünlich weiß, rad- bis glockenförmig, Kelch erst grün, später orangerot, aufgeblasen (**4B**), bis zu 4 cm. Rote Beeren. **GIFTIG!**
VORKOMMEN Stammt aus dem östlichen Mittelmeerraum. Vereinzelt auf nährstoffreichen Böden in Hecken und Gebüschen.

1

2A

2B

3

4A

4B

1 | Weiße Lichtnelke
Silene latifolia, Silene alba
(Nelkengewächse)

weibliche Blüte mit bauchigem Kelch

MAN KANN WÄSCHE DAMIT WASCHEN Die rübenförmige Wurzel enthält Saponine. Man hat sie früher ähnlich wie das Seifenkraut (S. 22) zum Waschen genutzt. Die intensiv duftenden Blüten öffnen sich erst abends, tagsüber wirken sie mit ihren eingerollten Kronblättern wie verwelkt.
MERKMALE 30–120 cm, Blütezeit Juni–Sept., mehrjährig. Zweihäusig. Behaart. Stängel aufrecht. Blätter gegenständig, breit lanzettlich, randlich bewimpert. Blüten in Rispen, weiß oder hellrosa, bis zu 2 cm breit, Kronblätter 2-spaltig, am Schlund mit Schuppe, Kelch bauchig. Die Rote Lichtnelke (S. 24) ist ebenfalls zweihäusig, ihre Blüten sind tagsüber geöffnet.
VORKOMMEN Nährstoff- und kalkreiche, lichte Standorte, Äcker, Wege, Bahndämme. In Europa weit verbreitet.

2 | Nickendes Leimkraut
Silene nutans
(Nelkengewächse)

Kronblätter tags eingerollt

LOCKT NACHTFALTER MIT HYAZINTHENDUFT AN Tagsüber sehen die Blüten verwelkt aus. Erst abends duften sie intensiv und locken kleine Nachtfalter aus der Familie der Eulen als Bestäuber an. Diese nutzen die Blüte auch als Brutstätte.
MERKMALE Bis zu 50 cm, Blütezeit Juni–Aug., mehrjährig. Stängel aufrecht, oft klebrig behaart. Grundblätter spatelig, weiter oben lanzettlich. Blüten in Gruppen, einseitswendig, nickend, weiß oder hellrosa, tief 2-spaltig, Kelch mit roten Drüsen.
VORKOMMEN Trockene, meist kalkhaltige Standorte, Magerrasen, Felsfluren, lichte Wälder. In Europa weit verbreitet.

3 | Taubenkropf-Leimkraut
Silene vulgaris
(Nelkengewächse)

TYPISCH IST DER AUFGEBLASENE KELCH Namensgebend für diese Art ist der auffällige Kelch. Dieser bleibt auch noch nach der Blüte erhalten. Der Wind kann sich dann in ihm verfangen und die Samen aus den Kapseln schütteln. Blätter und junge Sprosse lassen sich als Wildgemüse zubereiten. Die anspruchslose Staude eignet sich für Steingärten.
MERKMALE 15–50 cm, Blütezeit Mai–Sept., mehrjährig. Stängel aufrecht. Blätter länglich lanzettlich, bläulich grün, kahl. Kronblätter tief 2-spaltig, Narben und Staubblätter ragen aus der Kronröhre, Kelch aufgeblasen, netzadrig, rötlich. **ESSBAR**.
VORKOMMEN Steinschutthalden, Steinbrüche, Wegränder, Böschungen, Bahnschotter, trockene Wiesen. Ganz Europa.

4 | Thymianblättriges Sandkraut
Arenaria serpyllifolia
(Nelkengewächse)

WÄCHST SOGAR AUF MAUERKRONEN Zahlreiche der bis zu 200 Arten zählenden Gattung sind Hochgebirgspflanzen, so auch das Moosförmige Sandkraut *(Arenaria musciformis)*, das am Mount Everest noch auf über 6200 m Höhe vorkommt und somit den Weltrekord als am höchsten vorkommende Blütenpflanze hält. Das Thymianblättrige oder Quendel-Sandkraut besiedelt häufig vom Menschen gestörte Standorte mit lückenhafter Vegetation.
MERKMALE Bis zu 20 cm, Blütezeit April–Sept., ein- bis zweijährig. Stängel stark verzweigt. Blätter gegenständig, sitzend, eiförmig zugespitzt, bis zu 1 cm lang, am Rand bewimpert. Blüten bis zu 8 mm breit, Kronblätter schmal, weiß, Kelchblätter mit häutigem Rand.
VORKOMMEN Trockene, warme, sandige Standorte, Äcker, Wege, Mauern, bis in mittlere Gebirgslagen. In Europa weit verbreitet.

1

2

3

4

1 | Acker-Spark
Spergula arvensis
(Nelkengewächse)

Blatt unten mit Längsfurche

FUTTER FÜR DIE SCHWEINEMAST Vom Mittelalter bis noch in die Mitte des 20. Jahrhunderts baute man Kultursorten des Acker-Sparks als Grünfutter an. Gegenüber Herbiziden ist die Art unempfindlich, und ihre Samen sollen auch nach über 1000 Jahren noch in der Lage sein zu keimen. Die Blüten sind nur bei gutem Wetter geöffnet, bei schlechten Witterungsbedingungen bleiben sie geschlossen und bestäuben sich selbst.
MERKMALE 10–40 cm hoch, Blütezeit Juni–Okt., einjährig. Stängel aufrecht, drüsig behaart. Gegenständige Blätter mit Blattbüscheln in den Achseln, daher scheinbar wirtelig, linealisch, etwas dicklich, Längsfurche auf der Blattunterseite. Blüten lang gestielt, Kronblätter weiß, etwas länger als die Kelchblätter.
VORKOMMEN Nährstoffreiche, kalkarme, etwas saure Böden, Ruderalstellen, Äcker. Weltweit verbreitet.

2 | Acker-Hornkraut
Cerastium arvense
(Nelkengewächse)

DURCH AMEISEN VERBREITET Da Ameisen die Samen verschleppen, findet man diese Pflanze oft auf Ameisenhaufen. Die Zähne der Kapselfrucht öffnen sich bei trockener Witterung und der Wind streut die Samen heraus.
MERKMALE 10–30 cm, Blütezeit April–Sept., mehrjährig. Pflanze kurz behaart, an den Knoten wurzelnd. Blätter gegenständig, linealisch lanzettlich, grün, 10–30 mm lang, in den Achseln mit kleinen Blattbüscheln. Blüten in gabeligem Blütenstand, Kronblätter weiß, an der Spitze eingekerbt, doppelt so lang wie die Kelchblätter, 5 Griffel. Kapselfrucht hornförmig.
VORKOMMEN Trockenwarme, sonnige Standorte, Trockenrasen, Äcker, Wegränder, Mauern. In Europa fast überall häufig.

3 | Gewöhnliches Hornkraut
Cerastium holosteoides
(Nelkengewächse)

gekrümmte Kapselfrucht

LÄSTIGES ACKERUNKRAUT Das Gewöhnliche Hornkraut findet sich fast überall. Es kann sich massenhaft vermehren und bildet ausgedehnte Kriechrasen. Der deutsche und wissenschaftliche Name nehmen auf die hornartig gekrümmten Kapselfrüchte Bezug (griech. *keros* = Horn). Die kleinen, unscheinbaren Blüten werden v. a. von Fliegen bestäubt.
MERKMALE 10–40 cm, Blütezeit April–Juni, mehrjährig. Pflanze behaart, dunkelgrün. Blätter gegenständig, oval bis lanzettlich, am Grund verschmälert, Blattrand leicht umgebogen. Blütenstand gabelig, anfangs knäuelig, Kronblätter tief 2-spaltig, 4–7 mm, etwa so lang wie der Kelch. Trockene Kapsel mit hornartig abgespreizten Zähnen.
VORKOMMEN Auf nährstoffreichen Lehmböden, Wiesen, Weiden, Äcker, Wege. Überall in Mitteleuropa häufig.

4 | Knäuel-Hornkraut
Cerastium glomeratum
(Nelkengewächse)

WIRD OFT ALS GANZE PFLANZE VERBREITET Die Pflanze stirbt nach dem Fruchten ab. Oft werden ihre Samen dann aber nicht ausgestreut, sondern die ganze klebrige Pflanze wird verschleppt. Die Samen fallen dann erst allmählich aus den Kapseln. Früher war die Art ein sehr häufiges Ackerunkraut, ist aber durch Unkrautbekämpfung etwas zurückgegangen. Man findet sie heute häufig in den Sandbereichen von Kinderspielplätzen.
MERKMALE 5–25 cm, Blütezeit März–Mai, einjährig. Pflanze gelbgrün, abstehend behaart, klebrig. Blätter gegenständig, eiförmig. Blüten in knäueligen Blütenständen, Blütenstiel kürzer als der Kelch, Kronblätter 4–5 mm lang.
VORKOMMEN Wie die vorige Art, aber nicht ganz so allgemein verbreitet und häufig.

1

2

3

4

1 | Salzmiere
Honckenya peploides
(Nelkengewächse)

TYPISCHE SALZPFLANZE Die kleinen, wasserspeichernden Blätter der Salzmiere sind eine typische Anpassung von Pflanzen an salzhaltigen Standorten. Wird die kleine Strandpflanze übersandet, wächst sie einfach horizontal weiter.
MERKMALE 10–30 cm, Blütezeit Juni–Juli, mehrjährig. Fleischige, gelbgrüne Strandpflanze mit aufsteigenden Stängeln, gabelig verzweigt. Blätter eiförmig, kahl, regelmäßig kreuzweise gegenständig. Blüten unscheinbar, Kronblätter so lang wie Kelchblätter.
VORKOMMEN Auf sprühnassen, salzhaltigen Sandböden zwischen Spülsaum und Vordüne. Nur an Nord- und Ostsee, dort aber häufig.

2 | Frühlingsmiere
Minuartia verna
(Nelkengewächse)

TROTZT SCHWERMETALL Die Art bildet dichte Rasen oder Polster. Eine Unterart der Frühlingsmiere kann als sogenannte »Galmeipflanze« auf schwermetallhaltigen Böden in ehemaligen Erzabbaugebieten wachsen.
MERKMALE 5–15 cm, Blütezeit Juni–Aug., mehrjährig. Formenreich, polsterbildend. Blätter linealisch, 3-nervig. Blütenstände 3–8-blütig, Blütenstiele drüsig bewimpert, Kronblätter weiß, etwas länger als die Kelchblätter, Kelch deutlich 3-nervig, Staubblätter purpurn.
VORKOMMEN Trockene, warme, nährstoffarme Standorte, Kalkmagerrasen. Selten. Europa.

3 | Dreinervige Nabelmiere
Moehringia trinervia
(Nelkengewächse)

GEPUNKTET Hält man die Blätter gegen das Licht, so sieht man durchscheinende Punkte. Diese werden durch große Kalziumoxalatkristalle hervorgerufen, die evtl. dem Fraßschutz dienen. Meist welken die Pflanzen bereits im Juli nach der Blüte.
MERKMALE 10–25 cm, Blütezeit Mai–Juli, einjährig. Stängel aufsteigend, kurz behaart. Blätter eiförmig, zugespitzt, mit 3, seltener 5 deutlichen Blattadern, Rand bewimpert. Blüte 5–6 mm, Kronblätter weiß mit grünem Mittelstreifen, zugespitzt, halb so lang wie Kelchblätter.
VORKOMMEN Schattige, meist kalkfreie Standorte, Laub- und Mischwälder. Europa.

4 | Gras-Sternmiere
Stellaria graminea
(Nelkengewächse)

ZWEI VARIANTEN Es gibt eine großblütige Form, bei der die Blüten Zwitterblüten sind, und eine kleinblütige mit rein weiblichen Blüten. Die Art wird von Käfern und Fliegen bestäubt.
MERKMALE 10–50 cm, Blütezeit Mai–Juli, mehrjährig. Stängel 4-kantig, aufsteigend, schlaff, stützt sich auf anderen Pflanzen ab, Spreizklimmer. Blätter schmal lanzettlich, kahl, grasgrün. Blütenstand vielblütig, wiederholt gabelig verzweigt, 5 Kronblätter, tief 2-teilig, weiß, etwa so lang wie die Kelchblätter.
VORKOMMEN Kalkarme, mäßig saure, meist sandige Lehmböden, Magerwiesen und -weiden, Äcker, Wege. Europa.

5 | Große Sternmiere
Stellaria holostea
(Nelkengewächse)

STÜTZT SICH SELBST Die steifen, oft nach rückwärts gebogenen Blätter finden aneinander oder an anderen Pflanzen Halt, sodass die Pflanze trotz der dünnen Stängel in die Höhe wächst.
MERKMALE 15–30 cm, Blütezeit April–Mai, mehrjährig. Stängel 4-kantig, verzweigt. Blätter gegenständig, schmal lanzettlich, Spitze lang ausgezogen, wintergrün. Blüten in mehrfach gegabeltem Blütenstand, lang gestielt, Kronblätter tief 2-spaltig, weiß, Blüten bis zu 2 cm breit.
VORKOMMEN Lichte Wälder mit reichlich krautigen Pflanzen auf dem Waldboden, Hecken, Waldränder, Waldwege. Fast ganz Europa.

1

2

3

4

5

1 | Wasserdarm
Stellaria aquatica,
Myosoton aquaticum
(Nelkengewächse)

auseinandergezogener Stängel

ZEIGT NÄSSE AN Die Herkunft des Namens »Wasserdarm« erklärt sich, wenn man den Stängel auseinanderzieht. Im Innern liegt ein darmartiger Strang, der die zentralen Leitbündel enthält. Wo der Stängel der Pflanze den Boden berührt, bildet er an den Knoten neue Wurzeln aus.
MERKMALE 15–100 cm, Blütezeit Juni–Sept., mehrjährig. Pflanze drüsig behaart. Blätter breit herzförmig, Blattrand etwas wellig. Blütenstand gabelig verzweigt, Kronblätter tief 2-spaltig, weiß, Blüten bis zu 1,5 cm groß.
VORKOMMEN Nasse, nährstoffreiche Böden, Waldwege, Gräben, Ufersäume, Auwälder. Bis in Höhen von 1300 m.

2 | Vogel-Sternmiere
Stellaria media
(Nelkengewächse)

FRISCHFUTTER FÜR VÖGEL Aus jeder Blüte der Vogel-Sternmiere entsteht auch dann eine Frucht, wenn sie nicht von Insekten besucht wurde. Eine Pflanze kann so im Idealfall bis zu 15 000 Samen bilden. An ausgerissenen Pflanzen reifen die Samen auch noch auf dem Kompost nach. Die Vogel-Sternmiere ist jedoch nicht nur ein Unkraut, sie eignet sich auch für Gemüse oder Salat und wird auch gern von Vögeln gefressen. Zudem hält sie mit ihrem flächigen Wuchs den Boden feucht und schützt vor Erosion.
MERKMALE 3–40 cm, Blütezeit Jan.–Dez., einjährig. Stängel niederliegend bis aufsteigend, mit linienförmiger Haarleiste. Blätter eiförmig, spitz. Kronblätter weiß, tief 2-spaltig, so lang wie die Kelchblätter. **ESSBAR**.
VORKOMMEN In Gärten, auf Äckern, Ödflächen, an Wegen, Ufern, auch in Blumentöpfen. Ganz Europa.

3 | Hain-Sternmiere
Stellaria nemorum
(Nelkengewächse)

Kronblatt tief 2-spaltig

STERNFÖRMIG Die Blüten erinnern in ihrem 5-strahligen Aufbau an kleine Sterne. Darauf bezieht sich auch der wissenschaftliche Gattungsname, der sich von lat. *stella* = Stern ableitet.
MERKMALE 20–50 cm, Blütezeit Mai–Sept., mehrjährig. Stängel aufsteigend, rund, brüchig. Blätter ei- oder herzförmig, zugespitzt, mittlere und untere gestielt. Blüten 1,5–2,5 cm, in 2–4-fach gabelig verzweigten Blütenständen, Kronblätter fast bis zum Grund gespalten, 3 Griffel.
VORKOMMEN Feuchte, nährstoff- und humusreiche Waldstandorte. V. a. im Gebirge häufig, auf Kalk und in wärmeren Gegenden selten.

4 | Europäischer Siebenstern
Trientalis europaea
(Primelgewächse)

SPUREN DER LETZTEN EISZEIT Der Siebenstern war in kälteren Klimazeiten weiter verbreitet. Seine heutigen Vorkommen sind Relikte der Eiszeit. Der Name nimmt auf die Siebenzahl der Kronblätter Bezug, eine Anzahl, die bei den Blütenpflanzen selten vorkommt. In manchen Gegenden nennt man die Pflanze auch »Sternblümchen« oder »Sternkraut«. Sie kann sich vegetativ durch Ausläufer vemehren.
MERKMALE 5–20 cm, Blütezeit Mai–Juli, mehrjährig. Stängel aufrecht, unverzweigt. Im oberen Stängelabschnitt 5–7 wechselständige, fast quirlständige, lanzettliche Blätter, bis zu 5 cm lang, ganzrandig. Blüten einzeln, lang gestielt, mit gewöhnlich 7 weißen Kronblättern, sternförmig, 1,2–1,5 cm groß. Nicht blühende Pflanzen ähneln dem Wald-Bingelkraut (S. 278).
VORKOMMEN Moosige Fichtenwälder, Birkenmoore, nasse Weiden. Nährstoffarme, saure Böden. Nord- und Mitteleuropa.

1

2

3

4

1 | Weiße Silberwurz
Dryas octopetala
(Rosengewächse)

BEDEUTENDE FOSSILIEN AUS DER LETZTEN EISZEIT Am Ende der letzten Eiszeit war die Pflanze in ganz Deutschland verbreitet. Ihre Reste blieben massenhaft in den Ablagerungen dieser Zeit – der Dryas-Zeit – erhalten. Die Blüten richten sich zur Sonne aus und wirken wie Parabolspiegel: Ihr Zentrum erwärmt sich um einige Grad über die Außentemperatur. Insekten finden so einen Platz zum Wärmen.
MERKMALE 5–15 cm, Blütezeit Mai–Aug., mehrjährig. Kriechender Halbstrauch. Blätter immergrün, stumpf gezähnt, unterseits weißfilzig behaart, Blattadern tief eingesenkt. Blüten weiß, Griffel zur Fruchtreife 2–3 cm lang und fedrig behaart, dient als Flugorgan.
VORKOMMEN Felsschutt, steinige Flächen, lichte Kiefernwälder. Nordeuropa, Gebirge in Mittel- und Südeuropa bis in Höhen um 2500 m.

2 | Echtes Mädesüß
Filipendula ulmaria
(Rosengewächse)

Frucht spiralig gewunden

HILFT BEI FIEBER Früher verwendete man Mädesüß zum Süßen von Met (Honigwein). Die Blüten lindern Fieber bei Erkältungen. In der ersten Hälfte des 19. Jahrhunderts gewann man zum ersten Mal die dafür verantwortliche Substanz Salicin aus der Pflanze. Diese hatte man kurz vorher auch aus Weiden isoliert. Noch heute gehören die davon abgeleitete Salicylsäure und ähnliche, künstlich im Labor hergestellte Wirkstoffe zu den wichtigsten schmerz-, entzündungs- und fieberlindernden Arzneimitteln. Der Handelsname des Schmerzmittels »Aspirin« leitet sich von *Spiraea ulmaria*, dem alten wissenschaftlichen Namen des Mädesüß, ab.
MERKMALE 50–150 cm, Blütezeit Juni–Aug., mehrjährig. Stängel aufrecht, kahl, kantig. Blätter abwechselnd mit großen und dazwischen sehr kleinen Fiedern. Blüten gelblich weiß, zahlreich in Scheindolden, duften stark mandelartig. Frucht spiralig gewunden. **ESSBAR**.
VORKOMMEN Grabenränder, nasse Wiesen, Gräben, Bäche, Quellen, Ufergebüsche, Auen und Auenwälder. Ganz Europa.

3 | Kleines Mädesüß
Filipendula vulgaris
(Rosengewächse)

DURCH TIERE VERBREITET Die gebogenen Griffelreste an den Früchten dienen der Klettverbreitung. Die Wurzeln sind spindelig bis kugelförmig verdickt und Speicher für Wasser und Nährstoffe.
MERKMALE 30–60 cm, Blütezeit Juni–Juli, mehrjährig. Blätter mit Endfieder und 10–40 Fiederpaaren, abwechselnd große und kleine Fiedern. Blüten in endständiger doldiger Traube, Krone weiß, außen zuweilen rötlich überlaufen.
VORKOMMEN Warme, meist kalkreiche Böden, Kalkmagerrasen, Säume, lichte Wälder. Selten.

4 | Wald-Erdbeere
Fragaria vesca
(Rosengewächse)

KÖSTLICHE SCHEINBEERE Wald-Erdbeeren schmecken wesentlich intensiver als die meisten der großfrüchtigen Kultur-Erdbeeren. Bereits wenige davon schmeckt man aus einer Mischmarmelade heraus. Die für Gärten angebotenen, über einen längeren Zeitraum fruchtenden Monatserdbeeren stammen von dieser Wildart ab. Die Blätter der Wald-Erdbeere eignen sich für Tees.
MERKMALE 5–20 cm, Blütezeit Mai–Juni, mehrjährig. Lange oberirdische Ausläufer. Blätter 3-zählig gefingert, lang gestielt, gezähnt, oberseits kahl. Blüten bis zu 1,5 cm breit, zu wenigen in endständiger Rispe, weiß. Fleischige, rote Scheinbeere (Sammelnussfrucht). **ESSBAR.**
VORKOMMEN Waldschläge, lichte Wälder, Waldwege, Waldränder, Böschungen bis ins Hochgebirge. Ganz Europa.

1

2

3

4

Blütenfarbe weiß
(Rosengewächse / Lippenblütler / Rötegewächse)

1 | Wald-Geißbart
Aruncus dioicus
(Rosengewächse)

IN ITALIEN ALS SPARGELGEMÜSE BEKANNT
Aus den jungen Trieben kann man Gemüse kochen, sie werden in Norditalien gelegentlich auf dem Markt angeboten. Die Samen des Geißbarts sind extrem leicht und an den Enden geflügelt. Deshalb können sie an dem oft windarmen Standort der Pflanze bereits von kleinsten Luftbewegungen verweht werden.
MERKMALE 80–150 cm, Blütezeit Juni–Juli, mehrjährig. Zweihäusig. Blätter bis zu 1 m lang, mit 2–3 Fiederpaaren und einer Endfieder, Fiedern scharf gesägt. Blüten in Ähren, weiß. Kleine geflügelte Samen. **ESSBAR.**
VORKOMMEN Schluchtwälder, schattige, feuchte Gebirgswälder, vor allem Bachtäler. Von der Ebene bis ins Gebirge. Gebirge Mitteleuropas.

2 | Weiße Taubnessel
Lamium album
(Lippenblütler)

SÜSSER NEKTAR LOCKT NICHT NUR INSEKTEN Den Nektar in der Blütenbasis erreichen nur langrüsslige Hummeln. Kurzrüssel-Arten beißen die Kronröhre über dem Kelch an und umgehen damit die Bestäubungsroute. Die Röhren von abgezupften Blütenkronen enthalten – wenn sie nicht kurz zuvor von Insekten besucht wurden – reichlich zuckersüßen Nektar, und auch Kinder saugen sie gern aus. Die nicht blühende Pflanze erinnert an eine Brennnessel (S. 264), hat aber keine Brennhaare. Die Blätter können als Wildgemüse genutzt werden.
MERKMALE 20–50 cm, Blütezeit April–Okt., mehrjährig. Stängel aufrecht. Blätter oval, grob gezähnt, kurz behaart, duften beim Abstreifen unangenehm. Blüten zu 6–16 in den oberen Blattachseln (**2A**), Kronröhre creme- bis reinweiß (**2B**), 2–3 cm lang, Kelch mit 5 Zähnen. **ESSBAR**.
VORKOMMEN An Wegen, Hecken, Waldrändern, Zäunen, Gräben, Mauern, Misthaufen, Jauchegruben. Fast ganz Europa.

3 | Gewöhnlicher Wolfstrapp
Lycopus europaeus
(Lippenblütler)

WIRKT AUF DIE SCHILDDRÜSE Die roten Punkte auf den Kronzipfeln dienen als Signale für Insekten und locken besonders Schwebfliegen als Bestäuber an. Aus dem Kraut gefertigte Arzneimittel werden auch von der Schulmedizin eingesetzt. Sie senken die Aktivität der Schilddrüse bei leichter Überfunktion und verändern den Hormonspiegel vor der Periode. Damit werden prämenstruelle Begleiterscheinungen abgemildert.
MERKMALE 20–130 cm, Blütezeit Juli–Sept., mehrjährig. Stängel aufrecht, nur wenig verzweigt, 4-kantig, nur an den Kanten wenig behaart. Blätter gegenständig, kurz gestielt bis sitzend, grob und tief gezähnt. Blüten klein, in dichten Scheinquirlen in den oberen Blattachseln, Krone bis zu 5 mm lang, 4 fast gleich lange Zipfel, weiß, rote Punkte auf den unteren Zipfeln, Kelch mit 5 langen, bespitzten Zähnen.
VORKOMMEN Ufer, Gräben. Auf nassen, zeitweise überschwemmten, nährstoffreichen Böden. Fast ganz Europa.

4 | Wiesen-Labkraut
Galium mollugo
(Rötegewächse)

FÄRBT WOLLE ROT In manchen Gegenden nannte man das Wiesen-Labkraut früher auch »Wilde Röte«. Seine Wurzeln enthalten einen roten Farbstoff. Mit dem Salz Alaun vorbehandelte Wolle lässt sich damit lichtecht in Rot färben. Auch Ostereier färbte man früher mit Labkrautwurzeln.
MERKMALE 25–100 cm, Blütezeit Mai–Sept., mehrjährig. Stängel dünn, stützt sich an anderen Pflanzen ab. Länglich lanzettliche, derbe Blätter in Quirlen zu 6–9, allmählich verschmälert. Blüte 3–5 mm groß, Krone mit 4 flachen, grannenartig bespitzten Zipfeln. **ESSBAR**.
VORKOMMEN Wiesen, Wald- und Gebüschränder, Wegraine. Meist auf nährstoffreichen Böden. Ganz Europa.

1

2A

2B

3

4

1 | Kletten-Labkraut
Galium aparine
(Rötegewächse)

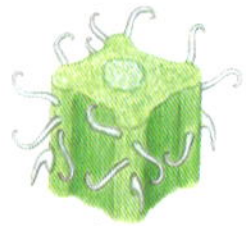
Stängel mit gekrümmten Borsten

BLEIBT AN DEN KLEIDERN KLEBEN Die dicht mit Hakenhaaren besetzten Früchte (**1B**) bleiben an Tierfell und Kleidung haften und werden so verbreitet. Auch abgerissene Teile werden von Tieren und Menschen unabsichtlich verschleppt. Die raschwüchsige Pflanze investiert nur wenig Energie in die Stabilität ihrer Stängel, sondern gewinnt durch Spreizklimmen an den Nachbarpflanzen rasch an Höhe. In Siedlungen der Jungsteinzeit fand man große Mengen der Früchte. Vermutlich sammelten die Bewohner Labkraut, um damit die Milch für die Käseherstellung zur Gerinnung zu bringen.
MERKMALE 60–200 cm, Blütezeit Juni–Okt., einjährig. Stängel kantig, mit rückwärts gekrümmten Borsten. Blätter linealisch, stachelspitzig, meist zu 6–8 im Wirtel. Blüten unscheinbar grünlich weiß (**1A**). Früchte aus 2 Teilfrüchtchen zusammengesetzt, mit Kletthaaren (**1B**).
VORKOMMEN An Heckenrändern, Waldrändern, Ufern, auf Äckern und Schuttstellen, auch in Orten. Ganz Europa.

2 | Waldmeister
Galium odoratum
(Rötegewächse)

GIBT MAIBOWLE IHR AROMA Der typische Waldmeisterduft entwickelt sich erst, wenn man die Pflanze pflückt und anwelken oder trocknen lässt. Dabei entsteht der Aromastoff Cumarin. Besonders viel Aroma liefern kurz vor der Blüte stehende Pflanzen. Doch Vorsicht: Der Genuss von großen Mengen Waldmeister führt zu Kopfschmerzen und Benommenheit. Die Schulmedizin setzt das Kraut bei Venenerkrankungen ein.
MERKMALE 15–30 cm, Blütezeit Mai–Juni, mehrjährig. Stängel aufrecht, dünn, glatt. Blätter in Quirlen zu 6–9, bis zu 1 cm breit, 4 cm lang, fein gezähnt. Blüten in endständigen Scheindolden, weiß, bis zu 5 mm breit. **ESSBAR**.
VORKOMMEN Laub- und Mischwälder mit krautreichem Unterwuchs. An schattigen Standorten. Fast ganz Europa.

3 | Sumpf-Labkraut
Galium palustre
(Rötegewächse)

BLÄTTER IN QUIRLEN Die hier vorgestellten Labkräuter haben kleine, 4-zählige Blüten mit radförmig ausgebreiteter Krone. Die Blätter stehen nur scheinbar in Quirlen: Sie sind gegenständig. Doch weil wie bei allen Rötegewächsen ihre Nebenblätter wie normale Blätter aussehen, entsteht der Eindruck, die Blätter bilden einen Quirl.
MERKMALE 10–40 cm, Blütezeit Mai–Aug., mehrjährig. Stängel etwas rau. Blätter meist zu 4, nach vorn verbreitert. Blütenstand walzenförmig, ziemlich kurzästig und dicht. Staubbeutel rötlich bis dunkelrot.
VORKOMMEN In nährstoffreicheren Sumpfwiesen und Röhrichten. Häufig. Europa.

4 | Wald-Labkraut
Galium sylvaticum
(Rötegewächse)

2 kahle Teilfrüchte

ZAHLREICHE BLÜTEN Das größte heimische Labkraut fällt vor allem in Eichen-Hainbuchenwäldern durch seine vielen kleinen Blüten auf. Es wurzelt bis zu 50 cm tief und bevorzugt mittel- und tiefgründige Böden.
MERKMALE 30–100 cm, Blütezeit Juli–Aug., zweijährig. Pflanze leicht blaugrün. Stängel liegend bis aufrecht, rund, kahl. Blätter in Quirlen zu 6–8, bis zu 1 cm breit, 2–4 cm lang, länglich lanzettlich, Blattunterseite heller. Sehr lockere, vielblütige Rispe, Blüten 2 mm groß. Frucht aus 2 kahlen Teilfrüchten.
VORKOMMEN Krautreiche Laubwälder, nährstoff- und basenreiche Böden. Fehlt im Nordwesten, nach Osten und Süden zu häufiger.

1A

2

1B

4

3

1 | Weißer Steinklee
Melilotus albus
(Schmetterlingsblütler)

reife Frucht schwarz

DUFTET NACH WALDMEISTER Beim Trocknen entwickelt sich beim Steinklee starker Waldmeisterduft, da durch eine enzymatische Reaktion Cumarin gebildet wird. Verschimmelt das Kraut, entsteht Dicumarol, ein Stoff, der bei Vieh zu inneren Blutungen führen kann. Die Substanz kommt als Rattengift zum Einsatz und war Modell für Medikamente zur Verflüssigung des Bluts.
MERKMALE Bis zu 120 cm, Blütezeit Mai–Aug., zweijährig. Stängel aufrecht, verzweigt. Blätter 3-zählig, mittlere Fieder länger gestielt, Fiedern grob gezähnt. Blüten weiß, in 5–8 cm langer Traube. Hülsen fast kugelig, schwärzlich, deutlich netznervig.
VORKOMMEN Sonnige Standorte, Brachen, Wege, Schuttfluren. In Deutschland fast überall häufig, in Europa verbreitet.

2 | Weiß-Klee
Trifolium repens
(Schmetterlingsblütler)

NATIONALSYMBOL IRLANDS Der Legende nach soll St. Patrick den Iren anhand eines Kleeblatts die Dreieinigkeit erklärt haben. Iren tragen deshalb am Tag dieses Heiligen (17. März) ein Kleesträußchen. Davor war Klee Symbol der 3 keltischen Priestergrade (Druiden, Barden, Ovaten). Blüten und junge Blätter sind als Salat geeignet.
MERKMALE 15–45 cm, Blütezeit Mai–Sept., mehrjährig. Stängel weit kriechend, an den Knoten wurzelnd. Blätter 3-zählig, breit ovale Fiederblättchen mit fein gezähntem Blattrand, meist mit v-förmiger Zeichnung, Nebenblätter zugespitzt, an der Spitze behaart. Blüten zu 30–70 in Köpfchen, 1–2 cm breit, 1 cm lang, weiß, duftend, Kronen hängen nach dem Abblühen herab. **ESSBAR**.
VORKOMMEN Weiden, Parks, Wege, Gärten, Äcker, Ödflächen. Auf nährstoffreichen Böden in ganz Europa.

3 | Hasen-Klee
Trifolium arvense
(Schmetterlingsblütler)

BLÜTENKÖPFCHEN ERINNERN AN HASENPFÖTCHEN
Als Heilpflanze wird der Hasen- oder Mäuse-Klee selten genutzt. Das blühende Kraut enthält Gerbstoffe, ätherisches Öl und Harze. In der Volksheilkunde wird es als Gichtmittel, vor allem jedoch bei starken Durchfällen empfohlen. Wegen dieser Wirkung kam es in der Nachkriegszeit zum Einsatz. Für homöopathische Präparate wird das im Sommer gesammelte Kraut aufbereitet.
MERKMALE 10–30 cm, Blütezeit Juni–Sept., einjährig. Stängel aufrecht, verzweigt. Blätter 3-zählig mit graugrünen linealischen Fiederblättern. Blüten zahlreich in länglichen, 1–2 cm langen Köpfen, Kelch dicht lang behaart, länger als die Krone, Krone anfangs weiß, dann rosa.
VORKOMMEN Kalkarme Standorte, Magerrasen, Sandfluren, Wegränder, Äcker, Brachen. In Europa häufig.

4 | Berg-Klee
Trifolium montanum
(Schmetterlingsblütler)

AUF DEM RÜCKZUG Der Berg-Klee verträgt keinen Dünger und höchstens eine Mahd pro Jahr. Durch die intensivere Nutzung von Mähwiesen und Weiden sowie durch Aufforstung sind in den letzten Jahrzehnten viele Standorte dieser früher weit verbreiteten Art verschwunden. Die Pflanze wird vornehmlich von Bienen, Hummeln und Schmetterlingen bestäubt und durch Weidetiere verbreitet.
MERKMALE 10–40 cm, Blütezeit Mai–Juli, mehrjährig. Stängel aufrecht, seidig behaart. Blätter kleeartig 3-teilig, Fiedern länglich eiförmig. Blüten zu je 25–50 in 2–3 kugelig eiförmigen Köpfchen je Stängel, Krone meist reinweiß oder etwas gelblich weiß, selten rötlich.
VORKOMMEN Kalkhaltige, nährstoffarme Lehm- oder Tonböden, trockene Wiesen, lichte Wälder. Fehlt im Tiefland. Mittel- und Südeuropa.

1

2

3

4

1 | Rauhaarige Wicke
Vicia hirsuta
(Schmetterlingsblütler)

Hülsenfrüchte 1 cm lang

HIER GIBT ES VIEL NEKTAR Wegen der hohen Nektarproduktion wird die Pflanze von Insekten, v. a. von Bienen, viel besucht. Die Kronblätter sind sehr zart und lassen den Nektar schon von außen erkennen. Die Pflanze ist auch als »Zitterlinse« bekannt. Ihre nickenden Früchte bewegen sich schon beim leisesten Windhauch.
MERKMALE Bis zu 60 cm, Blütezeit Mai–Sept., einjährig. Pflanze behaart. Stängel dünn, niederliegend oder kletternd, schlaff. Blätter mit 6–10 Fiederpaaren und verzweigter oder einfacher Endranke. Blüten zu dritt bis fünft, weiß oder bläulich weiß, klein, 3–4 mm lang. Hülse nickend, 1 cm lang, kurz behaart, flach, 2-samig.
VORKOMMEN Getreideäcker, Rasengesellschaften, Ruderalstandorte. Verbreitet. Europa.

2 | Wiesen-Leinblatt
Thesium pyrenaicum
(Sandelholzgewächse)

HALBSCHMAROTZER AUF VIELEN WIRTSARTEN Die Pflanze ist wie auch die verwandte Mistel (S. 382) ein Halbschmarotzer, der über die Wurzeln der Wirtspflanze Wasser und Nährsalze aufnimmt. Er besitzt aber noch Blattgrün, um mittels der Fotosynthese Kohlenhydrate zu gewinnen.
MERKMALE 10–40 cm, Blütezeit Mai–Juli, mehrjährig. Stängel aufrecht, wenig verzweigt, wellig. Blätter schwach 3-nervig, obere Hochblätter am Rand fein gezähnt. Blüten weiß, Kronröhre so lang wie die Frucht. Fruchtstiele waagerecht abstehend, allseitswendig.
VORKOMMEN Sonnige bis halbschattige, kalkarme, mäßig saure humose Böden, lichte Wälder, Bergwiesen, Ebene bis Gebirge, im nördlichen Tiefland fehlend. Selten.

3 | Großer Augentrost
Euphrasia officinalis, Euphrasia rostkoviana
(Sommerwurzgewächse)

GEBRAUCH GEHT AUF DIE SIGNATURENLEHRE ZURÜCK Bereits die Kräuterbücher des 16. Jahrhunderts empfahlen Augentrost als Heilpflanze bei Augenkrankheiten. Man verglich die hübsch gezeichneten Blüten mit bewimperten Augen. Noch heute wird die Art in der Volksmedizin bei Augenerkrankungen verwendet. Ihre Inhaltsstoffe wirken etwas entzündungshemmend.
MERKMALE 5–45 cm, Blütezeit Mai–Okt., einjährig. Stängel stark verzweigt, borstig und drüsig behaart. Blätter gegenständig, grob gezähnt, auf jeder Seite 3–6 spitze Zähne. Blüten in den obersten Blattachseln, Krone bis zu 15 mm lang, Unterlippe mit gelbem Fleck, Oberlippe helmförmig. Halbschmarotzer, mindert bei Massen-vorkommen den Ertrag von Wiesen und Weiden.
VORKOMMEN Magere Weiden und Wiesen, Moorwiesen, Bergwiesen. Von der Ebene bis auf 2300 m. Fast ganz Europa.

4 | Alpen-Fettkraut
Pinguicula alpina
(Wasserschlauchgewächse)

Blattoberseite mit Drüsenhaaren

NUTZT ZUSÄTZLICHE STICKSTOFFQUELLE Die Blätter sind wirksame Klebfallen. Ihre Oberseite ist mit Drüsenhaaren besetzt, die Schleim absondern. Insekten und Spinnen bleiben haften und werden im eingerollten Blatt durch Enzyme verdaut. In Skandinavien wurden die Blätter früher zur Herstellung von Zähmilch, einer Art Dickmilch, verwendet.
MERKMALE 2–15 cm, Blütezeit Mai–Juni, mehrjährig. Rosettenblätter 5–8, breit eiförmig, hell olivgrün, auf der Oberseite dicht mit Drüsen besetzt. Blüten einzeln auf blattlosen Stielen, Krone 2-lippig, 1–1,6 cm lang, überwiegend weiß.
VORKOMMEN Feuchte, kalkhaltige Böden. Alpenvorland, Kalkalpen. Zerstreut. **GESCHÜTZT.**

1

2

3

4

1 | Mittlerer Sonnentau
Drosera intermedia
(Sonnentaugewächse)

BESTÄUBER WERDEN GESCHÜTZT Für die Sonnentau-Arten stellt sich das Problem, dass angesichts der tödlichen Klebefallen nicht die für die Bestäubung wichtigen Blütenbesucher weggefangen werden. Die Pflanzen umgehen dieses Risiko, indem sie ihre Blüten an unverhältnismäßig langen Stängeln und damit weit außerhalb der Gefahrenzone der Rosettenblätter tragen.
MERKMALE 5–15 cm, Blütezeit Juli–Aug., mehrjährig. Blätter in grundständiger Rosette (**1A**), Spreiten bis zu 1 cm lang, schmal, Drüsenhaare (**1B**) meist nur im Randbereich. Blütenstiel bogig aufsteigend, Blüten weiß.
VORKOMMEN Nasse, oft überflutete Standorte an Übergangs- und Hochmooren.

2 | Rundblättriger Sonnentau
Drosera rotundifolia
(Sonnentaugewächse)

FÜR INSEKTEN TÖDLICH Die zahlreichen Tröpfchen auf den Tentakeln glitzern wie Morgentau und inspirierten zu dem schönen Namen. Sie sondern einen Schleim ab, an dem kleine Insekten kleben bleiben. Die Bewegung des Tiers reizt die Tentakeln, die sich nach 1–2 Minuten über dem Insekt schließen. Die Beute wird durch abgegebene Enzyme verdaut und von den Tentakeln aufgenommen. So erhält die Pflanze lebensnotwendigen Stickstoff. **GESCHÜTZT**.
MERKMALE 5–20 cm, Blütezeit Juli–Aug., mehrjährig. Blätter in grundständiger, dem Boden anliegender Rosette, runde Spreite, grünlich bis dunkelrot, auf der Oberseite mit lang gestielten, an der Spitze mit klebrigen Tröpfchen besetzten Drüsenhaaren (Fangtentakel). Blüten in wenigblütiger, nickender Traube, 3–7 mm breit, weiß, jeweils nur eine Blüte geöffnet.
VORKOMMEN Hochmoore, saure Niedermoore, feuchte Heiden. Auf nassen, sehr nährstoffarmen, kalkfreien, sauren Torfböden. Fast ganz Europa. **GESCHÜTZT.**

3 | Nadelkraut
Crassula helmsii
(Dickblattgewächse)

VERDRÄNGT HEIMISCHE PFLANZEN In seiner Heimat ist das Nadelkraut in Stillgewässern und an Flussufern, aber auch in Salzwiesen verbreitet. Es kann durch vegetative Vermehrung große Bestände aufbauen. Es verträgt Salz und scheint gegen Schwermetalle resistenter als viele andere Wasserpflanzen. Ausgebreitet wird die Art v. a. durch Sprossteile, die zu neuen Pflanzen heranwachsen. In leicht fließendem Wasser ist das Wachstum schneller als in stehendem.
MERKMALE 10–130 cm, Blütezeit Aug.–Sept., mehrjährig. Wasser- oder Sumpfpflanze. Stängel dünn, verzweigt, kriechend bis aufrecht. Blätter gegenständig, an der Basis verwachsen, 4–20 mm lang, nadelförmig. Blüten einzeln, 4-zählig, 3–3,5 mm, blassrosa bis weiß.
VORKOMMEN In Australien und Neuseeland beheimatet, breitet sich seit 1981 in Kontinentaleuropa aus. Nord- und Westdeutschland. Invasiv.

4 | Weiße Fetthenne
Sedum album
(Dickblattgewächse)

ANGEPASST AN TROCKENE STANDORTE Die fleischigen Blätter der Weißen Fetthenne speichern Wasser und tragen als Schutz vor Verdunstung eine dicke Wachsschicht. Brechen sie ab oder werden Sprossstücke losgetreten, können sie sich leicht bewurzeln und zu neuen Pflanzen auswachsen. Die Art ist für den seltenen Apollofalter die einzige Futterpflanze.
MERKMALE 8–20 cm, Blütezeit Juni-Sept., mehrjährig. Pflanze kahl, in lockeren Rasen wachsend. Stängel aufsteigend oder aufrecht. Grund- und Stängelblätter stielrund, stumpf, grün oder rötlich überlaufen, 0,5–1 cm lang, immergrün. Blüten zahlreich in abgeflachten Blütenständen, weiß, seltener hellrosa, rötliche Staubbeutel.
VORKOMMEN Pionier auf Felsen, Mauern, Kiesdächern, Trockenrasen, steinigen Ödflächen. Fast ganz Europa.

1A

1B

2

3

4

1 | Knöllchen-Steinbrech

Saxifraga granulata
(Steinbrechgewächse)

WÄCHST MEIST NICHT AUF STEINEN In den Achseln der abgestorbenen Rosettenblätter sind Brutknöllchen zu finden. Sie dienen der vegetativen Vermehrung.Im Mittelalter dachte man, die braunen, steinchenähnlich aussehenden Zwiebelchen seien ein Zeichen, dass die Pflanze bei Blasen- und Nierensteinen den »Stein brechen« könne. Nach einer anderen Deutung geht der Name »Steinbrech« auf den Standort der meisten Arten in Felsspalten zurück. Gut geeignet für Wildpflanzengärten.
MERKMALE 15–30 cm, Blütezeit Mai–Juni, mehrjährig. Halbrosettenpflanze, immergrün, behaart. Blätter überwiegend grundständig, nierenförmig, gezähnt. Rundliche Brutzwiebeln an der Basis der Pflanze. Blüten in lockeren Blütenständen, weiß, 1,5–3 cm im Durchmesser.
VORKOMMEN Wiesen, Magerrasen, grasige Böschungen, Kiesdächer. Auf kalkarmen Böden. Fast ganz Europa. **GESCHÜTZT.**

2 | Rispen-Steinbrech

Saxifraga paniculata,
Saxifraga aizoon
(Steinbrechgewächse)

ER KANN KALK AUSSCHEIDEN Zwischen den Blattzähnen sitzen kleine Grübchen, die aktiv Wasser abscheiden. Da der Rispen-Steinbrech auf Kalkböden wächst, enthält dieses Wasser reichlich Kalk, den er ausscheiden möchte. Ähnlich wie auf Wasserhähnen im Haushalt bleibt auch auf der Pflanze nach Verdunstung des Wassers der Kalk zurück. Dieser bildet kleine Schüppchen, die der nächste Regen wieder abwaschen kann.
MERKMALE 10–40 cm, Blütezeit Mai–Juli, mehrjährig. Blattrosetten immergrün, polsterbildend, Rosettenblätter scharf gesägt, am Rand mit Kalk ausscheidenden Grübchen, Stängelblätter wechselständig, ledrig, blaugrün. Blütenrispe mit 10–30 Blüten, weiß bis cremefarben, Kronblätter oft rot gepunktet.
VORKOMMEN Felsspalten, Felsköpfe und Felsrasen der Gebirge Europas. Auf trockenen, meist kalkreichen Steinböden. **GESCHÜTZT.**

3 | Rundblättriger Steinbrech

Saxifraga rotundifolia
(Steinbrechgewächse)

MAG FEUCHTIGKEIT Während die meisten Steinbrech-Arten auf voll sonnenexponierten Standorten wachsen, ist der Rundblättrige Steinbrech auf Standorte mit hoher Luftfeuchte angewiesen.
MERKMALE 10–60 cm, Blütezeit Juni–Sept., mehrjährig. Stängel verzweigt, abstehend behaart. Blätter nierenförmig, deutlich gezähnt, grundständige Blätter lang gestielt. Blüten in lockerer Rispe, Kronblätter weiß, am Grund mit gelben, nach außen hin mit roten Punkten.
VORKOMMEN Feuchte, meist kalkhaltige, locker humose Böden, Hochstaudenfluren, Bachufer, beschattete Blockhalden. In der subalpinen und alpinen Stufe. **GESCHÜTZT.**

4 | Dreifinger-Steinbrech

Saxifraga tridactylites
(Steinbrechgewächse)

PIONIER IN INDUSTRIEBIOTOPEN Die leichten Samen werden vom Wind verbreitet oder bei Regen fortgespült. Zudem können sich die klebrigen Pflanzen an Tiere anheften und so verbreitet werden. Die Art ist eine Pionierpflanze, die auch an stark vom Menschen beeinflussten Standorten zurechtkommt. Sie konnte sich an Eisenbahnlinien stark ausbreiten, außerdem findet man sie in Bergbau- und Industriebrachen.
MERKMALE 2–20 cm, Blütezeit März–Mai, einjährig. In der Größe sehr variabel, Pflanze drüsig klebrig. Blätter 3-lappig oder gezähnt, grundständige Blätter frühzeitig absterbend. Blüten in lockeren Blütenständen, weiß.
VORKOMMEN Auf warmen, meist sandigen Standorten, Pionierpflanze, Bahndämme, Mauern. Europa.

1

2

3

4

1 | Weißes Waldvögelein
Cephalanthera damasonium
(Orchideengewächse)

BESTÄUBT SICH SELBST Die Blüten dieses Waldvögeleins öffnen sich nur bei warmem, sonnigem Wetter. Sie bleiben oft ganz geschlossen und bestäuben sich dann selbst. Sie bieten keinen Nektar, die erhabenen Leisten der Lippe dienen möglicherweise als Nahrung für die Bestäuber. Die Art blüht mit etwa 10 Jahren das erste Mal.
MERKMALE 30–60 cm, Blütezeit Mai–Juni, mehrjährig. Kurzer, waagerechter Wurzelstock. Stängel aufrecht, mit wenigen Blättern. Blätter eiförmig, 4–10 cm lang, etwa halb so breit. Blüten elfenbeinfarben bis weißlich cremefarben, 25–35 mm, vorderer Teil der Lippe breit oval, dottergelb mit hellem Rand, mit 3 erhabenen Längsleisten, Tragblatt länger als der Fruchtknoten. Das ähnliche **SCHWERTBLÄTTRIGE WALDVÖGELEIN** *(Cephalanthera longifolia)* hat schmale Blätter.
VORKOMMEN Nicht zu dichte Wälder. An schattigen, etwas wärmeren Standorten. Mittel- und Südeuropa. **GESCHÜTZT.**

2 | Weiße Waldhyazinthe
Platanthera bifolia
(Orchideengewächse)

TYPISCHE NACHTFALTERBLUME Die auch Zweiblättrige Waldhyazinthe genannte Art duftet erst gegen Abend intensiv maiglöcklichenähnlich. Sie lockt Nachtfalter an, die mit ihrem Rüssel den Nektar aus dem sehr langen, engen Sporn entnehmen und dabei die Blüten bestäuben.
MERKMALE 20–50 cm, Blütezeit Mai–Juli, mehrjährig. Rübenförmige Knollen. Am Stängelgrund meist 2 bis zu 20 cm lange, 6 cm breite Blätter. Blüten 15–23 mm, grünlich weiß oder weiß, Lippe schmal zungenförmig, 2–3 cm langer, dünner Sporn, Fächer der Staubbeutel (Pollinien) direkt nebeneinander, parallel.
VORKOMMEN Meist in lockeren Wäldern, auf Wiesen, am Rand von Mooren. In den meisten Gegenden nicht selten. Europa. **GESCHÜTZT.**

3 | Ästige Graslilie
Anthericum ramosum
(Grasliliengewächse)

OHNE BLÜTEN SIEHT SIE AUS WIE EIN GRAS Oft stehen die Pflanzen zwischen Gräsern und sind dann nur schwer zu erkennen. Die Blüten locken verschiedene Insekten an, die leicht an den an der Spitze des Fruchtknotens abgegebenen Nektar gelangen können. In einigen Gegenden heißen Graslilien »Sternblumen« oder »Himmelsstern«. Kleinere Exemplare mit unverzweigtem Blütenstand lassen sich am besten an den kleineren Blüten von der sehr ähnlichen **ASTLOSEN GRASLILIE** *(Anthericum liliago)* unterscheiden.
MERKMALE 30–80 cm, Blütezeit Juni–Aug., mehrjährig. Kurzer Wurzelstock. Blätter grasartig, 2–6 mm breit. Blütenstand aus Trauben zusammengesetzte Rispe, Blüten 15–25 mm, weiß, die 3 inneren Blütenblätter breiter als die äußeren.
VORKOMMEN Waldränder, lichte Wälder, Böschungen, Halbtrockenrasen. Auf trockenen Böden. Fast ganz Europa. **GESCHÜTZT.**

4 | Maiglöckchen
Convallaria majalis
(Mäusedorngewächse)

LIEFERT WIRKSAME HERZMEDIKAMENTE Die Pflanze enthält Substanzen, die bei genauer Dosierung bei altersbedingter Herzschwäche wirksam sind. Überdosierungen können jedoch tödlich sein, und die Verwechslung mit Bärlauch-Blättern (S. 150) kann verhängnisvoll sein. Der Duft der Blüten wird auch in Parfüms verwendet.
MERKMALE 10–20 cm, Blütezeit Mai–Juni, mehrjährig. Wurzelstock verzweigt, dünn. Blätter zu 2, breit lanzettlich, bis zu 20 cm lang, 7 cm breit. Blüten weiß bis cremeweiß, glockig, mit 6 kurzen 3-eckigen Zipfeln, zu 3–9 in lockerer, einseitswendiger Traube, duftend. Frucht rote Beere. **GIFTIG!**
VORKOMMEN Laubwälder, Gebüsch, Bergwiesen, Felsschutt. Fast ganz Europa, im Süden nur im Gebirge bis in Höhen um 2200 m.

1

2

3

4

1 | Zweiblättriges Schattenblümchen
Maianthemum bifolium
(Mäusedorngewächse)

WIRD VON VÖGELN VERBREITET Für den Menschen sind die süßlichen Beeren giftig. Vögel können sie jedoch ohne Probleme fressen und so die Samen verbreiten. Die Pflanze steht nur in Tieflagen im Schatten, im Gebirge erträgt sie mehr Licht und wächst auch auf Wiesen. »Zweiblättrig« ist erst die blühende Pflanze. Nicht blühende Stängel bilden nur 1 Blatt.
MERKMALE 5–20 cm, Blütezeit Mai–Juni, mehrjährig. Dünner, kriechender Wurzelstock. Meist 2 herzförmige, 5–8 cm lange, bis zu 4 cm breite, am Ende zugespitzte Blätter im oberen Abschnitt des Stängels. Blüten weiß, zu 10–20 in lockerer, aufrechter Traube. Frucht kirschrote, etwa 5 mm große Beere.
GIFTIG!
VORKOMMEN Artenarme Laub- und Nadelwälder, Moore, Bergwiesen. An schattigen Standorten. Besonders Mittel- und Nordeuropa.

2 | Wohlriechende Weißwurz
Polygonatum odoratum
(Mäusedorngewächse)

BENANNT NACH KÖNIG SALOMON Die Narben, die die Stängel nach dem Welken am Wurzelstock hinterlassen, ähneln kleinen Siegeln. So nennt man die Art auch »Salomonsiegel«, nach dem Siegelring des Königs Salomo. Man hielt die Pflanze auch für die sagenhafte Springwurz, mit der man verschlossene Türen öffnen kann. Aus der Form der Narben schloss man im Mittelalter außerdem, die Pflanze müsse gegen Hühneraugen helfen.
MERKMALE 15–45 cm, Blütezeit Mai–Juni, mehrjährig. Kriechender Wurzelstock, auf der Oberseite mit Narben. Stängel überhängend, scharfkantig. Blätter in 2 Zeilen angeordnet, unterseits blaugrün. Blüten hängend, einzeln oder zu 2,
12–30 mm lange, weiße Röhre, 6 grünliche, spreizende Zipfel, in der Mitte etwas bauchig, duftend. Frucht dunkelblaue Beere. **GIFTIG!**
VORKOMMEN Lichte Wälder, Felsen in Waldnähe, Waldränder. An hellen bis halbschattigen Standorten in ganz Europa.

3 | Vielblütige Weißwurz
Polygonatum multiflorum
(Mäusedorngewächse)

DUFTET NICHT Die Art ähnelt der vorherigen, aber es stehen jeweils 2–5 nicht duftende Blüten beieinander und die Stängel sind rund. Die Vielblütige Weißwurz wächst in eher feuchten Wäldern. Sie enthält giftige Saponine.
MERKMALE 50–80 cm hoch, Blütezeit Mai–Juni, mehrjährig. Kriechender Wurzelstock. Stängel überhängend, mit 2-zeilig fast in einer Ebene ausgebreiteten, breit lanzettlichen, bis zu 15 cm langen, 7 cm breiten Blättern. Blüten weiß, engglockig, meist zu 2–5 in den Blattachseln. Frucht dunkelblaue Beere.
GIFTIG!
VORKOMMEN In schattigen Laub- und Nadelwäldern allgemein verbreitet.

4 | Quirlblättrige Weißwurz
Polygonatum verticillatum
(Mäusedorngewächse)

MIT BLATTSCHOPF Die Früchte dieser Art sind wie die der beiden anderen Weißwurz-Arten erst rot und färben sich im Spätsommer dunkelblau. Die Art ist leicht an dem Blattschopf an der Stängelspitze zu erkennen. Er entsteht dadurch, dass sich die Endknospe nicht weiterentwickelt.
MERKMALE 30–90 cm, Blütezeit Mai–Juni, mehrjährig. Kriechender Wurzelstock. Stängel aufrecht. Blätter schmal lanzettlich, bis zu 15 cm lang, 15 mm breit, zumindest die oberen zu 3–8 in Quirlen. Blüten weiß, engglockig, zu 1–7 in Trauben in den Blattachseln, nickend. Frucht ca. 10 mm große Beere, schwarzblau.
GIFTIG!
VORKOMMEN Meist an schattigen, luftfeuchten Standorten. In Laub- und Nadelwäldern im Bergland, in den Alpen bis 2400 m Höhe.

1

2

3

4

Blütenfarbe weiß

(Amaryllisgewächse / Hyazinthengewächse / Lauchgewächse)

1 | Schneeglöckchen

Galanthus nivalis
(Amaryllisgewächse)

DIE BLÜTEN ERTRAGEN FROST Insekten erkennen die weißen Blüten auch im Schnee gut, da sie UV-Licht stark reflektieren. Vergiftungen durch die Pflanze führen zu Magen-Darm-Beschwerden. Ein aus Schneeglöckchen isolierter Inhaltsstoff wird jedoch seit einigen Jahren zur Behandlung der Alzheimerschen Krankheit eingesetzt.
MERKMALE 8–20 cm, Blütezeit Febr.–März, mehrjährig. Zwiebelpflanze. Blätter grasartig, blaugrün, bis zu 13 cm lang, 1 cm breit. Blüten nickend, 3 äußere weiße Blütenblätter, bis zu 2 cm lang, 3 halb so lange innere Blütenblätter, vor der Spitze grün gezeichnet. **GIFTIG!**
VORKOMMEN Auenwälder, Schluchtwälder, feuchte Wälder. Im Halbschatten auf feuchten, nährstoffreichen Böden. Bei uns meist verwildert, einige süddeutsche Standorte (Schwäbische Alb) gelten als natürlich. Fast ganz Europa. **GESCHÜTZT.**

2 | Märzenbecher

Leucojum vernum
(Amaryllisgewächse)

AUCH ALS FRÜHLINGS-KNOTENBLUME BEKANNT Sie bildet oft großflächige, dichte Bestände. Viele waren in den letzten Jahrzehnten durch übermäßiges Pflücken und Ausgraben stark zurückgegangen. Durch Bewachung durch Naturschützer konnten sich an vielen Stellen die Bestände sehr gut erholen. Vergiftungen durch die Pflanze können zu Herzrhythmusstörungen führen.
MERKMALE 10–30 cm, Blütezeit Febr.–März, mehrjährig. Ca. 20 cm tief im Boden liegende Zwiebel. Blätter dunkelgrün, glänzend, fleischig, 10–20 cm lang, bis zu 20 mm breit. Blüten glockenförmig, ca. 2 cm, duftend, nickend, meist einzeln, selten zu zweit an einem Stängel, weiß mit grünem Fleck unterhalb der Spitze. **GIFTIG!**
VORKOMMEN Feuchte Auenwälder, Schluchtwälder, waldnahe Feuchtwiesen. V. a. in Mitteleuropa, im Norden verwildert. **GESCHÜTZT.**

3 | Doldiger Milchstern

Ornithogalum umbellatum
(Hyazinthengewächse)

BLÜTEN ÖFFNEN SICH NUR BEI SONNENSCHEIN Der wissenschaftliche Namebedeutet »Vogelmilch«. Hiermit meinte man wohl Eiweiß und verglich die Blütenfarbe mit dem Weiß von gekochten Eiern. Außerdem enthält die Pflanze einen schleimigen, etwas an rohes Eiweiß erinnernden Saft. Die Bach-Blütentherapie kennt die Pflanze unter ihrem englischen Namen »Star of Bethlehem«.
MERKMALE 10–30 cm, Blütezeit April–Mai, mehrjährig. 2–3 cm dicke, weißliche Zwiebel, mit Nebenzwiebeln. Blätter grundständig, bis zu 6 mm breit, länger als der Stängel. Blüten sternförmig, weiß, außen grün gestreift, zu 3–12 in lang gestielter Traube. Frucht keulenförmige bis rundliche Kapsel. **GIFTIG!**
VORKOMMEN Weinberge, Parkrasen, Wiesen, Gebüsche, Baumplatten der Städte. Wächst meist in Gruppen. Mittel- und Südeuropa.

4 | Bärlauch

Allium ursinum
(Lauchgewächse)

AM KNOBLAUCHDUFT ZU ERKENNEN Die geschnittenen Blätter eignen sich für Frühlingsquark und Pesto. Die Inhaltsstoffe der Pflanze gehen erst beim Zerkleinern sowie beim Abwelken im späten Frühjahr in die stark riechenden Lauchöle über. Dann kann man einen bärlauchreichen Wald besonders bei warmem Wetter weithin riechen. Die Blätter sind denen des Maiglöckchens (S. 146) ähnlich, und Verwechslungen führen immer wieder zu tödlichen Vergiftungen.
MERKMALE 20–50 cm, Blütezeit Mai–Juni, mehrjährig. Zwiebelpflanze. Meist 2 Blätter, elliptisch lanzettlich, deutlich gestielt. Blüten sternförmig, weiß, 1–2 cm, in flacher oder etwas rundlicher Scheindolde. Pflanze stark nach Knoblauch duftend. **ESSBAR**.
VORKOMMEN Feuchte Laubwälder mit krautigem Unterwuchs, Auwälder. Meist an schattigen Standorten. Fast ganz Europa.

1

2

3

4

1 | Froschbiss
Hydrocharis morsus-ranae
(Froschbissgewächse)

BLÄTTER ERINNERN AN SEEROSEN Die am Grund eingebuchteten Blätter erscheinen wie ausgebissen. Da sich häufig Frösche zwischen den Pflanzen aufhalten, meinte man früher, dass diese die Pflanzen anfressen, und gab der Pflanze den Namen »Froschbiss«.
MERKMALE 15–30 cm, Blütezeit Juni–Aug., mehrjährig. Zweihäusig. Schwimmende oder im Grund wurzelnde Wasserpflanze mit 5–20 cm langen Ausläufern. Blätter schwimmen auf dem Wasser, 7–10 cm lang gestielt, fast kreisrund mit herzförmigem Grund, 2–7 cm. Blüten mit 3 weißen Kronblättern, 2–3 cm groß, mit 2–4 cm langen Stielen, ragen über den Wasserspiegel, männliche zu 1–5 in den Achseln zweier bis zu 5 cm lang gestielter Tragblätter, weibliche einzeln.
VORKOMMEN Meist schwimmend zwischen Pflanzen in stehenden bis langsam fließenden Gewässern, Seen. Ganz Europa.

2 | Krebsschere
Stratiotes aloides
(Froschbissgewächse)

WICHTIG FÜR LIBELLEN Die Blätter unter den Blüten ähneln den Scheren eines Krebses und gaben der Pflanze ihren Namen. Die Grüne Mosaikjungfer, eine große Libelle, legt ihre Eier ausschließlich in diese Pflanze. Sie ist auf ausreichend große Vorkommen von Krebsscheren angewiesen
MERKMALE 15–45 cm, Blütezeit Mai–Aug., mehrjährig. Schwimmende oder wurzelnde, Rosetten bildende Wasserpflanze. Blätter starr, linealisch, zugespitzt, am Rand scharf gezähnt, bis 40 cm lang, 4 cm breit. Zweihäusig. Blüten 2–4 cm, mit 3 weißen Kronblättern, männliche zu mehreren, weibliche einzeln aus 2 an eine Krebsschere erinnernden Hochblättern kommend. Kann Massenbestände ausbilden.
VORKOMMEN In meist stehendem, nährstoffreichem Wasser von Tümpeln und Altwässern, Uferbuchten. Fast ganz Europa. **GESCHÜTZT.**

3 | Gewöhnlicher Froschlöffel
Alisma plantago-aquatica
(Froschlöffelgewächse)

WIRD VON SCHWEBFLIEGEN BESTÄUBT Die Pflanze und besonders ihr brennend scharfer Saft reizen die Haut, es können sich Blasen bilden. Die Blüten öffnen sich nur nachmittags, die des ähnlichen **LANZETTBLÄTTRIGEN FROSCHLÖFFELS** *(Alisma lanceolatum)* dagegen vormittags. Die Pflanze kann außer den Luftblättern auch Schwimmblätter und bis zu 80 cm lange, bandförmige Unterwasserblätter ausbilden.
MERKMALE 30–100 cm, Blütezeit Juli–Aug., mehrjährig. Knollig verdickter Wurzelstock. Blätter in einer grundständigen Rosette, lang gestielt, eiförmig, bis zu 15 cm lang, 10 cm breit. Blüten 8–10 mm, hellrosa oder weiß, in einer reichblütigen, pyramidenförmigen Rispe. **GIFTIG!**
VORKOMMEN Flach überschwemmte Ufer von Seen, Teichen, langsam fließenden Gewässern, Gräben, im Röhricht. Ganz Europa.

4 | Pfeilkraut
Sagittaria sagittifolia
(Froschlöffelgewächse)

ESSBARE KNOLLEN Die Pflanze überwintert mit Knollen, die im Herbst entstehen. Sie sind sehr nahrhaft und schmecken gekocht etwas nussartig. In China baut man Pfeilkraut deshalb als Nahrungspflanze an. Auch bei uns hat man es früher gegessen. Außerdem sollten die Knollen gegen die Scheu vor Wasser wirken.
MERKMALE 30–100 cm, Blütezeit Juni–Aug., mehrjährig. Im Grund wurzelnde Wasserpflanze. Walnussgroße Knollen im Schlamm. Unterwasserblätter bandförmig, bis zu 80 cm lang, Schwimmblätter eiförmig, Überwasserblätter pfeilförmig, bis zu 18 cm lang. Blüten etwa 20 mm, mit 3 weißen, am Grund roten Kronblättern, in einer Traube aus Dreierquirlen. **ESSBAR**.
VORKOMMEN In meist langsam fließenden, nährstoffreichen Flüssen und Gräben, an Teichufern. Fast ganz Europa.

1

2

3

4

1 | Stängelloser Kalk-Enzian
Gentiana clusii
(Enziangewächse)

EINE DER BEKANNTESTEN ALPENBLUMEN Die Blüten sind nach unten hin lichtdurchlässig und am Grund in 5 Kammern geteilt. Hummeln krabbeln der Helligkeit folgend hinein und saugen Nektar aus den Kammern. Der Stängellose Kalk-Enzian und andere blaue Enzian-Arten zieren häufig zu Unrecht die Etiketten von Enzianschnaps: Diesen gewinnt man aus Gelbem Enzian (S. 640).
MERKMALE 5–10 cm, Blütezeit Mai–Aug., mehrjährig. Untere Blätter 3–5 cm lang, etwas ledrig, in Rosette. Blüten einzeln, endständig, 5–6 cm lang, Krone dunkelblau, eng glockenförmig, 5 breite Kronzipfel. Der ähnliche Stängellose Silikat-Enzian hat innen olivgrün gestreifte Blüten.
VORKOMMEN Magere, steinige Rasen, magere Bergwiesen in den Gebirgen Europas in Höhen von 1200–2800 m. Auf Kalkböden. **GESCHÜTZT.**

2 | Stängelloser Silikat-Enzian
Gentiana acaulis
(Enziangewächse)

SIEHT DER VORIGEN ART ZUM VERWECHSELN ÄHNLICH Die auch Kochs Enzian genannte Art wächst nur auf sauren Silikatböden, der sehr ähnliche Stängellose Kalk-Enzian kommt nur in den Kalkalpen auf basischen Böden vor. Die beiden Verwechslungsarten vertreten sich also bodenabhängig gegenseitig. Solche Arten nennt man »vikariierend«. In den Silikat- und Kalkalpen gibt es mehrere solcher Artenpaare. Dem Stängellosen Kalk-Enzian fehlen der grünliche Streifen und die weißliche Verbindungshaut zwischen den Kelchblattzipfeln. Auch sind die Buchten zwischen den Kelchblättern spitzer als beim Silikat-Enzian.
MERKMALE 5–10 cm, Blütezeit Mai–Aug., mehrjährig. Rosettenblätter mindestens 3 cm, oft bis 10 cm lang. Blüten einzeln, endständig, Krone glockig, dunkelblau, innen olivgrün gestreift bis gefleckt, 5–6 cm lang.
VORKOMMEN Saure, feuchthumose Lehmböden. Matten, Steinböden, selten lichte Gebüsche. Südlicher Schweizer Jura, Zentralalpen, zwischen 1200 und 3000 m. **GESCHÜTZT.**

3 | Kreuz-Enzian
Gentiana cruciata
(Enziangewächse)

NICHT NUR IM GEBIRGE Der Kreuz-Enzian gehört zusammen mit dem Lungen-Enzian (S. 604) zu den wenigen Arten, die auch außerhalb des Hochgebirges vorkommen. Die Blüten dieser Art haben nur 4 Kronzipfel, während die anderen Enziane 5-zählig sind. An den Blütenknospen erkennt man, dass sich die Kronblätter bei Enzianen in schraubiger Lage (als Linkswendel) entwickeln.
MERKMALE 10–40 cm, Blütezeit Juli–Okt., mehrjährig. Stängel aufrecht. Blätter gegenständig, lanzettlich, ledrig. Blüten in den Achseln der oberen Blätter, am Stängelende kopfig gehäuft, 1–2,5 cm lang, dunkelblau, außen oft etwas bräunlich.
VORKOMMEN Halbtrockenrasen, Gebüsche, Wälder. Kalkmittelgebirge selten, Nördliche und Südliche Kalkalpen bis in etwa 1600 m Höhe zerstreut bis selten. **GESCHÜTZT.**

4 | Schnee-Enzian
Gentiana nivalis
(Enziangewächse)

HIMMELBLAUE BLÜTEN MIT WEISSER NARBE Der Schnee-Enzian gehört zu den wenigen einjährigen Pflanzenarten der alpinen Stufe. Meist ist die Vegetationsdauer hier nur 4 Monate. Nur wenige Pflanzen können in dieser kurzen Zeit und unter den extremen Bedingungen des Hochgebirges die komplette Entwicklung von der Keimung bis zur Fruchtreife durchlaufen.
MERKMALE 2–10 cm, Blütezeit Juni–Aug., einjährig. Stängel aufrecht. Blüten endständig, Kelch 1–1,5 cm, liegt der Kronröhre eng an, ungeflügelt, oft mit schwarzvioletten Kanten, Krone 1,2–2,2 cm lang, erst oberhalb der Kelchzähne blau.
VORKOMMEN Matten, Rasen, Felsbänder, Kalkgebiete. 1500–2800 m. **GESCHÜTZT.**

1

2

3

4

1 | Lungen-Enzian
Gentiana pneumonanthe
(Enziangewächse)

PUNKTIERTE BLÄTTER ERINNERN AN LUNGENGEWEBE Früher wurde die Art als Heilpflanze bei Lungenleiden verwendet (Name!), aber sie enthält keine wirksamen Inhaltsstoffe. Der Lungen-Enzian und der **SCHWALBENWURZ-ENZIAN** *(Gentiana asclepiadea)* sind die einzigen Futterpflanzen für die Raupen des Lungen-Enzian-Ameisenbläulings.
MERKMALE 10–40 cm, Blütezeit Juli–Okt., mehrjährig. Stängel aufrecht, meist unverzweigt, kaum kantig. Blätter gegenständig, schmal lanzettlich bis linealisch, 1-nervig, Blattrand umgerollt. Blüten einzeln in den oberen Blattachseln, Krone engglockig, blau, innen grüne Punktstreifen, bis zu 5 cm lang.
VORKOMMEN Flachmoore, Heiden. Im Tiefland zerstreut, im Mittelgebirge selten. Europa. **GESCHÜTZT.**

2 | Frühlings-Enzian
Gentiana verna
(Enziangewächse)

STEHT FÜR TREUE Blüten mit reinem Blau gibt es im Pflanzenreich nicht so häufig, wohl aber bei Enzianen. Da Blau die Farbe der Treue ist, wurden diese zu Treuesymbolen. Die weiße Narbe verschließt den Blüteneingang, sodass nur langrüsselige Tagfalter an den Nektar gelangen können.
MERKMALE 5–20 cm, Blütezeit März–Aug., mehrjährig. Wächst oft in kleinen Rasen. Stängel aufrecht, unverzweigt, kantig. Untere Blätter bis zu 3 cm lang, steif, bilden eine Rosette. Blüten einzeln, endständig, Krone tief himmelblau, 2–3 cm lang, engröhrig, zwischen den Zipfeln mit 2-teiligem, weiß geflecktem Zahn. Blüht gelegentlich im Herbst ein zweites Mal.
VORKOMMEN Auf mageren Rasen, Schafweiden sowie in Flachmooren. Auf meist kalkreichen Böden. Gebirge in Mittel- und Südeuropa. **GESCHÜTZT.**

3 | Fransenenzian
Gentianella ciliata, Gentianopsis ciliata
(Enziangewächse)

AUCH AUSSERHALB DER ALPEN Die Blüten aller Enzian-Arten öffnen sich nur tagsüber bei schönem Wetter. Nachts und auch bei Regen schließen sie sich. Diese Schließbewegung entsteht dadurch, dass das Äußere der Krone schneller wächst als das Innere. Der Fransenenzian braucht offene Standorte und kann sich nur halten, wenn diese regelmäßig beweidet werden.
MERKMALE 7–30 cm, Blütezeit Aug.–Okt., mehrjährig. Stängel am Grund gebogen, aufsteigend bis aufrecht. Blätter lineal lanzettlich, nur 1 Nerv. Blüten oft einzeln, selten zu 2–10 traubig, dunkelblau, außen am Grund oft grünlich, 4-zählig, Zipfel eingeschnitten gefranst.
VORKOMMEN Magere Rasen, steinige Weiden, Waldränder. Auf kalkreichen Böden in Mitteleuropa und in den Gebirgen Südeuropas bis in Höhen um 2500 m. **GESCHÜTZT.**

4 | Deutscher Kranzenzian
Gentianella germanica
(Enziangewächse)

WECHSELNDE GESTALT Von dieser Art gibt es zwei Formen: Eine blüht im Frühsommer, die andere im Herbst. Beide unterscheiden sich so stark, dass man sie für verschiedene Arten halten könnte: Die Pflanzen des Frühsommers sind wenig verzweigt und haben längere Stängelabschnitte zwischen den Blättern. Herbstformen sind stark verzweigt, gestaucht und tragen bis zu 50 Blüten. Trotz der kurzen Zeit bis zum Winter bilden auch sie noch reife Samen aus.
MERKMALE 5–40 cm, Blütezeit Juni–Okt., zweijährig. Stängel aufrecht, meist mehrfach verzweigt, 4-kantig. Rosettenblätter zur Blütezeit abgestorben. Stängelblätter eiförmig. Blüten einzeln, endständig, rotviolett, im Schlund bärtig, Krone 5-zipflig.
VORKOMMEN Magere Rasen und Weiden über Kalk, vor allem in den Mittelgebirgen. An sonnigen Standorten in Mitteleuropa. **GESCHÜTZT.**

1

2

3

4

1 | Gewöhnlicher Feldsalat
Valerianella locusta
(Baldriangewächse)

EIN BELIEBTER WINTERSALAT Die Samen keimen im Herbst, den Winter überdauert die Pflanze mit einer grünen Blattrosette. Diese ist frosthart und liefert aromatischen, sehr wertvollen Wintersalat mit hohem Gehalt an Mineralstoffen und Vitaminen. Wahrscheinlich kultivierte man den Gewöhnlichen Feldsalat erst ab dem 18. Jahrhundert als Salatpflanze.
MERKMALE 5–15 cm, Blütezeit April–Mai, einjährig. Stängel aufrecht, gabelig verzweigt. Blattrosette bodenanliegend, Stängelblätter gegenständig, spatelförmig bis verkehrt eiförmig, hell- oder dunkelgrün, meist glattrandig oder unregelmäßig gekerbt. Blüten in endständigen Scheindolden, Krone 3 mm breit, bläulich weiß, trichterförmig mit 5 freien Zipfeln. **ESSBAR**.
VORKOMMEN Äcker, Brachfelder, Weinberge, Ödflächen, Wegböschungen, Straßenränder. Ganz Europa.

2 | Gewöhnlicher Strandflieder
Limonium vulgare
(Bleiwurzgewächse)

HÜBSCH IN TROCKENSTRÄUSSEN
In Anpassung an seinen salzigen Standort scheidet der Gewöhnliche Strandflieder über spezielle Drüsen eine Salzlösung aus. Trocknet die Lösung auf den Blättern, bleibt ein Überzug aus Kristallen zurück, der beim nächsten Regen wieder abgewaschen wird. Der deutsche Name bezieht sich auf die Farbe der Blüten, die an Flieder erinnert.
MERKMALE 20–50 cm, Blütezeit Aug.–Sept., mehrjährig. Blätter immergrün, in grundständiger Rosette, ledrig, breit oval, bis zu 20 cm lang, stachelspitzig. Blüten in einseitswendiger Rispe, blauviolett, 3–8 mm lang, Kelch trichterförmig, trockenhäutig, Krone blauviolett. Oft truppweise auftretend.
VORKOMMEN Strandrasen und Schlickwatt der Nord- und Ostseeküste und des Atlantiks.
Auf salzhaltigen Böden. **GESCHÜTZT.**

3 | Stranddistel
Eryngium maritimum
(Doldenblütler)

SIE IST KEINE DISTEL Die derben Blätter der Stranddistel ertragen problemlos den feinen Flugsand. Die aparten Blütenstängel waren einst bei Strandtouristen für Trockensträuße beliebt. Die Art ist aber geschützt und sollte nicht gepflückt werden.
MERKMALE 20–60 cm, Blütezeit Juni–Aug., zweijährig. Pflanze sparrig verzweigt, oft in halbkugeligen Büschen. Blätter derb, rundlich nierenförmig bis lappig gebuchtet, mit langen dornigen Spitzen, grauweiß bis graublau. Blüten klein, in dichtblütigen, von bläulichen Hochblättern umgebenen Köpfchen. Blüte etwa 5 mm lang, stahlblau bis violett, Staubblätter ragen weit heraus.
VORKOMMEN Lückig bewachsene Dünen und Sandböden der Küsten ganz Europas. **GESCHÜTZT.**

4 | Gewöhnliches Eisenkraut
Verbena officinalis
(Eisenkrautgewächse)

WURDE FRÜHER IN DER EISENVERHÜTTUNG EINGESETZT Das Eisenkraut sollte als Zauberpflanze Gewitter abwenden und Eisen härten können. Diese Wirkung auf Eisen ist jedoch weniger mystisch, als man annahm: Gibt man das Kraut in eine Eisenschmelze, härtet der in ihr – und in jeder anderen Pflanze – enthaltene Kohlenstoff das Metall.
MERKMALE 30–100 cm, Blütezeit Juli–Sept., ein- bis mehrjährig. Stängel aufrecht, an der Basis etwas verholzt, oben stärker verzweigt, 4-kantig, rauhaarig. Blätter gegenständig, die unteren gestielt und grob fiederteilig gezähnt, die mittleren kurz gestielt und tief 3-teilig, die oberen sitzend und einfach. Blüten klein, zahlreich in schlanken, verlängerten Ähren, Krone schwach 2-lippig, höchstens 5 mm lang, blasslila. **ESSBAR**.
VORKOMMEN Schuttplätze, Weiden, Wegränder, Mauern, Gräben. Auf mäßig trockenen bis feuchten Böden. Fast ganz Europa.

1

2

3

4

1 | Knäuel-Glockenblume
Campanula glomerata
(Glockenblumengewächse)

DIE BLÜTENFARBE HÄNGT VOM SÄUREGEHALT DER ZELLE AB Der Farbstoff, der das schöne Blau der Glockenblumen-Blüten verursacht, reagiert empfindlich auf Säure. Bringt man einen Tropfen Essig auf die Blüte, schlägt ihre Farbe sofort in Rot um.
MERKMALE 30–60 cm, Blütezeit Juni–Sept., mehrjährig. Stängel aufrecht. Grundblätter gestielt, Spreite eiförmig lanzettlich, Blätter wechselständig, länglich zungenförmig. Blüten zu 8–25, 1,5–3 cm lang, dunkelblau bis blauviolett, trichterförmig bis engglockig, 5 spitze Zipfel.
VORKOMMEN Bergwiesen, lichte Wälder, Heiden, saure Böden. Bis in 2800 m Höhe. Europa.

2 | Wiesen-Glockenblume
Campanula patula
(Glockenblumengewächse)

BLÜTEN RICHTEN SICH ZUR SONNE HIN Nachts und bei trübem Wetter hängen die Blüten abwärts und schützen so den Blütenstaub vor Regen und Tau. Bei schönem Wetter richten sie sich auf.
MERKMALE 30–60 cm, Blütezeit Mai–Juli, zweijährig. Stängel aufrecht, meist verzweigt. Grundblätter schmal oval, Stängelblätter wechselständig, lanzettlich, sitzend. Blüten zu 3–10 in lockerer, offener Rispe, Krone 1,5–2,5 cm lang, weitglockig, helllila bis blauviolett. **ESSBAR**.
VORKOMMEN Wiesen, Weiden, Wegränder, Brachflächen. Auf nährstoffreichen Böden an sonnigen Standorten. Fast ganz Europa.

3 | Pfirsichblättrige Glockenblume
Campanula persicifolia
(Glockenblumengewächse)

POLLEN WIRD AUSGEFEGT Die Pollenkörner werden bei allen Arten der Gattung noch in der Knospe durch schräg nach vorn gerichtete Haare des Griffels aus den Staubblättern ausgefegt und als klebrige Masse angeboten.
MERKMALE 50–80 cm, Blütezeit Juni–Aug., mehrjährig. Stängel aufrecht. Grundblätter länglich oval, Stängelblätter wechselständig, lanzettlich, obere sitzend, um 1 cm breit. Blüten zu 3–8 in lockerer Traube, Krone 2–4 cm lang, blau bis blauviolett, selten reinweiß.
VORKOMMEN Lichte Wälder, Gebüschsäume, auch in Gärten. Fast ganz Europa.

4 | Rundblättrige Glockenblume
Campanula rotundifolia
(Glockenblumengewächse)

OHNE RUNDE BLÄTTER »Rundblättrig« bezieht sich auf die untersten Blätter. Diese sind jedoch zur Zeit der Blüte nicht mehr vorhanden, sodass man sich dann zu Recht fragt, wie die Glockenblume zu ihrem Namen gekommen ist.
MERKMALE 15–30 cm, Blütezeit Juni–Okt., mehrjährig. Stängel aufrecht. Grundblätter rundlich, zur Blütezeit abgestorben, Stängelblätter schmal linealisch. Blüten 1,5–2 cm lang, zu 2–8 in lockeren Rispen, blauviolett.
VORKOMMEN Magere Rasen und Wiesen, Heiden, lichte Wälder, Waldränder, Fels- und Mauerritzen. Europa, im Süden in den Gebirgen.

5 | Nesselblättrige Glockenblume
Campanula trachelium
(Glockenblumengewächse)

GEGEN HALSSCHMERZEN Der wissenschaftliche Name kommt von griech. *trachia* = Luftröhre. Einst nutzte man die Pflanze zum Gurgeln bei Halsentzündungen.
MERKMALE 60–100 cm, Blütezeit Juli–Aug., mehrjährig. Steif borstig behaart. Blätter herzförmig bis länglich, über 2 cm breit. Bis zu 15 Blüten in Traube, 2,5–4 cm lang, blauviolett bis hellblau.
VORKOMMEN Laubwälder, Lichtungen, Waldränder, Hecken. Verbreitet, im Nordwesten selten.

1

2

3

4

5

1 | Berg-Sandglöckchen
Jasione montana
(Glockenblumengewächse)

WÄCHST NICHT NUR IN DEN BERGEN Die Pflanze ist eine Bewohnerin rasch austrocknender Sandstandorte wie Dünen, Magerrasen und Heiden. Das Berg-Sandglöckchen ist nicht nur mit seinen Blättchen und der rauen Behaarung daran angepasst: Die Wurzeln reichen bis zu 1 m tief und können so noch genügend Wasser aufnehmen.
MERKMALE 10–45 cm, Blütezeit Juni–Aug., ein- bis zweijährig. Stängel aufrecht, unregelmäßig und sparrig verzweigt, untere Hälfte dicht beblättert, meist behaart. Blätter wechselständig, schmal lanzettlich, undeutlich gestielt. Blüten in kugeligen, bis zu 2,5 cm breiten Köpfchen, endständig auf langen Trieben, Krone bis zu 1,5 cm lang, hellblau.
VORKOMMEN Kalkarme, lückige Sandtrockenrasen, Dünen, Felsköpfe, lichte Böschungen, Raine. Auf offenen Böden. Fast ganz Europa.

2 | Echter Frauenspiegel
Legousia speculum-veneris
(Glockenblumengewächse)

FRÜHER ALS GETREIDEBEGLEITER WEIT VERBREITET Durch Herbizideinsatz ist die Art stark zurückgegangen. In manchen Gegenden wie der Eifel sind ihre hübschen Blüten aber auf 3–5 m breiten Ackerrandstreifen wieder aufgetaucht, nachdem diese nicht mehr mit Herbiziden behandelt wurden. Im Boden ruhende Samen waren offenbar noch keimfähig.
MERKMALE 10–30 cm, Blütezeit Juni–Aug., einjährig. Stängel aufsteigend bis aufrecht, leicht kantig, meist kahl. Keine Grundblätter, Stängelblätter wechselständig, kurz gestielt bis sitzend, schmal oval. Blüten zu mehreren in lockerer Rispe, Krone dunkelviolett mit hellgelbem Farbmal, bis über 2 cm breit, mit ausgebreiteten Kronzipfeln.
VORKOMMEN Kalkhaltige Löss- und Lehmböden, Weinberge, Äcker, Brachen. Selten. Europa.

3 | Schwarze Teufelskralle
Phyteuma nigrum
(Glockenblumengewächse)

EINGEKRÜMMTE BLÜTENKNOSPEN ERINNERN AN KRALLEN Die Krone reißt mit 5 Längsrissen auf. Anfangs sind die Zipfel an den Spitzen noch verbunden, die Staubbeutel werden dadurch an den Griffel gedrückt und geben den dunkelroten Pollen frei. Später trennen sich die Kronzipfel auch an den Spitzen und die Narben entfalten sich. Die Blüten locken Bienen und Schwebfliegen an.
MERKMALE 20–50 cm, Blütezeit Mai–Juli, mehrjährig. Stängel aufrecht. Grundblätter 1,5–3-mal so lang wie breit, Blattrand gekerbt, Stängelblätter schmal. Dichter Blütenstand, anfangs kegelförmig, später walzenförmig, Blütenknospen gekrümmt, Kronzipfel beim Öffnen an der Spitze verbunden, in der Mitte auseinanderklaffend, später vollständig getrennt, langer Griffel.
VORKOMMEN Laubmischwälder, Bergwiesen. V. a. in den Mittelgebirgen und Gebirgen mit Silikatgestein. Mitteleuropa.

4 | Gewöhnliches Kreuzblümchen
Polygala vulgaris
(Kreuzblumengewächse)

AUFFÄLLIGER KELCH Zum Gesamtbild der Einzelblüten tragen v. a. die kräftig ausgefärbten Kelchblätter bei, die wie 2 Flügel wirken. Die Kronblätter sind mit der Staubblattröhre verwachsen, das untere ist vorn gefranst. Sehr ähnlich dem **BITTEREN KREUZBLÜMCHEN** *(P. amara)*, allerdings schmecken die Blätter nicht bitter.
MERKMALE 10–25 cm, Blütezeit Mai–Aug., mehrjährig. Formenreich. Stängel aufrecht oder aufsteigend, verzweigt. Blätter wechselständig, kurz gestielt, schmal elliptisch bis linealisch, kurz zugespitzt, etwas ledrig. Blüten um 8 mm lang, zu mehreren in endständiger Traube, dunkelblau bis violett, seltener weiß oder rötlich. Vorkommen Magerrasen, Heiden, Wegränder. Auf sauren Böden. Europa.

1

2

3

4

1 | Vielblättrige Lupine
Lupinus polyphyllus
(Schmetterlingsblütler)

SÜSSLUPINEN LIEFERN GUTES WILDFUTTER Die Pflanzen eignen sich zur Befestigung von Böschungen und zur Bodenverbesserung. An ihren Wurzeln sitzen für Schmetterlingsblütler typische Knöllchen, in denen Bakterien leben. Diese binden Stickstoff aus der Luft und reichern diesen Nährstoff im Boden an. Zur Wildfütterung eignen sich nur Zuchtformen mit geringem Gehalt an giftigen, bitteren Alkaloiden (Süßlupinen).
MERKMALE 100–150 cm, Blütezeit Juni–Aug., mehrjährig. Aufrecht, unverzweigt. Blätter lang gestielt, Spreite handförmig, mit 9–17 lanzettlich zugespitzten Teilblättchen, anliegend behaart. Blüten blauviolett, selten weißlich, in dichter Traube, bis zu 60 cm lang. **GIFTIG!**
VORKOMMEN Stammt aus Nordamerika. An Böschungen und Waldwegen ausgesät, zum Teil verwildert und eingebürgert. Auf kalkarmen Böden. Fast ganz Europa. Invasiv.

2 | Luzerne
Medicago sativa
(Schmetterlingsblütler)

EINE DER WICHTIGSTEN GRÜNFUTTERPFLANZEN »Luzerne« bedeutet »Leuchte« und bezieht sich auf die hell glänzenden Samen. Die Pflanze stammt ursprünglich aus dem Gebiet um das Kaspische Meer. Sie wird seit der Antike kultiviert. Ihre Bedeutung stieg, als man Kriege zu Pferde durchführte und deshalb vermehrt Futter benötigte.
MERKMALE 30–80 cm, Blütezeit Juni–Sept., mehrjährig. Stängel aufrecht, verzweigt. Blätter 3-zählig, Fiedern fein gezähnt, stachelspitzig, nur Endfieder gestielt. Blüten zahlreich in kopfigen Trauben, Krone lila oder violettpurpurn. Hülse schraubig gewunden. **ESSBAR**.
VORKOMMEN Magere Wiesen, Wegränder, Böschungen. Auf warmen Böden. Besonders in Bastardsorten häufig gepflanzt. Ganz Europa.

3 | Vogel-Wicke
Vicia cracca
(Schmetterlingsblütler)

LÄSTIGES WILDKRAUT IN GETREIDEÄCKERN Auf der Suche nach einem Halt führen die Ranken kreisende Bewegungen durch. Erhalten sie Kontakt, reagieren sie sofort, halten sich fest und wickeln sich spiralförmig auf. Früher war die Gewöhnliche Vogel-Wicke ein gefürchtetes Unkraut in Feldern. Ein alter Bauernspruch besagt: »Raden, Trespen und Vogel-Wicken bringen den Bauern auf den Rücken.«
MERKMALE 30–120 cm, Blütezeit Juni–Aug., mehrjährig. Formenreich. Stängel dünn, kantig, verzweigt. Blätter kahl oder anliegend behaart, 6–12 Fiederpaare, vordere fast stets zu langen Ranken umgebildet, Nebenblätter mit abstehenden Zipfeln. Blüten um 1 cm, in lang gestielter, bis zu 10 cm langer gestreckter Traube, Krone blau- oder rotviolett. Hülsen schwarz. **ESSBAR**.
VORKOMMEN Wiesen, Weiden, Äcker, Ödflächen, Waldränder, Gebüsche und Flussufer. Ganz Europa.

4 | Wald-Wicke
Vicia sylvatica
(Schmetterlingsblütler)

BESONDERS GUT FÜR WILDPFLANZENGÄRTEN Im Gegensatz zu den meisten anderen Wicken bevorzugt diese Art den Halbschatten lichter Wälder. Sie braucht naturnahe Standorte. Da sie sich an stark ausgebauten Forstwegen und intensiv forstlich genutzten Flächen nicht halten kann, ist sie bei uns auf dem Rückzug.
MERKMALE 50–150 cm, Blütezeit Juni–Aug., mehrjährig. Stängel schlaff, 4-kantig, aufsteigend oder kletternd. Blätter mit 6–8 eiförmig elliptischen Fiederpaaren, Endfiedern meist zu Ranken umgebildet, Nebenblätter zerschlitzt, gezähnt. Blüten etwa 1,5 cm lang, weiß, violett geadert, zu mehreren in verlängerter Traube.
VORKOMMEN Feuchte Laub- und Nadelwälder. Zerstreut im Osten, im Westen und Norden selten oder fehlend.

1

2

3

4

1 | Gewöhnliche Akelei
Aquilegia vulgaris
(Hahnenfußgewächse)

WÄCHST IN VIELEN GÄRTEN Langrüsselige Hummeln kriechen in die Blüten und saugen Nektar aus dem Spornende. Kurzrüsselige Hummeln beißen das Spornende von außen auf und stehlen Nektar, ohne die Blüten zu bestäuben. Durch diese Löcher holen sich auch Bienen den süßen Saft.
MERKMALE 40–80 cm, Blütezeit Mai–Juli, mehr-jährig. Stängel aufrecht, verzweigt. Blätter v. a. am Grund, doppelt 3-zählig. Blüten nickend, blauviolett, 5 tütenartige Blütenblätter mit hakig gebogenem Sporn. Frucht aufrecht, 5-teilig. **GIFTIG!**
VORKOMMEN Lichte Laubwälder, Gebüsche, Hecken, schattige Wiesen. Meist auf Kalkböden. Bis auf 2000 m. Fast ganz Europa. **GESCHÜTZT.**

2 | Acker-Rittersporn
Consolida regalis
(Hahnenfußgewächse)

GEHT DURCH INTENSIVEN ACKERBAU STARK ZURÜCK Der Sporn birgt süßen Nektar, den nur Hummeln und andere Insekten mit mindestens 15 mm langem Rüssel erreichen. Im 16. und 17. Jahrhundert verwendete man die Pflanze als Wundheilmittel, zur Förderung der Geburt und für Augenwasser. Früher färbte man auch Wolle mit den Blüten.
MERKMALE 20–40 cm, Blütezeit Mai–Aug., einjährig. Blätter mehrfach geteilt mit schmal lanzettlichen Zipfeln. Blüten in lockerer Traube, dunkelblau, seltener rötlich oder weiß, mit etwa 2 cm langem Sporn. **GIFTIG!**
VORKOMMEN Getreidefelder, seltener an Wegen, auf Schutt. Warme, nährstoff- und kalkreiche Lehmböden. Mittel- und Südeuropa, Südskandinavien.

3 | Leberblümchen
Hepatica nobilis
(Hahnenfußgewächse)

HEILPFLANZE DER SIGNATURENLEHRE Im Mittelalter stufte man das Leberblümchen aufgrund der an eine Leber erinnernden Blattform als wirksam gegen Leberleiden ein. Auch die frühen Siedler Nordamerikas setzten die Pflanze gegen Hepatitis ein. Eine entsprechende medizinische Wirkung lässt sich jedoch bis heute wissenschaftlich nicht belegen.
MERKMALE 5–15 cm, Blütezeit März–April, mehrjährig. Blätter nach den Blüten erscheinend, grundständig, 3-lappig, oft rötlich braun, teils wintergrün. Blüten einzeln auf langen Stielen, 3 kelchartige Hoch-, 5–10 blauviolette Kronblätter, selten rosa oder weiß, zahlreiche Staubblätter. **GIFTIG!**
VORKOMMEN Krautreiche Buchen- und Eichenwälder. Zeigt kalkreichen Boden an. Fast ganz Europa. **GESCHÜTZT.**

4 | Gewöhnliche Kuhschelle
Pulsatilla vulgaris
(Hahnenfußgewächse)

FRÜCHTE ERINNERN AN »WUSCHELKÖPFE« Die Blüten (**4A**), die sich im Wind hin und her bewegen, erinnern etwas an Kuhglocken und gaben der Pflanze den Namen. Die Haare an den Früchtchen (**4B**) spreizen sich bei Trockenheit ab und sorgen dafür, dass der Wind sie gut wegblasen kann. Aus der verwandten Wiesen-Kuhschelle *(Pulsatilla pratensis)*, die nickende, schwarzviolette Blüten hat, gewinnt man eines der wichtigsten homöopathischen Arzneimittel, das zum Beispiel bei Erkrankungen der Geschlechtsorgane und Neigung zu Erkältungen helfen kann.
MERKMALE 5–50 cm, Blütezeit April–Mai, mehrjährig. Pflanze zottig behaart. Grundständige Blätter erst nach der Blüte erscheinend, Stängelblätter zu 3 quirlständig, am Grund verwachsen, 3-spaltig, in zahlreiche schmale Zipfel zerschlitzt. Blüten mit 6 violetten Hüllblättern (**4A**). Früchtchen mit verlängertem, fedrig behaartem Griffel (**4B**). **GIFTIG!**
VORKOMMEN Auf Magerrasen, seltener in Kalk-Kiefernwäldern. Auf warmen, trockenen, meist kalkhaltigen, nährstoffarmen Böden in West- und Mitteleuropa. **GESCHÜTZT.**

1

2

3

4A

4B

1 | Blauer Eisenhut
Aconitum napellus
(Hahnenfußgewächse)

EINE DER GIFTIGSTEN PFLANZEN Der Blaue Eisenhut galt im Altertum als »pflanzliches Arsen«. Bereits 1–2 g der Pflanze wirken tödlich. Der Tod tritt unter starken Schmerzen durch Herzstillstand oder Atemlähmung ein. Der vierte römische Kaiser Claudius ist wohl das berühmteste Opfer des Eisenhuts, er wurde von seiner eigenen Frau vergiftet. Der Giftstoff kann auch intakte Haut durchdringen – deshalb beim Umgang mit der Pflanze unbedingt Gummihandschuhe tragen!
MERKMALE 50–150 cm, Blütezeit Juni–Aug., mehrjährig. Stängel stark beblättert, untere Blätter handförmig 5–7-teilig, zerschlitzt. Blüten blauviolett, Helm nicht höher als breit. **GIFTIG!**
VORKOMMEN Auenwälder, feuchte Weiden, Bachränder in Mittelgebirgen und Gebirgen Mitteleuropas bis in Höhen um 2500 m. **GESCHÜTZT.**

2 | Kleines Immergrün
Vinca minor
(Hundsgiftgewächse)

VORKOMMEN GEHEN MEIST AUF ANPFLANZUNGEN ZURÜCK Das Kleine Immergrün kam im Mittelalter als Gartenpflanze zu uns und verwilderte vielerorts. Die Pflanze vermehrt sich fast ausschließlich über Ausläufer, Samen werden nur sehr selten ausgebildet. Daher erfolgt eine Fernausbreitung fast nur durch den Menschen.
MERKMALE 15–20 cm, Blütezeit April–Mai, mehr-jährig. Halbstrauch (Bodendecker) mit kriechenden, an den Knoten wurzelnden Sprossen und aufsteigenden oder herabgebogenen Zweigen. Blätter ledrig, elliptisch, dunkelgrün und 2–5 cm lang. Blüten blauviolett, einzeln in den Blattachseln aufrechter Blühsprosse. **GIFTIG!**
VORKOMMEN Artenreiche Laubwälder v. a. in der Nähe von ehemaligen Burgen und Siedlungen. Auf nährstoffreichen Böden. Mittel- und Südeuropa.

3 | Bittersüßer Nachtschatten
Solanum dulcamara
(Nachtschattengewächse)

LÖST ALBTRAUMHAFTE WAHNVORSTELLUNGEN AUS Die ganze Pflanze enthält Giftstoffe, die zu Krämpfen und Atemlähmung führen können. Deshalb muss dringend davon abgeraten werden, selbst zu testen, ob die Früchte wirklich anfangs bitter und dann süß schmecken, wie es der Name verheißt.
MERKMALE 30–200 cm, Blütezeit Juni–Aug., mehrjährig. Sommergrüner Halbstrauch. Stängel aufsteigend oder kletternd, im unteren Drittel verholzt. Blätter wechselständig, lang gestielt, lanzettlich, einfach oder mit 1–2 Lappen. Blüten bis zu 2 cm breit, Krone dunkel blauviolett. Beere 1 cm dick, anfangs grünlich, dann gelborange und reif scharlachrot. **GIFTIG!**
VORKOMMEN Feuchte Gebüsche, Grabenränder, Flussufer, Erlenwälder, Waldschläge. Meist auf nassen bis feuchten Böden. Fast ganz Europa.

4 | Wiesen-Storchschnabel
Geranium pratense
(Storchschnabelgewächse)

FRUCHT IST EIN SAMENKATAPULT Im unteren Teil der Frucht sitzen 5 Samen. Der obere, lang gestreckte, samenlose Abschnitt (»Schnabel«) hilft bei der Verbreitung: Beim Austrocknen spannen sich seine Abschnitte und rollen sich plötzlich von unten her wie eine Uhrfeder auf. Die Samen werden dabei katapultartig bis über 2 m weit weggeschleudert.
MERKMALE 20–60 cm, Blütezeit Juni–Aug., mehrjährig. Stängel aufrecht, verzweigt, behaart. Blätter tief handförmig 5–7-teilig, kurzborstig behaart. Blüten in Rispen, 2–4 cm breit, Krone blauviolett, dunkler geadert. Stiele der unreifen Früchte abwärts gerichtet, Frucht mit lang gestrecktem »Schnabel«. **ESSBAR**.
VORKOMMEN Fettwiesen, Grabenränder, Straßenböschungen. Auf nährstoffreichen, meist kalkhaltigen Böden. Fast ganz Europa.

1

2

3

4

1 | Wilde Karde
Dipsacus fullonum
(Kardengewächse)

FRUCHTSTÄNDE EIGNEN SICH ZUM AUFRAUEN VON WOLLGEWEBE In den Blatttüten sammelt sich Regenwasser. Diese Wasseransammlungen halten am Stängel hinaufkriechende Insekten zurück. Möglicherweise versorgen sie, wenn Insekten darin umkommen, die Pflanze auch mit zusätzlichem Stickstoff. Die Blüten in der Mitte des Köpfchens öffnen sich zuerst, anschließend gibt es 2 Ringzonen mit offenen Blüten.
MERKMALE 70–200 cm, Blütezeit Juli–Aug., zweijährig. Stängel aufrecht, stark bestachelt. Grundblätter rosettig, Stängelblätter gegenständig, an der Basis tütenförmig verwachsen. Blüten lila, in eiförmiger Ähre, stachelige Hüllblätter.
VORKOMMEN An Wegen, Dämmen, Ufern, auf Ödflächen. Auf nährstoffreichen Böden. In Mitteleuropa ziemlich häufig.

2 | Wiesen-Witwenblume
Knautia arvensis
(Kardengewächse)

LOCKT SCHMETTERLINGE AN »Witwenblume« würde bei uns eher für die Tauben-Skabiose (**3**) mit den schwarzen Kelchborsten passen. Der Name leitet sich tatsächlich von einer Skabiosen-Art ab, der in Südeuropa heimischen **PURPUR-SKABIOSE** *(Scabiosa atropurpurea)*. Er bezog sich auf deren an Trauerkleidung erinnernde schwarzrote Blüten. Früher unterschied man oft nicht zwischen Skabiosen und Witwenblumen.
MERKMALE 30–80 cm, Blütezeit Juli–Aug., mehrjährig. Blätter gegenständig, obere Blätter fiederteilig mit schmalen Abschnitten. Blüten bilden flache, 2–4 cm breite Köpfchen, Krone blau- bis rotviolett, bis zu 1,8 cm lang, 4 ungleich lange Zipfel, Kelch mit kurzen, hellen Borsten.
VORKOMMEN Wiesen und Halbtrockenrasen, Wegränder, Waldränder, Äcker. Auf nährstoffreichen Böden an wärmeren Standorten. Fast ganz Europa.

3 | Tauben-Skabiose
Scabiosa columbaria
(Kardengewächse)

HILFE BEI HAUTKRANKHEITEN »Skabiose« leitet sich von lat. *scabies* = Krätze, Räude, Schorf ab. Besonders im 16. und 17. Jahrhundert verwendete man die Pflanze gegen diese und andere Hautkrankheiten. Auch der weitere deutsche Name »Grindkraut« bezieht sich auf diesen Einsatz. Heute spielen Skabiosen in der Medizin keine Rolle mehr, sind aber schöne Zierpflanzen für Wildpflanzengärten.
MERKMALE 25–60 cm, Blütezeit Juli–Nov., mehrjährig. Stängel aufrecht, verzweigt, wenig behaart. Blätter gegenständig, fiederteilig mit schmal linealischen Zipfeln. Blüten in flachen, 2–3,5 cm breiten Köpfchen, Randblüten stark vergrößert, Krone lila bis blauviolett, 5-zipflig, Kelchborsten schwarz.
VORKOMMEN Sonnige Magerrasen, magere Wie-sen, Raine, lichte Kiefernwälder. Auf trockenen, meist kalkhaltigen Böden. Besonders Mittel- und Südeuropa.

4 | Teufelsabbiss
Succisa pratensis
(Kardengewächse)

HEILKRÄFTIGE WURZEL Da der schwärzliche, am unteren Ende absterbende Wurzelstock wie abgeschnitten aussieht, glaubten die Leute früher, der Teufel hätte die Wurzel abgebissen – weil er deren Heilwirkung dem Menschen nicht gönnte. Heilkundige verwendeten die Pflanze früher unter anderem gegen Geschwüre, Lungenkrankheiten und als Blutreinigungsmittel.
MERKMALE 15–80 cm, Blütezeit Juli–Sept., mehrjährig. Stängel aufrecht oder aufsteigend. Blätter gegenständig, glattrandig, oval elliptisch bis lanzettlich. Blüten in zunehmend kugeligen, bis zu 2 cm breiten Köpfchen, Krone blauviolett, teils auch rosa oder weiß.
VORKOMMEN Moorwiesen, magere Gebirgswiesen, magere Feuchtwiesen, Flachmoore bis in Höhen um 1500 m. Fast ganz Europa.

1

2

3

4

1 | Strandaster
Tripolium pannonicum,
Aster tripolium
(Korbblütler)

SALZ? KEIN PROBLEM! Die Strand- oder Salzaster nimmt mit dem Wasser aus dem Boden auch das für ihren Stoffwechsel giftige Salz ihres Standorts auf. Dieses lagert sie jedoch ausschließlich in den unteren Stängelblättern ab. Ist in diesen Blättern eine tödliche Salzkonzentration erreicht, werden sie gelb und sterben ab. Die Pflanze wirft sie ab, so wird das Salz entfernt.
MERKMALE 15–60 cm, Blütezeit Juli–Sept., zweijährig. Stängel aufrecht, verzweigt, leicht gerillt, oft rötlich. Blätter lanzettlich, glattrandig, etwas fleischig. Blütenköpfchen flach, 2–3 cm breit, in lockeren endständigen Doldenrispen, Zungenblüten lilablau, Röhrenblüten gelb.
VORKOMMEN Salzwiesen an Meeresküsten, im Binnenland an Salzstellen. Küsten ganz Europas.

2 | Kalk-Aster
Aster amellus
(Korbblütler)

AN TROCKENHEIT ANGEPASST Die Blätter der Kalk-Aster sind meist aufrecht gerichtet. Hierdurch sind sie nicht so stark der Sonnenbestrahlung ausgesetzt, die Verdunstung ist geringer. Auch die Behaarung dient als Verdunstungsschutz. Trotz dieser Anpassungen leidet die Art bei zu starker Dürre, Blätter und Knospen sterben dann ab.
MERKMALE 20–40 cm, Blütezeit Juli–Sept., mehrjährig. Stängel aufrecht, etwas rau, drehrund, erst im Blütenstand verzweigt. Blätter wechselständig, schmal oval bis lanzettlich, untere leicht gezähnt, obere glattrandig. Blütenköpfchen zu mehreren in endständiger Doldenrispe, selten auch einzeln, 2–3 cm breit, Zungenblüten blaulila, Röhrenblüten gelb.
VORKOMMEN Gebüschränder, Wegraine, Trockenrasen, lichte Kiefernwälder. Auf Kalkböden an trockenen Standorten. Mittel- und Südosteuropa.
GESCHÜTZT.

3 | Wegwarte
Cichorium intybus
(Korbblütler)

DARAUS IST DER BLÜMCHENKAFFEE Die Blütenkörbchen öffnen sich etwa um 6 Uhr morgens und schließen sich um die Mittagszeit, bei bedecktem Wetter auch etwas später. Der blaue Farbstoff der Blüten ist wasserlöslich und bleicht bei Regen aus. Bis kurz nach dem 2. Weltkrieg schätzte man besonders eine Variante der Wegwarte, die eine fleischige Wurzel hat. Diese diente geröstet als Kaffee-Ersatz. Chicorée und Radicchio sind verschiedene Kulturformen der Wegwarte, die für Salat verwendet werden.
MERKMALE 30–150 cm, Blütezeit Juli–Okt., mehrjährig. Stängel aufrecht, sparrig verzweigt, zäh, leicht rauhaarig. Grundblätter rosettig, Stängelblätter wechselständig, grob gesägt bis fiederteilig, nach oben schmaler. Blütenköpfchen 3–4 cm breit, hellblau, selten rosa oder weißlich. Pflanze mit Milchsaft.
ESSBAR.
VORKOMMEN Weg- und Straßenränder, Schuttstellen, Ödflächen, Bahndämme. Auf offenen Böden an hellen Standorten. Fast ganz Europa.

4 | Drüsige Kugeldistel
Echinops sphaerocephalus
(Korbblütler)

FRÜCHTE LOCKEN KÖRNERFRESSENDE VÖGEL AN Die Heimat dieser Pflanze liegt im Mittelmeerraum. In Mitteleuropa wird sie seit dem 16. Jahrhundert zur Zierde kultiviert und konnte aus den Gärten verwildern. Beim Aufblühen wirken die Blütenköpfe blau, später grau oder weißlich. Der Blütenstaub ist blau gefärbt, sodass die sammelnden Bienen auffällig blaue Höschen bekommen.
MERKMALE 60–180 cm, Blütezeit Juni–Aug., mehrjährig. Stängel meist sparrig verzweigt. Blätter bis zu 40 cm lang, 1–2-fach fiederspaltig, am Rand stachlig. Blütenstände kugelig, 3–6 cm dick.
VORKOMMEN Wegränder, Bahndämme, Ödflächen. An trockenen, warmen Standorten. Mittel- und Südeuropa.

1

2

3

4

1 | Kornblume
Cyanus segetum
(Korbblütler)

PRÄGTE EINST DAS BILD SOMMERLICHER GETREIDEÄCKER Der preußische Kaiser Wilhelm I. erklärte im 19. Jahrhundert die Kornblume zu seiner Lieblingsblume. Seine Gefolgsleute trugen deshalb Kornblumen am Revers. Mit dem Getreideanbau wurden Kornblumen weltweit verbreitet. Der Einsatz von Unkrautvernichtungsmitteln und Düngern sowie die rasche Bearbeitung von Stoppelfeldern führten zu einem starken Rückgang der Kornblumen seit den 1950er-Jahren.
MERKMALE 30–60 cm, Blütezeit Juni–Okt., einjährig. Stängel aufrecht, weich behaart, kantig. Stängelblätter wechselständig, graugrün, lanzettlich, die untersten fiederspaltig. Blütenköpfchen 2–3,5 cm breit, mit intensiv blauen, randlich vergrößerten Röhrenblüten. **ESSBAR**.
VORKOMMEN Getreideäcker, Schuttplätze. Auf kalkarmen Böden. Ursprünglich wohl im Nahen Osten beheimatet, heute in ganz Europa.

2 | Berg-Flockenblume
Centaurea montana
(Korbblütler)

REAGIERT AUF BERÜHRUNG Bei allen Flockenblumen zieht sich bei Berührung die Staubbeutelröhre nach unten und ein Paket aus Blütenstaub wird sichtbar. Bei der Berg-Flockenblume lässt sich dies gut beobachten, wenn man mit dem Finger auf das Körbchen tippt. Innerhalb weniger Sekunden erscheint der Pollen. Einige Minuten später ziehen sich die Staubbeutel wieder zurück.
MERKMALE 30–60 cm, Blütezeit Mai–Okt., mehrjährig. Stängel aufrecht, verzweigt, behaart oder lückig spinnwebig. Blätter wechselständig, schmal eiförmig, glattrandig oder leicht wellig, selten an der Basis buchtig gelappt. Blütenköpfchen 3–5 cm breit, nur mit Röhrenblüten, Randblüten vergrößert, blau, innere rötlich violett.
VORKOMMEN Felshänge, Berg- und Schluchtwälder, Bergwiesen. In mittel- und südeuropäischen Gebirgen bis in Höhen um 2000 m.

3 | Scharfes Berufkraut
Erigeron acris
(Korbblütler)

WEHRT BÖSEN ZAUBER AB Der Name der Gattung leitet sich vom »Berufen« mit Zaubersprüchen gegen angebliche Hexerei ab. Deshalb wurde die Pflanze früher auch Kindern in die Wiege gelegt und ins Viehfutter gemischt. Sie sollte auch Blitzschlag abwehren.
MERKMALE 15–60 cm, Blütezeit Mai–Sept., mehrjährig. Stängel aufrecht, grün, abstehend behaart. Blätter wechselständig, behaart, glattrandig oder undeutlich gezähnt, lanzettlich. Blütenköpfchen endständig an den Seitenästen, bis zu 1,5 cm breit, Röhrenblüten erst gelblich, dann rötlich. Schmeckt scharf. Ähnlich dem Feinstrahl-Berufkraut (S. 556), aber Zungenblüten nicht ausgebreitet.
VORKOMMEN Halbtrockenrasen, Kies- und Sandbänke, meist Kalkgebiete. Europa, Asien, Nordamerika.

4 | Kriechender Günsel
Ajuga reptans
(Lippenblütler)

MUSS ALS HEILPFLANZE BEI NEUMOND GEPFLÜCKT WERDEN In manchen Gegenden hieß der Kriechende Günsel früher »Sankt Laurenzkraut« und wurde als Heilpflanze auf heiße, entzündete Hautstellen gelegt. Der heilige Laurentius war ein Märtyrer, der der Legende nach auf einem glühenden Rost gemartert wurde.
MERKMALE 7–30 cm, Blütezeit Mai–Aug., mehrjährig. Aufrechter Stängel, lange oberirdische Ausläufer. Grundblätter in Rosette, spatelig, mit geflügeltem Blattstiel, Stängelblätter gegenständig, länglich oval, fast glattrandig, dunkelgrün. Blüten zu je 2–6 in dichter Scheinähre in den oberen Blattachseln, Krone blau, seltener rosa oder weiß, Oberlippe fehlt, Unterlippe ziemlich lang, 3-zipflig. **ESSBAR**.
VORKOMMEN Wiesen, Rasenflächen, Gebüsche, Wälder mit Unterwuchs, Raine. Von der Ebene bis ins Gebirge in fast ganz Europa.

1

2

3

4

1 | Gundermann
Glechoma hederacea
(Lippenblütler)

ARZNEI- UND ZAUBERPFLANZE DER GERMANEN In der Volksheilkunde verwendet man die aromatisch riechende Pflanze noch heute gegen Durchfall, Husten und Hauterkrankungen. Das Kraut schmeckt würzig bitter, mit der Zeit etwas kratzend. Man kann es auch in Salate und Quark mischen oder zu spinatartigem Gemüse kochen. Auf Pferde allerdings sollen größere Mengen der frischen Pflanze tödlich wirken.
MERKMALE 10–40 cm, Blütezeit April–Juni, mehrjährig. Lange, kriechende, an den Knoten wurzelnde Stängel, nur in der Blütenregion aufgerichtet. Blätter gegenständig, gestielt, rundlich, gekerbt, glänzend, mitunter rötlich überlaufen. Blüten zu 1–3 einseitswendig in den Achseln der oberen Blätter, Krone 1–2 cm lang, blau bis blauviolett, Oberlippe kurz, Unterlippe breit. **ESSBAR.**
VORKOMMEN Wiesen, Weiden, Rasenflächen, Auenwälder, Waldränder, Hecken, Böschungen. Auf nährstoffreichen Böden. Ganz Europa.

2 | Gewöhnliche Braunelle
Prunella vulgaris
(Lippenblütler)

BREITET SICH NUR BEI REGEN AUS Der Kelch, der die reifen Früchtchen umgibt, öffnet sich nur bei feuchtem Wetter. Fallen dann Regentropfen darauf, wird er nach unten gedrückt und schleudert beim Zurückschnellen die Früchtchen wie von einem Katapult heraus. Diese sind feucht klebrig und bleiben z. B. an Schuhsohlen hängen.
MERKMALE 5–30 cm, Blütezeit Mai–Okt., mehrjährig. Stängel verzweigt, aufrecht, bildet oberirdische Ausläufer. Blätter gegenständig, länglich oval, überwiegend glattrandig. Blüten in kopfiger Scheinähre direkt oberhalb des obersten Blattpaars, Krone bis zu 2 cm lang, blauviolett, mit gewölbter Ober- und flacher Unterlippe.
VORKOMMEN Wiesen, Weiden, Ufer, Waldwege, Parks, Gartenrasen. Auf frischen oder feuchten Böden an hellen Standorten. Ganz Europa.

3 | Wiesen-Salbei
Salvia pratensis
(Lippenblütler)

SPEZIALISIERTER BESTÄUBUNGSMECHANISMUS Die beiden Staubblätter gleichen parallel an Gelenken aufgehängten Hebeln. Kriecht eine Hummel in die Blüte, drückt sie auf das kürzere Ende und das lange Ende mit den Staubbeuteln klappt auf ihren Rücken. Das Insekt wird so mit Blütenstaub eingepudert. Auf der nächsten Blüte streift die Hummel den Pollen an der Narbe ab.
MERKMALE 30–60 cm, Blütezeit Mai–Aug., mehrjährig. Stängel aufrecht, hohl. Blätter gegenständig, breit oval, unregelmäßig gezähnt bis wenig gelappt, etwas runzlig. Blüten in lockerer Ähre, Krone bis zu 2,5 cm lang, blauviolett, selten hellblau oder rosa, Oberlippe sichelförmig.
VORKOMMEN Magerrasen, Halbtrockenrasen, Fettwiesen, Wege, Böschungen, Dämme. An wärmeren Standorten. Ganz Europa.

4 | Sumpf-Helmkraut
Scutellaria galericulata
(Lippenblütler)

HELM MIT FUNKTION Ist die Blütenkrone abgefallen, schließt sich der Kelch. Er ähnelt dann durch die auf ihm sitzende Schuppe einem Helm mit Visier. Die Schuppe wirkt wie ein Katapult. Fallen Regentropfen darauf, wird sie nach unten gedrückt und schleudert beim Zurückschnellen die Früchtchen aus dem Kelch.
MERKMALE 10–40 cm, Blütezeit Juni–Sept., mehrjährig. Stängel aufsteigend bis aufrecht, einfach oder nur wenig verzweigt, kahl oder nur spärlich behaart. Blätter gegenständig, breit lanzettlich, am Grund herzförmig, am übrigen Blattrand gekerbt. Blüten zu 1–3 einseitswendig in den Achseln der obersten Stängelblätter (**4A**), Kelch helmartig, Krone bis zu 1,7 cm lang, blauviolett bis blasslila, Unterlippe mit weißem Fleck (**4B**).
VORKOMMEN Ufer, Gräben, nasse Wiesen, Flachmoore. Auch auf zeitweise überschwemmten nährstoffreichen Böden. Ganz Europa.

1

2

3

4A

4B

1 | Gewöhnliche Ochsenzunge

Anchusa officinalis
(Raublattgewächse)

RAU BEHAARTE BLÄTTER ERINNERN AN DIE ZUNGEN VON OCHSEN Früher empfahl man die Pflanze ähnlich wie Beinwell (S. 504) äußerlich bei Prellungen, Knochen- und Gelenkerkrankungen sowie auch innerlich gegen Husten. Da sie jedoch Giftstoffe enthält, die die Leber schädigen und Krebs auslösen können, wird sie heute nicht mehr angewendet.
MERKMALE 30–80 cm, Blütezeit Mai–Aug., zweijährig. Stängel aufrecht, einfach oder nur oben mit nicht blühenden Seitenzweigen. Blätter wechselständig, bis zu 15 cm lang, schmal lanzettlich, glattrandig oder undeutlich gezähnt, borstig behaart. Blüten in Scheinrispen am Stängelende, Krone weitröhrig, bis zu 1,3 cm lang, aufblühend rot, dann blauviolett, 5 weiße, samtig behaarte Schuppen. **GIFTIG!**
VORKOMMEN An Wegrändern, auf Schuttplätzen sowie auf Ödflächen. Auf sandigen bis kiesigen Böden an sonnigen Standorten. Fast ganz Europa.

2 | Acker-Krummhals

Anchusa arvensis
(Raublattgewächse)

ACKERBEGLEITER SEIT DER JUNGSTEINZEIT Der Name leitet sich von der eigenartig geknickten Kronröhre ab. Vorbeistreifende Tiere bleiben an den Borstenhaaren hängen und biegen die Stängel. Beim Zurückschnellen werden die Früchte aus den Kelchen geschleudert. Sie tragen einen nahrhaften Ölkörper und werden von Ameisen verbreitet.
MERKMALE 10–40 cm, Blütezeit Mai–Juli, einjährig. Stängel aufrecht, einfach oder verzweigt, borstig behaart. Blätter wechselständig, lanzettlich, wellig bis buchtig gezähnt, dicht borstig. Blüten in endständiger Scheinrispe, Krone trichterförmig, bis 9 mm breit, hellblau. **GIFTIG!**
VORKOMMEN Nährstoffreiche Äcker, Brachen, Krautfluren. Sandzeiger. Fast ganz Europa.

3 | Gewöhnlicher Natternkopf

Echium vulgare
(Raublattgewächse)

Staubblätter ragen aus der Blüte

BORSTENHAARE BIETEN WIRKSAMEN FRASSSCHUTZ Die Blüten sind in der Knospe rot, dann rosa und erst ganz geöffnet blau. Grund sind Änderungen des Säuregehalts der Zellen. Geöffnete, jedoch noch rosafarbene Blüten bieten am meisten Nektar. Mit den weit herausragenden Staubblättern erinnern die Blüten an einen Schlangenkopf. Sie wurden von dem englischen Kräuterarzt W. Coles (1656) als Heilmittel gegen Schlangenbisse empfohlen. Die Pflanze enthält Giftstoffe.
MERKMALE 25–100 cm, Blütezeit Mai–Sept., zweijährig. Stängel aufrecht, starr borstig behaart. Blätter wechselständig, länglich lanzettlich, graugrün. Blüten zahlreich in lockerer Traube, Krone trichterig 2-lippig, 1–2 cm lang, aufblühend rot, später blau, selten weiß. **GIFTIG!**
VORKOMMEN An Wegen, auf Bahngelände, Felsen, Schuttflächen, Ödland und in Steinbrüchen. Ganz Europa.

4 | Blauroter Steinsame

Buglossoides purpurocaerulea, Lithospermum purpureocaeruleum
(Raublattgewächse)

DIE FRÜCHTCHEN SIND STEINHART Neben blühenden Stängeln gibt es auch sterile, die dem Boden aufliegen und an den Enden wurzeln. Sie dienen der vegetativen Vermehrung. Die Art kann an schattigen Standorten große Flächen bedecken.
MERKMALE 30–60 cm, Blütezeit April–Mai, mehrjährig. Stängel aufrecht, wenig verzweigt, stark behaart. Blätter wechselständig, lanzettlich, zugespitzt, bis zu 1,5 cm breit, 8 cm lang. Blüten kurz gestielt zu 2–12 in Wickeln, Kelch schmal 5-zipflig, Krone bis über 2 cm breit, anfangs rötlich, später tiefblau.
VORKOMMEN Lichte Laubwälder, Trockengebüsche. Selten, bei uns nur in Weinbauregionen.

1

2

3

4

1 | Acker-Vergissmeinnicht
Myosotis arvensis
(Raublattgewächse)

IN DER AGRARLANDSCHAFT ALLGEGENWÄRTIG Der alternative Name »Acker-Mäuseohr« entspricht dem wissenschaftlichen Gattungsnamen. Dieser kommt von griech. *mys* = Maus und *otis* = Ohr und beschreibt Form und Behaarung der Blätter.
MERKMALE 15–35 cm, Blütezeit April–Sept., einjährig. Blätter wechselständig, Rosettenblätter gestielt, Stängelblätter sitzend, kurz behaart, spatelig zungenförmig. Blüten in Scheinrispen, Kelch 1 mm lang, abstehend behaart, Krone anfangs rötlich, später hellblau bis weißlich.
VORKOMMEN Auf nährstoffreichen Lehmböden, Äcker, Brachen, Wegränder. In den Alpen bis in 2000 m Höhe. In ganz Europa häufig.

2 | Sumpf-Vergissmeinnicht
Myosotis scorpioides,
Myosotis palustris
(Raublattgewächse)

ZUTRITT NUR FÜR LANGRÜSSELIGE INSEKTEN Die Staubblätter sind in der Kronröhre verborgen. Der Blüteneingang ist durch einen Ring aus 5 gelben Schlundschuppen verengt. Sie täuschen Staubbeutel vor und locken so Insekten als Bestäuber an. Kleine Insekten können aber nicht in die Blüten eindringen, nur Bienen, Falter und einige Fliegen gelangen an den Nektar.
MERKMALE Stängel am Grund meist liegend, wurzelnd, unten abstehend, oben anliegend behaart. Anfangs eingerollte Blütenstände, Kelch anliegend behaart, Krone 6–10 mm breit, erst rötlich, dann himmelblau, mit gelbem Ring.
VORKOMMEN Nasse Wiesen, Ufer, Auenwälder, auf nährstoffreichen Böden. Häufig. Europa.

3 | Wald-Vergissmeinnicht
Myosotis sylvatica
(Raublattgewächse)

STEHT FÜR TREUE Der Name »Vergissmeinnicht« ist seit dem 15. Jahrhundert gebräuchlich. Verschenkte Blumen sollen bei Liebenden die Erinnerung wach halten. Die Gattung Vergissmeinnicht ist weltweit verbreitet. Auch der japanische und chinesische Name hat diese Bedeutung. Aus dieser Art wurden viele Gartenformen gezüchtet.
MERKMALE 5–15 cm, Blütezeit Mai–Juli, zweijährig. Stängel aufrecht. Rosettenblätter gestielt, Stängelblätter meist sitzend. Anfangs eingerollte Blütenstände, Kelch abstehend behaart, mit hakigen Haaren, Krone 6–10 mm breit, anfangs rötlich, dann himmelblau, mit gelbem Ring.
VORKOMMEN Wald- und Wegränder, Waldschläge, Gebüsche, auf frischen, kalkarmen Böden. Zerstreut, auch aus Gärten verwildert. Europa.

4 | Echtes Lungenkraut
Pulmonaria officinalis
(Raublattgewächse)

HELLE BLATTFLECKEN ERINNERN AN LUNGENGEWEBE Lungenkraut wurde früher zur Behandlung von Lungenkrankheiten wie Tuberkulose eingesetzt. Die Wirksamkeit ist wissenschaftlich aber nicht belegt. Die Pflanze enthält neben reichlich Kieselsäure auch Schleime, sodass sie in der Volksmedizin wegen ihrer reizmildernden Wirkung bei Husten und Katarrhen eingesetzt wird. Beim Altern der Blüten vollzieht sich ein auffälliger Farbwechsel durch Änderungen des Säuregehalts im Zellsaft. Die benachbarten roten und blauvioletten Blüten werden auch »Brüderchen und Schwesterchen« genannt. Die Unterscheidung der heimischen Lungenkräuter und ihrer Kleinarten ist schwierig.
MERKMALE Bis zu 40 cm, Blütezeit März–Mai, mehrjährig. Stängel aufrecht, dicht und lang abstehend behaart. Grundblätter gestielt, in Rosette, weißfleckig, an der Basis herzförmig oder gerundet, rau. Blüten zu 10–20 in Wickeln, 12–15 mm lang, erst rot, später violettblau. Ähnlich dem **DUNKLEN LUNGENKRAUT** *(Pulmonaria obscura)*, bei dem die Blätter nicht gefleckt sind.
VORKOMMEN Krautreiche Wälder, Waldränder. Zerstreut. Hauptsächlich Mitteleuropa.

1

2

3

4

1 | Hunds-Veilchen
Viola canina
(Veilchengewächse)

DIESES VEILCHEN DUFTET NICHT Die Blüten aller Veilchen sind zweiseitig symmetrisch und das untere der 5 Kronblätter trägt einen Sporn. Auch das Stiefmütterchen gehört in diese Gattung. Der Name »Hunds-Veilchen« bedeutet »hundsgemein«, im Sinn von »gewöhnlich«, und bezieht sich darauf, dass die Blüten nicht duften.
MERKMALE 5–15 cm, Blütezeit April–Juni, mehrjährig. Stängel aufsteigend, schwach behaart. Blätter nicht rosettig, lang gestielt, Spreite herzförmig. Blüten blauviolett, im Zentrum oft weiß, auffälliger Sporn, bis zu 8 mm lang, oft aufwärts gebogen. Ähnlich dem Wald-Veilchen (**3**) und dem Hain-Veilchen (**4**).
VORKOMMEN Kalkarme, etwas saure Standorte, Magerrasen, Heiden, lichte Wälder. Fast überall in Europa, bis auf den Südosten, verbreitet.

2 | Wohlriechendes Veilchen
Viola odorata
(Veilchengewächse)

blüht auch weiß

BELIEBTES PARFÜM Die Blüten enthalten ein wohlriechendes Öl, das beruhigend wirken soll. Veilchenduft für Seifen, Parfüm usw. wird jedoch seit Ende des 19. Jahrhunderts auch künstlich hergestellt. Die Blüten verwendet man auch zur Verzierung und Aromatisierung von Speisen. Bei der sogenannten Veilchenwurzel aus der Apotheke handelt es sich nicht um die Schleimstoffe enthaltende Wurzel des Veilchens, sondern um den schwach nach Veilchen duftenden Wurzelstock der Deutschen Schwertlilie *(Iris germanica)*.
MERKMALE 5–10 cm, Blütezeit März–April, mehrjährig. Oberirdische Ausläufer. Alle Blätter grundständig, lang gestielt, herzförmig. Blüten einzeln, duftend, blauviolett mit hellgelbem Sporn, selten weiß blühend, seitliche Kronblätter schräg abwärts gerichtet. **ESSBAR**.
VORKOMMEN Bachauen, Gebüsche, Waldränder, Wegraine, Parks, Gärten, Friedhöfe. Mittelmeerraum, West- und Mitteleuropa.

3 | Wald-Veilchen
Viola reichenbachiana
(Veilchengewächse)

knospenförmige Sommerblüte

VERMEHRUNG DURCH SAMEN SICHERGESTELLT Im Frühjahr entwickelt die Pflanze normale Blüten, die bei schönem Wetter von Insekten bestäubt werden. Im Sommer blühen viele Veilchen-Arten ein zweites Mal. Die Blüten bleiben aber geschlossen und bestäuben sich selbst.
MERKMALE 10–25 cm hoch, Blütezeit März–Mai, mehrjährig. Stängel aufrecht oder aufsteigend. Blätter in grundständiger Rosette sowie am Stängel, herzförmig, meist länger als breit. Blüten einzeln, gestielt, geruchlos, hell violettblau, Sporn gerade. Ähnlich dem Hunds- (**1**) und dem Hain-Veilchen (**4**).
VORKOMMEN Frische, nährstoffreiche, meist lehmige Böden, krautreiche Laub- und Mischwälder. In Europa häufig.

4 | Hain-Veilchen
Viola riviniana
(Veilchengewächse)

AMEISEN SAMMELN DIE SAMEN Die Kapselfrüchte öffnen sich mit 3 Klappen. Trocknen diese dann ein, werden die Samen bis zu 5 m weit weggeschleudert. Die Samen haben nährstoffreiche Ölkörper, die Ameisen anlocken und so den weiteren Transport sicherstellen.
MERKMALE 10–25 cm, Blütezeit März–Juni, mehrjährig. Deutlicher Stängel. Blätter an der Basis und am Stängel, am Grund herzförmig. Blüten einzeln, geruchlos, hellviolett mit deutlich hellerem, dicklichem Sporn. Ähnlich dem Hunds-Veilchen (**1**) und dem Wald-Veilchen (**2**).
VORKOMMEN Lichte Wälder, Heiden, kalkarme, mäßig saure Böden. In Europa ziemlich häufig.

1

2

3

4

1 | Sumpf-Veilchen
Viola palustris
(Veilchengewächse)

BRAUCHT NASSEN BODEN Die Pflanze vermehrt sich durch Samen und vegetativ über Ausläufer.
MERKMALE 5–15 cm, Blütezeit Juni–Juli, mehrjährig. Unterirdische Ausläufer. Blätter in einer Grundrosette, nierenförmig bis rundlich, kahl. Blüten einzeln auf langen Stielen, nicht duftend, blass-violett, rötlich, selten auch weiß, unteres Kronblatt dunkler geadert, Sporn 3 mm lang, gerade.
VORKOMMEN Nasse, nährstoffarme, saure Böden, Flachmoore, Gräben, Nasswiesen, Bruchwälder, Ufer. In Europa weit verbreitet.

2 | Gewöhnliches Alpenglöckchen
Soldanella alpina
(Primelgewächse)

FRÜHBLÜHER DER ALPEN Die auch Troddelblumen genannten Pflanzen blühen sofort nach der Schneeschmelze. Oft ragen die Blütenstängel aus dem noch verbliebenen Schnee. Die dunklen Stängel erwärmen sich dann durch die Sonne, sodass rund um sie etwas von der weißen Pracht wegschmilzt.
MERKMALE 5–15 cm, Blütezeit April–Juli, mehrjährig. Blätter grundständig, immergrün, etwas dicklich, kahl, Blattspreite rundlich bis nierenförmig. Blüten zu 2–3, nickend, Blütenkrone blauviolett, trichterförmig bis weitglockig verwachsen, in zahlreiche Fransen zerschlitzt.
VORKOMMEN Auf Almen, in Quellmulden und Schneetälchen in Gebirgen Mittel- und Südeuropas in Höhen von 1000–3000 m. **GESCHÜTZT.**

3 | Gewöhnliches Fettkraut
Pinguicula vulgaris
(Wasserschlauchgewächse)

INSEKTENFRESSENDE PFLANZE Fettkräuter fangen Kleintiere, die ihnen auf den nährstoffarmen Standorten als zusätzliche Stickstoffquelle dienen. Sie sondern hierzu auf der Blattoberseite klebrigen Schleim ab, an dem kleine Fliegen, Käfer und Spinnen hängen bleiben. Größere Insekten halten sie fest, indem sie die Blattränder einrollen. Anschließend gibt die Pflanze Enzyme ab und verdaut den Fang. Die löslichen Verdauungsprodukte werden von den Blättern aufgenommen.
MERKMALE 5–15 cm, Blütezeit Mai–Juni, mehrjährig. Blätter alle in bodenanliegender Rosette, schmal eiförmig, bleich- bis gelbgrün, oberseits klebrig. Blüten einzeln auf langen Stielen, mit Sporn 1,5–2,2 cm lang, blauviolett, Schlund bärtig, mit weißem Fleck.
VORKOMMEN Flachmoore, wasserberieselte Rasen, Quellaustritte. Helle Standorte. Nordeuropa, in Mitteleuropa im Gebirge bis in über 1600 m Höhe. **GESCHÜTZT.**

4 | Violette Sommerwurz
Orobanche purpurea
(Sommerwurzgewächse)

SCHMAROTZER AUF ANDEREN PFLANZEN Allen Sommerwurz-Arten fehlt das Blattgrün, was ihr betont bleiches Aussehen erklärt. Sie sind nicht zur Fotosynthese fähig, haben also keine voll entfalteten Blätter, sondern beschaffen sich ihre Nähr- und Baustoffe aus Wirtspflanzen. Dazu zapfen sie – meist wirtsspezifisch – deren Wurzeln an. Ihre Samen keimen nur im Kontakt mit der jeweils passenden Wirtsart.
MERKMALE 20–50 cm, Blütezeit Mai–Aug., einjährig. Auffallend bleiches Aussehen. Stängel aufrecht, unverzweigt, meist rötlich überlaufen und leicht mehlig bestäubt, v. a. im unteren Teil mit wenigen, lanzettlichen, bis zu 2 cm langen Schuppenblättern, an der Basis nur wenig knollig verdickt. Blüten zahlreich in gedrängter, später etwas aufgelockerter Ähre am Stängelende, Krone 2-lippig, bis zu 2,5 cm lang, am Grund gelblich weiß, zu den Rändern lila und dunkler geadert. Parasitiert auf der Schafgarbe (S. 554), seltener auf anderen Korbblütlern.
VORKOMMEN Trockenrasen und Magerwiesen. Selten. Europa.

1

2

3

4

1 | Zymbelkraut
Cymbalaria muralis
(Wegerichgewächse)

LEBT IN MAUERRITZEN Für eine an senkrechten Mauern und Felsen wachsende Pflanze ist es wichtig, dass die Samen nicht einfach nach unten auf den Boden fallen. Das Zymbelkraut spielt deshalb selbst Gärtner: Während die Früchte reifen, verlängern sich seine Stiele stark und krümmen sich dem Licht abgewandt. So schieben sie die Früchte in Spalten der Mauern oder Felsen hinein, wo die Samen einen geeigneten Keimplatz finden.
MERKMALE 10–40 cm, Blütezeit Juni–Sept., mehrjährig. Stängel dünn, ausgebreitet oder hängend. Blätter wechselständig, gestielt, herzförmig, gelappt. Blüten einzeln lang gestielt in den Blattachseln, Krone 2-lippig, Oberlippe lila, Unterlippe mit 2 gelben Flecken.
VORKOMMEN Senkrechte Mauern, Felsen. Auf etwas feuchteren, meist kalkhaltigen Steinböden in Spalten. Fast ganz Europa.

2 | Feld-Ehrenpreis
Veronica arvensis
(Wegerichgewächse)

VOM REGEN VERBREITET Die Früchte öffnen sich bei Feuchtigkeit mit 2 flach ausgebreiteten Klappen. Regentropfen spülen die schildförmigen Samen weg oder schleudern sie heraus. Die Pflanze schützt als Bodendecker bei Trockenheit die Erde. Im Volksmund heißen viele Ehrenpreis-Arten wegen ihrer hübschen Blüten »Katzenäuglein«.
MERKMALE 3–25 cm, Blütezeit März–Okt., einjährig. Pflanze v. a. oben dicht behaart. Stängel mit 2 Haarreihen. Untere Blätter oval bis eiförmig, grob gesägt. Blüten einzeln in den Achseln schmal lanzettlicher Blätter (**2A**), 2–4 mm groß, 4 ungleiche Kronzipfel, hell- bis dunkelblau mit weißem Schlund (**2B**).
VORKOMMEN Auf Äckern, Schuttstellen, Rasenflächen, Wegrändern, Mauern. Auf nährstoffreichen, meist kalkhaltigen Lehm- und Sandböden. In ganz Europa, häufig.

3 | Bachbungen-Ehrenpreis
Veronica beccabunga
(Wegerichgewächse)

FRÜHER HEILKRAUT Das zur Blütezeit geerntete Kraut wird heute kaum noch verwendet. Früher aß man die Blätter als Frühjahrskur im Salat und vorbeugend gegen Skorbut. Das Kraut galt als harntreibend, abführend, sollte den Appetit anregen, Blasensteine abbauen und gegen Rheuma, Hautkrankheiten und Zahnfleischbluten helfen.
MERKMALE 20–60 cm, Blütezeit Mai–Aug., mehrjährig. Stängel aufsteigend aufrecht, an den unteren Knoten wurzelnd. Blätter gegenständig, fast sitzend, eiförmig bis eirundlich, fleischig. Blüten in lockeren Trauben, Krone um 7 mm breit, blass- bis dunkelblau, dunkler geadert. **ESSBAR**.
VORKOMMEN Bachufer, Gräben, Schilf, Quellfluren. Auf nassen bis überschwemmten Böden. Häufig in Europa.

4 | Gamander-Ehrenpreis
Veronica chamaedrys
(Wegerichgewächse)

NICHT FÜR STRÄUSSE GEEIGNET Der Gamander-Ehrenpreis ist auch unter dem Namen »Männertreu« bekannt. Dieser Name bezieht sich ironisch auf die wenig haltbaren Blüten. Pflückt man die Stängel für einen Strauß, hat man oft nicht viel Freude daran: Schon nach wenigen Minuten fallen sehr viele der kleinen violetten Blüten ab.
MERKMALE 15–40 cm, Blütezeit Mai–Juli, mehrjährig. Stängel aufsteigend oder aufrecht, wenig verzweigt, etwas kantig, auf 2 gegenüberliegenden Seiten mit deutlicher Haarleiste. Blätter gegenständig, sehr kurz gestielt bis sitzend, oval, grob stumpf gezähnt, Blattzähne nach vorn gerichtet, behaart. Blüten in lang gestielten Trauben in den oberen Blattachseln, Krone bis zu 1,2 cm breit, tiefblau, dunkler geadert, unterer Kronblattzipfel deutlich schmaler als die übrigen etwa gleich großen.
VORKOMMEN Hecken, Gebüsch- und Waldränder, Wiesen, Wegränder, lichte, trockene Eichenwälder. Ganz Europa. Häufig.

1
2A
2B
3
4

1 | Faden-Ehrenpreis
Veronica filiformis
(Wegerichgewächse)

RASENMÄHER HILFT BEI VERBREITUNG Der Faden-Ehrenpreis stammt aus dem Kaukasus und kam als Zierpflanze zu uns. Besonders auf Gräbern wurde er gern gepflanzt. Er verwilderte und ist seit etwa 1930 eingebürgert. Auf Rasen breitet sich die Art besonders dann stark aus, wenn diese regelmäßig gemäht werden: Der Rasenmäher hackt die Pflanzen klein und verstreut Teile, die wieder zu neuen Pflanzen wachsen können.
MERKMALE 5–30 cm, Blütezeit März–Juni, mehrjährig. Wuchs niederliegend. Stängel und Blütenstiele auffallend dünn. Blätter gegenständig, rundlich, meist unter 1 cm groß, Rand fein gezähnt. Blüten einzeln auf 1–4 cm langen Stielen, Krone 0,8–1,3 cm groß, trichterig bis radförmig, mit 4 ungleichen Zipfeln, 2 Staubblätter.
VORKOMMEN Wiesen, Weiden, Rasen. An wärmeren, gern jedoch etwas schattigen, luftfeuchten Standorten. Nord- und Mitteleuropa.

2 | Efeublättriger Ehrenpreis
Veronica hederifolia
(Wegerichgewächse)

KEIMT SOGAR IM WINTER Bei Regen bleiben die Blüten geschlossen, meist bestäuben sie sich selbst. Die Fruchtstiele verlängern sich zur Reifezeit und wenden sich vom Licht ab, sodass die Früchte, ähnlich wie beim Zymbelkraut (S. 634), auf dem Boden abgelegt werden. Die Samen können selbst im Winter keimen, die Keimlinge sind sehr kältetolerant.
MERKMALE 5–30 cm, Blütezeit März–Juni, einjährig. Stängel liegend oder wenig aufsteigend, schlaff, im oberen Teil behaart und ansatzweise mit 2 Haarleisten. Stängelblätter unten gegenständig, nach oben zunehmend wechselständig, kurz gestielt, breit oval, 3–5-lappig gekerbt. Blüten einzeln in den oberen Blattachseln, Krone bis zu 7 mm breit, weißlich lila.
VORKOMMEN Häufig auf Hackfruchtäckern, an Wegen, in Gebüschen. Europa.

3 | Echter Ehrenpreis
Veronica officinalis
(Wegerichgewächse)

IM MITTELALTER WICHTIGE HEILPFLANZE Im Mittelalter nannte man den Ehrenpreis »Allerweltsheil«. Das Kraut wird in der Volksheilkunde bei allen Arten von Erkältungskrankheiten, Verdauungsbeschwerden, als harntreibender Tee und bei Rheuma angewandt.
MERKMALE 10–20 cm, Blütezeit Juni–Aug., mehrjährig. Stängel nur im Blütenbereich aufrecht, dicht und rundum behaart. Blätter eiförmig, kurz gestielt. Blüten in seitlichen Trauben, Krone etwas asymmetrisch, Kronblätter dunkel geadert.
VORKOMMEN Heiden, magere Wiesen, Waldschläge, Wegränder. Auf steinigen bis sandigen Böden. Häufig in Europa.

4 | Persischer Ehrenpreis
Veronica persica
(Wegerichgewächse)

ZUGEREIST AUS VORDERASIEN Die Art verwilderte um 1805 aus dem Botanischen Garten Karlsruhe und ist seither Neubürger (Neophyt) der heimischen Flora. Zugleich erfolgte wohl auch spontane Zuwanderung. Heute ist sie in Mitteleuropa fast die häufigste Art der Gattung. Die Strichmuster auf den Kronblattzipfeln sind optische Lenkhilfen für Insekten. Die Pflanze vermehrt sich auch über bis zu 40 cm lange Ausläufer.
MERKMALE 10–40 cm, Blütezeit März–Dez., einjährig. Liegender oder aufsteigender, gleichmäßig oder 2-zeilig behaarter, meist verzweigter Stängel, oft rötlich überlaufen. Blätter gestielt, untere gegenständig, nach oben zunehmend wechselständig, bis zu 2 cm breit, 2,5 cm lang, eiförmig, grob gekerbt. Blüten einzeln lang gestielt in den Achseln der mittleren und oberen Blätter, Krone bis über 1 cm breit, himmelblau, dunkler geadert, oberer Mittelzipfel etwas breiter als die beiden seitlichen. **ESSBAR**.
VORKOMMEN Äcker, Brachen, Gärten, Weinberge, nährstoffreiche Böden. In Europa recht häufig.

1

2

3

4

1 | Herbst-Zeitlose
Colchicum autumnale
(Zeitlosengewächse)

WIRKSAMES MEDIKAMENT BEI GICHT Die Pflanze enthält das hochgiftige Colchicin und wird von Weidetieren verschmäht. Vergiftungen führen zu Krämpfen, Lähmung und Tod. In der Medizin waren genau dosierte Mengen Colchicin lange das Standardmittel bei akuter Gicht. Die Region Kolchis liegt an der Ostküste des Schwarzen Meers. Nach der griechischen Mythologie lebte dort die Zauberin Medea. Der Sage nach fielen ihr einige Tropfen eines Gifttranks auf die Erde und wuchsen zu *Colchicum*, der Herbst-Zeitlose heran.
MERKMALE 5–40 cm, Blütezeit Aug.–Nov., mehrjährig. Unterirdische Knolle. Blätter dunkelgrün (**1A**), bis zu 30 cm lang, 5 cm breit, mit den Früchten im Frühjahr erscheinend. Blüte violett, rosa oder weißlich (**1B**), 8–25 cm lang, 6 Hüllblätter am Grund zu einer langen, schmalen Röhre verwachsen, Fruchtknoten tief unter der Erde. **GIFTIG!**
VORKOMMEN Riedwiesen, feuchte Wiesen, Magerwiesen, Obstwiesen, Auenwälder. Auf nährstoffreichen Böden. Mittel- und Südeuropa.

2 | Kleine Traubenhyazinthe
Muscari botryoides
(Hyazinthengewächse)

OHNE DUFT Die obersten Blüten eines Blütenstands sind unfruchtbar, unterscheiden sich aber nicht deutlich von den übrigen. Die Blüten duften nicht.
MERKMALE 10–25 cm, Blütezeit April–Mai, mehrjährig. Zwiebelpflanze. Meist 2–3 ziemlich steife, linealische, bis gut 1 cm breite Blätter. Blüten himmelblau, in kaum mehr als 5 cm langer Traube. Die Art ähnelt der **WEINBERGS-TRAUBENHYAZINTHE** *(Muscari neglectum)*, deren Blüten jedoch duften und deren Blätter schlaff sind.
VORKOMMEN Im Bergland auf eher nährstoffarmen, oft etwas feuchten Böden, auf Trockenrasen, kurzgrasigen Bergwiesen, auch in lichten Wäldern. Wild nur in Süddeutschland, v. a. auf der Schwäbischen Alb. **GESCHÜTZT.**

3 | Zweiblättriger Blaustern
Scilla bifolia
(Hyazinthengewächse)

WIRD DURCH AMEISEN VERBREITET An vielen Wildstandorten ist der hübsche Zweiblättrige Blaustern durch Pflücken gefährdet. Besonders stark schädigt es die Pflanzen, wenn nicht nur der Blütenstängel, sondern auch die beiden Blätter abgerissen werden. Auf Rasenflächen in Gärten wächst meist der ähnliche **SIBIRISCHE BLAUSTERN** *(Scilla siberica)* aus Russland und Vorderasien mit nickenden Blüten.
MERKMALE 10–20 cm, Blütezeit März–April, mehrjährig. Zwiebelpflanze. Blätter meist 2, etwas fleischig, breit linealisch, bis zu 13 mm breit. Blüten meist zu 2–5 in lockerer Traube, 6 sternförmig ausgebreitete Blütenblätter, hellblau oder blauviolett.
VORKOMMEN Auenwälder, Auenwiesen, Laubwälder, Obstbaumwiesen in Waldnähe. Auf feuchten Böden im Halbschatten. Mittel- und Südeuropa. **GESCHÜTZT.**

4 | Sibirische Schwertlilie
Iris sibirica
(Schwertliliengewächse)

WIE EIN REGENBOGEN Die 2-zeilig angeordneten, flachen Blätter der Schwertlilien sind reitend, d. h. sie umschließen jeweils an der Basis das nächste Blatt. Der wissenschaftliche Name bezieht sich auf die Farbpracht vieler Arten: Auf Griechisch bedeutet *iris* Regenbogen.
MERKMALE 0,4–1 m hoch, Blütezeit Mai–Juni, mehrjährig. Kriechender Wurzelstock. Blätter 25–80 cm lang, nur 2–6 mm breit. Blüten ca. 5 cm, 3 weißliche, blauviolett geaderte, am Grund gelbliche, unbehaarte äußere und 3 aufwärts gerichtete, blauviolette innere Blütenblätter.
VORKOMMEN Auf kalkreichen Sumpfwiesen, in feuchten Wäldern. V. a. im Alpenvorland, sehr vereinzelt im norddeutschen Flachland. Überall stark zurückgegangen, bildet aber gebietsweise noch sehr dichte Bestände. **GESCHÜTZT.**

1A

1B

2

3

4

1 | Gelbe Teichrose
Nuphar lutea
(Seerosengewächse)

BLUME DER WASSERGEISTER In vielen Gegenden heißt die Gelbe Teichrose auch »Mummel«. Dieser Name leitet sich von »Muhme« ab, weiblichen Wassergeistern, die dem Volksglauben nach die Pflanze beschützen. So heißt es, dass man die auf dem Wasser schwimmenden Blüten nicht pflücken dürfe, da sonst die Muhmen den Störenfried ins Wasser ziehen. Die Früchte der Teichrose reifen unter Wasser und zerfallen in Teilfrüchte, die einen blasigen Schleim enthalten und dadurch schwimmfähig sind.
MERKMALE 50–250 cm, Blütezeit Juni–Aug., mehrjährig. Wasserpflanze. Schwimmblätter oval, ledrig, untergetauchte Blätter dünner, hellgrün. Blüten gelb, 6 cm, zahlreiche Staubblätter.
VORKOMMEN Stehende und langsam fließende, bis zu 6 m tiefe Gewässer. Ebene bis in mittlere Gebirgslagen. Fast ganz Europa. **GESCHÜTZT.**

2 | Gewöhnlicher Wasserschlauch
Utricularia vulgaris
(Wasserschlauchgewächse)

FLEISCHFRESSEND Die Pflanze versorgt sich mithilfe von Fangblasen mit zusätzlichen Nährstoffen. Die Fangblasen haben eine Klappe mit Borsten. Berührt ein kleines Wassertier, etwa ein Wasserfloh, die Borsten, öffnet sich die Klappe. Der entstehende Wassersog zieht das Tier in die Blase hinein. Dann schließt sich die Klappe und das Tier wird im Innern verdaut.
MERKMALE 15–35 cm, Blütezeit Juni–Aug., mehrjährig. Blätter in fadenförmige Zipfel geteilt, zahlreiche Fangblasen (**2A**), je 1–4 mm lang. Blühende Stängel ragen aus dem Wasser, je 4–25 Blüten (**2B**), Krone 13–30 mm lang, goldgelb, Unterlippe sattelförmig. Fällt nur zur Blütezeit auf, schwimmt meist frei im Wasser.
VORKOMMEN Zwischen Seerosen, lichtem Schilf. Stehende, höchstens langsam fließende, meist kalkarme Gewässer. V. a. tiefere Lagen, Europa.

3 | Seekanne
Nymphoides peltata
(Fieberkleegewächse)

IM GEPÄCK VON WASSERVÖGELN
Die Fransen an den Kronblättern sorgen dafür, dass die Blüten auf die bestäubenden Insekten besonders attraktiv wirken. Die Samen sind schwimmfähig und werden mit Wasserströmungen verbreitet. Sie bleiben auch an Wasservögeln haften und gelangen so in weit entfernte Gewässer.
MERKMALE 80–150 cm, Blütezeit Mai–Juni, mehrjährig. Schwimmblätter lang gestielt, unterseits drüsig punktiert, ähneln denen der Seerose (S. 534), sind aber nur 4–8 cm breit. Blüten bis zu 3 cm breit, ragen nur wenig aus dem Wasser, Krone kräftig gelb, im Schlund bärtig gewimpert.
VORKOMMEN In stehenden oder langsam fließenden, nährstoffreichen Gewässern mit bis zu 1,5 m Tiefe. Mittel- und Südeuropa. **GESCHÜTZT.**

4 | Gelber Enzian
Gentiana lutea
(Enziangewächse)

BITTERSTE DROGE DER HEIMISCHEN PFLANZENWELT Die Pflanze enthält Bitterstoffe, die sie vor Tierfraß schützen. Als Arzneimittel eingenommen, regen sie die Abgabe von Speichel und Magensaft an. Zu den Bitterstoffen des Gelben Enzians gehört Amarogentin, der bitterste bekannte Naturstoff, der noch in einer Verdünnung von 1 : 8 000 000 bitter schmeckt. Bei der Destillation bleiben die Bitterstoffe weitgehend in der Maische zurück, sodass Enzianschnaps aromatisch und durch den Alkohol scharf schmeckt.
MERKMALE 45–140 cm, Blütezeit Juni–Aug., mehrjährig. Stängel dick, aufrecht. Blätter gegenständig, 8–30 cm lang, mit fast parallelen Rippen. 3–10 Blüten in den Achseln der mittleren und oberen Stängelblätter und am Stängelende, hellgelb, Kelch einseitig aufgeschlitzt.
VORKOMMEN Magere Rasen, Weiden, Flachmoore, Schuttflächen, helle Kiefernwälder. Bis in Höhen von 2500 m. Gebirge in Mittel- und Südeuropa. **GESCHÜTZT.**

1

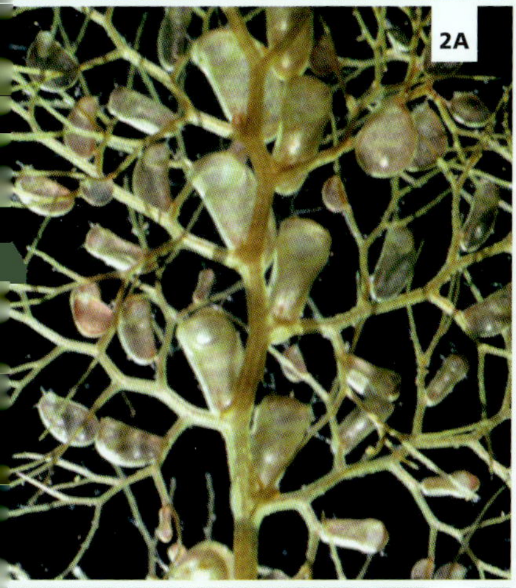
2A

2B

3

4

1 | Tüpfel-Johanniskraut
Hypericum perforatum
(Johanniskrautgewächse)

Blatt dicht punktiert

WIRKT STIMMUNGS-AUFHELLEND Beim Johanniskraut vermischen sich über die Zeiten zauberische und heilende Wirkung. Die Öldrüsen in den Blättern wurden als »Stiche des Teufels« interpretiert und der rote Farbstoff der gelben Blüten als »Johannisblut«. Lange Zeit galt das Kraut als Mittel gegen Zauberer und Hexen. Heute gilt als gesichert, dass das Öl bei depressiven Zuständen hilft. In der Volksheilkunde nutzte man das Öl bei Hautverletzungen und Verbrennungen und das Kraut gegen Durchfall.
MERKMALE 30–60 cm, Blütezeit Juli–Aug., mehrjährig. Stängel 2-kantig, reich verzweigt, hart und starr (»Hartheu«). Blätter gegenständig, oval, durchscheinend punktiert. Viele Blüten in pyramidenförmiger Rispe (**1A**), goldgelb, bis zu 2,5 cm breit, Kronblätter am Rand schwarz punktiert (**1B**), 50–100 Staubblätter in 3 Gruppen. Blüten geben beim Quetschen roten Saft ab. Blühbeginn um Johanni (24. Juni).
VORKOMMEN Magere Weiden, Rasen, Heiden, Ödflächen, Gebüsch- und Waldränder, Böschungen, Bahnschotter, Schuttplätze. Ganz Europa.

2 | Kanten-Johanniskraut
Hypericum maculatum
(Johanniskrautgewächse)

VIEL POLLEN Bestäubende Insekten werden mit reichlich Pollen belohnt. Verblühte Blüten schließen sich, indem sich die Kronblätter zusammenwickeln. Dies kann zu Selbstbestäubung führen.
MERKMALE 30–60 cm, Blütezeit Juli–Aug., mehrjährig. Stängel mindestens im oberen Bereich 4-kantig, nicht geflügelt. Blätter gegenständig, oval, höchstens wenig punktiert. Viele Blüten, goldgelb, 1,3–2,3 cm, Kronblätter schwarz gefleckt, 50–100 Staubblätter. Dem Tüpfel-Johanniskraut (1) ähnlich.
VORKOMMEN Wiesen, Heiden, Waldränder. Feuchte, kalkarme, magere Böden. Recht häufig in Silikatgebieten. Europa ohne Mittelmeerraum.

3 | Schönes Johanniskraut
Hypericum pulchrum
(Johanniskrautgewächse)

Knospe rot überlaufen

DIE SCHÖNSTE Die Art hat von den heimischen Johanniskräutern die schönsten Blüten. Deutschland ist die Ostgrenze des Verbreitungsgebiets.
MERKMALE 30–60 cm, Blütezeit Juli–Sept., mehrjährig. Pflanze kahl. Stängel meist rund. Blätter 3-eckig herzförmig, unterseits blaugrün, untere Blätter durchscheinend punktiert. Blüten in lockerer Rispe, 1–2 cm, Staubblätter mäßig zahlreich, Staubbeutel orange bis rötlich.
VORKOMMEN Lichtungen und Waldwege in sauren Eichenmischwäldern, Kiefernforsten, Heidesäume, oft auf Sand. Ziemlich häufig bis zerstreut, v. a. in Westeuropa.

4 | Liegendes Johanniskraut
Hypericum humifusum
(Johanniskrautgewächse)

BLÜTEN BLEIBEN GESCHLOSSEN Die Blüten werden von Insekten bestäubt, allerdings ist Selbstbestäubung häufig. Manchmal bleiben die Blüten sogar geschlossen. Die Samen werden bei Regen weggeschwemmt oder bleiben an Füßen hängen und werden so verbreitet.
MERKMALE 5–15 cm, Blütezeit Juni–Okt., ein- bis mehrjährig. Stängel häufig 2-kantig, niederliegend-aufsteigend, dünn, an den Knoten wurzelnd. Laub- und Kronblätter am Rand mit schwarzen Drüsen. Blüten in wenigblütigen Rispen, 0,8–1,5 cm, Kronblätter wenig länger als der Kelch, 15–20 Staubblätter.
VORKOMMEN Waldwege, Ufer, Ackerbrachen. Pionierpflanze. Ziemlich häufig in Silikatgebieten. Mitteleuropa, England.

1A

2

1B

4

3

1 | Gewöhnliche Nelkenwurz
Geum urbanum
(Rosengewächse)

DER DUFT TROPISCHER GEWÜRZE Die getrockneten Wurzeln der Nelkenwurz duften nach Gewürznelken. Sie enthalten tatsächlich dasselbe ätherische Öl, allerdings rund 100-mal weniger als diese. Früher verwendete man sie als Ersatz für Gewürznelken sowie gegen Zahnfleischentzündungen. Wurzelauszüge eignen sich als Zusatz für Zahnpasta oder Likör. Die gekrümmten Griffel der Früchte dienen der Klettverbreitung.
MERKMALE 30–120 cm, Blütezeit Mai–Okt., mehrjährig. Stängel aufrecht, behaart. Blätter der Grundrosette mit 1–5 Paar Seitenfiedern und großer, fiederteiliger Endfieder, Stängelblätter 3-zählig oder einfach, grob gezähnt, Nebenblätter groß. Blüten einzeln, lang gestielt, gelb, Kelchblätter von oben sichtbar, Kronblätter rundlich, viele Staubblätter. Früchtchen mit hakigem Griffel. **ESSBAR**.
VORKOMMEN Wälder, Zäune, Mauern, Waldwege, Ödflächen. Auch an schattigen Standorten. Fast ganz Europa.

2 | Gewöhnlicher Frauenmantel
Alchemilla vulgaris
(Rosengewächse)

WASSERTROPFEN MIT ZAUBERKRÄFTEN An den Blatträndern sitzen kleine Spalten, die aktiv Wasser abgeben. Dieses Wasser bleibt auf der wasserabstoßenden Blattoberfläche als silberglänzende Tropfen liegen (**2A**). Die Alchemisten des Mittelalters hielten den Frauenmantel deshalb für ein Wunderkraut zur Goldherstellung.
MERKMALE 3–30 cm, Blütezeit Mai–Sept., mehrjährig. Grundblätter handförmig, mit 9–13 Abschnitten, gezähnt, entlang der Hauptrippen gefaltet. Blüten grünlich gelb (**2B**), 4–6 mm, 4 äußere und 4 innere Kelchblätter, Kronblätter fehlen.
VORKOMMEN Wiesen, Weiden, Gebüsche, Waldwege, Gräben. Auf nährstoffreichem Boden. Fast ganz Europa von der Ebene bis ins Gebirge.

3 | Alpen-Frauenmantel
Alchemilla alpina
(Rosengewächse)

HILFE BEI FRAUENLEIDEN Die Blätter erinnern an den Mantel Marias in mittelalterlichen Darstellungen. Sie sind reich an Gerbstoffen und werden wie die der vorigen Art in der Volksmedizin bei Frauenleiden wie Menstruationsstörungen oder Unterleibsentzündungen verwendet.
MERKMALE 10–25 cm, Blütezeit Juni–Aug., mehrjährig. Blätter tief 5–7-lappig geteilt, mindestens der Mittelabschnitt bis zum Grund geteilt, Blättchen an der Spitze gezähnt, unterseits silbrig grau behaart, oberseits kahl. Blüten in lockeren Köpfchen, gelblich bis blassgrün.
VORKOMMEN Saure, lichte, oft steinige Standorte. Gebirgsrasen, lichte Wälder, Gebirge.

4 | Kleiner Odermennig
Agrimonia eupatoria
(Rosengewächse)

HIESS FRÜHER »HEIL ALLER WELT« Die Früchte bleiben mit ihren Haken im Tierfell hängen und werden so weit verbreitet. Die Pflanze enthält Gerbstoffe und kann deshalb leichte Durchfälle, Entzündungen im Mund- und Rachenraum und leichte Hautentzündungen lindern. »Odermennig« soll eine Eindeutschung des lat. Namens *Agrimonia* sein. Möglicherweise hängt der Name aber auch mit »Ader« zusammen. Früher galt die Pflanze als heilsam gegen die »Goldene Ader«, eine alte Bezeichnung für Hämorrhoiden.
MERKMALE 30–100 cm, Blütezeit Juni–Sept., mehrjährig. Stängel aufrecht, meist unverzweigt, rauhaarig. Untere Blätter in Rosette, unpaarig gefiedert, 5–9 Paar Fiederblätter, dazwischen oft weitere, kleine Fiedern, unterseits weißfilzig behaart. Blüten in lang gestreckter Traube, hellgelb, Kronblätter 4–6 mm lang, goldgelb, 10–20 Staubblätter. Frucht kegelförmig, gefurcht, vorn mit zahlreichen Haken.
VORKOMMEN Hecken, Böschungen, Magerrasen. Meist sonnige Standorte. Von der Ebene bis in mittlere Gebirgslagen. Fast ganz Europa.

1
2A
2B
3
4

1 | Gänse-Fingerkraut
Potentilla anserina
(Rosengewächse)

WIRD VON GÄNSEN NICHT GEFRESSEN Früher wuchs die Pflanze häufig auf Gänseweiden in den Dörfern. Manche Menschen glaubten sogar, sie würde aus dem Gänsekot entstehen, dabei profitierte sie lediglich vom Nitratreichtum dieser Standorte. Die weichen Blätter dienten der ärmeren Bevölkerung als billige Einlegesohlen für Holzschuhe. Junge Blätter können als Salat oder Gemüse verwendet werden.
MERKMALE 15–80 cm, Blütezeit Mai–Aug., mehrjährig. Stängel niederliegend, an den Knoten wurzelnd. Blätter rosettig, 6–10-fach gefiedert, Fiedern abwechselnd groß und klein, gesägt, unterseits seidig behaart. Blüten einzeln, lang gestielt, goldgelb, Kronblätter länger als der Kelch. **ESSBAR.**
VORKOMMEN Weg- und Straßenränder, Ufer, Äcker, Weiden, in Dörfern und auf Ödflächen. Fast ganz Europa.

2 | Silber-Fingerkraut
Potentilla argentea
(Rosengewächse)

FRÜCHTE OHNE BEFRUCHTUNG Die kleinen Nussfrüchte werden vom Wind aus den Fruchtbechern geschüttelt und verbreitet. Früchte können auch ohne Befruchtung entstehen, sodass es viele verschiedene Sippen gibt. Diese sind durch Zwischenformen miteinander verbunden. Die Art ist an trockene Standorte angepasst, und die dichte, weißfilzige Behaarung auf den Blattunterseiten stellt einen wirksamen Transpirationsschutz dar.
MERKMALE 20–50 cm, Blütezeit Juni–Aug., mehrjährig. Pflanze mit aufsteigenden, weißfilzig behaarten Stängeln. Blätter tief gezähnt, im unteren Stängelabschnitt meist 5-zählig gefingert, nach oben hin 3-zählig. Blüten in lockerer Rispe, hellgelb, 1–1,5 cm.
VORKOMMEN Kalkarme, trockene, sandige Stand-orte. Wege, Felsen, Dämme. Von der Ebene bis ins Gebirge. In Europa weit verbreitet.

3 | Blutwurz
Potentilla erecta
(Rosengewächse)

BLUTSTILLEND DURCH BITTERSTOFFE Schneidet man den Wurzelstock der Blutwurz an, färbt er sich nach kurzer Zeit rot, so als ob er bluten würde. Verantwortlich hierfür sind Gerbstoffe, die die Pflanze auch zu einer wirksamen Arzneipflanze machen. Mit ihr lassen sich nicht nur Blutungen stillen, im Mittelalter hielt man sie sogar – vergeblich allerdings – für wirksam gegen die Pest. Noch heute setzt man Tee oder eine Tinktur bei Durchfall sowie gegen Entzündungen in Mund und Rachen ein. Beliebt ist auch Blutwurzschnaps zur Anregung der Verdauung.

angeschnittener Wurzelstock färbt sich rot

MERKMALE 10–30 cm, Blütezeit Mai–Aug., mehrjährig. Wurzelstock knollig bis walzig, schwarzbraun, Schnittfläche färbt sich blutrot. Stängel aufsteigend, verzweigt. Blätter 3–5-zählig, grob gezähnt, mit großen Nebenblättern, Rosettenblätter gestielt, Stängelblätter sitzend. Blüten lang gestielt, einzeln, gelb, 4-zählig.
VORKOMMEN Magerrasen, Heiden, Flachmoore, sonnige Abhänge, Böschungen, lichte Wälder, Waldwege. Ganz Europa.

4 | Norwegisches Fingerkraut
Potentilla norvegica
(Rosengewächse)

KOMMT AUS DEM NORDEN Ursprünglich in Skandinavien und England verbreitet, dringt diese Art seit etwa 1880 nach Süden vor und wird bei uns immer häufiger. Die meisten Vorkommen scheinen aber unbeständig zu sein.
MERKMALE 30–70 cm, Blütezeit Juni–Sept., einjährig. Pflanze abstehend rauhaarig. Stängel steif aufrecht. Blätter 3-zählig. Blüten 1 cm, Kronblätter etwa so lang wie Kelchblätter.
VORKOMMEN Pionierpflanze in Kiesgruben, trocken gefallene Teichböden, Ufer, Gärten. Kalkmeidend. In Mitteleuropa zerstreut.

1

2

3

4

1 | Hohes Fingerkraut
Potentilla recta
(Rosengewächse)

WIRD AUCH ALS ZIERPFLANZE VERWENDET Eventuell gehen sogar viele Vorkommen der Art auf verwilderte Gartenpflanzen zurück.
MERKMALE 30–70 cm, Blütezeit Juni–Juli, mehrjährig. Steif aufrecht, nur im oberen Bereich verzweigt, Stängel dicht behaart. Blätter gefingert, 5–7 gezähnte Blättchen, behaart. Blütenstand gedrängt, Blüten blassgelb, bis zu 2,5 cm breit, nach der Blüte aufrecht, Kronblätter länger als die Kelchblätter.
VORKOMMEN Trockene, nährstoffreiche, kalkarme Standorte, lückige Magerrasen, Bahndämme, Wege, Kiesgruben, Pionierpflanze. In MItteleuropa selten.

2 | Kriechendes Fingerkraut
Potentilla reptans
(Rosengewächse)

GUT ALS MAUERBEPFLANZUNG Der Name »Fingerkraut« bezieht sich auf die handförmig geteilten Blätter, die fast alle Arten (eine Ausnahme ist z. B. das Gänse-Fingerkraut, S. 646) aufweisen.
MERKMALE Bis zu 100 cm lang, Blütezeit Mai–Aug., mehrjährig. Stängel niederliegend, an den Knoten wurzelnd. Blätter lang gestielt, handförmig 5–7-zählig, grob gezähnt, kahl. Blüten lang gestielt, einzeln in den Blattachseln, Krone bis zu 2,5 cm breit, goldgelb.
VORKOMMEN Lehmige und tonige Böden, Pionierstandorte, lückige Rasen, Wegränder, Schuttstellen. Überall in Europa verbreitet.

3 | Frühlings-Fingerkraut
Potentilla verna,
Potentilla neumanniana,
Potentilla tabernaemontani
(Rosengewächse)

KANN 2-MAL BLÜHEN Schon im März erscheinen die gelben Blüten des Frühlings-Fingerkrauts auf den sonst noch grauen Magerrasen. Manche Pflanzen blühen im Herbst ein zweites Mal.
MERKMALE 5–15 cm, Blütezeit März–April, mehrjährig. Stängel niederliegend, nur an den Spitzen aufsteigend, mit ausläuferartigen Trieben, die Tochterrosetten bilden. Blätter 3–7-fach gefingert. Blüten 1,2–1,5 cm, Kronblätter fast doppelt so lang wie Kelchblätter.
VORKOMMEN Auf sonnigen, basenreichen Standorten, v. a. Magerrasen, an südexponierten Hängen. Im Tiefland fehlend.

4 | Gewöhnliches Sonnenröschen
Helianthemum nummularium
(Zistrosengewächse)

BLÜTEN FÜR EINEN TAG Die Blüten öffnen sich nur bei Sonne während eines Vormittags. Nachmittags schließen sie sich, die Kronblätter fallen ab.
MERKMALE 10–20 cm, Blütezeit Juni–Okt., mehrjährig. Stängel liegend bis aufsteigend, am Grund verholzt. Blätter gegenständig, oval bis länglich, unterseits weißfilzig behaart, Rand oft eingerollt, wintergrün. Blüten in lockerer Traube, goldgelb, Kronblätter etwas zerknittert, Staubblätter zahlreich.
VORKOMMEN Sonnige Halbtrocken- und Trockenrasen, Böschungen, Raine, trockene Kiefernwälder. Kalkreiche Böden. Fast ganz Europa.

5 | Alpen-Sonnenröschen
Helianthemum alpestre
(Zistrosengewächse)

BLÜTEN WENDEN SICH ZUR SONNE Die zahlreichen Staubblätter bewegen sich bei Berührung aktiv nach außen, was die Bepuderung der bestäubenden Insekten fördert.
MERKMALE 5–15 cm, Blütezeit Juni–Aug., Halbstrauch. Stängel bogig aufsteigend. Blätter gegenständig, lanzettlich, kahl oder borstig behaart. Blüten zu 2–6 in Wickeln, gelb, 5-zählig. Frucht 3-teilig.
VORKOMMEN Sonnige, steinige Standorte, Felsen, Geröllhalden, Matten. In 1000–2900 m Höhe.

1
2
3
4
5

Blütenfarbe gelb
(Primelgewächse / Hahnenfußgewächse)

1 | Pfennigkraut
Lysimachia nummularia
(Primelgewächse)

Blatt oft kreisrund

WÄCHST UNTERGETAUCHT IM AQUARIUM Im Mittelalter empfahl man die Pflanze gegen viele Gebrechen und nannte sie deshalb auch »Centimorbia«. Der deutsche Name sowie der Artname *nummularia* = Münze beziehen sich auf die in ihrer Form an Münzen erinnernden Blätter.
MERKMALE 10–50 cm, Blütezeit Mai–Juli, mehrjährig. Stängel liegend oder aufsteigend, unten verholzt. Blätter gegenständig, rot punktiert, wintergrün. Blüten bis zu 2,5 cm, gelb, lang gestielt, zu 1–2 in den Blattachseln.
VORKOMMEN Feuchte Wiesen und Weiden, Gärten, Ufer, Gräben, Auenwälder, Wegränder. Auf nährstoffreichen Böden. Fast ganz Europa.

2 | Punktierter Gilbweiderich
Lysimachia punctata
(Primelgewächse)

BESONDERE BELOHNUNG FÜR BESTÄUBER Die Art gehört zu den Ölblumen. Die Blüten locken ihre Bestäuber mit fetten Ölen an, die von Drüsenhaaren abgegeben werden. Bestimmte Wildbienen tupfen das Öl mit den Saugpolstern an ihren Beinen ab, bringen es gemischt mit Blütenstaub ins Nest und verwenden es als Larvennahrung.
MERKMALE 50–100 cm, Blütezeit Juni–Aug., mehrjährig. Stängel aufrecht. Blätter in Quirlen zu 3–6. Blüten in den Blattachseln, Krone 2–3 cm groß, goldgelb, Staubfäden drüsig behaart.
VORKOMMEN Wegränder, Ufer, Gebüsche, Ödflächen. Auf feuchten, nährstoff- und basenreichen Böden. Mittel- und Südosteuropa.

3 | Gewöhnlicher Gilbweiderich
Lysimachia vulgaris
(Primelgewächse)

VIELSEITIG Diese Art des Gilbweiderichs stand nie in ähnlich gutem Ansehen wie ihr »kleiner Bruder«, das früher als Heilpflanze so geschätzte Pfennigkraut (1). Immerhin wurde er in der Antike als Räuchermittel gegen Schlangen und Fliegen genutzt – so Dioskurides. Wegen der Gerbstoffe diente der Gewöhnliche Gilbweiderich in der Volksheilkunde als Durchfallmittel und sollte Skorbut verhindern. Das Kraut wurde früher auch zum Gelbfärben verwendet.
MERKMALE 50–150 cm, Blütezeit Juni–Aug., mehrjährig. Stängel aufrecht, verzweigt, flaumig behaart. Blätter gegenständig oder quirlig zu 3–4, rotdrüsig punktiert, unterseits dicht behaart. Blüten zahlreich in endständigen Rispen, Krone goldgelb, kahl, Kelchzipfel rötlich umrandet.
VORKOMMEN Gräben, Quellhorizonte, Auwälder, Moorwiesen. Auf nassen Böden. Fast ganz Europa, Asien, Nordafrika.

4 | Frühlings-Adonisröschen
Adonis vernalis
(Hahnenfußgewächse)

WIRKT AUF DAS HERZ Die Blüten öffnen sich nur bei Sonnenschein und folgen ähnlich wie eine Sonnenblume dem Sonnenstand. Die Pflanze enthält herzwirksame Glykoside und wird von Ärzten bei Herzschwäche und funktionellen Herzbeschwerden verordnet. Die Giftpflanze eignet sich jedoch nicht zur Selbstbehandlung. Bei Vergiftungen wird der Puls langsam und es kommt zum Herzstillstand.
MERKMALE 10–40 cm, Blütezeit April–Mai, mehrjährig. Stängelbasis mit bräunlichen Schuppen. Blätter mehrfach gefiedert mit sehr feinen, zipfligen Endabschnitten. Blüten einzeln, 4–7 cm breit, 10–20 goldgelbe Kronblätter, sehr viele Staubblätter. Früchtchen bilden einen kugeligen Kopf. **GIFTIG!**
VORKOMMEN Trockenrasen, Wiesensteppen, trockenwarme, buschige Hügel. An im Sommer warmen Standorten. Mittel-, Süd- und Osteuropa. In Deutschland Nordwestgrenze der Verbreitung, selten. **STARK GEFÄHRDET UND GESCHÜTZT.**

1

2

3

4

1 | Gelbes Windröschen
Anemone ranunculoides
(Hahnenfußgewächse)

FRÜHBLÜHER AM WALDBODEN Der Saft der frischen Pflanze enthält Protoanemonin, eine Substanz, die Haut und Schleimhäute reizt. Getrocknete Pflanzen verlieren diese Wirkung. Der Wurzelstock speichert reichlich Nährstoffe, sodass sich die Pflanze im Frühjahr rasch entwickeln kann. Sie kommt schon zur Blüte, bevor das Laub der Bäume austreibt und sie beschattet.
MERKMALE 10–20 cm, Blütezeit April–Mai, mehrjährig. Waagerechter Wurzelstock. Grundständige Blätter erst nach der Blüte, Stängelblätter sehr kurzstielig, zu dritt quirlständig, tief 3-teilig, Abschnitte gezähnt. Meist pro Pflanze 2 kurz gestielte, gelbe Blüten, 1,8–2,5 cm groß, zahlreiche Staubblätter. Dem weiß blühenden Busch-Windröschen (S. 536) sehr ähnlich. **GIFTIG!**
VORKOMMEN Feuchte Laub- und Auenwälder, Hecken. Wächst oft in größeren Gruppen. Fast ganz Europa.

2 | Sumpfdotterblume
Caltha palustris
(Hahnenfußgewächse)

ANGEPASST AN DAS LEBEN IM SUMPF Manchmal steht der Sumpfdotterblume das Wasser buchstäblich bis zum Hals. Sie erträgt dies jedoch ganz gut, da ihre hohlen, luftgefüllten Stängel den Gasaustausch gewährleisten. Füllen sich die Blüten mit Regenwasser, bringt dies der Pflanze sogar noch einen Vorteil: Blütenstaub kann zu den Narben schwimmen und so selbst dann die Bestäubung sichern, wenn keine bestäubenden Insekten unterwegs sind.

Früchtchen öffnen sich sternförmig

MERKMALE 15–30 cm, Blütezeit April–Juni, mehrjährig. Pflanze kahl. Stängel hohl. Blätter herz- bis nierenförmig, bis zu 10 cm groß, glänzend dunkelgrün. Blüten 2–4 cm, dottergelb, Staubblätter zahlreich. **GIFTIG!**
VORKOMMEN Sumpfwiesen, Quellen, an Bächen und Gräben, in Auenwäldern. Auf nassen, nährstoffreichen Böden. Ganz Europa.

3 | Scharfer Hahnenfuß
Ranunculus acris
(Hahnenfußgewächse)

PRÄGT IM MAI DIE FEUCHTWIESEN Weidevieh meidet die scharf schmeckende, in frischem Zustand giftige Pflanze. Getrocknet ist sie jedoch auch in großen Mengen unschädlich. Dies ist einer der Gründe, warum Flächen mit Massenbeständen meist nicht als Weiden, sondern eher als Wiesen zur Heugewinnung genutzt werden. In den betroffenen Gegenden halten die Bauern das Vieh häufig in den Ställen.
MERKMALE 30–100 cm, Blütezeit Mai–Sept., mehrjährig. Meist weich behaart. Grundblätter lang gestielt, tief 3–7-spaltig, grob gezähnt, Stängelblätter nach oben hin sitzend, in linealische Abschnitte geteilt. Blüten in lockerer Rispe, 2–3 cm, leuchtend goldgelb, viele Staubblätter. Früchte mit gebogenem Schnabel. **GIFTIG!**
VORKOMMEN Wiesen und Weiden aller Art von der Ebene bis ins Hochgebirge. Auf etwas feuchten, nährstoffreichen Böden. Ganz Europa.

4 | Kriechender Hahnenfuß
Ranunculus repens
(Hahnenfußgewächse)

BESIEDELT BRACHEN Die schnellwüchsige Pflanze tritt häufig als Pionier auf. Ihre Ausläufer bewurzeln sich und dienen so der vegetativen Vermehrung.

Ausläufer wurzelt an Blattansätzen

MERKMALE 15–40 cm, Blütezeit Mai–Aug., mehrjährig. Lange Ausläufer. Blätter 3-zählig, Abschnitte eingekerbt, mittlerer Abschnitt gestielt. Blüten goldgelb, auf langen, gefurchten Stielen. **GIFTIG!**
VORKOMMEN Feuchte, nährstoffreiche, lehmige Böden, Wiesen, Wege, Äcker, Brachen, Gärten. In den gemäßigten Breiten heute weltweit häufig.

1

2

3

4

1 | Knolliger Hahnenfuß
Ranunculus bulbosus
(Hahnenfußgewächse)

Grundblatt lang gestielt

FÄRBT BUTTER GELB Die Blütenblätter der Hahnenfuß-Arten enthalten einen mit dem Möhrenfarbstoff verwandten Stoff. Früher verwendete man sie, um Butter eine schöne gelbe Farbe zu geben. Daher kommt auch der deutsche Name »Butterblume«. Der Knollige Hahnenfuß ist eine besonders attraktive Art, die sich auch sehr gut für Wildpflanzengärten eignet.
MERKMALE 15–35 cm, Blütezeit Mai–Juli, mehrjährig. Stängel am Grund zu einer Knolle verdickt. Untere Blätter lang gestielt, tief 3-teilig, gelappt, stängelaufwärts Blätter kurzstielig bis sitzend, Abschnitte schmaler. Wenige Blüten auf behaarten Stielen, goldgelb, bis zu 3 cm, Kelchblätter deutlich zurückgeschlagen. Früchte mit gekrümmtem Schnabel. **GIFTIG!**
VORKOMMEN Meist kalkhaltige, lockere Lehmböden, Magerrasen, magere Weiden sowie Böschungen. Fast ganz Europa.

2 | Brennender Hahnenfuß
Ranunculus flammula
(Hahnenfußgewächse)

BRENNT AUF ZUNGE UND HAUT Namengebend für diese Hahnenfuß-Art waren die hautreizende Wirkung und der scharfe Geschmack. Die Blüten werden meist durch Fliegen bestäubt, aber bei Regen ist – ähnlich wie bei der Sumpfdotterblume (S. 652) – auch Selbstbestäubung möglich.
MERKMALE 20–30 cm, Blütezeit Mai–Sept., mehrjährig. Stängel liegend oder aufsteigend. Blätter ungeteilt, schmal lanzettlich, Grundblätter gestielt, Stängelblätter sitzend. Blüten einzeln oder in lockerer Rispe, gelb, bis zu 1,5 cm breit. **GIFTIG!**
VORKOMMEN Nasse, meist saure Böden, Sumpfwiesen, Röhrichte, Ufer, Niedermoore. In Europa weit verbreitet.

3 | Gift-Hahnenfuß
Ranunculus sceleratus
(Hahnenfußgewächse)

Grundblatt lang gestielt

VERURSACHT ENTZÜNDUNGEN DER HAUT Der Gift-Hahnenfuß ist die giftigste heimische Hahnenfuß-Art. Äußerlich reizt er Haut und Schleimhäute, innerlich führt er zu Betäubung, Schwindel und Ohnmacht bis zum Tod. Bettler haben früher ihre Haut mit dem Saft der Pflanze eingerieben, um mit den starken Entzündungen Mitleid zu erregen.
MERKMALE 20–60 cm, Blütezeit Juni–Okt., einjährig. Stängel hohl. Blätter dicklich, untere Blätter lang gestielt, tief 3-teilig (**3A**), gelappt, oft schwimmend, obere Blätter sitzend mit lanzettlichen Abschnitten. Blüten gelb (**3B**). Fruchtstand eiförmig. **GIFTIG!**
VORKOMMEN Teichränder, Sümpfe, z. T. im Wasser stehend, abgelassene Seen, Gräben. Ganz Europa.

4 | Gold-Hahnenfuß
Ranunculus auricomus
(Hahnenfußgewächse)

Blüte oft unvollständig

BRAUCHT LICHT Der Gold-Hahnenfuß bildet auch ohne Befruchtung Samen aus. So stehen oft Gruppen erbgleicher Pflanzen (Klone) beieinander. Die Früchtchen werden von Ameisen verbreitet. Während der Entwicklungszeit im Frühjahr ist die Art sehr lichtbedürftig, sodass sie sich in Nadelholz-Pflanzungen nicht entwickeln kann.
MERKMALE 15–45 cm, Blütezeit April–Mai, mehrjährig. Stängel aufrecht. Untere Blätter rundlich, 3–5-teilig. Blüte 1–2,5 cm, goldgelb, glänzend, Kelchblätter liegen den Blütenblättern an. Blüten oft unvollständig oder gar nicht ausgebildet, sodass die Blüte wie zerrupft wirkt. **GIFTIG!**
VORKOMMEN Laubmischwälder mit krautigem Unterwuchs, Auenwälder, Wiesen. Fast ganz Europa.

1

2

3A

3B

4

1 | Scharbockskraut
Ficuria verna, Ranunculus ficaria
(Hahnenfußgewächse)

VITAMIN-C-SPENDER IM FRÜHLINGSSALAT Bei uns vermehrt sich die Pflanze fast nur durch die kleinen Brutknöllchen, die anstelle von Seitentrieben in den Blattachseln sitzen und vom Regen weggespült werden. In Pfützen zusammengeschwemmte Knöllchen nannte man früher »Getreideregen«. Frische, junge Blätter nutzte man einst gegen Skorbut (Name). Mit fortschreitendem Wachstum werden die Pflanzen jedoch giftig.
MERKMALE 5–20 cm, Blütezeit März–Mai, mehrjährig. Blätter gestielt, herzförmig, dunkelgrün glänzend, in den unteren Blattachseln oft kleine Brutknöllchen. Blüten mit 3 kelchartigen Hüllblättern, 8–12 kronblattartige, gelbe, glänzende Honigblätter, 3–5 cm breit. Meist in Massen auftretend, zieht sich nach der Blüte wieder zurück. **GIFTIG!**
VORKOMMEN Auenwälder, Laubwälder mit krautigem Unterwuchs, Obstwiesen, feuchte Wiesen, Parks. Auf feuchten Böden. Ganz Europa.

2 | Gelbe Wiesenraute
Thalictrum flavum
(Hahnenfußgewächse)

GELBE BLÜTENWOLKEN Die Wurzeln enthalten das Alkaloid Berberin und Substanzen, die sich zum Gelbfärben von Wolle eignen. Die 4 Blütenhüllblätter fallen früh ab, und die zahlreichen abstehenden Staubblätter, die gelb gefärbt sind, sorgen für den Schaueffekt, der sich aus der Fülle des gesamten Blütenstände ergibt.
MERKMALE Bis zu 120 cm, Blütezeit Juni–Aug., mehrjährig. Stängel aufrecht, verzweigt, gerillt. Blätter mehrfach gefiedert. Blüten duftend, zahlreich in endständigen Rispen, bilden kopfige Büschel, Blütenhüllblätter weißlich, fallen früh ab, Staubbeutel zahlreich, lang, hellgelb. **GIFTIG!**
VORKOMMEN Nasse, nährstoffreiche Böden, Moorwiesen, Gräben, Auengebüsche, entlang größerer Flüsse. In Mitteleuropa selten.

3 | Trollblume
Trollius europaeus
(Hahnenfußgewächse)

KUGELIGE BLÜTEN SCHÜTZEN POLLEN UND NEKTAR Auch wenn es eine Sage gibt, in der Kobolde Trollblumen als Fackeln tragen, hängt der Name wohl nicht mit den als Trolle bezeichneten Berggeistern zusammen. »Trollen« bedeutet eher so viel wie »rollen, wälzen« oder »Knolle« und bezieht sich damit auf die ungewöhnliche Blütenform. Während früher Trollblumenwiesen auch im Hügelland noch recht häufig waren, ist die Pflanze heute vielerorts verschwunden, da zahlreiche Feuchtwiesen entwässert wurden.
MERKMALE 30–60 cm, Blütezeit Mai–Juni, mehrjährig. Stängel aufrecht, unverzweigt. Blätter handförmig geteilt, gezähnt. Blüten 3–5 cm breit, leuchtend hellgelb, Blütenhüllblätter kugelig zusammengeneigt. **GIFTIG!**
VORKOMMEN Feuchte bis nasse Wiesen, Niedermoore, Bachränder. V. a.im Gebirge bis in Höhen über 2000 m. Fast ganz Europa. **GESCHÜTZT.**

4 | Wolfs-Eisenhut
Aconitum lycoctonum
(Hahnenfußgewächse)

GIFTKÖDER FÜR WÖLFE UND FÜCHSE Beim Eisenhut kommen die Bestäuber kaum an den Nektar. Der Blüteneingang ist schwer zugänglich, sodass nur langrüsselige Hummeln die Blüten bestäuben können. Kurzrüsselige Hummeln beißen oft den Helm am oberen Ende an. Der griechische Namensteil *lycoctonum* bedeutet »Wolfsgift« und verweist darauf, dass mit der giftigen Pflanze früher Füchse und Wölfe getötet wurden.
MERKMALE 50–150 cm, Blütezeit Juni–Aug., mehrjährig. Untere Stängelblätter in 7–8 Abschnitte geteilt. Langer, schmaler Blütenstand, Blüten blassgelb, obere Blütenblätter helmförmig nach oben gewölbt. **GIFTIG!**
VORKOMMEN Schlucht- und Auenwälder, feuchte, staudenreiche Standorte. Alpen, Gebirge in Mittel- und Südeuropa bis auf 2300 m Höhe. **GESCHÜTZT.**

1 | Färber-Hundskamille
Anthemis tinctoria
(Korbblütler)

ALTE FÄRBERPFLANZE Die Pflanze enthält in Blüten und Blättern Flavonoide, mit denen man einst Wolle gelb färbte. Für 1 kg Wolle benötigt man mindestens 1 kg Blüten. Sie können frisch oder getrocknet verwendet werden. Die Art wurde früher auch als Wurmmittel eingesetzt.
MERKMALE 30–60 cm, Blütezeit Juni–Sept., mehrjährig. Stängel und Blattunterseiten dicht graufilzig. Stängel verzweigt. Blätter 1–2-fach fiederspaltig, Blattzipfel kammartig gesägt. Köpfchen einzeln, 2,5–4 cm, 30–35 goldgelbe, bis zu 10 mm lange Zungenblüten, Röhrenblüten gelb. Pflanze riecht zerrieben stark aromatisch.
VORKOMMEN Trockenrasen, Felsen, Bahndämme, Bahnhöfe, Weinberge, Böschungen. Pionierpflanze. Selten. Mitteleuropa.

2 | Strahlenlose Kamille
Matricaria discoidea
(Korbblütler)

REIST AN SCHUHEN HAFTEND WEITE STRECKEN Die Art stammt aus Ostasien und dem pazifischen Nordamerika. Sie galt in Botanischen Gärten als Kuriosität, weil sie im Gegensatz zu den anderen Kamillen (S. 552) keine Zungenblüten hat. Ihre Früchte verschleimen bei Nässe, bleiben dann an Schuhen, Reifen usw. kleben und werden so über weite Strecken verschleppt. So konnte die Pflanze aus den Gärten entweichen und sich ab 1850 in ganz Europa ausbreiten. Die Pflanze riecht zwar so aromatisch wie die Echte Kamille (S. 552), enthält aber nicht deren Wirkstoffe.
MERKMALE 5–30 cm, Blütezeit Juni–Aug., einjährig. Stängel aufrecht, reich verzweigt. Blätter 2–3-fach gefiedert, enden in sehr schmalen Zipfeln. Blütenköpfchen oval, nur mit grüngelben Röhrenblüten, Köpfchenboden kegelförmig, hohl. Aromatischer Duft. **ESSBAR**.
VORKOMMEN Betretene Rasenflächen und Wege, besonders im Siedlungsbereich. Oft in größeren Gruppen auf offenen Böden. Ganz Europa.

3 | Saat-Wucherblume
Glebionis segetum,
Chrysanthemum segetum
(Korbblütler)

SELTEN GEWORDEN Regional nutzte man die gelben Blütenköpfe zum Färben von Wolle. Früher trat die Art massenhaft auf und war als Ackerwildkraut lästig. Heute ist sie fast überall selten. Die Art ist für Sommerblumenbeete geeignet.
MERKMALE 20–60 cm, Blütezeit Juli–Sept., einjährig. Stängel aufrecht, recht kräftig, meist nur im oberen Teil wenig verzweigt. Blätter wachsig bläulich grün, grob gesägt bis fiederspaltig. Blütenköpfchen einzeln endständig, 2–5 cm breit, flach, Zungen- und Röhrenblüten goldgelb. Ähnlich der Färber-Hundskamille (1), aber Blätter weniger stark fiederteilig, Pflanze kahl.
VORKOMMEN Äcker, Schuttstellen, Wege, meidet kalkhaltige Böden. Süd-, West-, Mitteleuropa.

4 | Rainfarn
Tanacetum vulgare
(Korbblütler)

STARK AROMATISCHES WURMKRAUT Der Name »Rainfarn« bezieht sich auf die Ähnlichkeit der Blätter mit denen mancher Farne sowie auf die Verwendung als wurmabweisende Streu für Rinder, die früher »Farren« genannt wurden. Im 16. und 17. Jahrhundert verwendete man die Pflanze auch beim Menschen als Wurmmittel sowie gegen Fieber, Pest und Gicht. Mancherorts heißt sie noch heute »Wurmkraut«. Die Art bildet Rassen mit ganz unterschiedlichen Duftnoten, die man v. a. beim Zerreiben riecht.
MERKMALE 60–120 cm, Blütezeit Juli–Sept., mehrjährig. Stängel aufrecht, kräftig, gerillt, oft dunkelrot. Blätter fiederteilig, Fiedern gesägt, im Umriss breit oval. Blütenköpfchen 0,5–1 cm breit, zu mehreren in Doldenrispe, ohne Zungenblüten, Röhrenblüten gelb, duften beim Zerreiben aromatisch. **GIFTIG!**
VORKOMMEN An Böschungen, Wegen, Ufern, auf Schuttplätzen, Ödflächen, Brandstellen. Fast ganz Europa.

1

2

3

4

1 | Arnika
Arnica montana
(Korbblütler)

HILFE BEI STUMPFEN VERLETZUNGEN Auszüge aus den Blüten des »Berg-Wohlverleih« hemmen Entzündungen und lindern Schmerzen. Äußerlich helfen die Präparate bei Prellungen, Quetschungen, Rheuma und Insektenstichen. Zu viel und zu oft angewandt, kann es jedoch zu Allergien kommen. Die innerliche Anwendung kann zu Vergiftungen mit Erbrechen, Herzrhythmusstörungen und anschließendem Kollaps führen.
MERKMALE 20–50 cm, Blütezeit Juni–Juli, mehrjährig. Wurzelstock mit vielen Wurzeln. Stängel mäßig bis dicht borstig-drüsig behaart, einfach oder nur wenig verzweigt. Neben der Grundblattrosette nur 1–3 Paar gegenständige Stängelblätter. Blütenköpfchen einzeln endständig, bis zu 6 cm breit, goldgelb. **GIFTIG!**
VORKOMMEN Feuchte Wiesen, Rasen, Weiden, Heiden, Moore. Keine kalkhaltigen Böden. Mitteleuropa, fast nur in den Gebirgen. **GESCHÜTZT.**

2 | Huflattich
Tussilago farfara
(Korbblütler)

EIN KRAUT GEGEN HUSTEN Huflattich enthält reichlich Schleimstoffe und wird daher seit der Antike als Heilmittel bei Husten und Heiserkeit empfohlen (lat. *tussis* = Husten). Leider enthält er auch Pyrrolizidinalkaloide und ist damit für den uneingeschränkten Gebrauch nicht geeignet. Mittlerweile gibt es alkaloidfreie Züchtungen für die medizinische Nutzung des Krauts.
MERKMALE 7–30 cm, Blütezeit Febr.–April, mehrjährig. Blätter grundständig, lang gestielt, Spreite rundlich herzförmig, anfangs leicht eckig (**2A**), 10–30 cm lang und breit, unterseits graufilzig. Köpfchen einzeln auf Schuppenblätter tragenden Sprossen, 2–2,5 cm breit, Zungen- und Röhrenblüten gelb (**2B**). Blüten erscheinen vor den Blättern. **GIFTIG!**
VORKOMMEN Wege, Straßenränder, Schuttplätze, Kiesgruben, Ufer. Auf meist offenen, kalkhaltigen Böden. Ganz Europa.

3 | Gewöhnliche Golddistel
Carlina vulgaris
(Korbblütler)

BLÜTENKÖPFE SCHLIESSEN SICH BEI FEUCHTIGKEIT Blühende Köpfchen der »Kleinen Eberwurz« lassen sich auf den ersten Blick nur schwer von bereits fruchtenden unterscheiden: Die gelben, trockenen Hüllblätter, durch die die Körbchen auffällig wirken, bleiben wie bei der Silberdistel (S. 558) bis lange in den Winter hinein schön. Bei zu häufiger Mahd verschwindet die Art.
MERKMALE 15–60 cm, Blütezeit Juli–Sept., zweijährig. Stängel starr aufrecht, verzweigt, stachelig, spinnwebartig behaart. Blätter wechselständig, stachelig gezähnt, ungeteilt oder schwach gelappt. Blütenköpfchen bis zu 4 cm breit, äußere Hüllblätter strohgelb, nur braungelbe Röhrenblüten.
VORKOMMEN Magere Rasen und Weiden, Halbtrockenrasen, Wegränder, lichte Wälder. Meist auf kalkhaltigen Böden. Ganz Europa.

4 | Kohl-Kratzdistel
Cirsium oleraceum
(Korbblütler)

ZEIGT NÄHRSTOFFREICHTUM AN Der Name Kohl-Kratzdistel weist darauf hin, dass man die jungen Blätter und Sprosse wie Kohl zubereiten kann. Die Böden der Blütenköpfchen eignen sich sogar als Artischocken-Ersatz, sind allerdings bei Weitem nicht so ergiebig. Früher verfütterten Bauern die Pflanze auch gern an das Vieh.
MERKMALE 50–150 cm, Blütezeit Juni–Sept., mehrjährig. Stängel kräftig, aufrecht, verzweigt. Blätter wechselständig, weich, kahl, untere fiederspaltig, obere einfach, stachelig umrandet, laufen nicht am Stängel herab. Blütenköpfchen von bleichen Hochblättern umgeben, 3–4 cm lang, ebenso breit, nur mit gelblichen Röhrenblüten. **ESSBAR**.
VORKOMMEN Nasse Wiesen, Auenwälder, Bachufer, Quellen, Waldschläge. Auf nassen, nährstoffreichen Böden. Nord-, Mittel- und Westeuropa.

1

2A

2B

3

4

1 | Dreiteiliger Zweizahn
Bidens tripartita
(Korbblütler)

FRÜCHTE TRAGEN ZÄHNE Der deutsche sowie der wissenschaftliche Name bezieht sich auf die zähnchenartigen Fortsätze an den Früchten. Der Zweizahn enthält Gerbstoff, ätherisches Öl und Bitterstoffe. In einem englischen Kräuterbuch des 17. Jahrhunderts wird er gegen »Kräfteverfall« und »harte Milz« empfohlen.
MERKMALE 15–100 cm, Blütezeit Juli–Okt., einjährig. Stängel aufrecht, verzweigt, meist braunrot, schütter behaart oder kahl. Blätter wechselständig, meist 3-teilig fiederschnittig, grob gezähnt (**1A**). Blütenköpfchen einzeln endständig, etwa 1 cm breit, meist ohne Zungenblüten, Röhrenblüten bräunlich gelb (**1B**). Früchte mit 3 Zähnen.
VORKOMMEN Ufer, Gräben, Schuttplätze, Nasswiesen. Stets auf nassen, nährstoffreichen Böden. Ganz Europa.

2 | Wiesen-Pippau
Crepis biennis
(Korbblütler)

GUTES VOGELFUTTER Der Wiesen-Pippau erträgt keine Beweidung und verschwindet, sobald Mähwiesen in Weiden umgewandelt werden. Vögel fressen gern die Früchte. Auch Kanarienvögel mögen sie.

Frucht mit weißem Haarkranz

MERKMALE 50–120 cm, Blütezeit Mai–Sept., zweijährig. Stängel aufrecht, verzweigt, mit Milchsaft. Grund- und Stängelblätter tief buchtig gezähnt bis fiederteilig, in den geflügelten Stiel auslaufend. Blütenköpfchen zu 3–20 in endständiger Traube, 2–3,5 cm breit, gelb, nur mit Zungenblüten, Hülle schwärzlich grün, filzig. Fruchtstände erinnern etwas an die des Löwenzahns (S. 670).
VORKOMMEN Mähwiesen, Wege. Auf nährstoffreichen Böden an sonnigen Standorten. Fast ganz Europa.

3 | Topinambur
Helianthus tuberosus
(Korbblütler)

FÜR DIABETIKER EMPFEHLENSWERT Topinambur wurde in Europa erstmals 1619 angebaut. Nach dem 30-jährigen Krieg spielten seine Knollen eine wichtige Rolle als Grundnahrungsmittel. In der Folge erwies sich jedoch die Kartoffel als ertragreicher. Die Knollen kultivierter Pflanzen eignen sich als Kartoffelersatz für Diabetiker. Sie enthalten Inulin, für dessen Verarbeitung kein Insulin nötig ist. Beim Abbau entsteht für Diabetiker verträglicher Fruchtzucker (Fruktose).
MERKMALE 100–250 cm, Blütezeit Okt.–Nov., mehrjährig. Knolle aus kugeligen Gliedern zusammengesetzt, wird in Kultur faustgroß. Untere und mittlere Blätter gegenständig, rau. Blütenköpfchen 4–14 cm groß, am Ende der Stängel, 12–20 Zungenblüten, gelbe Röhrenblüten. Erinnert an eine kleinblütige Sonnenblume. **ESSBAR.**
VORKOMMEN Oft verwildert, an Ufern von nährstoffreichen Gewässern, regelmäßig angebaut. In Gegenden mit mildem Klima, v. a. in Mitteleuropa.

4 | Sand-Strohblume
Helichrysum arenarium
(Korbblütler)

IN TEEMISCHUNGEN ZU FINDEN Die Blüten dienen in der Medizin als harntreibendes, gallesaftbildendes und etwas krampflösendes Mittel. In Teemischungen verschönern sie die Farbe des Aufgusses. Sie sind unter Namen wie »Gelbes Katzenpfötchen«, »Gelbe Immortelle«, »Harnblumen« und »Ruhrkrautblüten« im Handel.
MERKMALE 10–30 cm, Blütezeit Juli–Aug., mehrjährig. Stängel aufrecht, im Blütenstand verzweigt, beblättert. Blätter schmal lanzettlich bis linealisch, sitzend oder sehr kurz gestielt, grauweiß filzig behaart. Blütenköpfchen in endständigen Doldentrauben, ca. 5 mm breit, nur Röhrenblüten, hell- bis zitronengelb. Duftet nach Curry.
VORKOMMEN Sandrasen, Dünen, trockene Kiefernwälder. An im Sommer warmen Standorten. Fast ganz Europa. **GESCHÜTZT.**

1A

1B

2

3

4

1 | Gewöhnliches Bitterkraut
Picris hieracioides
(Korbblütler)

Knospe mit abstehenden Hüllblättern

MIT MILCHSAFT Der wissenschaftliche Name leitet sich von griech. *pikros* = scharf, bitter ab und bezieht sich auf den Geschmack der Pflanze. Der Milchsaft vieler Korblütler schmeckt bitter.
MERKMALE 30–60 cm, Blütezeit Juli–Okt., zwei- bis mehrjährig. Mit Milchsaft. Stängel steif behaart. Blätter ganzrandig bis buchtig gezähnt, untere gestielt, obere sitzend, borstig rau. Köpfchen 2,5–4,5 cm breit, nur Zungenblüten, gelb, außen etwas rötlich überlaufen, äußere Blätter der Hülle abstehend. Früchte mit fedrigem weißen Haarkranz.
VORKOMMEN Pionier auf nicht zu trockenen, kalkhaltigen Böden, Wegränder, Steinbrüche, Bahnhöfe, gestörte Halbtrockenrasen, Wiesen. Häufig.

2 | Kleines Habichtskraut
Hieracium pilosella
(Korbblütler)

bei Trockenheit eingerolltes Blatt

BLÄTTER WIE EIN MÄUSEOHR Der Name »Mausohr-Habichtskraut«, wie die Pflanze auch heißt, bezieht sich auf die Form und Behaarung der Blätter. Bei Trockenheit rollen sich diese ein und verringern so ihre Oberfläche. Außerdem reflektiert die Unterseite das Licht, weshalb sie sich nicht so rasch erwärmen. Beides zusammen verringert die Verdunstung.
MERKMALE 5–30 cm, Blütezeit Mai–Okt., mehrjährig. Formenreich. Pflanze mit Milchsaft, bildet über Ausläufer oft große Gruppen. Blätter grundständig in Rosette, liegen dem Boden an, schmal oval, oberseits langhaarig, unterseits graufilzig. Blütenköpfchen einzeln endständig, 2–3 cm, nur mit schwefelgelben Zungenblüten.
VORKOMMEN Magere Wiesen, trockene Wälder, Felsbänder. Auf nährstoffarmen, trockenen, meist etwas sandigen Böden. Fast ganz Europa.

3 | Wald-Habichtskraut
Hieracium murorum, Hieracium sylvaticum
(Korbblütler)

NUR FÜR SPEZIALISTEN Habichtskräuter sind schwer zu bestimmen. Botaniker haben für Mittel- und Osteuropa über 350 Unterarten beschrieben. Das Wald-Habichtskraut bildet wie viele Habichtskräuter Samen ohne Befruchtung, sodass es nicht zum Austausch genetischen Materials kommt. Dies fördert die Bildung von Unterarten.
MERKMALE 20–60 cm, Blütezeit Mai–Aug., mehrjährig. Formenreich. Pflanze mit Milchsaft. Stängel meist mit 1 Blatt, oft klebrig behaart. Grundblätter in Rosette, gestielt, unregelmäßig gezähnt (**3A**), grün bis blaugrün, unterseits blasser, oft rötlich. Köpfchen zu 4–15 in Doldenrispe (**3B**), 2–3,5 cm breit, nur Zungenblüten, hell goldgelb. Früchte mit brüchigem Haarkranz.
VORKOMMEN Kraut- und grasreiche Laub- und Mischwälder, Mauern, Waldwiesen, Felsen. Oft an schattigen oder halbschattigen Standorten. In Mitteleuropa weit verbreitet.

4 | Doldiges Habichtskraut
Hieracium umbellatum
(Korbblütler)

WÄCHST AN ENTLEGENEN ORTEN Der wissenschaftliche Name kommt von griech. *hierax* = Habicht. Die Pflanzen sollen oft auf hohen Felsen wachsen, die nur von Habichten erreicht werden. Bei den Habichtskräutern stehen die Hüllblätter unter den Blütenköpfen wie Dachziegel.
MERKMALE 20–120 cm, Blütezeit Juli–Okt., mehrjährig. Formenreich. Pflanze mit Milchsaft. Stängel aufrecht, unter dem Blütenstand mit Sternhaaren. Grundblattrosette fehlt, Stängelblätter wechselständig, bis zu 15 cm lang, 1,5 cm breit, sitzend, glattrandig oder unregelmäßig gezähnt. Blütenköpfchen zu 6–30 in doldig flacher Rispe am Stängelende, bis zu 3 cm breit, goldgelb.
VORKOMMEN Auf kalkarmen Lehmböden in lichten Wäldern und Gebüschen, Heiden. Ziemlich häufig. Ganz Europa.

1
2
3A
3B
4

1 | Gewöhnliches Ferkelkraut
Hypochaeris radicata
(Korbblütler)

Frucht mit gestieltem Haarkranz

BLÜTEN NUR BEI SONNE OFFEN Die Blütenköpfe öffnen sich an sonnigen Tagen nur vormittags und zeigen dann ihre über 100 Einzelblüten. Früher galt die Pflanze als besonders wertvolles Schweinefutter, dies ist aber zu bezweifeln.
MERKMALE 20–60 cm hoch, Blütezeit Juni–Okt., mehrjährig. Pflanze mit Milchaft. Stängel aufrecht, wenig verzweigt, blaugrün, meist kahl, unter den Köpfchen nicht verdickt. Rosettenblätter liegen dem Boden auf, oval lanzettlich, tief buchtig gezähnt, steif behaart, nie gefleckt, Blattunterseite bläulich bereift. Blütenköpfchen einzeln endständig, bis zu 4 cm breit, kräftig gelb. Ähnelt dem Herbst-Schuppenlöwenzahn (S. 670).
VORKOMMEN Häufig. Oft auf Wiesen und in Rasen. Europa.

2 | Acker-Gänsedistel
Sonchus arvensis
(Korbblütler)

BLÜHT NUR IM SONNENSCHEIN An sonnigen Standorten können die Blätter wie beim Kompass-Lattich (S. 668) gestellt sein. Die Köpfchen sind nur bei schönem Wetter geöffnet und schließen sich spätestens am Abend wieder. Köpfchen, die bereits geöffnet waren, nicken dann am Abend. Die Art gilt als mechanisch schwer zu bekämpfendes Beikraut, denn im Boden verbleibende Teilstücke treiben zu neuen Pflanzen aus.
MERKMALE 50–150 cm, Blütezeit Juli–Okt., mehrjährig. Mit Milchsaft. Stängel hohl. Blätter grün, unterseits heller, auf beiden Seiten kahl, fiederspaltig mit breiten Buchten, am Rand fein stachelig gezähnt. Köpfchen 3–4,5 cm breit, nur Zungenblüten, goldgelb. Früchte mit weißem Haarkranz.
VORKOMMEN Frische bis feuchte, nährstoffreiche Böden, verträgt Salz. Verbreitet. Fast ganz Europa.

3 | Kohl-Gänsedistel
Sonchus oleraceus
(Korbblütler)

KANN ALS WILDGEMÜSE ZUBEREITET WERDEN Anders als es der Name erwarten lässt, ist die Pflanze nicht wehrhaft wie eine echte Distel. Sie enthält reichlich Nährstoffe. Bauern schätzten sie als Viehfutter, was zum deutschen Namen »Gänsedistel« führte. Junge Stängel, Blätter und Wurzeln kochte man früher auch als Gemüse oder als Suppeneinlage (lat. *oleraceus* = gemüseartig).
MERKMALE 30–100 cm, Blütezeit Juni–Okt., einjährig. Mit Milchsaft, matt graugrün. Stängel hohl. Blätter stängelumfassend, obere mit breiten, zugespitzten Zipfeln. Köpfchen 1,5–2,5 cm breit, lockerer Blütenstand, gelbe bis weißlich gelbe Zungenblüten, außen oft rötlich. **ESSBAR.**
VORKOMMEN Lockere Bestände an Wegen, Mauern, auf Schuttplätzen, Äckern, Ödflächen. Auf nährstoffreichen Böden. Ganz Europa.

4 | Rainkohl
Lapsana communis
(Korbblütler)

Früchte ohne Haarschopf

VERMEHRUNG IST SICHERGESTELLT Die Blütenköpfchen des Rainkohls öffnen sich nur bei schönem Wetter von etwa 6–11 Uhr. Bei schlechtem Wetter bestäuben sie sich selbst, indem sich die äußeren Blüten über die inneren krümmen und so die Staubbeutel mit den Narben in Kontakt kommen. Als Wildgemüse und Salat nutzbar.
MERKMALE 30–100 cm, Blütezeit Juni–Sept., ein- bis mehrjährig. Stängel aufrecht, verzweigt, alle Teile mit Milchsaft. Blätter wechselständig, gestielt, weit buchtig bis fiederteilig mit besonders großem Endlappen. Blütenköpfchen in lockeren Rispen,1,5–2 cm breit, nur mit hellgelben Zungenblüten. Früchte ohne Haarschopf. **ESSBAR.**
VORKOMMEN An Hecken, Zäunen, Straßenrändern, in Wäldern, Gärten, auf Schuttplätzen, Äckern. Fast ganz Europa.

1

2

3

4

1 | Kompass-Lattich
Lactuca serriola
(Korbblütler)

URSPRUNG DES GRÜNEN SALATS V.a. an sehr sonnigen Standorten stehen die Blätter dieser Pflanze senkrecht und zeigen wie eine Kompassnadel nach Norden und Süden. So vermeiden sie zu starke Einstrahlung durch die Mittagssonne und verhindern eine zu hohe Erwärmung und Verdunstung. Im Schatten ist die Blattstellung weniger ausgeprägt. Die Wurzeln dringen bis zu 2 m tief in den Boden ein und so auch an trockenen Standorten noch genug Wasser aufnehmen. Die Wildart gilt als Stammpflanze der Kultursorten des Grünen Salats. In China gibt es eine Zuchtform, deren Stängel man wie Grünspargel isst.
MERKMALE 60–120 cm, Blütezeit Juli–Sept., ein- bis zweijährig. Stängel kahl, aufrecht, nur oben verzweigt. Blätter wechselständig, tief buchtig gelappt, steif, stachelspitzig (**1B**). Blütenköpfchen (**1A**) am Stängelende in steifer Rispe, 1–1,5 cm breit, hellgelb, nur zwittrige Zungenblüten. **ESSBAR**.
VORKOMMEN Wegränder, Schuttplätze, Bahnanlagen, Ödflächen, Mauern. Auf trockenen, nährstoffreichen Böden. Fast ganz Europa.

2 | Dürrwurz
Inula conyzae
(Korbblütler)

MAG »DÜRRE« STANDORTE Die Art kommt oft auf trockenen, steinigen Böden vor. Die sehr kurzen Zungenblüten können auch vollends fehlen.
MERKMALE 40–80 cm, Blütezeit Juli–Sept., zwei- oder mehrjährig. Stängel aufrecht, braunrot überlaufen, dicht kurzhaarig, am Grund holzig. Blätter wechselständig, bis zu 15 cm lang, 5 cm breit, oberseits kahl, unterseits kurzhaarig. Blütenköpfchen walzenförmig, zahlreich in endständigen Rispen, unter 1 cm breit, die gelben Zungenblüten überragen kaum die Hüllblätter.
VORKOMMEN Auf kalkhaltigen Lehmböden, in lichten Wäldern und Gebüschen. Zerstreut. Mittel- und Südeuropa.

3 | Wiesen-Bocksbart
Tragopogon pratensis
(Korbblütler)

Frucht mit dichtem Fallschirm

PFAHLWURZEL ALS WILDGEMÜSE ESSBAR Noch geschlossen erinnert der Fruchtstand an den Bart eines Ziegenbocks, daher auch der wissenschaftliche Name: griech. *tragos* = Bock, *ogon* = Bart. Bei Trockenheit öffnet sich der Fruchtstand und die fein und dicht gewobenen Fallschirme entfalten sich. Sie sorgen für eine gute Ausbreitung der Pflanze.
MERKMALE 20–70 cm, Blütezeit Mai–Aug., ein- bis mehrjährig. Formenreich. Pflanze mit Milchsaft. Stängel aufrecht, verzweigt, unter den Köpfchen kaum verdickt. Stängelblätter wechselständig, kahl, bläulich grün, glattrandig, schmal lanzettlich, stängelumfassend. Blütenköpfchen 3,5–5 cm breit, flach, nur mit hellgelben Zungenblüten, blühen nur vormittags auf. Frucht mit bis zu 4 cm breitem Fallschirm. **ESSBAR.**
VORKOMMEN Oft große Bestände auf Wiesen, Halbtrockenrasen, an Wegrändern, Bahnhöfen. An im Sommer warmen Standorten. Fast ganz Europa.

4 | Mauerlattich
Mycelis muralis
(Korbblütler)

TÄUSCHT EINZELBLÜTE VOR Leicht kann man das Blütenköpfchen mit den 5 strahligen Zungen für eine Einzelblüte halten. Es sind jedoch 5 Einzelblüten, die erst zusammen ihre Schauwirkung entfalten. Ein Insekt kann bei einem Besuch gleich mehrere Blüten auf einmal bestäuben.
MERKMALE 60–80 cm, Blütezeit Juli–Aug., mehrjährig. Pflanze mit Milchsaft, kahl. Blätter fiederschnittig, Endabschnitt groß, Unterseite heller. Blütenköpfchen 1–1,5 cm, 5 gelbe, 5-spitzige Zungenblüten. Früchte mit Haarschopf.
VORKOMMEN Wälder mit krautreichem Unterwuchs, Waldwege, feuchte Felsen und Mauern, auch in Städten. Fast ganz Europa.

1A

1B

2

3

4

1 | Herbst-Schuppenlöwenzahn
Scorzoneroides autumnalis, Leontodon autumnalis
(Korbblütler)

Frucht mit sitzendem Haarkranz

FÄLLT BIENEN AUF Die äußeren Blüten reflektieren UV-Strahlen stark, die Köpfchen erscheinen daher für UV-sichtige Blütenbesucher wie Bienen betont kontrastreich hell und dunkel.
MERKMALE 15–45 cm, Blütezeit Juli–Sept., mehrjährig. Pflanze mit Milchsaft. Stängel rund, wenig verzweigt, aufrecht. Blätter grundständig, fast bis zur Mittelrippe fiederteilig, kahl. Blütenköpfchen meist einzeln endständig, 2,5–3,5 cm breit, goldgelbe Zungenblüten, die äußeren außen rot gestreift, Hülle dunkel. Frucht mit sitzendem, fedrigem Haarkranz.
VORKOMMEN Weiden, Zierrasen, Wege, betretene Standorte, Straßenränder. Auf nährstoffreichen, dichten, meist offenen Böden. Ganz Europa.

2 | Steifhaariger Löwenzahn
Leontodon hispidus
(Korbblütler)

BLÜHT SPÄT Wenn man von »Löwenzahn« spricht, meint man meist den Gewöhnlichen Löwenzahn (3), der viel früher im Jahr als die hier beschriebene Art blüht. Der deutsche und wissenschaftliche Name beziehen sich auf die Blattform: griech. *leon* = Löwe, *odontos* = Zahn. In Kriegszeiten verwendete man die Wurzel des Steifhaarigen Löwenzahns als Kaffeeersatz.
MERKMALE 10–70 cm, Blütezeit Juni–Okt., mehrjährig. Formenreich. Stängel einfach. Blätter in grundständiger Rosette, gezähnt bis fiederschnittig, oft mit Gabelhaaren. Blütenköpfchen einzeln, 2,5–4 cm breit, goldgelb, meist von 5–15 Uhr geöffnet. Früchte mit bei Trockenheit gespreiztem Haarkranz.
VORKOMMEN Artenreiche Fettwiesen, Nasswiesen und Halbtrockenrasen. Häufig. Europa.

3 | Gewöhnlicher Löwenzahn
Taraxacum sect. Ruderalia
(Korbblütler)

ALS PUSTEBLUME BEKANNT Die Heilpflanze lindert Gallestörungen und fördert die Harnabgabe. Sie wird deshalb auch »Bettseicher« oder »Bettpisser« genannt. Die Art bildet auch dann Früchte, wenn kein Blütenstaub auf die Narben kommt. Wegen dieser »Jungfernzeugung« passt es ganz gut, dass die Pflanze auf vielen christlichen Bildern mit der Jungfrau Maria zu sehen ist.
MERKMALE 5–40 cm, Blütezeit April–Juli, mehrjährig. Formenreich. Milchsaft. Blätter in grundständiger Rosette, gelappt bis grob gesägt, fiederspaltig oder gezähnt, immer kahl. Blütenköpfchen 3–6 cm breit, einzeln auf hohlem Schaft, leuchtend gelb (**3A**). Früchte in kugeligem Kopf, lang gestielter Haarkranz (**3B**). **ESSBAR.**
VORKOMMEN Gedüngte Wiesen, Weiden, an Wegen, in Äckern, auf Parkrasen. Auf nährstoffreichen Böden. Ganz Europa.

4 | Jakobs-Kreuzkraut
Senecio jacobaea
(Korbblütler)

FRASSSCHUTZ FÜR RAUPEN »Jakobs-Kreuzkraut« heißt die Art nach dem Apostel Jakob, möglicherweise weil sich ihre ersten Blüten etwa um den St.-Jakobs-Tag (25. Juli) öffnen. Die schwarz-gelb gestreiften Raupen des Blutbärs, einer Tagfalterart, fressen die Blätter und nehmen dabei giftige Inhaltsstoffe der Pflanze auf, die sie für Fraßfeinde ungenießbar machen.
MERKMALE 30–100 cm, Blütezeit Juni–Okt., zwei- bis mehrjährig. Stängel aufrecht, kantig, oft bräunlich. Blätter wechselständig, tief fiederteilig mit zipfligen Öhrchen, unterseits behaart. Blütenköpfchen zahlreich in endständiger, ziemlich ebener Doldenrispe, 1,7–2 cm breit, kräftig gelb, 12–15 etwa 1,5 mm breite Zungenblüten, zahlreiche Röhrenblüten. Früchte mit weißem Haarkranz. Giftig!
VORKOMMEN Weiden, Wiesen, Halbtrockenrasen, Böschungen, Waldränder. Fast ganz Europa.

1

2

3A

3B

4

1 | Gewöhnliches Kreuzkraut
Senecio vulgaris
(Korbblütler)

GUTE FLIEGER Der für diese Gattung ebenfalls gebräuchliche Name »Greiskraut« bezieht sich auf die Fruchtstände, die an die weiße Haarpracht alter Leute erinnert. Die Früchte können dank des Haarschopfs in höhere Luftschichten gelangen und über größere Distanzen verblasen werden. So fanden Wissenschaftler die Art unter den Erstbesiedlern der neu entstandenen isländischen Vulkaninsel Surtsey. Hierzu mussten die Früchte eine Strecke von mindestens 40 km zurückgelegt haben.
MERKMALE 10–30 cm, Blütezeit Febr.–Nov., einjährig. Stängel aufrecht, verzweigt, rundlich, anfangs flockig behaart, später kahl. Blätter wechselständig, buchtig gelappt bis fiederteilig, unterseits spinnwebartig behaart. Blütenköpfchen ca. 5 mm breit, gelb, oft nickend, meist ohne Zungenblüten. Frucht mit Haarkranz. **GIFTIG!**
VORKOMMEN Offene Unkrautbestände auf Äckern, in Gärten, auf Ödflächen, Schuttplätzen, Waldschlägen. Ganz Europa.

2 | Klebriges Kreuzkraut
Senecio viscosus
(Korbblütler)

AMEISEN UNERWÜNSCHT Als Pionier besiedelt diese Art oft als erste Blütenpflanze Schotterflächen. Der klebrige Stängel hindert Ameisen daran, zu den Blütenköpfchen hochzuklettern. Ameisen sind als Bestäuber unattraktiv für die Pflanze, weil sie Blüten nicht gezielt besuchen und so der Pollentransport von einer Pflanze zur anderen nicht sichergestellt ist. Bestäubt wird das Klebrige Kreuzkraut von Bienen.
MERKMALE Ähnlich dem Gewöhnlichen Kreuzkraut (1), aber ganze Pflanze drüsig-klebrig und viel kräftiger. Zungenblüten meist zurückgerollt, nur bei sonnigem Wetter ausgebreitet. Unangenehmer, bisamartiger Geruch. **GIFTIG!**
VORKOMMEN Schuttplätze, Stein- und Schotterflächen, Kahlschläge. Häufig. Ganz Europa.

3 | Fuchs-Kreuzkraut
Senecio ovatus, Senecio fuchsii
(Korbblütler)

ALS HEILPFLANZE UNGEEIGNET Die Kreuz- bzw. Greiskräuter sind mit mehr als 1000 Arten eine der größten Pflanzengattungen, die weltweit verbreitet sind. Typisch für die Gattung sind Pyrrolizidinalkaloide, die leberschädigend sind und Krebs auslösen können. Deshalb wird das Fuchs-Kreuzkraut nicht mehr verwendet. Früher setzte man es bei Diabetes, Blutungen und Wunden ein.
MERKMALE 60–150 cm, Blütezeit Juli–Sept., mehrjährig. Stängel nur oben verzweigt. Gleichmäßig beblättert, Blätter lanzettlich, fein gesägt. Blütenköpfchen in dichten Scheindolden, 2,5–3 cm breit, Zungenblüten 1–2 mm breit, mit 4–8 gelben, später braunen Röhrenblüten. Früchte mit etwa 10 mm langem, gelbweißem Haarkranz. **GIFTIG!**
VORKOMMEN Wälder, Lichtungen, Sturmwurfflächen. Auf frischen, nährstoffreichen Böden mit hoher Luftfeuchtigkeit. Häufig in Gruppen.

4 | Schmalblättriges Kreuzkraut
Senecio inaequidens
(Korbblütler)

NEUANKÖMMLING Diese aus Südafrika stammende Art ist wahrscheinlich mit Schafwolle in Europa eingeschleppt worden. Sie hat sich v. a. zwischen 1985 und 1995 explosionsartig bei uns ausgebreitet. Die Samen werden mit dem Wind verbreitet und Massenbestände finden sich hauptsächlich entlang von Bahnstrecken und Autobahnen, wo die Samen mit Luftströmungen weiter getragen werden.
MERKMALE 30–100 cm, Blütezeit Juli–Dez., mehrjährig. Stängel stark verzweigt. Blätter 1–4 mm breit, linealisch bis schmal lanzettlich, fein gezähnt bis flach gelappt, am Rand oft umgerollt, am Grund halbstängelumfassend geöhrt. Blütenköpfchen hellgelb, 1,8–2,5 mm breit, mit 10–15 Zungenblüten. **GIFTIG!**
VORKOMMEN An Bahngleisen, Straßen. Auf trockenen, warmen Standorten. Invasiv.

1

2

3

4

1 | Echte Goldrute
Solidago virgaurea
(Korbblütler)

ENTZÜNDUNGSHEMMEND UND ENTWÄSSERND Die Pflanze trägt ihren Namen wegen der rutenartigen Stängel und der Blütenfarbe. In der Pflanzenheilkunde gehört sie zu den bewährten harntreibenden Heilpflanzen. Sie wirkt gegen Entzündungen der Harnwege und hilft Harnsteine und Nierengrieß auszuspülen oder vorzubeugen.
MERKMALE 10–100 cm, Blütezeit Juli–Okt., mehrjährig. Stängel aufrecht, wenig verzweigt, kahl oder zerstreut behaart, oft bräunlich. Blätter wechselständig, länglich elliptisch, zugespitzt, gekerbt, verschmälern sich in den wenig geflügelten Blattstiel. Blütenköpfchen in schlanker Traube oder Rispe, 1–2 cm breit, gelb, meist 6–12 Zungenblüten, Hüllblätter dachziegelartig. Früchte mit Haarkranz, fruchtet meist reichlich.
VORKOMMEN Lichte Wälder mit Unterwuchs, Waldschläge, Heiden, magere Weiden. Ganz Europa.

2 | Kanadische Goldrute
Solidago canadensis
(Korbblütler)

NEUBÜRGER AUS NORDAMERIKA Die Kanadische Goldrute breitet sich seit dem 19. Jahrhundert bei uns aus. Sie vermehrt sich sowohl über unzählige Samen wie auch unterirdisch über Ausläufer des zähen Wurzelstocks. Da sie durch Massenentwicklung die heimische Flora verdrängt, versuchen Naturschützer vielerorts, ihre Bestände einzudämmen. Als Heilpflanze wirkt sie wie die heimische Echte Goldrute (1).
MERKMALE 50–250 cm, Blütezeit Aug.–Okt., mehrjährig. Stängel aufrecht, erst im Blütenstand verzweigt, flaumig behaart. Blätter dicht wechselständig, lanzettlich, 7–15 cm lang, im vorderen Drittel gesägt. Blütenköpfchen in einseitswendigen Rispenästen, um 5 mm lang, goldgelb, 10–17 Zungenblüten, etwa so lang wie Röhrenblüten. Kann riesige, dichte Bestände bilden. Ähnlich der **SPÄTEN GOLDRUTE** *(Solidago gigantea)*, die ebenfalls aus Nordamerika eingeschleppt ist. Bei dieser Art sind die Zungenblüten deutlich länger als die Röhrenblüten, der Stängel ist kahl oder fast kahl.
VORKOMMEN Unkrautbestände auf Schutt, Eisenbahnböschungen, Ödflächen in Städten, auch in Auenwäldern oder an Ufern. Fast ganz Europa. Invasiv.

3 | Gelber Wau
Reseda lutea
(Resedagewächse)

FÄRBT NICHT NUR GELB Der Gelbe Wau färbt gelb, gelbgrün oder braun. Er war als Färbepflanze für Textilien und Malerfarben jedoch nie so bedeutend wie der ähnliche Färber-Wau (4).
MERKMALE 20–60 cm, Blütezeit Mai–Sept., ein- bis zweijährig. Stängel aufrecht, wenig verzweigt. Blätter doppelt fiederspaltig, am Rand gewellt, Blattstiele schmal geflügelt. Blüten in zunächst kurzer, später bis zu 30 cm langer Traube, hellgelb, Kelch und Krone 6-teilig, zahlreiche Staubblätter. Frucht 8–12 mm lang, steht aufrecht.
VORKOMMEN Lückige Bestände an Wegen, auf Schuttplätzen, Bahn- und Hafenanlagen, Ödflächen. Mittel- und Südeuropa.

4 | Färber-Wau
Reseda luteola
(Resedagewächse)

ALTE FÄRBERPFLANZE Der wissenschaftliche Name der Wau-Arten ist *Reseda*. Dies leitet sich von lat. *resedare* = beruhigen, heilen ab. Der Färber-Wau wurde früher als Beruhigungsmittel verwendet. Zudem spielte die seit der Jungsteinzeit kultivierte Färberpflanze noch bis ins 19. Jahrhundert wirtschaftlich eine Rolle.
MERKMALE 50–150 cm, Blütezeit Juni–Sept., einjährig. Ähnlich dem Gelben Wau (3), aber Blätter ungeteilt, Blütentraube sehr schlank, Blüte mit 4 Kronblättern.
VORKOMMEN Wie die vorige Art.

1

2

3

4

1 | Kelch-Steinkraut
Alyssum alyssoides
(Kreuzblütler)

Schötchenfrucht 3–4 mm groß

LIEBT DIE WÄRME Treffen Regentropfen auf die reifen Früchte, werden die Samen fortgeschleudert. Das Hauptverbreitungsgebiet dieser Art liegt südlich der Alpen. Vorkommen bei uns zeigen Wärmeinseln an.
MERKMALE 5–20 cm hoch, Blütezeit April–Sept., einjährig. Pflanze graufilzig, mit Sternhaaren besetzt. Stängel aufrecht oder aufsteigend. Blätter gestielt, oval bis linealisch, bis zu 2 cm lang. Blüten in zunächst dichter, später bis zu 15 cm langer Traube, blassgelb. Schötchen flach, kreisrund, Kelch auch an der Frucht noch vorhanden.
VORKOMMEN Offene, sonnige, meist kalkhaltige Standorte. Pionierpflanze. Süd-, Mittel- und Osteuropa.

2 | Gewöhnliches Barbarakraut
Barbarea vulgaris
(Kreuzblütler)

»ECHTE WINTERKRESSE« SCHMECKT SÄUERLICH-HERB Das Barbarakraut erhielt seinen Namen nach der heiligen Barbara, die zu den Nothelferinnen gehört. Vielleicht dachte man daran, dass die Blätter auch am Barbaratag (4. Dezember) geerntet werden können. Diese ungewöhnliche Erntezeit war wichtig, denn die Blätter halfen gegen den im Winter verbreiteten Vitamin-C-Mangel.
MERKMALE 30–90 cm, Blütezeit Mai–Juli, zweijährig. Wintergrün. Stängelblätter umfassen den Stängel, dunkelgrün, glänzend, fiederteilig mit jederseits 1–5 Seitenabschnitten, Endabschnitt groß. Endständige Blütentrauben, Blüte 4–9 mm groß, 4 hellgrüne, kahle Kelchblätter, 4 verkehrt eiförmige Kronblätter. **ESSBAR.**
VORKOMMEN Bestände an Wegen, Bach- und Flussauen, Ackerrändern, auf Waldschlägen, Erdaufschüttungen, Kiesgruben. Fast ganz Europa.

3 | Brillenschötchen
Biscutella laevigata
(Kreuzblütler)

FRÜCHTE SEHEN AUS WIE EINE BRILLE Kaum ein Kreuzblütler entwickelt so typische, leicht erkennbare Früchte wie das Brillenschötchen. Die beiden »Brillenhälften« enthalten je einen Samen. Sie lösen sich bei stärkerem Wind und werden mit ihm weggeweht.
MERKMALE 15–30 cm, Blütezeit Mai–Juli, mehrjährig. Formenreich. Grundständige Rosette, Rosettenblätter lang gestielt, keilförmig, etwas borstig, wenige schmale, sitzende Stängelblätter. Blüten in lockerer Traube, 4 hellgelbe, 4–7 mm lange Kronblätter, vorn abgerundet oder eingebuchtet. Schötchenfrüchte brillenförmig, 7–16 mm breit.
VORKOMMEN Steinige Rasen, Steinschutt, Felsspalten, Felsabsätze, Quellmoore. Meist auf Kalkböden bis auf über 2500 m Höhe. Mittel- und Südeuropa. **GESCHÜTZT.**

4 | Orientalisches Zackenschötchen
Bunias orientalis
(Kreuzblütler)

Frucht höckerig

STAMMT AUS SÜDOST-EUROPA Seit dem 19. Jahrhundert ist das Orientalische Zackenschötchen bei uns auf dem Vormarsch. Da die Art zunächst in der Nähe von Exerzierplätzen gefunden wurde, könnte es sein, dass sie mit dem Pferdefutter der Truppen eingeschleppt wurde.
MERKMALE 25–120 cm, Blütezeit Mai–Aug., mehrjährig. Stängel aufrecht. Untere Blätter lanzettlich, bis zu 40 cm lang, fiederspaltig mit großem Endabschnitt, obere Blätter ungeteilt. Blüten 0,6–1 cm, in reichem, rispenartigem Blütenstand. Schötchen schief eiförmig, 5–10 mm lang, mit unregelmäßigen Höckern.
VORKOMMEN Wege, Schuttplätze, Ödland. Auf nährstoffreichen Ton- und Lehmböden an hellen Standorten. Ziemlich häufig. Invasiv.

1

2

3

4

1 | Acker-Schöterich
Erysimum cheiranthoides
(Kreuzblütler)

FRÜHER ALS HEILPFLANZE GENUTZT Die Art wurzelt bis zu 50 cm tief im Boden und tritt oft als Pionierpflanze auf. Sie besitzt herzwirksame Glykoside, die sich v. a. in den Samen finden. Als Arznei wird sie heute aber nicht mehr verwendet. Der Acker-Schöterich ist mit dem **GOLDLACK** *(Erysimum cheiri)* verwandt, der als lang blühende Zierpflanze in Gärten sehr beliebt ist.

MERKMALE 20–60 cm, Blütezeit April–Juli, einjährig. Blätter lanzettlich, schwach unregelmäßig gezähnt oder ganzrandig, anliegend behaart. Blüten gelb, 4–8 mm. Schoten aufrecht, 4-kantig, fast kahl, 1–3 cm lang. **GIFTIG!**

VORKOMMEN Nährstoffreiche, frische, lockere Böden, Äcker, Schuttplätze, an Ufern. Ganz Europa.

2 | Färber-Waid
Isatis tinctoria
(Kreuzblütler)

INDIGO FÄRBT TEXTILIEN BLAU Aus den Blättern haben bereits im Altertum die Römer und Griechen den blauen Farbstoff Indigo gewonnen. Im Mittelalter war Färber-Waid die wichtigste Färbepflanze. Frische Blätter färben jedoch nicht. Erst nach Gärung und Zugabe von zersetztem Urin konnte man ein Färbebad ansetzen, in das man die Textilien tauchte. Direkt nach dem Bad war das Gewebe grüngelb, an der Luft wurde es allmählich blau. Daher kommt der Begriff »blaumachen«.

MERKMALE 40–120 cm, Blütezeit Mai–Juli, zwei- bis mehrjährig. Stängel an der Basis weich behaart. Untere Blätter gestielt, obere sitzend, lanzettlich, mit pfeilförmigem Grund stängelumfassend, bläulich grün. Blüten in lockeren Rispen, gelb. Schötchen zur Fruchtreife schwarzbraun, hängend, bis zu 25 mm lang, mit Flügelrand.

VORKOMMEN Bestände an Wegen, in Steinbrüchen, auf Bahngelände und Ödflächen. Fast ganz Europa.

3 | Schwarzer Senf
Brassica nigra
(Kreuzblütler)

SCHMACKHAFT UND GESUND Die eher dunkelbraunen als schwarzen Samen sind der Grundstoff für Speisesenf. Senf wirkt antibakteriell, fördert die Durchblutung und regt Appetit und Verdauung an. In der Volksheilkunde benutzt man Senfumschläge gegen Rheuma und Nervenschmerzen. Betroffene Stellen darf man nicht zu lange behandeln, sonst entzündet sich die Haut.

MERKMALE 50–100 cm, Blütezeit Juni–Sept., einjährig. Pflanze unten abstehend behaart, oben kahl, blaugrün bereift. Alle Blätter gestielt, untere tief eingeschnitten mit großem Endabschnitt. Blüten in lang gestreckten Trauben, lebhaft gelb. Schote 1–2 cm lang, 4-kantig, liegt dem Stängel an, Samen kugelig, dunkelbraun. **ESSBAR.**

VORKOMMEN Äcker, Ödland, Schuttplätze, Wegränder. Vorwiegend auf nassen Böden. Heimat Süd- und Westeuropa, weltweit verwildert.

4 | Acker-Senf
Sinapis arvensis
(Kreuzblütler)

MIT SENFÖL GEGEN FRASSFEINDE Die stechend riechenden, scharf schmeckenden Senföle sind typisch für alle Kreuzblütler. Sie schützen verwundete Pflanzen vor Pilzbefall und Pflanzenfressern. Die Raupen von Kohlweißlingen bevorzugen jedoch gerade Pflanzen mit diesen Stoffen. Die Senföle sind auch in den erwachsenen Faltern noch nachweisbar und schützen nun diese vor Fraßfeinden.

MERKMALE 30–60 cm, Blütezeit Juni–Okt., einjährig. Stängel abstehend behaart. Blätter wechselständig, gestielt, oval, buchtig gezähnt. Blüten in endständigen Trauben, bis zu 1,5 cm breit, leuchtend schwefelgelb, gelblich grüne Kelchblätter waagerecht abstehend. Schoten deutlich geschnäbelt, Samen schwarzbraun. **ESSBAR.**

VORKOMMEN Auf Äckern, Brachflächen, Schuttplätzen, Ödflächen, an Wegen, Straßenböschungen. Fast ganz Europa.

1

2

3

4

1 | Wasser-Sumpfkresse
Rorippa amphibia
(Kreuzblütler)

WÄCHST MEIST AM WASSER Als Anpassung an aquatische Lebensräume ist der Stängel hohl und besonders an Wasserstandorten aufgedunsen. Beides ermöglicht auch untergetauchten Pflanzenteilen den Gasaustausch.
MERKMALE 40–120 cm, Blütezeit Mai–Aug., mehrjährig. Stängel gefurcht. Untere Blätter fiederspaltig, obere ungeteilt, sitzend. Blüten in meist verzweigten Trauben, gelb. Schötchen eiförmig, 2–6 mm lang.
VORKOMMEN Ufer, Sümpfe, Verlandungsgesellschaften. Zerstreut in Mitteleuropa.

2 | Wilde Sumpfkresse
Rorippa sylvestris
(Kreuzblütler)

BODENFESTIGER Die Art zeigt Nährstoffreichtum sowie Bodenverdichtung an. Sie bildet Ausläufer und wächst rasenartig. Mit ihren tiefen Wurzeln trägt sie zur Bodenbefestigung an Ufern bei. Die jungen Blätter sind als Gemüse geeignet.

Kronblätter länger als Kelch

MERKMALE 20–60 cm, Blütezeit Juni–Sept., mehrjährig. Stängel kantig. Blätter gefiedert bis fiederspaltig, Endabschnitt nicht viel größer als Seitenabschnitte, untere Blätter oft mit gekerbten oder gezähnten Fiederblättchen. Blüten in Trauben, goldgelb, Kronblätter länger als der Kelch. Schoten dünn, stabförmig, oft etwas aufwärts gekrümmt. **ESSBAR.**
VORKOMMEN Nährstoffreiche, feuchte, teils überflutete Standorte, Äcker, Gräben, Ufer. In Mitteleuropa weit verbreitet.

3 | Gewöhnliche Sumpfkresse
Rorippa palustris
(Kreuzblütler)

WÜRZT DEN SALAT Diese Art ist bei uns die häufigste der 3 Sumpfkressen. Sie ist der Wilden Sumpfkresse (2) sehr ähnlich. Aufgrund des Gehalts an würzigen Senfölen lassen sich ihre Blätter ebenfalls für Mischsalate verwenden. Die Art wird v. a. durch Wasservögel verbreitet, an denen die Samen anhaften. Sumpfkresse-Arten neigen zum Bastardisieren, was die Bestimmung einzelner Pflanzen erschweren kann.

Kronblätter höchstens so lang wie der Kelch

MERKMALE 10–80 cm, Blütezeit Juni–Sept., ein- bis zweijährig. Stängel sparrig verzweigt. Blätter fiederspaltig mit jederseits 3–7 Abschnitten, Endabschnitt eiförmig, größer. Blüten in endständigen Trauben, oft mit Seitentrauben, Blüten 2–4 mm, Kronblätter höchstens so lang wie Kelch. Schoten wurstförmig, kurz und dick, fast waagerecht abstehend. **ESSBAR**.
VORKOMMEN Ufer, Gräben, Wege, Äcker, Ödflächen. Auf nährstoffreichen, nassen, im Sommer abtrocknenden Böden. In Mitteleuropa häufig.

4 | Gewöhnliche Besenrauke
Descurainia sophia
(Kreuzblütler)

SOLLTE KNOCHENBRÜCHE BESSER HEILEN LASSEN Die auch als Sophienrauke bekannte Art wurde früher als Heilpflanze verwendet. Die vermeintliche Heilwirkung leitete man von der Eigenschaft der glatten Samen ab, bei Feuchtigkeit zu verschleimen. In alten Kräuterbüchern heißt die Pflanze auch *Sophia chirurgorum*, also »Weisheit der Wundärzte«.
MERKMALE 20–70 cm, Blütezeit Mai–Sept., einjährig. Pflanze graugrün. Blätter 2–3-fach fiederspaltig, Abschnitte schmal, linealisch. Blüten in blattlosen Trauben, oberste Blüten halbkugelig gedrängt, 3–4 mm groß, Kronblätter hellgelb bis grünlich, schmal, aufrecht. Frucht lang gestielt, 15–25 mm lang.
VORKOMMEN An Wegen, Schuttplätzen, Bahnanlagen, Mauern. Auf Sand. Zerstreut in wärmeren Gegenden, sonst selten.

1

2

3

4

1 | Wege-Rauke
Sisymbrium officinale
(Kreuzblütler)

FÜR TIERE GEFÄHRLICH Das Kraut enthält in allen Teilen herzwirksame Glykoside, die in Überdosierung gefährlich werden können. In der Volksheilkunde wird die Wege-Rauke gegen Heiserkeit, Bronchitis und Entzündungen der Gallenblase empfohlen. Das homöopathische Präparat gilt als wirksam gegen Heiserkeit.
MERKMALE 30–60 cm, Blütezeit Mai–Okt., einjährig. Stängel sparrig verzweigt. Blätter tief fiederspaltig. Blüten in endständigen Trauben, blassgelb, 2–4 mm breit. Schoten bis zu 2 cm lang, schmal zylindrisch, dem Stängel anliegend. Giftig!
VORKOMMEN Nährstoffreiche Standorte, Wegränder, Ruderalstellen. Pionierpflanze. In Europa weit verbreitet.

2 | Schmalblättriger Doppelsame
Diplotaxis tenuifolia
(Kreuzblütler)

AUCH ALS WILDE RAUKE BEKANNT Durch den Gehalt an Senfölen riechen die Blätter der Pflanze würzig. Man kann sie wie die der Salat-Rauke *(Rucola sativa)* als aromatisch-scharfe, leicht bittere Salat- und Würzpflanze verwenden.

Samen in 2 Reihen

MERKMALE 30–80 cm, Blütezeit Mai–Okt., mehrjährig. Stängel an der Basis verholzt. Blätter gestielt, tief fiederspaltig, obere oft ungeteilt, blaugrün, kahl. Blüten in Trauben, schwefelgelb, 2 cm. Schoten abstehend, 2–6 cm lang, etwas abgeflacht. **ESSBAR.**
VORKOMMEN Wege, Ödflächen, Äcker, verträgt Salz. Häufig in warmen Tieflagen, selten im Norden und Nordosten Mitteleuropas.

3 | Gelber Lerchensporn
Pseudofumaria lutea
(Erdrauchgewächse)

AMEISEN TRAGEN DIE SAMEN IN MAUERRITZEN Besucht ein Insekt die Blüten, drückt es die beiden inneren Kronblätter an deren flügelartigen Rippen nach unten. Daraufhin schnellen die Staubbeutel und die Narbe nach oben. Das Insekt berührt diese mit dem Rücken, wenn es Nektar saugt. Die Blüte schließt sich nicht wieder, offene Blüten zeigen damit an, dass sie besucht wurden.
MERKMALE 15–30 cm, Blütezeit Mai–Okt., mehrjährig. Meist mit vielen Stängeln, stark beblättert. Blatt locker gefiedert, kahl. Blüten hängend in dichten, einseitswendigen Trauben, 1,2–2 cm lang, Krone vorn lippenartig, kurzer Sporn. **GIFTIG!**
VORKOMMEN Kalkfelsen, Mauerspalten mit Sickerwasser oder leichter Beschattung. In den Südalpen ursprünglich, sonst aus Gärten verwildert.

4 | Schöllkraut
Chelidonium majus
(Mohngewächse)

BEWÄHRTES WARZENMITTEL Da das Kraut verschiedene Alkaloide enthält, wird es zu den schwach giftigen Pflanzen gezählt. Eine seit der Antike überlieferte Nutzung basiert auf einem Bericht von Plinius: Er wollte gesehen haben, dass Schwalben (griech. *chelidon*) mit dem Milchsaft dieser Pflanze ihre blinden Jungen sehend machten. In der Volksheilkunde benutzt man den frischen Milchsaft, um Warzen zu entfernen. Die Schulmedizin verordnet Medikamente auf Schöllkraut-Basis bei Leber- und Gallenleiden.
MERKMALE 30–70 cm, Blütezeit April–Okt., mehrjährig. Stängel behaart, verzweigt. Blätter wechselständig, ungleich fiederspaltig bis gefiedert, unterseits bläulich. Blüten zu 2–6 in lockeren Dolden, gelborange, bis zu 2 cm breit. Kapsel schmal, bis zu 5 cm lang, Samen schwarz mit weißem Anhängsel. **GIFTIG!**
VORKOMMEN Bestände an Wegen, Waldrändern, Hecken, Mauern, in verwilderten Gärten, gerne im Halbschatten oder Schatten. Fast ganz Europa.

1

2

3

4

1 | Großblütiges Springkraut
Impatiens noli-tangere
(Balsaminengewächse)

RÜHRMICHNICHTAN – EXPLODIERT BEI BERÜHRUNG Springkräuter haben spezielle Fruchtkapseln, in denen sich während der Reife eine Spannung aufbaut. Ist diese hoch genug, platzen die Kapseln bei der leichtesten Berührung auf und schleudern die Samen bis über 3 m weit weg.
MERKMALE 30–100 cm, Blütezeit Juli–Aug., einjährig. Stängel aufrecht, glasig. Blätter wechselständig, breit lanzettlich, gezähnt, bis zu 10 cm lang. Blüten hängen an langen Stielen in den Blattachseln, Krone 2–3 cm lang, gelb, innen weinrot gepunktet, langer Sporn, an der Spitze gekrümmt. Frucht 2–3 cm lang, geöffnete Frucht mit aufgerollten Klappen.
VORKOMMEN Auenwälder, Schluchtwälder, Waldquellen, Waldbäche, feuchte Waldränder. Fast ganz Europa.

2 | Kleinblütiges Springkraut
Impatiens parviflora
(Balsaminengewächse)

STAMMT AUS NORDOSTASIEN 1837 säten Gärtner das Kleinblütige Springkraut in Dresden aus, Ende des 19. Jahrhunderts hatte es sich bereits über ganz Deutschland ausgebreitet. Die nassen Samen sind klebrig und haften an Reifenprofilen und Schuhen an, sodass sie leicht verbreitet werden.
MERKMALE 30–60 cm, Blütezeit Juni–Sept., einjährig. Stängel aufrecht, nur im oberen Teil wenig verzweigt, blassgrün, kahl. Blätter wechselständig, breit lanzettlich, geflügelter Blattstiel. Blüten zu mehreren in aufrechten Trauben in den Achseln der oberen Blätter, Krone 1 cm lang, blassgelb, im Schlund mit rotem Muster, gerader Sporn.
VORKOMMEN Stammt aus Ostasien und Sibirien. In Europa eingebürgert. Wälder mit krautigem Unterwuchs, Waldränder, Parks, Gärten. Invasiv.

3 | Gewöhnliche Nachtkerze
Oenothera biennis
(Nachtkerzengewächse)

BLÜTENÖFFNUNG MIT BLOSSEM AUGE SICHTBAR Die Blüten öffnen sich in der Abenddämmerung und duften dabei stark. Die letzte Phase der Blütenentfaltung, während der der Kelch zurückklappt und sich die anfangs zerknitterten Kronblätter ausbreiten, dauert nur etwa 3 Minuten.
MERKMALE 50–200 cm, Blütezeit Juni–Aug., zweijährig. Rosettenpflanze (**3A**), dicht drüsenhaarig, bildet im 1. Jahr eine Rosette, Blütenstandsentwicklung im 2. Jahr. Blätter lanzettlich, bis zu 15 cm lang. Blütenstand gestreckt, 4 hellgelbe, bis zu 30 mm lange Kronblätter (**3B**). Kapselfrüchte 1,5–3 cm lang, grün.
VORKOMMEN Auf Ödflächen, Schuttplätzen, Eisenbahnanlagen, Böschungen. Auf eher trockenen Böden. Heimat Nordamerika. Fast ganz Europa.

4 | Gewöhnliche Osterluzei
Aristolochia clematitis
(Osterluzeigewächse)

FALLENMECHANISMUS SICHERT BESTÄUBUNG Die Gewöhnliche Osterluzei benötigt ähnlich warme Standorte wie die Weinrebe (S. 830) und kommt daher besonders dort vor, wo alte Weinberge aufgegeben wurden. Die Blüte bildet eine Falle: Ihre Röhre trägt innen abwärts gerichtete Haare. Kleine Fliegen können hineinkriechen, nicht jedoch heraus. Erst wenn die Haare nach der Bestäubung welken und sich die Blüte nach unten neigt, ist der Ausgang wieder frei.
MERKMALE 30–70 cm, Blütezeit Mai–Juni, mehrjährig. Pflanze unverzweigt. Blätter wechselständig, lang gestielt, herzförmig. Blüten zu mehreren in den Blattachseln, tütenförmig, unten bauchig, 3–5 cm lang, hellgelb. Frucht kugelig bis birnenförmig, hängend.
VORKOMMEN Weinberge, Ränder von Kulturflächen und Gebüschen, feuchte Wälder. Auf nährstoffreichen Böden. Mittel- und Südeuropa.

1

2

3A

3B

4

1 | Hohe Schlüsselblume
Primula elatior
(Primelgewächse)

2 verschiedene Blütentypen

FREMDBESTÄUBUNG WIRD GEFÖRDERT Bei den Schlüsselblumen gibt es Exemplare, deren Blüten lange Griffel und tief in der Blütenröhre sitzende Staubblätter haben. Andere haben kurze Griffel und hoch sitzende Staubblätter. Beide Formen sind etwa gleich häufig und treten meist gemeinsam am gleichen Standort auf. Am meisten Samen entstehen dann, wenn der Blütenstaub auf die jeweils andere Blütenform gelangt. Somit wird der Austauch genetischen Materials zwischen verschiedenen Pflanzen gefördert.
MERKMALE 10–30 cm, Blütezeit März–Mai, mehrjährig. Blätter in grundständiger Blattrosette, bis zu 25 cm lang, runzlig. Blüten zu 5–20 in deutlich einseitswendiger Dolde, auf bis zu 20 cm hohem Schaft, Krone hellgelb, ohne Schlundflecken, Kelch liegt der Kronröhre an.
VORKOMMEN Wälder mit krautigem Unterwuchs, Schluchtwälder, Bergwiesen. Auf feuchten Böden. Mittel- und Südeuropa. **GESCHÜTZT.**

2 | Wiesen-Schlüsselblume
Primula veris
(Primelgewächse)

HIMMELSSCHLÜSSEL LINDERN HUSTEN Der Name »Schlüsselblume« weist auf die Ähnlichkeit der Blütendolde mit einem Schlüsselbund hin. Nach der Legende ließ der heilige Petrus, der Hüter der himmlischen Pforte, seine Schlüssel auf die Erde fallen. An dieser Stelle wuchsen dann die »Himmelsschlüssel«. Die Blüten wirken bei Husten schleimlösend und werden noch heute in der Pflanzenheilkunde verwendet.
MERKMALE 10–30 cm, Blütezeit April–Juni, mehrjährig. Blätter in grundständiger Rosette, oberseits dunkelgrün, runzlig, unterseits heller. Blüten intensiv duftend, zahlreich in endständiger Dolde auf 10–20 cm langem Schaft, Krone dottergelb, mit orangefarbenem Schlund, Kelch kantig, liegt der Kronröhre nicht an.
VORKOMMEN Magere Rasen über Kalkgestein, niedrige Wiesen, Waldränder, Raine, lichte Wälder. Helle Standorte. Mittel- und Südeuropa. **GESCHÜTZT.**

3 | Stängellose Schlüsselblume
Primula vulgaris
(Primelgewächse)

EINE DER BELIEBTESTEN FRÜHJAHRSPFLANZEN Die Art ist eine der Stammarten der gezüchteten Garten-Primel. Lat. *primula* bedeutet »die Erste« – denn die meisten Arten sind Frühjahrsblüher.
MERKMALE Bis zu 15 cm, Blütezeit März–April, mehrjährig. Blätter in grundständiger Rosette, verkehrt eiförmig, oberseits kahl, unterseits behaart, ohne deutlichen Blattstiel. Blüten lang gestielt, Krone hellgelb, flach ausgebreitet.
VORKOMMEN Kalkarme, wintermilde Standorte. Wiesen, lichte Wälder, Gebüsche, Gärten. West- und Südeuropa. **GESCHÜTZT.**

4 | Gewöhnliches Kreuz-Labkraut
Cruciata laevipes
(Rötegewächse)

BLÜTEN DUFTEN NACH HONIG Der Name bezieht sich auf die kreuzartige Blattanordnung, an der die Pflanze auch dann leicht zu erkennen ist, wenn sie nicht blüht. Gelegentlich wird die Art als dekorative Gartenstaude angeboten. Früher galt sie als Heilpflanze gegen Rheuma, diese Verwendung ist heute jedoch auch in der Volksheilkunde nicht mehr üblich.
MERKMALE 15–50 cm, Blütezeit April–Juni, mehrjährig. Stängel aufrecht, 4-kantig, dicht behaart. Blätter elliptisch, zu viert im Wirtel, 3-nervig, hellgrün, 3–8 mm breit, 1–2 cm lang. Blüten in Scheinquirlen in den Blattachseln, nach Honig duftend, Krone zitronengelb.
VORKOMMEN An Hecken, Waldrändern, Zäunen, Gräben, in Auenwäldern. Sonne oder Halbschatten. Fast ganz Europa.

1

2

3

4

1 | Echtes Labkraut
Galium verum
(Rötegewächse)

FÜR DIE KÄSEHERSTELLUNG GEEIGNET Das auch »Unser lieben Frau Bettstroh« genannte Kraut lag der christlichen Legende nach in der Jesuskrippe. Schon die alten Germanen legten wohl Bündel davon ins Wöchnerinnenbett. Auch als »Stroh« in den Schuhen sollte es die Geburt erleichtern und Verzauberung abhalten. Ein Eiweiß aus dem blühenden Kraut bringt Milch zum Gerinnen. Daher wurde Labkraut für die Käseherstellung genutzt – als Nebeneffekt wurde der Käse kräftig gelb gefärbt.
MERKMALE 30–60 cm, Blütezeit Juni–Sept., mehrjährig. Stängel aufrecht, fest, stumpfkantig. Blätter zu 8–12 im Wirtel, lineal, nadelartig, höchstens 2 mm breit, Rand eingerollt. Blüten in endständigen Rispen, duftend, Krone zitronengelb.
VORKOMMEN Magere Wiesen und Weiden, Böschungen, Wegraine, Gebüschränder, Moorwiesen. Ganz Europa von der Ebene bis ins Gebirge.

2 | Zweiblütiges Veilchen
Viola biflora
(Veilchengewächse)

FLIEGEN SIND DIE BESTÄUBER Beim Zweiblütigen Veilchen ist der Sporn der Blüte so kurz, dass sogar Fliegen und Schwebfliegen mit ihren kurzen Rüsseln den Nektar erreichen können. Die Samen werden von Ameisen verschleppt oder von Rehen und anderen Tieren gefressen und unbeschädigt wieder ausgeschieden.
MERKMALE 8–15 cm, Blütezeit Mai–Aug., mehrjährig. Blätter nierenförmig, gesägt. Blüten einzeln oder oft zu zweien, goldgelb, bis zu 1,5 cm groß, seitliche Kronblätter nach oben weisend, unteres Kronblatt mit dunklen Längsstreifen und Saftmalen, kurzer Sporn.
VORKOMMEN Bergwälder, Auen, schattige Felshänge, Steinschutt. In den Gebirgen Mittel- und Südeuropas von den Tälern bis auf über 3000 m Höhe.

3 | Acker-Stiefmütterchen
Viola arvensis
(Veilchengewächse)

HEILPFLANZE GEGEN HAUTKRANKHEITEN Das getrocknete, blühende Kraut wird in der Volksheilkunde als blutreinigend angesehen. Sie empfiehlt den Tee bei Katarrhen der Atemwege, Fieber und Rheuma. Die Pflanzenmedizin schätzt das Kraut eher innerlich und äußerlich bei Hauterkrankungen, Akne, Schorf- und Schuppenbildung. In der Homöopathie werden Ekzeme mit der Pflanze behandelt.
MERKMALE 5–20 cm, Blütezeit April–Okt., einjährig. Stängel verzweigt, kahl oder schwach behaart. Blätter oval bis spatelig, Nebenblätter fiederig geteilt, Endfieder schmal. Blüten einzeln, lang gestielt, 1–2 cm groß, hellgelb, obere Kronblätter oft weiß, seltener violett.
VORKOMMEN Nährstoffreiche, meist kalkreiche Böden, Äcker, Wegränder, Brachen, Unkraut im Wintergetreide. In Europa häufig.

4 | Wildes Stiefmütterchen
Viola tricolor
(Veilchengewächse)

STAMMFORM DER GARTEN-STIEFMÜTTERCHEN Für den deutschen Namen »Stiefmütterchen« gibt es ein Märchen, nach dem das große Kronblatt die Stiefmutter ist, die auf 2 Stühlen (2 der Kelchblätter) sitzt. Ihre eigenen Töchter sitzen ihr zur Seite auf je einem Stuhl, die beiden Stieftöchter teilen sich den kleinsten Stuhl. Sie trauern deshalb in Violett.
MERKMALE 10–40 cm, Blütezeit April–Sept., ein- bis mehrjährig. Blätter rundlich bis lanzettlich, Nebenblätter fiederförmig geteilt. Blüten bis zu 3 cm breit, 3-farbig, weiß oder gelb, die oberen Kronblätter meist blau, Sporn am unteren Kronblatt, Kelchblätter deutlich kürzer als die Krone. Frucht öffnet sich mit 3 Klappen, zahlreiche kugelige Samen.
VORKOMMEN Böschungen, Wald-, Wiesen- und Wegränder, grasige Hänge, Brachflächen, Ödflächen. Fast ganz Europa.

1

2

3

4

1 | Steifer Sauerklee
Oxalis stricta, Oxalis fontana
(Sauerkleegewächse)

HÄLT SICH HARTNÄCKIG IM GARTEN Der Steife Sauerklee kam Anfang des 19. Jahrhunderts aus Nordamerika nach Mitteleuropa, wo er sich seitdem v. a. als Gartenunkraut ausgebreitet hat. Er ist nur schwer zu entfernen, denn neue Pflanzen entwickeln sich nicht nur aus den Samen. Auch Wurzelreste ausgerissener Pflanzen wachsen wieder zu neuen Pflanzen heran. Die Blüten öffnen sich nur bei Sonne für einen Tag.
MERKMALE 10–40 cm, Blütezeit Juni–Okt., ein- bis mehrjährig. Stängel aufrecht. Pflanze meist mit unterirdischen Ausläufern. Blätter wechselständig oder scheinbar gegenständig, 3-zählig gefingert (»Kleeblatt«). Blüten in lockeren Dolden, 1,2–1,5 cm groß.
VORKOMMEN Äcker, Gärten, Friedhöfe, Wegränder, warme, nährstoffreiche Böden. Häufig.

2 | Wundklee
Anthyllis vulneraria
(Schmetterlingsblütler)

KNOSPEN ERINNERN AN BLUTENDE WUNDEN Wundklee galt früher als gutes Heilmittel bei Verletzungen. Die Pflanze enthält zwar Gerbstoffe, die zusammenziehend und etwas blutstillend wirken, heute spielt sie jedoch in der Heilkunde kaum mehr eine Rolle. Möglicherweise leitete man früher die Heilkraft auch davon ab, dass die Knospen oft rot überlaufen sind und sich diese »Blutfarbe« beim Aufblühen verliert.
MERKMALE 15–30 cm, Blütezeit Mai–Aug., mehrjährig. Formenreich. Pflanze seidig behaart. Blätter mit 1–6 Paaren linealisch länglicher Fiederblättchen, Endfieder am größten. Blütenknospen oft rötlich überlaufen, Blüten in kugeligen Köpfen, Krone gelb bis orangerot gefärbt, Kelch zottig behaart, nach der Blüte aufgeblasen.
VORKOMMEN Sonnige Trockenrasen, magere Weiden, Straßenböschungen, Bahndämme, Steinbrüche, Felsköpfe. Fast ganz Europa.

3 | Kleiner Klee
Trifolium dubium
(Schmetterlingsblütler)

AUCH FÜR BIENEN EINFARBIG Die Blüten einiger Klee-Arten absorbieren UV-Licht in manchen Teilen, in anderen reflektieren sie es. Dadurch wirken sie für Bienen zweifarbig. Die Blüten des Kleinen Klees absorbieren UV-Licht allerdings einheitlich, sodass sie auch für Insekten einfarbig sind.
MERKMALE 10–30 cm, Blütezeit Mai–Sept., einjährig. Stängel meist liegend. Blätter 3-zählig, Fiedern bläulich grün, verkehrt ei- bis herzförmig, vorn gezähnt, aber ohne aufgesetzte Spitze, mittlere Fieder deutlich länger gestielt. Köpfchen 5–8 mm groß, mit 3–15 Blüten, verwelkte Blütenkrone braun, fällt nicht ab.
VORKOMMEN Wiesen, Äcker, Wegränder, Böschungen, Waldränder. Auf Lehmböden. Häufig.

4 | Süße Bärenschote
Astragalus glycyphyllos
(Schmetterlingsblütler)

SÜSSE WURZELN Die Art ist eine tief wurzelnde Pionierpflanze. Sie enthält in Wurzel und Blättern Zucker und andere süße Substanzen, insbesondere den auch in der Süßholzpflanze vorkommenden Süßstoff Glycyrrhizin. Die auch Süßer Tragant genannte Art wurde früher als Heilpflanze bei Verdauungsbeschwerden verwendet, hat heute aber keinen arzneilichen Wert mehr. Die gekrümmten Fruchtbüschel erinnern an Tierpfoten, daher der Name Bärenschote.
MERKMALE 50–100 cm, Blütezeit Mai–Aug., mehrjährig, kräftig. Stängel hin und her gebogen. Blätter bis 20 cm lang, unpaarig gefiedert, 4–6 Blattpaare, Teilblättchen schwach behaart, Nebenblätter bis zu 2 cm lang. Blüten 10–15 mm lang, grüngelb, in fast kopfig gedrungener Traube. Früchte bis zu 4 cm lang, etwas gebogen.
VORKOMMEN Frische, basenreiche Lehm- und Tonböden, lichte Laubwälder, Böschungen, Steinschutt. Verbreitet, im nordwestlichen Tiefland fehlend, in den Alpen bis zur Waldgrenze.

1

2

3

4

1 | Wiesen-Platterbse
Lathyrus pratensis
(Schmetterlingsblütler)

EXPLOSIONSGEFAHR IM SOMMER Die schwarzen Früchte heizen sich an warmen Sonnentagen stark auf und trocknen aus. Dabei entstehen Spannungen, bis die Frucht an Nahtstellen aufreißt, sich blitzschnell einrollt und die Samen dabei fortschleudert.
MERKMALE 30–100 cm, Blütezeit Juni–Aug., mehrjährig. Kahl oder flaumig behaarte, kantige Stängel. Blätter mit Ranke und einem graugrünen Fiederpaar, Fiedern schmal lanzettlich, parallelnervig, spitz, Nebenblätter mit pfeilförmigem Grund. 5–12 gelbe Blüten in lang gestielter Traube, Blüten bis zu 2 cm lang. Hülse bis zu 3,5 cm, bei Reife schwarz.
VORKOMMEN Nährstoffreiche und nasse Wiesen, Hecken, Wälder, Fluss- und Bachufer. V. a. in Lehmgebieten in ganz Europa.

2 | Gewöhnlicher Hornklee
Lotus corniculatus
(Schmetterlingsblütler)

LIEFERT GUTES VIEHFUTTER Der wissenschaftliche Name der Gattung ist *Lotus*. So hießen im Altertum viele Pflanzen, die essbare Früchte lieferten. Auch die Früchte einer Hornklee-Art aus Südeuropa wurden verzehrt. Der Gewöhnliche Hornklee eignet sich jedoch nur als Viehfutter. Die bei Wandfarben als »Lotuseffekt« bezeichnete Fähigkeit, Schmutz abzustoßen, bezieht sich nicht auf den Hornklee, sondern auf die aus Asien stammenden Lotosblumen *(Nelumbo)*.
MERKMALE 5–40 cm, Blütezeit Juni–Aug., mehrjährig. Stängel liegend oder aufsteigend, kahl. Blätter 3-zählig, große Nebenblätter. Blüten zu 3–8 in halbkugeligen Dolden, Krone goldgelb, Schiffchenspitze nach oben gebogen, rötlich. Hülse schwarzbraun.
VORKOMMEN Wiesen, Weiden, Halbtrockenrasen, Gebüsch- und Wegränder, Böschungen. Von der Ebene bis auf über 3000 m Höhe. Ganz Europa.

3 | Sumpf-Hornklee
Lotus pedunculatus, Lotus uliginosus
(Schmetterlingsblütler)

POLLEN-PUMPE Der Name »Hornklee« bezieht sich auf das hornförmig gebogene Schiffchen. Bienen setzen sich beim Besuch der Blüte auf dieses Schiffchen und drücken durch ihr Gewicht den Pollen bzw. den Griffel aus der Schiffchenspitze. Beides wird dann an den Bauch des Insekts gedrückt. Mit einem spitzen Bleistift kann man die Schiffchenspitze herunterdrücken und diesen Pumpmechanismus beobachten.
MERKMALE 30–80 cm, Blütezeit Juni–Juli, mehrjährig. Wie vorige Art, aber Pflanze insgesamt höher, behaart, Stängel innen hohl. Blütenreichere (8–12) Dolden.
VORKOMMEN Wechselnasse, stickstoffreiche, meist kalkfreie Standorte, Wiesen, Ufer. Europa.

4 | Gewöhnlicher Steinklee
Melilotus officinalis
(Schmetterlingsblütler)

MIT HEUDUFT GEGEN BEULEN Beim Verwelken oder Trocknen der Pflanze entsteht Cumarin und der Steinklee duftet nach Heu und Waldmeister (S. 584). Diese Substanz hilft gegen Venenleiden, Blutergüsse und Prellungen. Wenn Steinklee verschimmelt, entsteht dagegen eine andere Substanz. Diese setzt die Blutgerinnung herab und kann beim Vieh zu tödlichen inneren Blutungen führen. Der Stoff wird auch als Rattengift verwendet. Außerdem war er Vorlage für Arzneimittel zur Verflüssigung des Blutes.
MERKMALE 30–100 cm, Blütezeit Juni–Sept., zweijährig. Aufrecht, wenig verzweigt. Blätter 3-zählig, Fiedern gezähnt, mittlere Fieder länger gestielt als die beiden seitlichen, Nebenblätter glattrandig. Blüten zahlreich in lang gestielten, 4–8 cm langen Trauben, gelb blühend, duften nach Honig. Hülse braun, kahl. **GIFTIG!**
VORKOMMEN Sonnige Bestände an Wegen, Dämmen, in Steinbrüchen, auf Bahngelände, Schuttplätzen, Ödflächen. Ganz Europa.

1

2

3

4

1 | Hopfen-Schneckenklee
Medicago lupulina
(Schmetterlingsblütler)

FRÜCHTE ERINNERN AN KLEINE SCHNECKEN »Hopfen« bezieht sich auf die entfernt hopfenähnlichen Blütenstände, »Schneckenklee« auf die gekrümmten Hülsen. Die Blüten besitzen einen Mechanismus, bei dem die Staubblätter beim ersten Insektenbesuch herausschnellen und sich dem Insekt an den Bauch drücken.
MERKMALE 15–30 cm, Blütezeit Mai–Okt., ein- bis mehrjährig. Stängel liegend oder aufsteigend. Blätter 3-zählig gefiedert, Fiedern breit, stumpf oder leicht ausgerandet und stachelspitzig. Blüten in Köpfchen, 2–3,5 mm lang, Krone gelb. Hülsen schwarz, nieren- bis sichelförmig, bis zu 3 mm groß.
VORKOMMEN Magere Rasen, trockene Wiesen, Äcker, Wege, Straßenränder. Fast ganz Europa.

2 | Sichelklee
Medicago falcata
(Schmetterlingsblütler)

KREUZT SICH MIT LUZERNE Der Name verweist auf die sichelförmigen Früchte. Bastardbildung (*Medicago × varia*) mit der Luzerne (S. 612) führt zu Pflanzen mit Übergängen von gelber bis blauer Blütenfarbe. Die Bastard-Luzerne wird als Bodenverbesserer und Futterpflanze angebaut.
MERKMALE 20–60 cm, Blütezeit Mai–Sept., mehrjährig. Blätter 3-zählig, mit Stachelspitze, das mittlere Blättchen länger gestielt. Blüten gelb. Früchte sichel- bis hufeisenförmig gebogen, 8–15 mm lang.
VORKOMMEN Kalkreiche Standorte, Wegränder, Magerwiesen. Zerstreut, im Nordwesten selten.

3 | Großblütige Königskerze
Verbascum densiflorum
(Braunwurzgewächse)

AUCH PFLANZEN REAGIEREN Rüttelt man an warmen Tagen kräftig an einem reich blühenden Stängel und wartet danach wenige Minuten, lösen sich oft auf einmal eine größere Zahl von Blütenkronen ab. Sie wurden nicht durch die Bewegung abgerissen, sondern werden von der Pflanze aktiv abgestoßen.
MERKMALE 50–250 cm, Blütezeit Juli–Sept., zweijährig. Meist recht stattliche und auffällige Pflanze, im 1. Jahr nur Blattrosette. Stängel kräftig, aufrecht, dicht wollig behaart, gelegentlich verzweigt. Blätter länglich oval, vorne spitz, gekerbt, herablaufend, Stängel sieht dadurch geflügelt aus. Blüten gestielt, zahlreich und dicht in langer, ährenartiger Traube (**3A**), duften leicht unangenehm, Krone 2–4 cm breit, hellgelb, 2 längere und 3 kürzere Staubfäden (**3B**). Kann pro Pflanze viele Tausend Samen bilden. Die **KLEINBLÜTIGE KÖNIGSKERZE** *(Verbascum thapsus)* ist sehr ähnlich, hat aber viel kleinere Blüten.
VORKOMMEN Ödflächen, Schuttplätze, Wegränder, Waldschläge, Ufer. An sonnigen, etwas wärmeren Standorten. Mittel- und Südeuropa.

4 | Schwarze Königskerze
Verbascum nigrum
(Braunwurzgewächse)

HAARE DER STAUBBLÄTTER SIND POLLENATTRAPPE Die violetten Haare auf den Staubblättern bilden einen starken Kontrast zum Gelb der Blütenkrone. Die Blüten wirken deshalb besonders attraktiv auf Insekten. Wie bei den meisten Pflanzen mit langen Blütenständen öffnen sich auch bei der Königskerze zuerst die unteren Blüten. Bienen und Hummeln besuchen solche Blütenstände deshalb regelmäßig von unten nach oben.
MERKMALE 50–120 cm, Blütezeit Juni–Sept., zweijährig. Stängel aufrecht, meist unverzweigt. Blätter gestielt, nicht am Stängel herablaufend, Spreite an der Basis herzförmig, grob gekerbt, unterseits filzig behaart. Blüten kurz gestielt, in ährenartiger Traube, Krone bis zu 2,5 cm breit, hellgelb, an der Basis dunkler, Staubbeutel orange, Staubfäden dicht violett behaart.
VORKOMMEN Bestände auf Waldschlägen, Schuttplätzen, an Wegrändern, Böschungen. Fast ganz Europa.

1

2

3B

3A

4

1 | Gewöhnliches Leinkraut
Linaria vulgaris
(Wegerichgewächse)

WILDES LÖWENMÄULCHEN Die orangegelbe »Maske«, die die Blütenöffnung verschließt, sieht auf den ersten Blick wie ein großes einzelnes Staubblatt aus. Sie täuscht Insekten damit leicht zugängliche Nahrung vor. Um tatsächlich Nektar zu bekommen, müssen die Besucher jedoch bis in den Sporn vordringen. Kräftige Hummeln und langrüsselige Bienen schaffen dies, indem sie die Lippen der Blüten an einem Gelenk auseinanderdrücken.
MERKMALE 20–75 cm, Blütezeit Juni–Okt., mehrjährig. Stängel steif, aufrecht, verzweigt, kahl, dicht beblättert. Blätter meist wechselständig, linealisch, vorn spitz, oberseits graugrün. Blüten zahlreich in dichter, endständiger Traube, Krone 2–3,5 cm lang, hellgelb, mit langem, geradem Sporn und orangegelbem Fleck.
VORKOMMEN Offene, lockere Bestände, Flussschotter, Eisenbahndämme, Äcker, Ödflächen, Straßenränder. Ganz Europa.

2 | Wiesen-Wachtelweizen
Melampyrum pratense
(Sommerwurzgewächse)

HALBSCHMAROTZER AUF GEHÖLZEN Die Pflanze lockt mithilfe von Nektar absondernden Strukturen an den Hochblättern Ameisen an. Die Samen ähneln Ameisenpuppen und werden deshalb von Ameisen in ihre Nester verschleppt, wo sie dann keimen.
MERKMALE Bis zu 40 cm, Blütezeit Juni–Aug., einjährig. Stängel aufrecht, etwas kantig, auf 2 gegenüberliegenden Seiten locker behaart. Blätter gegenständig, sitzend, dunkelgrün, schmal lanzettlich, bis 10 cm lang, leicht glänzend. Blüten einseitswendig in dichter Traube, Krone 2-lippig, 1–2 cm lang, weißlich oder hellgelb, Oberlippe seitlich zusammengedrückt. **GIFTIG!**
VORKOMMEN Bodensaure Wälder, Hochmoore, Heiden. Europa.

3 | Kleiner Klappertopf
Rhinanthus minor
(Sommerwurzgewächse)

DIE SAMEN KLAPPERN IN DER REIFEN FRUCHT Wie alle Arten der Gattung gehört auch diese zu den Halbschmarotzern. Auf den für Menschen nur leicht giftigen Inhaltsstoff Aucubin reagieren v. a. Pferde recht empfindlich.
MERKMALE Bis zu 40 cm, Blütezeit Mai–Sept., einjährig. Sehr formenreich. Stängel einfach oder verzweigt, kahl oder mit vereinzelten Haaren. Blätter gegenständig, dunkelgrün, stumpf gezähnt, kahl oder sehr kurzhaarig. Blüten zu mehreren in ährig dichten Trauben am Stängelende, Krone 2-lippig, bis zu 1,6 cm lang, hell dottergelb, beim Verblühen außen auf der Oberlippe rötlich braun, Zahn an der Oberlippe weißlich blau.
VORKOMMEN Wiesen, Niedermoore, mitunter in großen Beständen, meidet Kalk. Ganz Europa.

4 | Bunter Hohlzahn
Galeopsis speciosa
(Lippenblütler)

GEZÄHNTE BLÜTEN SICHERN DIE BESTÄUBUNG Die hohlen Zähne auf der Unterlippe der Blüte dienen als Führungsschiene für Insekten, v. a. langrüsselige Hummeln: Diese müssen ihren Kopf zwischen den Zähnen hindurch in den Schlund stecken, um an den Nektar zu gelangen. Auf diese Weise berühren sie sowohl die Narbe wie auch die Staubblätter und bestäuben so die Blüte.
MERKMALE 50–100 cm, Blütezeit Juni–Okt., einjährig. Stängel aufrecht, nur an den Knoten behaart. Blätter gegenständig, gestielt, länglich eiförmig, gesägt. Blüten dicht und quirlartig gehäuft in den Achseln der oberen Blätter, Krone bis zu 3,5 cm lang, gelb, Unterlippe mit 2 kegelförmigen, hohlen Zähnen, Mittellappen der 3-zipfligen Unterlippe violett gezeichnet oder einheitlich violett. Einzige unter den vielen heimischen Arten der Gattung mit andersfarbiger Unterlippe.
VORKOMMEN Auf Waldlichtungen, Äckern, an Wegen, Ufern. Fast ganz Europa.

1

2

3

4

1 | Salbei-Gamander
Teucrium scorodonia
(Lippenblütler)

TROJANISCHE HEILPFLANZE Der Gattungsname *Teucrium* verweist auf den trojanischen König Teukros, der den Salbei-Gamander bei Krankheiten der Milz eingesetzt haben soll. In der Volksheilkunde wurde das Kraut v. a. bei Bronchialkatarrh, aber auch als Wundmittel, bei Magen- und Darmkrankheiten und sogar gegen Tuberkulose empfohlen. Da die Pflanze die Leber schädigen kann, wird sie nicht mehr verwendet.
MERKMALE 30–50 cm, Blütezeit Juli–Sept., mehrjährig. Stängel 4-kantig, aufrecht, meist verzweigt, mit Ausläufern. Blätter gegenständig, gestielt, herzförmig, leicht runzlig, behaart, gekerbt, riechen beim Abstreifen unangenehm. Blüten in einseitswendiger Scheinähre, Krone blass grünlich gelb, um 1 cm lang, ohne deutliche Oberlippe.
VORKOMMEN Eichen- und Kiefernwälder, Heiden, Waldränder. Auf sauren Böden. Europa.

2 | Wechselblättriges Milzkraut
Chrysosplenium alternifolium
(Steinbrechgewächse)

KEINE HILFE FÜR DIE MILZ Die Fruchtkapseln öffnen sich zu flachen Schalen, aus denen die Samen von hineinfallenden Regentropfen hinausgeschleudert werden. Aus der milzähnlichen Form der Blätter schloss man im Mittelalter, dass die Pflanze gegen Milzkrankheiten hilft.
MERKMALE 15–20 cm, Blütezeit März–Mai, mehrjährig. Stängel aufrecht, 3-kantig. Grundblätter lang gestielt, Stängelblätter wechselständig, borstig behaart, nierenförmig. Blüten zu wenigen in kurzen Dolden, gelblich grün, bis zu 4 mm breit, Kronblätter fehlen. Offene Kapselfrucht schalenförmig. Das zartere **GEGENBLÄTTRIGE MILZKRAUT** *(Chrysosplenium oppositifolium)* ist gegenständig beblättert. Es besiedelt ähnliche Standorte, jedoch meist in kühleren Gegenden.
VORKOMMEN Bachufer, Auen- und Schluchtwälder. Auf nassen, kalkreichen Böden. Besonders Nord- und Mitteleuropa bis auf 2500 m Höhe.

3 | Fetthennen-Steinbrech
Saxifraga aizoides
(Steinbrechgewächse)

NAHRUNGSQUELLE FÜR INSEKTEN IM GEBIRGE Die dunklen Punkte auf den Kronblättern stellen sogenannte Honigmale dar, die mehr als 85 Fliegenarten anlocken. Die Blüten sind auffallend nektarreich, und die Art wird auch von Hummeln, Wespen, Bienen, Schmetterlingen und Käfern besucht.
MERKMALE 5–20 cm, Blütezeit Juni–Okt., mehrjährig. Wächst rasenartig. Ohne Blattrosette, Blätter linealisch, fleischig. Blüten in lockerer Traube oder Rispe, zu 10–20, leuchtend gelb, orange bis ziegelrot, oft gepunktet.
VORKOMMEN Überrieselte Felsen und Schutt, Kiesbänke, feuchte Hänge. In Höhen von 600 bis über 3000 m. Nordeuropa, Alpen, Pyrenäen.

4 | Scharfer Mauerpfeffer
Sedum acre
(Dickblattgewächse)

DER NAME IST PROGRAMM Die frische Pflanze schmeckt brennend scharf und pfefferartig. Beim Trocknen verliert sich dieser Geschmack. Als Gewürz ist sie nicht geeignet, da die Inhaltsstoffe die Schleimhäute reizen und Erbrechen und Durchfall auslösen können. In der Volksheilkunde behandelte man früher Warzen und Wunden mit dem Pflanzensaft.
MERKMALE 3–15 cm, Blütezeit Juni–Aug., mehrjährig. Bildet lockere Rasen. Blätter fleischig, halb eiförmig, oberseits abgeflacht, unterseits gewölbt, Blätter an nicht blühenden Trieben in dichten Längsreihen. Blütenstand traubig doldig, Blüten gelb, 1–1,6 cm. **GIFTIG!**
VORKOMMEN Pionierpflanze auf warmen, trockenen, sonnigen Felsen, Mauern, Kiesdächern, in Pflasterfugen, Kiesgruben. Ganz Europa.

1

2

3

4

1 | Gewöhnliche Felsen-Fetthenne

Sedum rupestre
(Dickblattgewächse)

ERFRISCHENDES GEWÜRZ Früher wuchs die Felsen-Fetthenne praktisch in jedem Hausgarten, und viele der heutigen Vorkommen sind aus Gärten verwildert. Die säuerlich erfrischend schmeckenden Blätter und Triebspitzen eignen sich frisch als Gewürz für Salat, Soßen und Rohkost. Der weitere Name »Tripmadam« leitet sich möglicherweise vom französischen *trique* = Eingeweide, Gedärm ab und könnte sich auf die saftigen Sprosse beziehen.
MERKMALE 10–35 cm, Blütezeit Juni–Aug., mehrjährig. Blätter wechselständig, fleischig, fast stielrund, 1–2 cm lang, grau- bis blaugrün, an nicht blühenden Trieben sehr dicht, blühende Stängel locker beblättert. Breiter Blütenstand mit bis zu 50 Blüten, Blüte 1,2–2 cm groß, meist 6–7 Kronblätter. **ESSBAR**.
VORKOMMEN Pionierpflanze auf Felsen, Dünen, Mauern, Steinschutthalden. Auf warmen, trockenen Sand- und Steinböden. Fast ganz Europa.

2 | Wald-Gelbstern

Gagea lutea
(Liliengewächse)

AMEISEN VERSCHLEPPEN DIE SAMEN Den am Grund der Blütenblätter frei zugänglichen süßen Nektar können auch kleine Fliegen und Käfer aufsaugen. Nach dem Blühen liegen die Stängel schlaff auf dem Boden. Die aus den reifen Kapseln fallenden Samen tragen ein nahrhaftes Anhängsel und werden von Ameisen verbreitet.
MERKMALE 10–30 cm, Blütezeit April–Mai, mehrjährig. Zwiebel etwa 15 mm groß. 1 grundständiges, bis zu 30 cm langes, 15 mm breites Blatt, 2 kürzere lanzettliche Stängelblätter. Blüten gelb, außen grün, 30–35 mm, in 1–7-blütiger Trugdolde.
VORKOMMEN Auenwälder, Waldränder, Obstbaumwiesen in Waldnähe, Hecken. Auf kalk- und nährstoffreichen Böden. Fast ganz Europa.

3 | Beinbrech

Narthecium ossifragum
(Liliengewächse)

HOCHGRADIG GEFÄHRDET Diese Art gedeiht nur in niederschlagsreichen, wintermilden Regionen. Ihre wichtigsten Lebensräume, die Hochmoore und Feuchtheiden im Tiefland sowie die Hangmoore einiger Mittelgebirge, sind durch Entwässerung und Nährstoffeintrag stark zurückgegangen, sodass die auch Moorlilie genannte Art immer seltener geworden ist.
MERKMALE 10–30 cm, Blütezeit Juli–Aug., mehrjährig. Unterirdisch kriechender Stängel. Grundständige Blätter schwertförmig, bis zu 15 cm lang, 8 mm breit, Stängelblätter kürzer. Blüten in endständiger, lockerer Traube, 10–15 mm, leuchtend gelb, außen grünlich, rote Staubbeutel, wollig behaarte Staubfäden. **GIFTIG!**
VORKOMMEN Auf sauren, moorigen Böden, v. a. in quelligen Heidemooren. Nur in Nordwestdeutschland, aber überall selten. **GESCHÜTZT.**

4 | Wilde Tulpe

Tulipa sylvestris
(Liliengewächse)

BEWEGLICHE BLÜTEN Tulpen-Blüten öffnen sich nur tagsüber an schönen Tagen, nachts schließen sie sich. Die Bewegung entsteht, indem die Außen- und Innenseiten der Blütenblätter unterschiedlich stark wachsen. So werden die Blüten größer. Gleichzeitig verlängern sich auch die Stängel. Sind die Blüten voll ausgewachsen, hören die Bewegungen auf. Im Mittelmeerraum gibt es weitere Wildtulpen-Arten.
MERKMALE 20–45 cm, Blütezeit April–Mai, mehrjährig. Zwiebel bis zu 4 cm groß. Blätter lineal lanzettlich, bis zu 30 cm lang, 2 cm breit. Blüten gelb, 7–12 cm, anfangs meist etwas nickend, bei der Vollblüte oft fast radförmig geöffnet.
VORKOMMEN Weinberge, Waldwiesen, Gebüsche, Baumgärten. Südeuropa, in Mitteleuropa im 16. Jahrhundert als Zierpflanze eingeführt und teilweise verwildert. **GESCHÜTZT.**

1

2

3

4

1 | Sumpf-Schwertlilie
Iris pseudacorus
(Schwertliliengewächse)

KOMPLIZIERTER BLÜTENAUFBAU Die 3 Griffeläste der Iris sind blumenblattartig. Je ein Griffelast bildet mit einem Blütenhüllblatt und einem Staubblatt eine Einheit. Für Bestäubersind die 3 Teile wie getrennte Blüten, die sie einzeln besuchen müssen. Auf Wappen steht das Irisblatt wie ein Schwert als Symbol für Ritterlichkeit.
MERKMALE 50–100 cm, Blütezeit Mai–Juni, mehrjährig. Dicker, stark verzweigter Wurzelstock. Blätter 50–90 cm lang, 1–3 cm breit. Blüten bis ca. 8 cm, kräftig gelb, äußere Blütenblätter am Grund dunkler geadert, nicht bärtig, zu 1–5 am Stängel in der Achsel grüner Tragblätter. **GIFTIG!**
VORKOMMEN Ufer von Teichen, verschmutzten Bächen, in Wald- und Wiesensümpfen. Fast ganz Europa. **GESCHÜTZT.**

2 | Gelbe Narzisse
Narcissus pseudonarcissus
(Narzissengewächse)

ALS OSTERGLOCKE BEKANNT Die Gelbe Narzisse schmückt zu Ostern christliche Kreuze und Altäre. Die griechische Sage berichtet, dass der schöne Jüngling Narziss die Liebe der Nymphen nicht erwiderte und nur sich selbst liebte. Deshalb bestraften ihn die Götter: Als er in einem See sein Spiegelbild umarmen wollte, stürzte er ins Wasser und ertrank. Die Götter verwandelten ihn in eine Narzisse. Die Blüte mit ihrem Kranz soll sein Abbild sein, wie er sich übers Wasser beugt.
MERKMALE 20–40 cm, Blütezeit März–Mai, mehrjährig. Zwiebelpflanze. Stängel ohne Blätter, zusammengedrückt. Blätter schmal linealisch, bis zu 40 cm lang, 15 mm breit. Blüten meist einzeln, nickend, 6 eiförmige Blütenblätter, 15–45 mm lange, schmal glockenförmige Nebenkrone (»Trompete«). **GIFTIG!**
VORKOMMEN Bergwiesen, im Winter laublose Wälder, verwildert auf Baumwiesen. Mittelgebirge, besonders in Westeuropa. **GESCHÜTZT.**

3 | Weißer Germer
Veratrum album
(Germergewächse)

EINE DER GEFÄHRLICHSTEN GIFTPFLANZEN MITTELEUROPAS Die tödlich giftigen Alkaloide der Pflanze können intakte Haut durchdringen. In nicht blühendem Zustand ist sie leicht mit dem Gelben Enzian (S. 640) zu verwechseln. Sie unterscheidet sich von diesem aber deutlich durch die längs gefalteten, wechselständigen Blätter.
MERKMALE 50–150 cm, Blütezeit Juni–Aug., mehrjährig. Kurzer, dicker Wurzelstock. Am Grund deutlich verdickter Stängel. Blätter breit elliptisch, bis zu 35 cm lang, 15 cm breit, entlang der parallelen Nerven in Längsrichtung gefaltet, unterseits flaumig behaart. Blüten weißlich oder gelblich grünlich (**3A**), 15–25 mm, in einer dichtblütigen, bis zu 50 cm hohen, aus Trauben zusammengesetzten Rispe (**3B**). **GIFTIG!**
VORKOMMEN Bergweiden und Viehlagerplätze, Moorwiesen, nasse Waldstellen. Gebirge in Mittel- und Südeuropa bis in Höhen um 2000 m.

4 | Frauenschuh
Cypripedium calceolus
(Orchideengewächse)

BLÜTE IST EINE KESSELFALLE Die Unterlippe der Blüte wirkt wie eine Fallgrube. Insekten, die nach Nektar suchen, purzeln hinein. Um hinauszukommen, müssen sie sich durch enge Öffnungen zwängen. Dabei laden sie mitgebrachten Blütenstaub ab oder nehmen neuen mit. Damit sie den Ausgang finden, besitzt die Lippe helle »Fenster«, die die Insekten wieder hinausleiten.
MERKMALE 15–50 cm, Blütezeit Mai–Juni, mehrjährig. Unterirdischer Wurzelstock. Blätter 6–19 cm lang, bis zu 11 cm breit, zu 3–6 über den Stängel verteilt. Blüten 5–9 cm, mit gelber, schuhförmiger Lippe und braunvioletten bis braunroten äußeren Blütenblättern, zu 1–3 (sehr selten 4) im oberen Teil des Stängels.
VORKOMMEN Wälder mit grasigem oder krautigem Unterwuchs, Gebüsch. Im Halbschatten. Selten. Mittel- und Nordeuropa. **GESCHÜTZT.**

1

2

3A

3B

4

1 | Stinkende Nieswurz

Helleborus foetidus
(Hahnenfußgewächse)

GUTES OMEN FÜR DIE WINZER Die Blütenknospen entwickeln sich bereits im Herbst, öffnen sich aber erst im Frühjahr. Bei der Stinkenden Nieswurz gehen die Laubblätter stufenweise in Blütenblätter über. Sie dient deshalb als Paradebeispiel, um zu zeigen, dass Blütenblätter entwicklungsgeschichtlich aus Laubblättern entstanden sind. In manchen Weingegenden hofften die Winzer nach einer reichlichen Blüte der Pflanze auf ein gutes Weinjahr.
MERKMALE 30–80 cm, Blütezeit Febr.–Mai, mehrjährig. Halbstrauch. Blätter wintergrün, gestielt, untere Blätter mit 7–11 gezähnten Abschnitten handförmig geteilt (**1A**). Blüten in lockerer Rispe, glockig, nickend, gelbgrün, rot gesäumt (**1B**), viele Staubblätter, unangenehmer Duft. **GIFTIG!**
VORKOMMEN Trockene Hänge, lichte, krautreiche Buchen- und Eichenwälder, Waldsäume auf Kalk. Südwesteuropa bis Deutschland. **GESCHÜTZT.**

2 | Grüne Nieswurz

Helleborus viridis
(Hahnenfußgewächse)

FRÜHER ALS NIESPULVER VERWENDET Die Art wurde früher als Heilpflanze in Bauerngärten kultiviert und verwilderte stellenweise. Die stark giftige Pflanze enthält das herzwirksame Glykosid Helleborin. Diese Substanz reizt außerdem die Schleimhäute, daher der Name »Nieswurz«. Zwischen Blüten- und Staubblättern befinden sich trichterförmige Nektarblätter, die Bienen und Hummeln eine süße Belohnung anbieten.

Nektarblätter trichterförmig

MERKMALE 15–50 cm, Blütezeit März–April, mehrjährig. Stängel bis zum Blütenstand unbeblättert. Blätter sommergrün, von einem Punkt aus mehrfach geteilt, mit gesägten Abschnitten. Blüten gelbgrün, ohne rötlichen Saum, flach ausgebreitet, ohne Duft. **GIFTIG!**
VORKOMMEN Nährstoffreiche, meist kalkhaltige Böden, Wälder, Gebüsche, von der Ebene bis ins Gebirge. Süd- und Mitteleuropa. **GESCHÜTZT.**

3 | Mäuseschwänzchen

Myosurus minimus
(Hahnenfußgewächse)

UNGEWÖHNLICHER FRUCHTSTAND Die an einen Mäuseschwanz erinnernde zylindrische Blütenachse war für die Pflanze namensgebend. Der wissenschaftliche Name leitet sich von griech. *mys* = Maus und griech. *oura* = Schwanz ab.
MERKMALE 5–10 cm, Blütezeit April–Juni, einjährig. Blätter in grundständiger Rosette, schmal linealisch, Stängel blattlos. Blüten einzeln, grünlich, gespornter Kelch hinfällig, über 50 Fruchtblätter schraubig an zylindrischer Blütenachse, die sich zur Fruchtreife auf 6 cmcmm cm verlängert.
VORKOMMEN Warme, feuchte, nährstoffreiche Standorte. Wege, Ufer, Ackerränder. Pionierpflanze. In Mitteleuropa nur selten.

4 | Raues Hornblatt

Ceratophyllum demersum
(Hornblattgewächse)

AN DAS LEBEN UNTER WASSER ANGEPASST Das Raue Hornblatt ist eine der wenigen Wasserpflanzen, die unter Wasser blühen. Der Pollen schwimmt zu den Narben der weiblichen Blüten. Die Früchte haben Klettorgane und werden nicht nur vom Wasser, sondern auch von Wasservögeln verbreitet. Die Stängel sind rau und abgebrochene Stücke können sich ebenfalls an Tiere anheften und so verbreitet werden.
MERKMALE 30–80 cm, Blütezeit Juni–Sept., mehrjährig. Wasserpflanze, wurzellos, schwimmend oder mit dem Spross im Boden verankert. Blätter wirtelig, gabelteilig, mit nadelförmigen, gezähnten Zipfeln. Blüten selten, untergetaucht, grün, eingeschlechtig. Nussfrüchte mit 2 Stacheln.
VORKOMMEN Stehende, nährstoffreiche Gewässer. In ganz Europa.

1A

2

1B

3

4

1 | Große Sterndolde
Astrantia major
(Doldenblütler)

HÜLLBLÄTTER LASSEN DOLDE ALS ÜPPIGE EINZELBLÜTE ERSCHEINEN Typisch für die Sterndolde ist der sternförmige Blütenstand. Sowohl der deutsche wie auch der wissenschaftliche Name leiten sich davon ab (lat. *astrum* = Stern). Für schattige, feuchte Gärten gibt es auch Sorten mit noch attraktiveren Dolden und auffälligeren Blättern.
MERKMALE 30–90 cm, Blütezeit Juni–Aug., mehrjährig. Stängel aufrecht, wenig verzweigt, kahl. Blätter lang gestielt, Spreite bis zur Basis 5–7-teilig. Blüten klein, weißlich, zahlreich in dichter, köpfchenartiger, einfacher, lang gestielter Dolde (**1A**), Hüllblätter lanzettlich bis oval, grünlich oder rötlich (**1B**).
VORKOMMEN Gebüsche, Bergwiesen, Auen- und Schluchtwälder, Waldränder. Gebirge in Mittel- und Südeuropa, in den Alpen bis auf über 2000 m Höhe.

2 | Feld-Mannstreu
Eryngium campestre
(Doldenblütler)

ROLLT DURCH DIE STEPPE Die vertrockneten Pflanzen werden vom Wind an Sollbruchstellen oberhalb der Wurzel abgerissen und verdriftet. Dabei werden die reifen Früchte nach und nach ausgestreut. Verhaken sich mehrere Pflanzen ineinander, können recht große »Steppen-hexen« entstehen, die vom Wind über den Boden getrieben werden und typisch für die Steppen Osteuropas sind.
MERKMALE 15–60 cm, Blütezeit Juli–Sept., mehrjährig. Pflanze sparrig, distelartig. Stängel meist ausgebreitet. Blätter einfach oder handförmig fiederteilig, mit dornigen Spitzen, lederig derb, weißlich grün. Blüten weiß oder grünlich, zahlreich in breit kugeligen Köpfchen, lanzett-liche, dornige Hüllblätter.
VORKOMMEN Wegraine, Magerrasen, Bahndämme. V. a. Mittelmeergebiet, aber auch Mitteleuropa und SW-Asien. **GESCHÜTZT.**

3 | Fichtenspargel
Hypopitys monotropa, Monotropa hypopitys
(Heidekrautgewächse)

IN DUNKLEN NADELWÄLDERN ZU FINDEN Die Pflanze zählt zu den parasitischen Blütenpflanzen. Sie enthält kein Blattgrün und bezieht alle lebensnotwendigen Stoffe von einem Pilz, der seinerseits Verbindung zu Baumwurzeln hat. Somit stammen die vom Fichtenspargel aufgenommenen Kohlenstoffverbindungen letztendlich vom Baum, der Pilz fungiert nur als »Mittelsmann«.
MERKMALE 10–25 cm, Blütezeit Juni–Aug., mehrjährig. Oft in kleinen Trupps wachsend, wachsgelb bis braun, erinnert an Spargelsprosse. Stängel fleischig. Blätter schuppenförmig. Blüten gelbgrünlich, in bogig gekrümmtem Blütenstand, dieser richtet sich zur Fruchtreife auf.
VORKOMMEN In Kiefern-, Fichten- und Tannenwäldern. Zerstreut. Fast ganz Europa.

4 | Nickendes Wintergrün
Orthilia secunda, Pyrola secunda
(Heidekrautgewächse)

BLÄTTER ÄHNELN DENEN DES BIRNBAUMS Die Wurzeln sind dicht von einem Pilzgeflecht überzogen, das die Wasser- und Nährstoffaufnahme der Pflanze verbessert. Dringen die Pilzfäden in die Wurzeln ein, werden sie von der Pflanze verdaut. Die auch als Birngrün bekannte Art verbreitet sich durch Wurzelsprosse und unterirdische Ausläufer. In Deutschland verläuft die Westgrenze des Verbreitungsgebietes dieser Art.
MERKMALE Bis zu 25 cm, Blütezeit Juni–Juli, mehrjährig. Dünnes Rhizom. Blätter überwiegend im unteren Stängelabschnitt gehäuft, jedoch keine Rosette bildend, immergrün, eiförmig zugespitzt, gesägt. Blütenstand mit 10–30 Blüten in einseitswendiger Traube, Blüten hellgrün, glockig, Griffel gerade herausragend.
VORKOMMEN Schattige, frische, magere, modrig-humose Standorte, lichte Nadelwälder. In Mitteleuropa v.a. im Gebirge.

1

1B

2

3

4

1 | Zurückgekrümmter Fuchsschwanz

Amaranthus retroflexus
(Fuchsschwanzgewächse)

AMARANTH IM MÜSLI Die Art wurde im 18. Jahrhundert aus Nordamerika nach Europa eingeschleppt, heute ist sie weltweit verbreitet. Als Unkraut ist sie v. a. auf Maisäckern und in Hackfruchtkulturen ein Problem. Die als Amaranth bekannten Samen von Fuchsschwanz-Arten werden meist aus Amerika importiert.
MERKMALE 15–100 cm, Blütezeit Juli–Sept., einjährig. Stängel aufrecht, oben stark flaumig behaart. Blätter bis zu 15 cm lang, rhombisch eiförmig, am Rand etwas wellig. Blütenstand fuchsschwanzähnlich, zusammengesetzt aus ährenartigen Teilblütenständen mit vielen unscheinbaren Einzelblüten, nur im unteren Bereich mit Blättern, jede Blüte mit 5 Blütenhüllblättern und einem stechenden Blatt. **ESSBAR**.
VORKOMMEN Müllplätze, Wege, Äcker, Ödland, Pionier auf nährstoffreichen Böden, verträgt Salz. Häufig, v. a. in warmen Tieflagen. Invasiv.

2 | Spieß-Melde

Atriplex prostrata, Atriplex hastata
(Gänsefußgewächse)

SPINATÄHNLICHES WILDGEMÜSE Ähnlich wie Spinat zubereitet kann man die jungen Blätter und Sprosse der Spieß-Melde als Wildgemüse essen. Meist verwendet man jedoch die Garten-Melde, die bis zu 1,5 m hoch werden kann und bereits seit der Antike kultiviert wird. Die Pflanze ist, wie die meisten Melde-Arten, salzverträglich.
MERKMALE 30–90 cm, Blütezeit Juli–Sept., einjährig. Stängel liegend oder aufrecht. Untere Blätter gegenständig, obere wechselständig, 3-eckig spießförmig, glattrandig oder gezähnt, oft mit hautartiger, sich ablösender Kruste überzogen. Blüten in knäueliger Ährenrispe, Blütenhülle grünlich, Blüten eingeschlechtig. **ESSBAR.**
VORKOMMEN An Gräben, Straßenrändern, Ufern, Meeresstrand, Müll- und Schuttplätzen, oft in Trupps. Ganz Europa.

3 | Spreizende Melde

Atriplex patula
(Gänsefußgewächse)

umhüllte Frucht

VOR DER SONNE GESCHÜTZT Der deutsche Name »Melde« leitet sich vom mittelhochdeutschen *molte* = Staub, Mehl ab und beschreibt die weißliche Färbung der jungen Blätter. Diese wird durch Blasenhaare verursacht, die die Pflanze vor starker Sonneneinstrahlung schützen.
MERKMALE 30–80 cm, Blütezeit Juli–Okt., einjährig. Pflanze sparrig, mit abstehenden Seitentrieben. Blätter wechselständig, untere Blätter spießförmig mit 2 Zähnen, obere ganzrandig, grau- bis dunkelgrün, schwach silbrig-dünnschuppig, kaum mehlig. Blüten eingeschlechtig, in kleinen Knäueln. Die Frucht ist von 2 etwa 3-eckigen Blättern umhüllt.
VORKOMMEN Äcker, Gärten, Schuttplätze, Wege, Straßenränder, auf nährstoffreichen lockeren Ton- und Sandböden. Häufig. Ganz Europa.

4 | Ausdauernde Melde

Atriplex portulacoides, Halimione portulacoides
(Gänsefußgewächse)

TYPISCHE ART DER SALZWIESEN Diese Art wächst häufig entlang der Priele in den Salzwiesen der Nordsee. Nur bei besonders hoher Flut werden diese Standorte vom Salzwasser überschwemmt. Die Samen können schwimmen und werden mit dem ein- und ausströmenden Wasser verbreitet.
MERKMALE 20–80 cm, Blütezeit Juni–Okt., mehrjährig. Hellgrün bis weißlich. Stängel an der Basis stark verholzt, stark verzweigt, aufsteigend. Mittlere Stängelblätter gegenständig, länglich bis verkehrt eiförmig, meist ganzrandig.
VORKOMMEN Auf schlickigen Salzböden im zeitweilig überfluteten Deichvorland der Nordsee weit verbreitet. Auch an der Atlantik- und Mittelmeerküste.

1

2

3

4

1 | Weißer Gänsefuß
Chenopodium album
(Gänsefußgewächse)

BILDET GROSSE SAMENBANKEN Heute gilt der Weiße Gänsefuß als Unkraut. Seine Samen bleiben bis zu mehrere Jahrhunderte keimfähig. Da jede Pflanze bis zu 100 000 Samen bilden kann, können sich diese im Boden stark anreichern und für Massenbestände sorgen. Aus den Samen stellten schon die Menschen der Jungsteinzeit Mehl her, wie Funde in den Pfahlbauten belegen. Blätter und Sprossspitzen ergeben ein mildes, spinatartiges Wildgemüse oder eine Suppe.
MERKMALE 20–150 cm, Blütezeit Juli–Okt., einjährig. Formenreich. Stängel verzweigt, aufsteigend oder aufrecht. Blätter wechselständig, rautenförmig bis lanzettlich, oft gelappt, mehlig bestäubt, dadurch graugrün. Blüten zahlreich in Rispen, weißlich grün. **ESSBAR.**
VORKOMMEN Bestände auf Schuttplätzen, Äckern, in Gärten, an Wegen und Straßenrändern, auf nährstoffreichen Böden. Häufig. Ganz Europa.

2 | Guter Heinrich
Chenopodium bonus-henricus
(Gänsefußgewächse)

OFT IN SIEDLUNGSNÄHE ZU FINDEN Die Pflanze ist ein typischer Vertreter der sogenannten Dorfflora: Sie kommt an Dungplätzen, Viehlagerplätzen und im Trauf von Höfen und Ställen vor. Der Volksglaube verglich den Guten Heinrich mit einem »guten Geist« oder Heiligen, da er als Heil- und Gemüsepflanze wichtig war. Er liefert »wilden Spinat« und wurde gegen Hautkrankheiten verwendet.
MERKMALE 20–60 cm, Blütezeit Juni–Sept., mehrjährig. Stängel meist unverzweigt. Wurzel rübenartig. Blätter 3-eckig spießförmig, unterseits mehlig. Blüten in endständiger, kegelförmiger Rispe, Blütenhülle gelblich grün. **ESSBAR.**
VORKOMMEN Nährstoffreiche, oft ammoniakalische Böden, Unkrautfluren. Mitteleuropa.

3 | Stechapfelblättriger Gänsefuß
Chenopodium hybridum
(Gänsefußgewächse)

DER NAME TÄUSCHT Der wissenschaftliche Name wie auch der deutsche Name Bastard-Gänsefuß deuten an, dass es sich bei dieser Art um einen Bastard – also eine Kreuzung – zwischen verschiedenen Gänsefuß-Arten handeln könnte. Das ist aber nicht der Fall. Tatsächlich nahm Carl v. Linné, der die Art beschrieben hat, jedoch an, dass es sich um einen Bastard aus dem Stechapfel (S. 570) und dem Weißen Gänsefuß handele. Insbesondere der stechapfelähnliche Geruch ließ ihn zu dieser Überzeugung kommen.
MERKMALE 30–70 cm, Blütezeit Mai–Aug., einjährig. Pflanze aufrecht. Blätter dunkelgrün, deutlich zugespitzt, mit jederseits 3–4 großen, nach vorn gebogenen Zähnen. Blüten unscheinbar, knäuelig gehäuft. Widerlicher Geruch.
VORKOMMEN Schutt- und Dungplätze, Hackfruchtfelder, Gärten. Deutlich wärmeliebend, deshalb im Norden und im höheren Bergland seltener als in Tallagen im mittleren Bereich.

4 | Roter Gänsefuß
Chenopodium rubrum
(Gänsefußgewächse)

VERTRÄGT SEHR GUT SALZ Der Rote Gänsefuß erträgt sehr gut Salz, sodass er in Küstennähe häufiger anzutreffen ist. Hier bildet er auch große Bestände. Die ganze Pflanze kann zum Färben von goldgrünen Farbtönen genutzt werden. Rohe Blätter sollte man wegen des Gehalts an Saponinen nur in kleinen Mengen verzehren.
MERKMALE 20–100 cm, Blütezeit Juli–Okt., einjährig. Pflanze niederliegend oder bogig aufsteigend. Stängel und Blätter oft rötlich überlaufen. Blüten unscheinbar, in Knäueln, diese zu end- oder blattachselständigen Ähren vereint, die von Tragblättern durchsetzt sind. **ESSBAR.**
VORKOMMEN Selten in Dungstätten und auf Schuttplätzen, v. a. auf ammoniakhaltigen Böden, häufiger im Küstenbereich. Nordhalbkugel.

1

2

3

4

1 | Queller

Salicornia europaea
(Gänsefußgewächse)

WAGT SICH WEIT INS WATT HINAUS Der Queller gehört zu den wenigen Pflanzen, die zum Keimen und für optimales Wachstum Salz benötigen. Sein fleischiges Aussehen erhält er durch das Einlagern von Salz und Wasser. Gelegentlich verwendet man die Pflanze heute als salzig-würzige Salatbeigabe. Früher mischte man ihre Asche in Glasschmelzen, die dadurch bereits bei niedereren Temperaturen flüssig wurden. Aus dieser Zeit stammt der Name »Glasschmelz«.

MERKMALE 5–30 cm, Blütezeit Aug.–Okt., einjährig. Stängel verzweigt, liegend oder aufrecht, dickfleischig, erscheint knotig gegliedert. Blätter schuppenförmig reduziert. Blüten unscheinbar, eingesenkt, Staubblätter herausragend, blühende Triebe zapfenartig verdickt. **ESSBAR.**

VORKOMMEN Erstbesiedler von offenen Salzschlickböden der Meeresküsten ganz Europas. Selten an Salzstellen im Binnenland.

2 | Strand-Sode

Suaeda maritima
(Gänsefußgewächse)

AN SALZHALTIGEN STANDORTEN Die Sode gehört wie der Queller (1) zu den Pionierpflanzen an den Küsten. Sie bevorzugt nährstoffreiche Stellen mit angespülten und verrottenden Pflanzenteilen oder Tierresten. Die Art zeigt auch typische Merkmale einer Salzpflanze: Die dickfleischigen Blätter speichern viel Wasser, der Kochsalzgehalt in den Zellen ist sehr hoch.

MERKMALE 10–40 cm, Blütezeit Juli–Sept., einjährig. Pflanze fleischig, blaugrün, oft rötlich überlaufen. Stängel niederliegend, an den Spitzen aufsteigend. Blätter bis zu 4 cm lang, linealisch, unten gewölbt, oben flach. Blüten unscheinbar, zu dritt in den Blattachseln.

VORKOMMEN Nährstoffreiche, salzhaltige Schlick- und Sandböden. V. a. an der Nordsee, seltener an der Ostsee, vereinzelt an Salzquellen im Binnenland.

3 | Gewöhnliche Brennnessel

Urtica dioica
(Brennnesselgewächse)

NÜTZLICHES UNKRAUT Aus der früh im Jahr austreibenden Pflanze kann man ein spinatartiges Gemüse kochen. Der vitaminhaltige Presssaft lindert Frühjahrsmüdigkeit. Die Heilpflanze wirkt gegen Arthritis und Rheuma sowie gegen Prostata- und Harnwegserkrankungen. Bereits im 12. Jahrhundert stellte man aus den Fasern der Stängel Segel und Fischernetze her. Als Faserlieferant (Nesseltuch) verlor die Pflanze jedoch in dem Maß an Bedeutung, wie die der Baumwolle zunahm.

MERKMALE 30–150 cm, Juli–Okt., mehrjährig. Stängel aufrecht, unverzweigt. Blätter gegenständig, am Grund herzförmig, gesägt, mit Brennhaaren. Blüten zahlreich in Rispen, unscheinbar grün, zweihäusig, männliche Blüte mit 4 Staubblättern, weibliche Blüte mit weißlicher, pinselartiger Narbe. **ESSBAR.**

VORKOMMEN Wege, häufig auch in Dörfern, Schuttplätze, Gräben, Waldränder, überdüngte Wiesen, Stickstoffzeiger. Ganz Europa.

4 | Kleine Brennnessel

Urtica urens
(Brennnesselgewächse)

BRENNT MEHR ALS DIE VORIGE ART Bei Berührung brechen die Spitzen der Brennhaare ab, und das Haar kann wie eine Injektionskanüle durch die Haut dringen. Das Brennen wird durch Ameisensäure, Histamin und Acetylcholin sowie einen noch nicht weiter identifizierten Stoff verursacht.

MERKMALE 10–60 cm, Blütezeit Mai–Okt., einjährig. Stängel aufrecht, unverzweigt. Blätter gegenständig, elliptisch bis eiförmig, gesägt, mit Brennhaaren. Blütenstände höchstens 2 cm lang, einhäusig.

VORKOMMEN Sehr stickstoffreiche Standorte, Un-krautfluren, Mistplätze, Äcker, Gärten, Wegsäume. In den gemäßigten Zonen heute weltweit verbreitet.

1

2

3

4

1 | Hopfen
Humulus lupulus
(Hanfgewächse)

DIE BASIS DES BIERS Auf den Tragblättern der weiblichen Hopfen-Blüten sitzen Harzdrüsen, die Bitterstoffe bilden, welche als Bierwürze verwendet werden. In der Pflanzenmedizin wird Hopfen als beruhigendes und schlafförderndes Mittel eingesetzt. V. a. in der Volksheilkunde regt der bittere Hopfentee Appetit und Verdauung an. Bereits seit dem Mittelalter ist bekannt, dass Hopfen die sexuelle Erregbarkeit reduziert. Achtung: Bei Hautkontakt können Reizungen auftreten!
MERKMALE 2–6 m, Blütezeit Juli–Aug., mehrjährig. Kletterpflanze, mit Widerhaken besetzt. Blätter tief 3–5-teilig gelappt. Pflanze zweihäusig, Blüten grün, männliche Blüten in länglichen Rispen, weibliche Blüten in lang gestielten »Hopfendolden«. **ESSBAR**.
VORKOMMEN Auwälder, Waldränder. Selten, meist kultiviert. Süd- und Mitteleuropa, Südwestasien, Nordamerika.

2 | Tollkirsche
Atropa bella-donna
(Nachtschattengewächse)

TOLLKIRSCHEN-RAUSCH LIESS HEXEN FLIEGEN Schon 3 der süß schmeckenden, vom Aussehen an Kirschen erinnernden Früchte der Tollkirsche können für ein Kind tödlich sein. Leichte Vergiftungen führen zu trockenem Mund, schnellem Puls und vergrößerten Pupillen. Bei größeren Mengen kommt es zu Halluzinationen, Tobsuchtsanfällen und zum Tod durch Atemlähmung. Vögel wie Drosseln können die Beeren unbeschadet fressen und so die Samen verbreiten. In der Steinzeit spielte die Tollkirsche als Pfeilgift eine Rolle.
MERKMALE 50–150 cm, Blütezeit Juni–Aug., mehrjährig. Strauchartig. Stängel reich verzweigt, aufrecht. Blätter wechselständig, breit lanzettlich (**2A**). Blüten auf gebogenen Stielen einzeln in den oberen Blattachseln, Krone glockig, 5-zipflig (**2B**), außen in der Vorderhälfte braunviolett, innen grünlich gelb mit dunkleren Adern. Beere bis zu 1,5 cm dick, tiefschwarz glänzend. **GIFTIG!**
VORKOMMEN Waldlichtungen und -wege, Waldschläge. Meist auf Kalkböden an hellen oder schwach beschatteten Standorten. Mittel- und Südeuropa.

3 | Acker-Flügelknöterich, Windenknöterich
Fallopia convolvulus
(Knöterichgewächse)

SAMEN WERDEN MIT GETREIDESAAT VERBREITET Die Pflanze ist ein alter Begleiter des Ackerbaus. Da sie Getreidehalme niederreißt und erstickt, gilt sie als ein lästiges Unkraut.
MERKMALE 15–120 cm, Blütezeit Juli–Okt., einjährig. Kletterpflanze. Stängel rau, kantig, links- oder rechtswindend, kriechend oder kletternd. Blätter pfeilförmig. Blüten unscheinbar, etwa 3 mm groß, grünlich weiß oder rötlich überlaufen, in lockeren, wenigblütigen Trauben.
VORKOMMEN Getreidefelder, Gärten, Schuttplätze, nährstoffreiche, lockere Lehmböden. Stickstoffzeiger, Pionierpflanze. Häufig. Eurasien.

4 | Wasserpfeffer
Persicaria hydropiper
(Knöterichgewächse)

DIE PFLANZE enthält sehr scharf schmeckende ätherische Öle, die vor Tierfraß schützen. Zudem ist sie leicht giftig. Dennoch wurde sie früher sogar als Pfefferersatz verwendet.
MERKMALE 20–60 cm, Blütezeit Juli–Sept., einjährig. Blätter wechselständig, lanzettlich, bis zu 12 cm lang, am Rand mit wenigen borstigen Wimpern. Blüten in dünner, bis zu 6 cm langer, ähriger Traube, hellrosa oder grünlich weiß, dicht gelb drüsig punktiert.
VORKOMMEN Nasse, zeitweise überflutete, kalk-arme, stickstoffreiche Standorte, Waldwege, Pfützen, Gräben, Ufer. Häufig. Eurasien.

1
2A
2B
3
4

1 | Krauser Ampfer
Rumex crispus
(Knöterichgewächse)

KRAUSER BLATTRAND Der gewellte Blattrand (**1B**) ist ein wichtiges Merkmal, auf das sowohl der deutsche als auch der wissenschaftliche Name – lat. *crispus* = kraus – Bezug nehmen. »Ampfer« kommt aus dem Althochdeutschen und leitet sich vom Lateinischen *amarus* = bitter ab.

Blätter der Fruchthülle ganzrandig

MERKMALE 30–150 cm, Blütezeit Juni–Aug., mehrjährig. Blätter grau dunkelgrün, am Rand wellig kraus, untere bis zu 30 cm lang und 8 cm breit (**1A**). Seitenäste des großen Blütenstands nicht oder kaum verzweigt. Blüten in Knäueln (**1B**), 3 vergrößerte, rundliche Blütenblätter der Frucht anliegend, eines mit bis 2 mm langer Schwiele, die anderen ohne oder mit viel kleineren Schwielen. **GIFTIG!**
VORKOMMEN Äcker, Grünland, Schuttplätze, Wegränder, auf nassen Böden. Pionierpflanze, zeigt Bodenverdichtung und Stickstoff an. Häufig. Eurasien.

2 | Stumpfblättriger Ampfer
Rumex obtusifolius
(Knöterichgewächse)

TYPISCHER VERTRETER DER DORFFLORA Die Pflanze bildet bis zu 2 m tief reichende Wurzeln sowie Wurzelsprosse. Dadurch ist sie als Unkraut schwer zu entfernen. Die Wurzel enthält, wie die der vorigen Art, ähnliche Substanzen wie der Medizinal-Rhabarber und wurde früher gegen Verstopfung eingesetzt. Die gerbstoffreichen Früchte wurden bei Durchfall-erkrankungen verwendet.

Blätter der Fruchthülle gezähnt

MERKMALE Bis zu 1 m hoch, Blütezeit Juni–Aug., mehrjährig. Pflanze kräftig. Stängel aufrecht. Grundblätter an der Basis herzförmig, stumpf, meist mit gewelltem Rand, bis zu 30 cm lang. Blütenstand unbeblättert, Blüten grünlich. Fruchtvalven oft rot, unterschiedlich lang gezähnt. **GIFTIG!**
VORKOMMEN Stickstoffreiche Böden, Ruderalstellen, Äcker, Ställe, Wegränder. Häufig. Fast ganz Europa.

3 | Blut-Ampfer, Hain-Ampfer
Rumex sanguineus
(Knöterichgewächse)

»DRACHENBLUT« Aus den Leitbündeln abgerissener Blätter kann blutroter Saft austreten. Deshalb nannte man die Art auch »Drachenampfer«.

Fruchthülle mit 1 Schwiele

MERKMALE 50–80 cm, Blütezeit Juni–Aug., mehrjährig. Stängel oberhalb der Mitte verzweigt. Blätter dünn, bis zu 25 cm lang, Blattnerven meist dunkelrot. Lockerer Blütenstand, nur unterste Blütenknäuel mit Tragblatt, 3 vergrößerte, schmale Blütenblätter liegen als Hülle der Frucht an, 1 Schwiele. Pflanze im Spätsommer oft ganz blutrot.
VORKOMMEN Auenwälder, Waldwege, Ufer, auf nährstoffreichen Böden. Zeigt Vernässung und Bodenverdichtung an. Häufig, im nördlichen Flachland seltener.

4 | Schutt-Kresse
Lepidium ruderale
(Kreuzblütler)

UNGENIESSBAR Die Pflanze mit den unscheinbaren Blüten riecht beim Zerreiben nicht nur kresseartig, sondern verströmt einen unangenehmen Uringeruch.
MERKMALE 10–30 cm, Blütezeit Mai–Okt., ein- bis zweijährig. Stängel oben meist verzweigt, sehr kurz behaart. Untere Blätter fiederspaltig, obere lineal. Blüten grünlich, meist mit nur 4 Kelchblättern, ohne Kronblätter, in reichblütiger Traube. Frucht oval, bis zu 3 mm lang, Fruchtstiele stehen schräg ab. Unangenehmer Geruch.
VORKOMMEN Wege, Bahngelände, Straßenränder, auf trockenen, festen Sand-, Kies- oder Lehmböden. Zerstreut, v. a. im Osten.

1A

1B

2

3

4

1 | Beifußblättriges Traubenkraut
Ambrosia artemisiifolia
(Korbblütler)

GEFÜRCHTET BEI POLLENALLERGIKERN Die Früchte der aus Nordamerika und Mexiko stammenden Art waren mehrere Jahrzehnte in Winter-Vogelfutter-Mischungen enthalten. Die Pflanze ist einer der wenigen Korbblütler, der vom Wind bestäubt wird. Auf den Blütenstaub reagieren in den Ursprungsländern rund 10 Prozent der Bevölkerung mit Heuschnupfen oder Asthma, und auch bei uns löst die Pflanze Heuschnupfen aus.

MERKMALE 50–150 cm, Blütezeit Aug.–Okt., einjährig. Stängel abstehend behaart. Blätter doppelt fiederspaltig, Blattabschnitte lineal lanzettlich, auf beiden Seiten grün, anliegend behaart. Blütenköpfchen getrenntgeschlechtig, in blattlosen Trauben, männliche Köpfchen oberhalb der weiblichen, nickend, 4–5 mm groß.

VORKOMMEN Unkrautbestände auf Schutt, in Häfen und Gärten. Auf warmen, nährstoffreichen Böden. Mittel- und Südeuropa. Invasiv.

2 | Gewöhnlicher Beifuß
Artemisia vulgaris
(Korbblütler)

SCHÜTZT DEN MAGEN Beliebt ist Beifuß als Gewürz für Wild und Gans und gefürchtet als Auslöser von Heuschnupfen. Einem Aberglauben zufolge soll ein Beifuß-Blatt im Schuh vor Ermüdung schützen. Die Volksmedizin empfiehlt das Kraut bei Magenbeschwerden. Es wächst auch in Sibirien und Alaska.

Köpfchen länger als breit

MERKMALE 60–250 cm, Blütezeit Juli–Nov., mehrjährig. Stängel aufrecht, kantig, starr, meist braunrot. Stängelblätter grob gezähnt bis fiederteilig mit spitzen Zipfeln, oberseits dunkelgrün und fast kahl, unterseits grauweiß behaart. Blütenköpfchen 2–3 mm breit, grünlich bis gelbbraun, nur Röhrenblüten, Blüten zahlreich in langen Rispen. **ESSBAR**.

VORKOMMEN An Wegrändern, auf Schuttplätzen, Ödland, an Ufern von Flüssen und Seen. Ganz Europa.

3 | Wermut
Artemisia absinthium
(Korbblütler)

ABSINTH – BERÜCHTIGTES KÜNSTLERGETRÄNK Als Heilpflanze steigert Wermut den Appetit und lindert Völlegefühl und Blähungen. Zu große Mengen können jedoch tödlich sein. Absinth-Schnaps war früher als Auslöser von Gehirnschäden berüchtigt und wurde deshalb verboten. Heutige Wermutweine und -schnäpse sind unbedenklich, weil für den Gehalt an giftigem Thujon ein Grenzwert festgelegt wurde.

Köpfchen kugelig

MERKMALE 60–120 cm, Blütezeit Juli–Sept., mehrjährig. Stängel aufrecht, reich verzweigt, an der Basis leicht verholzt. Blätter wechselständig, 3-fach fiederteilig, mit schmalen Zipfeln, silbergrau behaart (**3A**). Blütenköpfchen halbkugelig (**3B**), um 5 mm breit, hellgelb, nickend. Pflanze riecht zerrieben stark aromatisch. **GIFTIG!**

VORKOMMEN Auf Schutt, an Autobahnen, Müllplätzen, Dämmen, auf Schafweiden sowie Felsen. V. a. Mittel- und Süd-europa.

4 | Strand-Beifuß
Artemisia maritima
(Korbblütler)

DIE ART IST IN IHREM VORKOMMEN AUF SALZHALTIGE STANDORTE BESCHRÄNKT.

MERKMALE 30–60 cm, Blütezeit Aug.–Okt., mehrjährig. Halbstrauch. Ähnlich der vorigen Art. Stängel im unteren Drittel verholzt, abstehend verzweigt und aufsteigend. Blätter beiderseits weißfilzig, später oft verkahlend. Köpfchen 2–3 mm groß.

VORKOMMEN Salzwiesen der Nord- und Ostsee, vereinzelt an Salzstellen im Binnenland.

1
2
3A
3B
4

1 | Gewöhnliche Hundszunge
Cynoglossum officinale
(Raublattgewächse)

VERTREIBT RATTEN UND MÄUSE Namensgebend für die Gewöhnliche Hundszunge sind die rauen, zungenähnlichen Blätter. Die Klettfrüchte bleiben an vorbeistreifenden Tieren hängen und werden so verbreitet. Die Pflanze gilt wegen ihres unangenehmen Geruchs als altes Hausmittel gegen Ratten und Mäuse und wird hierfür noch heute manchmal in Gärten gepflanzt.
MERKMALE 30–80 cm, Blütezeit Mai–Juli, zwei-jährig. Stängel aufrecht, verzweigt. Blätter wechselständig, bis zu 15 cm lang, untere elliptisch, obere lanzettlich, sitzend, dünn graufilzig. Blüten in lang gestielten Wickeln in den oberen Blatt-achseln (**1A**), Krone 1–1,3 cm lang, aufblühend bräunlich rot (**1B**), später dunkel braunviolett, mit 5 wulstigen, samtigen Schuppen am Röhreneingang. Kelch nach der Blüte vergrößert. 4 Früchtchen mit widerhakigen Stacheln. **GIFTIG!**
VORKOMMEN Schuttplätze, Wegränder, Ödflächen. Auf eher trockenen Böden an sonnigen Standorten. Fast ganz Europa.

2 | Kahles Bruchkraut
Herniaria glabra
(Nelkengewächse)

SOLL LEISTENBRÜCHE HEILEN Der deutsche Name geht auf eine frühe Nutzung zurück: Im 16. Jahrhundert wird die Pflanze als Heilmittel gegen Leistenbrüche genannt. Die oberirdischen Teile enthalten Gerbstoffe, Saponine und Flavono-ide. Das Kraut löst Krämpfe und wird bei Blasenkatarrhen und Nierenleiden verordnet. In der Volksheilkunde nimmt man es zur Blutreinigung.
MERKMALE 5–30 cm, Blütezeit Juni–Okt., ein- bis mehrjährig. Pflanze niederliegend, stark verzweigt, kahl oder schwach behaart. Blätter hellgrün, oval, bis zu 1 cm lang, meist wechselständig. 7–10 Blüten in kleinen Knäueln, ungestielt, gelbgrün, nur ca. 2 mm groß.
VORKOMMEN Dünen, trockene Rasen, Bahndämme. Mitteleuropa, Nordafrika, Westasien.

3 | Niederliegendes Mastkraut
Sagina procumbens
(Nelkengewächse)

Kelchblätter größer als Kronblätter

DIE SAMEN REISEN MIT DEM MENSCHEN Die an ein Moos erinnernde kleine Pflanze ist trittfest und kommt daher häufig in Siedlungsgebieten vor, meist in Pflasterfugen und zwischen Gehwegplatten. Die Samen sind sehr klein und bleiben bei feuchter Witterung an Schuhen und Fahrzeugen haften. So werden sie über weite Strecken verbreitet. Auf diese Weise hat es die in Europa beheimatete Pflanze sogar bis in die Antarktis geschafft!
MERKMALE 1–5 cm lang, Blütezeit Mai–Okt., mehrjährig. Stängel niederliegend, verzweigt. Blätter gegenständig, kahl, bis zu 1,5 cm lang, schmal linealisch, Spitze kurz begrannt. Blüten meist 4-zählig, Kronblätter weiß, Kelchblätter etwa doppelt so groß wie Kronblätter.
VORKOMMEN Schattige, feuchte, nährstoffreiche, kalkarme Standorte, Wege, Äcker, Gärten. Häufig. Ganz Europa.

4 | Einjähriger Knäuel
Scleranthus annuus
(Nelkengewächse)

FÜR INSEKTEN UNATTRAKTIV Die Blüten des Einjährigen Knäuels sind sehr unscheinbar und bestäuben sich wahrscheinlich meistens selbst.
MERKMALE 5–20 cm, Blütezeit April–Okt., einjährig. Stängel aufrecht oder aufsteigend, am Grund verzweigt. Blätter gegenständig, am Grund paarweise verwachsen, 4–20 mm lang, steif, fleischig, gebogen. Blütenknäuel am Ende der Zweige, Blüten kaum gestielt, 3–5 mm groß, ohne Krone, Kelch mit schmalem, weißem Hautsaum.
VORKOMMEN In Äckern, an Wegen, auf Schuttplätzen, zeigt Bodenversauerung an. Häufig, in Kalkgebieten selten. Europa.

1A

1B

4

3

1 | Europäische Haselwurz
Asarum europaeum
(Osterluzeigewächse)

BESTANDTEIL VON HEXENSALBEN Obwohl die Wurzel dieser Pflanze in hoher Dosierung zum Tod führen kann, war sie im Mittelalter durchaus gebräuchlich. Die Haselwurz wurde als Brech- und Abführmittel, bei Wassersucht und Ischias empfohlen – missbräuchlich auch für Abtreibungen. Die Blüten locken Pilzmücken an. Diese kleinen Insekten legen ihre Eier normalerweise in Pilze. Sie lassen sich jedoch vom Duft der Haselwurz irreführen und platzieren ihr Gelege stattdessen in deren Blüten. Dabei bestäuben sie diese.
MERKMALE 5–10 cm, Blütezeit März–Mai, mehrjährig. Bodendecker. Stängel dick, kriechend, an den Knoten wurzelnd. Blätter wintergrün, lederig, nierenförmig, oberseits glänzend. Blüten einzeln, glockig, rötlich braun, Kelch 3-zipflig, meist unter Laub verborgen. **GIFTIG!**
VORKOMMEN Laub- und Nadelmischwälder mit krautigem Unterwuchs. Auf feuchten, meist kalkhaltigen Böden. Hauptsächlich Mittel- und Osteuropa.

2 | Gewöhnlicher Ackerfrauenmantel
Aphanes arvensis
(Rosengewächse)

BLÜHT UNSCHEINBAR Die Blüten haben nur ein Staubblatt. Dieses steht so über der Narbe, dass es leicht zur Selbstbestäubung kommt. Die Nussfrüchte sind von dem behaarten Kelch umgeben. Sie werden durch Anhaftung an Tiere verbreitet.
MERKMALE 5–20 cm, Blütezeit April–Okt., einjährig. Blätter 1 cm lang, 3-teilig, tief gezähnt. Blüten sehr klein, 1,5–2 mm lang, unscheinbar grün, in den tütenförmig verwachsenen Nebenblättern sitzend.
VORKOMMEN Frische, mäßig nährstoffreiche, kalkarme Standorte, Getreidefelder, Ackerränder, Ruderalflächen. In gemäßigten Breiten inzwischen weltweit vorkommend.

3 | Großer Wiesenknopf
Sanguisorba officinalis
(Rosengewächse)

FRÜHER ZUR BLUTSTILLUNG EINGESETZT Der wissenschaftliche Name dieser gerbstoffreichen Pflanze bedeutet so viel wie »Blut aufnehmen«. Früher nützte man die Wurzeln als blutstillendes Mittel bei zu starker Monatsblutung, das Kraut (Blätter und Stängel) bei Wunden. Die blutrote Farbe der Blütenköpfchen deutete man dabei als Zeichen für die Wirksamkeit. Die Blüten sind, wie auch bei der nächsten Art, windbestäubt.
MERKMALE 30–150 cm, Juni–Sept., mehrjährig. Grundblätter in Rosette, Stängelblätter wechselständig, unpaarig gefiedert, mit 7–15 Fiederpaaren und einer Endfieder. Blüten dunkelrot, zahlreich in endständigen, kugeligen oder eiförmigen Köpfchen, nicken vor dem Aufblühen, Einzelblüte nur aus Kelchblättern.
VORKOMMEN Feuchte und nasse Wiesen, Moor- und Bergwiesen. Auf gedüngten oder schwach gedüngten Böden. Fast ganz Europa.

4 | Kleiner Wiesenknopf
Sanguisorba minor
(Rosengewächse)

GEHÖRT IN DIE FRANKFURTER GRÜNE SOSSE Als »Pimpernelle« oder »Bibernelle« liefert die Pflanze ein leicht bitteres, nussartig schmeckendes Küchengewürz und eine Salatbeigabe. Für den Gewürzgarten bieten Gärtnereien die Staude deshalb in Töpfen an.
MERKMALE 15–40 cm, Blütezeit Mai–Aug., mehrjährig. Blätter in Grundrosette sowie am Stängel, mit 5–15 Fiederpaaren und 1 Endfieder, Fiedern kurz gestielt, unterseits hellgrün. Blüten in kugeligem oder eiförmigem Blütenstand, grünlich bis rötlich, obere Blüten weiblich, untere Blüten männlich, weibliche Blüte mit 2 roten, pinselartigen Narben, männliche Blüte mit vielen langen, hängenden Staubblättern. **ESSBA**r.
VORKOMMEN Magere Rasen, Böschungen, Wegränder, trockene Wiesen, Mauern. Mäßig trockene, kalkhaltige Böden. Fast ganz Europa.

1

2

3

4

1 | Knotige Braunwurz
Scrophularia nodosa
(Braunwurzgewächse)

TYPISCHE RACHENBLÜTE Man meint in den Rachen eines gähnenden Tieres zu schauen, wenn man die Blüte der Braunwurz betrachtet. Die Pflanze lockt bei uns besonders Wespen als Bestäuber an, in Nordamerika hat man auch Kolibris an ihr beobachtet. Im Mittelalter verglich man den knotigen Wurzelstock der Pflanze mit Geschwülsten der Lymphdrüsen und anderen Drüsenschwellungen und meinte, die Pflanze könne entsprechende Krankheiten heilen.
MERKMALE 40–120 cm, Blütezeit Juni–Sept., mehrjährig. Stängel kantig, ungeflügelt, aufrecht, unverzweigt. Blätter gegenständig, gestielt, oval, spitz, an der Basis herzförmig, grob gezähnt, dunkelgrün, kahl. Blüten in lockerer, endständiger Rispe, Krone um 1 cm lang, bauchig gewölbt, an der Basis grünlich, vorn braunrot, mit gelben Staubblättern im Eingangsbereich, Unterlippe undeutlich 3-zipflig.
VORKOMMEN Wälder mit krautigem Unterwuchs, Wegränder. Auf wasserdurchsickerten oder feuchten Böden. Ganz Europa.

2 | Spitz-Wegerich
Plantago lanceolata
(Wegerichgewächse)

TRADITIONELLE HEILPFLANZE BEI HUSTEN Spitz-Wegerich war bereits im Altertum ein bewährtes Hustenmittel. Auch heute noch gibt es Tee oder Saft aus der Pflanze gegen trockenen Reizhusten. Ausgepresster Saft schimmelt im Gegensatz zu den meisten anderen Pflanzensäften auch ohne Konservierungsmittel nicht. Er enthält Stoffe, die das Wachstum von Mikroorganismen unterdrücken.
MERKMALE 10–50 cm, Blütezeit Mai–Sept., mehrjährig. Blätter in grundständiger Rosette, meist aufrecht, zerstreut behaart, schmal lanzettlich, 2–4 cm breit, 10–30 cm lang. Blüten unauffällig bräunlich, zahlreich in zylindrisch ovaler Ähre auf 5-kantigem Schaft.
VORKOMMEN Wiesen, Weiden, Parkrasen, Ödflächen, Wege, Äcker. Auf meist tiefgründigen Böden. Fast ganz Europa.

3 | Breit-Wegerich
Plantago major
(Wegerichgewächse)

MIT KLEBRIGEN SAMEN UM DIE WELT Die Samen der Wegerich-Arten werden bei Nässe klebrig und haften dann gut an Schuhsohlen. Der Große Wegerich gelangte so bis Nordamerika. Die Indianer nannten ihn »Fußtritt des weißen Mannes«, da er überall dort wuchs, wohin die Weißen kamen.
MERKMALE 5–40 cm, Blütezeit Juni–Okt., mehrjährig. Blätter in grundständiger Rosette, kahl, Spreite breit oval, 5–9 cm breit, 10–15 cm lang, mit 3–9 vortretenden, dicken Parallelnerven, randlich etwas gewellt, verschmälert sich plötzlich in den kräftigen Stiel. Blüten grünlich, in dichter, schlanker, bis 15 cm langer Ähre.
VORKOMMEN Wege, Plätze und Pflasterfugen, Rasen, Ödland. Weltweit.

4 | Mittlerer Wegerich
Plantago media
(Wegerichgewächse)

BESONDERS TRITTFEST *Plantago* leitet sich von lat. *planta* = Fußsohle ab. Die an den Boden gedrückten Blätter erinnern an Fußabdrücke, außerdem verträgt die Pflanze, dass man auf ihr herumläuft. Mit den duftenden, durch die Staubblätter attraktiven Blüten ist der Mittlere Wegerich eine der sehr wenigen insektenblütigen Arten der überwiegend windblütigen Gattung.
MERKMALE 10–45 cm, Blütezeit Mai–Sept., mehrjährig. Blätter in grundständiger Rosette, kurz gestielt, locker behaart, Spreite länglich oval, an der Basis keilförmig. Blüten weißlich mit hellpurpurnen Staubblättern, in 2–6 cm langer walzenförmiger Ähre, wohlriechend.
VORKOMMEN Halbtrockenrasen, magere Wiesen, Weiden, Rasen, Wege, Straßenränder. An meist sonnigen Standorten. Fast ganz Europa.

1

2

3

4

1 | Tannenwedel
Hippuris vulgaris
(Wegerichgewächse)

WÄCHST IM RÖHRICHT NÄHRSTOFFREICHER GEWÄSSER Der Tannenwedel ist gegen Wasserverschmutzung empfindlich und verschwindet in belasteten Gewässern. Der Name bezieht sich auf den Wuchs, der einem Tannenbäumchen ähnelt. Alte Namen weisen auch auf eine Ähnlichkeit mit dem Schachtelhalm hin, mit dem die Pflanze aber so wenig verwandt ist wie mit der Tanne.
MERKMALE 10–50 cm, Blütezeit Mai–Aug., mehrjährig. Sehr eigenartig aussehende Wasserpflanze. Stängel flutend, bogig aus dem Wasser aufsteigend oder aufrecht, bis zu 1 cm dick. Überwasserblätter zu 4–20 quirlständig, steif abstehend, linealisch, Unterwasserblätter schmaler, grasartig. Blüten unscheinbar.
VORKOMMEN Wasserpflanze in stehenden oder langsam fließenden Gewässern mit max. 2 m Tiefe. Auch an Ufern. Ganz Europa.

2 | Ähriges Tausendblatt
Myriophyllum spicatum
(Seebeerengewächse)

SAUERSTOFFPRODUZENT IN VIELEN GEWÄSSERN Die Pflanze wächst komplett untergetaucht, nur die Blüten erscheinen über Wasser. Die Art kann auch in kalkreichen Gewässern gedeihen. Dann findet man oft Kalkabscheidungen an den Blättern. Diese entstehen durch chemische Reaktionen, wenn die Pflanze in Wasser gelöstes Kalziumhydrogenkarbonat als Kohlendioxidquelle für die Fotosynthese nutzt.
MERKMALE Bis zu 3 m, Blütezeit Juni–Sept., mehrjährig. Wasserpflanze, in 1–5 m Tiefe. Untergetauchte Blattquirle meist mit 4 Blättern, Fiederabschnitte der Blätter meist gegenständig, haarförmig, borstig, obere Tragblätter der Blüten ungeteilt. Aus dem Wasser ragende Blütenähren, 5–20 cm lang. Windbestäubung.
VORKOMMEN Kalk- und nährstoffreiche, auch stark belastete, langsam fließende oder stehende Gewässer. Ganz Europa.

3 | Moschuskraut
Adoxa moschatellina
(Moschuskrautgewächse)

WOHLRIECHEND Die welkenden Blätter verströmen einen leichten Moschusduft, weshalb die Pflanze früher zwischen die Wäsche gelegt wurde. Die Früchte duften nach Erdbeeren und werden v. a. von Schnecken ausgebreitet, die sie fressen und die Samen dann ausscheiden.
MERKMALE 5–15 cm hoch, Blütezeit März–Mai, mehrjährig. Pflanze zart. Stängel aufrecht, weich, rund. Grundblätter lang gestielt, in der Stängelmitte ein gegenständiges Blattpaar, hellgrün, beim Zerreiben schwacher Moschusduft. Blüten in würfelförmigem Köpfchen, grünlich.
VORKOMMEN Laub- und Mischwälder, nährstoffreiche, lehmige Böden. Nordhalbkugel.

4 | Wald-Bingelkraut
Mercurialis perennis
(Wolfsmilchgewächse)

ZAUBERPFLANZE DER ALCHEMISTEN »Bingelkraut« leitet sich wohl von »pinkeln« ab: Die Pflanze wirkt harntreibend. Vergiftet sich Vieh mit Bingelkraut, so färbt sich der Harn rotblau. Das Grün der Pflanze ändert sich beim Trocknen in ein metallartig schimmerndes Blauschwarz. Die Alchemisten des Mittelalters dachten deshalb, die Pflanze könne dabei helfen, Quecksilber (Mercurium) in Gold zu verwandeln.
MERKMALE 15–30 cm, Blütezeit April–Mai, mehrjährig. Stängel stumpf 4-kantig, aufrecht, unverzweigt, behaart. Vermehrung durch Ausläufer. Blätter eiförmig lanzettlich. Blüten 2–4 mm, gelbgrün, weibliche Blüte mit dickem Fruchtknoten, 2 Narben, männliche Blüte mit bis zu 20 Staubblättern. Meist zwei-, seltener einhäusig. Wächst oft in großen Gruppen, meist viele männliche und wenige weibliche Pflanzen. Das **EINJÄHRIGE BINGELKRAUT** *(Mercurialis annua)* ist verzweigt und blüht später im Jahr. **GIFTIG!**
VORKOMMEN Wälder mit krautreichem Unterwuchs, Gebüsche. Zeigt Sickerwasser an. An eher schattigen Standorten in fast ganz Europa.

1

2

3

4

1 | Zypressen-Wolfsmilch
Euphorbia cyparissias
(Wolfsmilchgewächse)

PILZ VERWANDELT IHR AUSSEHEN In Beständen der Zypressen-Wolfsmilch stehen relativ häufig Exemplare, die man für eine andere Art halten könnte. Sie sind gelbgrün, wachsen schlank und unverzweigt in die Höhe, blühen nicht und tragen auf den Unterseiten der Blätter orangefarbene Pusteln. Es sind Pflanzen der Zypressen-Wolfsmilch, die vom Erbsenrost-Pilz befallen sind. Dieser kann die Pflanze so beeinflussen, dass sie ihr Aussehen vollständig verändert.
MERKMALE 15–30 cm, Blütezeit April–Aug., mehrjährig. Unter dem Blütenstand nicht blühende Seitentriebe. Blätter wechselständig, zahlreich, schmal linealisch, ungestielt, bis zu 3 cm lang (**1A**). Blüten in vielstrahligen Scheindolden (**1B**), Hochblätter gelb, später rot, Nektardrüsen sichelförmig, 2-hörnig. Früchte mit warziger Oberfläche. **GIFTIG!**
VORKOMMEN Magere Weiden und Rasen über Kalkgestein, Wege, Wegraine, Böschungen, Ödflächen. Ganz Europa.

2 | Kleine Wolfsmilch
Euphorbia exigua
(Wolfsmilchgewächse)

MIT WOLFSMILCH GEGEN FEINDE Alle Arten der Gattung führen giftigen Milchsaft (»Wolfsmilch«). Wird die Pflanze verletzt, tritt er aus und dient als Wundverschluss und Fraßschutz. Früher hat man Warzen mit dem Milchsaft behandelt. Er ist aber eventuell krebserregend und reizt Haut und Schleimhäute. Auf keinen Fall darf er mit den Augen in Kontakt kommen. Für eine Selbstmedikation ist er nicht geeignet!
MERKMALE Bis zu 20 cm, Blütezeit Mai–Juli, einjährig. Pflanze stark verzweigt. Blätter graugrün, linealisch, zugespitzt, bis zu 4 mm breit. Hochblätter schmal lanzettlich, ähnlich den anderen Blättern, Drüsen des Hüllbechers sichelförmig und gelb. Glatte Früchte, bis etwa 2 mm lang. **GIFTIG!**
VORKOMMEN Besonders auf Weizenfeldern, v.a. in Kalkgebieten, Lehm- und Basenzeiger. In Europa verbreitet, fehlt im nördlichen Tiefland.

3 | Sonnenwend-Wolfsmilch
Euphorbia helioscopia
(Wolfsmilchgewächse)

FOLGT DER SONNE Die Blütenstände dieser Art richten sich nach der Sonne aus. Die Pflanze stammt vermutlich aus dem Mittelmeergebiet und wanderte schon in der Jungsteinzeit als Kulturbegleiter nach Mitteleuropa ein.
MERKMALE Bis zu 40 cm, Blütezeit Juni–Sept., meist einjährig. Blätter länglich, verkehrt eiförmig, im vorderen Bereich fein gesägt, Spitze abgerundet. Scheindolde meist 5-strahlig, Hochblätter grün, rundlich ovale, gelbe Nektardrüsen. Früchte bis zu 3 mm lang, ohne Warzen. **GIFTIG!**
VORKOMMEN Lehm- und Nährstoffzeiger, Äcker, Ruderalstandorte. Ganz Europa.

4 | Garten-Wolfsmilch
Euphorbia peplus
(Wolfsmilchgewächse)

DIE BLÜTEN SIND NUR SCHEIN Die Wolfsmilch-Arten haben Scheinblüten, die wie normale Blüten wirken, jedoch aus mehreren stark vereinfachten Einzelblüten bestehen. Die Hochblätter umgeben je eine weibliche Einzelblüte und mehrere männliche Blüten sowie Nektar produzierende Drüsen. Die süße Belohnung lockt v. a. Ameisen und Bienen als Bestäuber an.
MERKMALE Bis zu 25 cm hoch, Blütezeit Juli–Okt., einjährig. Pflanze kahl. Blätter bis zu 2 cm lang, verkehrt eiförmig, ganzrandig, mit stumpfer Spitze, meist kurz gestielt. Blütenstand mit gabelig verzweigten Strahlen, Tragblätter breit lanzettlich, Nektardrüsen gelb und sichelförmig. Fruchtkapseln glatt, mit 3 Flügelleisten. **GIFTIG!**
VORKOMMEN Ackerwildkraut und in Gärten, auf nährstoffreichen, meist kalkfreien Böden. In Europa weit verbreitet.

1A

2

1B

3

4

1 | Kleine Wasserlinse
Lemna minor
(Wasserlinsengewächse)

ALS ENTENGRÜTZE BEKANNT Wasserlinsen können sich sehr schnell vermehren, indem sie sich teilen und Tochtersprosse ausbilden. So können sie unter günstigen Bedingungen in 1–2 Tagen ihre Masse verdoppeln.
MERKMALE 0,2–0,6 cm, Blütezeit April–Juni, mehrjährig. Schwimmpflanze. Sprossglieder 2–4 mm lang, 1–3 mm breit, beiderseits flach, mit je einer 1–4 cm langen Wurzel, einzeln oder zu 2–6 aneinanderhängend. Blüten selten, in Blütenständen mit 1 Fruchtknoten und 2 Staubgefäßen in einer seitlichen Tasche.
VORKOMMEN In nährstoffreichen, oft verschmutzten, stehenden und langsam fließenden Gewässern. Sehr häufig.

2 | Echtes Seegras
Zostera marina
(Seegrasgewächse)

TREIBGUT V. a. nach Sturm findet man häufig ausgerissenes Seegras am Strand. Früher wurde es als Polstermaterial für Matratzen verwendet.
MERKMALE Bis zu 1 m, Blütezeit Juni–Sept., mehrjährig. Unter Wasser wachsend und blühend, grasähnlich. Wurzel im Schlick kriechend.
VORKOMMEN Im Küstenbereich von Nord- und Ostsee, bildet in 3–5 m Tiefe submarine Wiesen. **SELTEN**.

3 | Meer-Dreizack
Triglochin maritima
(Dreizackgewächse)

»RÖHRKOHL« Die auch als Strand-Dreizack bekannte Art ist in Norddeutschland ein traditionelles Frühjahrsgemüse.
MERKMALE 10–60 cm, Blütezeit Mai–Sept., mehrjährig. Binsenartige Pflanze. Blätter fleischig, bis zu 5 mm breit, halbstielrund, lineal. Blüten bis zu 4 mm, in dichter Traube. Chlorgeruch. Ähnlich dem **SUMPF-DREIZACK** *(Triglochin palustre)*. Dieser hat schmalere Blätter und wächst in Flach- und Quellmooren. **ESSBAR.**
VORKOMMEN Salzwiesen an Nord- und Ostsee, küstennahe salzhaltige Marschen, punktuell an Salzstellen im Binnenland.

4 | Schwimmendes Laichkraut
Potamogeton natans
(Laichkrautgewächse)

LAICHPLATZ FÜR FISCHE Die Oberfläche der schwimmenden Blätter weist durch einen Ölfilm das Wasser ab. In den dichten Beständen legen Fische gern ihren Laich ab.
MERKMALE 60–150 cm, Blütezeit Mai–Aug., mehrjährig. Wasserpflanze. Stark verzweigter Wurzelstock. Untergetauchte Blätter blattstielartig, nur im Frühjahr, Schwimmblätter länglich oval, herzförmiger Grund, bis zu 12 cm lang, 7 cm breit. Blüten grün, in aufrechter Ähre über dem Wasser. Bei dem ähnlichen **KRAUSEN LAICHKRAUT** *(Potamogeton crispus)* alle Blätter untergetaucht, Blattrand wellig kraus.
VORKOMMEN Weiher, Tümpel, Seebuchten, Altwässer. Oft zwischen anderen Schwimmblattpflanzen wie Seerosen. Ganz Europa. **SELTEN**.

5 | Kanadische Wasserpest
Elodea canadensis
(Froschbissgewächse)

WURDE ZUR PLAGE Die Pflanze wurde vor ca. 150 Jahren aus Nordamerika eingeschleppt und hat sich vielerorts zu einer Plage entwickelt.
MERKMALE Bis zu 3 m, Blütezeit Mai–Aug., mehrjährig. Wasserpflanze mit im Boden wurzelndem stark verzweigtem Stängel. Blätter linealisch bis länglich lanzettlich, bis zu 13 mm lang, 5 mm breit, zu 3 quirlständig (**5A**). Zweihäusig, Blüten weißlich, ca. 5 mm groß, an 2–15 cm langen Stielen auf dem Wasser schwimmend (**5B**). Die **SCHMALBLÄTTRIGE WASSERPEST** *(Elodea nuttallii)* ist ähnlich, hat aber schmalere Blätter.
VORKOMMEN In stehenden und fließenden Gewässern. Überall häufig. Invasiv.

1
2
3
4
5A
5B

1 | Kalmus
Acorus calamus
(Kalmusgewächse)

EINE DER ÄLTESTEN BEKANNTEN HEILPFLANZEN Kalmus wird sowohl in altpersischen Schriften als auch im Alten Testament erwähnt. Nach Europa gelangte er im 16. Jahrhundert. Im Wurzelstock sind v. a. Bitterstoffe und ein ätherisches Öl enthalten. Er wird zu Appetit und Verdauung fördernden Bitterschnäpsen verarbeitet.
MERKMALE 60–120 cm, Blütezeit Juni–Juli, mehrjährig. Wurzelstock kriechend, stark verzweigt. Blätter schmal schwertförmig, quer gewellt, bis zu 15 mm breit. Blüten zwittrig, auf grünlichem, bis zu 8 cm langem, schräg stehendem Kolben, dieser von einem in Fortsetzung des Stängels aufragenden Hüllblatt überragt. **GIFTIG!**
VORKOMMEN Sümpfe, Ufer stehender oder langsam fließender, nährstoffreicher Gewässer an wärmeren Standorten. Fast ganz Europa.

2 | Gewöhnlicher Aronstab
Arum maculatum
(Aronstabgewächse)

HÜLLBLATT BILDET KESSELFALLE Das Hüllblatt entfaltet sich am Abend, der Kolben verströmt einen harnartigen Geruch und lockt kleine Schmetterlingsmücken an. Diese rutschen in den Kessel und bestäuben die weiblichen Blüten. Die Staubbeutel der männlichen Blüten öffnen sich erst später. Reusenblüten halten die Mücken im Kolben gefangen und entlassen sie, mit Blütenstaub bepudert, erst am nächsten Abend – rechtzeitig, um in den nächsten Kessel zu fallen.
MERKMALE 15–40 cm, Blütezeit April–Juni, mehrjährig. Unterirdische Knolle. Blätter pfeilförmig, dunkelgrün, oft dunkler gefleckt, bis zu 30 cm lang, 10 cm breit. Kolbenförmiger, oben dunkelvioletter Blütenstand, von bleichgrünem, tütenförmigem Hochblatt (Spatha) umhüllt. Frucht orangerote, ca. 7 mm große Beere. **GIFTIG!**
VORKOMMEN Krautreiche Laubwälder, Auenwälder, Hecken. Auf nährstoffreichen Böden an schattigen Standorten. Mittel- und Südeuropa.

3 | Sumpfcalla, Schlangenwurz
Calla palustris
(Aronstabgewächse)

SCHÖNHEIT IM SUMPF Der Name *Calla* leitet sich von griech. *kallos* = Schönheit ab und bezieht sich auf das auffällige, weiße Hochblatt, das direkt unter dem Blütenkolben sitzt. Der schlangenförmige Wurzelstock, der für den zweiten deutschen Namen der Pflanze (Schlangenwurz) verantwortlich ist, enthält Stärke. Früher verfütterte man ihn an Schweine.
MERKMALE 15–30 cm, Blütezeit Mai–Sept., mehrjährig. Kriechender, stark verzweigter Wurzelstock. Blätter rundlich herz- bis nierenförmig, bis zu 11 cm lang. Blüten meist zwittrig, in grüner Ähre, darunter weißes, außen grünliches, 6–7 cm langes Hochblatt (**3A**). Frucht rote, etwa 5 mm große Beere (**3B**). **GIFTIG!**
VORKOMMEN Ufer von Teichen, Waldtümpeln, Weihern, Mooren. An eher schattigen Standorten. Nord- und Mitteleuropa. **GESCHÜTZT.**

4 | Amerikanischer Stinktierkohl
Lysichiton americanus
(Aronstabgewächse)

WIRD BIS ZU 80 JAHRE ALT Die aus Nordamerika stammende Art ist bei uns aus Gärten verwildert. In Feuchtwäldern kann der Stinkkohl große Flächen bedecken und seltene Arten wie Torf- und Lebermoose oder Orchideen verdrängen. Allerdings scheint sich die langsam wachsende Art bei uns nicht über längere Strecken ausbreiten zu können, sodass sie in der Gruppe der invasiven Neophyten eine Sonderrolle einnimmt.
MERKMALE Bis zu 1,5 m, Blütezeit März–Mai, mehrjährig. Kriechender Wurzelstock. Blattstiel dick, Blattspreite lederig, einfach, bis zu 70 cm lang. Blüten in kolbenförmigem Blütenstand, von leuchtend gelbem Hochblatt (Spatha) umhüllt. Frucht grünlich, ca. 7 mm große Beere.
VORKOMMEN Sumpf- und Feuchtgebiete auf sauren Böden, v. a. in Wäldern. Neophyt in Europa. Invasiv.

1

2

3A

3B

4

1 | Ästiger Igelkolben
Sparganium erectum
(Igelkolbengewächse)

SCHWIMMENDE FRÜCHTE Die reifen Früchte können bis zu 12 Monate im Wasser schwimmen und so auch weit entfernte Standorte erreichen.
MERKMALE 30–50 cm, Blütezeit Juni–Aug., mehrjährig. Wasserpflanze. Kriechender Wurzelstock. Stängel steif aufrecht, hin und her gebogen. Grundständige Blätter gekielt, bis zu 20 mm breit, deutlich länger als der Stängel. Blütenstand mit 2–5 Ästen in den Achseln langer Tragblätter, mit je 1–3 unteren weiblichen und 6–9 oberen männlichen Köpfchen.
VORKOMMEN Im Röhricht stehender oder fließender, nährstoffreicher Gewässer, auf humusreichen Schlammböden. Ganz Europa.

2 | Breitblättriger Rohrkolben
Typha latifolia
(Rohrkolbengewächse)

NAHRHAFTE WURZELN Früher verfütterten Bauern die stärkereichen Wurzeln an Schweine oder verwendeten sie in Notzeiten zum Strecken von Mehl.
MERKMALE 1–3 m, Blütezeit Juli–Aug., mehrjährig. Lange Ausläufer. Stängel steif aufrecht, mit blaugrünen, 10–20 mm breiten, bis zu 3 m langen Blättern, die den Blütenstand meist überragen. Blüten getrenntgeschlechtig, in übereinander angeordneten, sich meist berührenden 10–20 cm langen, 15–25 mm dicken Kolben, männliche oben, weibliche darunter. **ESSBAR**.
VORKOMMEN Röhricht stehender bis schwach fließender, nährstoffreicher Gewässer. Kann große, dichte Gruppen bilden. Fast ganz Europa.

3 | Einbeere
Paris quadrifolia
(Wachsliliengewächse)

STREITAPFEL In der griechischen Mythologie musste der Jüngling Paris den Zank um den »Erisapfel« entscheiden. Er war dabei von 4 Gott-heiten umgeben, ähnlich wie bei der Einbeere die Blüte oder Beere von 4 Blättern umgeben ist.
MERKMALE 10–30 cm, Blütezeit Mai–Juni, mehrjährig. Meist 4 breit elliptische, quirlig angeordnete Blätter. Blüte 2–4 cm, einzeln, endständig, meist 4 grüne äußere und 4 gelbliche innere Blütenblätter. Frucht ca. 1 cm große, schwarzblaue Beere. **GIFTIG!**
VORKOMMEN Krautreiche, feuchte Mischwälder, Auwälder. Europa, Westasien.

4 | Großes Zweiblatt
Listera ovata
(Orchideengewächse)

UNGEWÖHNLICHE BESTÄUBUNG Berührt ein Insekt eine bestimmte Zone in der Blüte, spritzt ihm ein Tropfen klebriger Flüssigkeit entgegen, an dem dann in einem zweiten Schritt Pakete aus Blütenstaub angeklebt werden.
MERKMALE 20–50 cm, Blütezeit Mai–Juni, mehrjährig. Dicht über dem Boden fast immer mit 2 gegenständigen, eiförmigen, bis zu 10 cm langen, 8 cm breiten Blättern. Blüten grün, 1–2 cm, Lippe ungespornt, bis fast zur Mitte in 2 zungenförmige Lappen gespalten.
VORKOMMEN Laubwälder, Auenwälder, Gebüsche, Bergwiesen. Eher feuchte, nährstoffreiche Böden im Halbschatten. Fast ganz Europa.
GESCHÜTZT.

5 | Nestwurz
Neottia nidus-avis
(Orchideengewächse)

OHNE BLATTGRÜN Die Nestwurz lebt wie andere fast blattgrünfreie Orchideen parasitisch von ihrem Wurzelpilz. Dieser gewinnt Nährstoffe aus zerfallenen pflanzlichen Stoffen.
MERKMALE 20–50 cm, Blütezeit Mai–Juni, mehrjährig. Blätter schuppenartig. Blüten bis zu 2,5 cm, wie die restliche Pflanze gelblich bis hellbraun, Lippe am Ende in 2 Zipfel gespalten.
VORKOMMEN Wälder, schattige Standorte im Humus oder auf Moderholz. Fast ganz Europa.
GESCHÜTZT.

1

2

3

4

5

1 | Riesen-Schwingel
Festuca gigantea
(Süßgräser)

Der Name »Schwingel« bezieht sich auf die im Wind hin und her schwingenden Halme.
MERKMALE 60–150 cm, Blütezeit Juli–Aug., mehrjährig. Rispe bis zu 40 cm lang, schlaff ausgebreitet bis überhängend, Äste weit voneinander entfernt, die beiden untersten ungleich lang.
VORKOMMEN Feuchte Wälder, Waldlichtungen und Kahlschläge. Recht häufig.

2 | Wiesen-Schwingel
Festuca pratensis
(Süßgräser)

Der Wiesen-Schwingel ist eines der besten Futtergräser, deswegen wird er auch oft ausgesät.
MERKMALE 30–100 cm, Blütezeit Juni–Juli, mehrjährig. Weniger derbes Wiesengras. Blätter schmal, schlaff. Auf der untersten Stufe der Rispe kürzerer Ast mit 1, längerer mit 3–4 Ährchen.
VORKOMMEN Wiesen, Weiden, Rasen. Häufig.

3 | Rot-Schwingel
Festuca rubra
(Süßgräser)

Als wertvolles Futtergras liegt der Rot-Schwingel in verschiedenen Sorten vor. Sie sind an unterschiedliche Standorte wie Salzwiesen oder Bergweiden angepasst. Färbt sich nach der Blüte rot.
MERKMALE 30–80 cm, Blütezeit Juni–Juli, mehrjährig. Ausläufer und Horste bildend. Halm und Rispe meist aufrecht. Längster Ast der untersten Rispenstufe halb so lang wie die ganze Rispe.
VORKOMMEN Wiesen, Weiden, lichte Wälder. Sehr häufig.

4 | Schaf-Schwingel
Festuca ovina
(Süßgräser)

Die Art ist sehr formenreich und wird deshalb in viele Kleinarten aufgeteilt.
MERKMALE Bis zu 60 cm, Blütezeit April–Okt., mehrjährig. Dicht horstförmig. Blätter nach oben zusammengerollt, dadurch fadenförmig, nur ca. 0,5 mm breit, am Grund mit sehr schmalen Blatthäutchen und kurzen Öhrchen. Ährchen 3–8-blütig, bis zu 8 mm lang, meist unbegrannt, in wenig verzweigter, bis zu 12 cm langer Rispe.
VORKOMMEN An trockenen, mageren Standorten, Trockenrasen, Wegrändern. Recht häufig.

5 | Ausdauerndes Weidelgras
Lolium perenne
(Süßgräser)

Die auch als Englisches Raygras oder Lolch bekannte Art ist sehr wuchsfreudig Sie ist eines der wichtigsten Weide- und Grünlandgräser.
MERKMALE 10–70 cm, Blütezeit Mai–Aug., mehrjährig. Lockere Horste, Ausläufer. Blätter unbehaart, 2–4 mm breit, an der Basis mit kurzen Öhrchen, etwa 1 mm langes, abgestutztes Blatthäutchen. Ährchen abgeflacht, etwa 1 cm lang, 6–10-blütig, unbegrannt, 2-zeilig mit der Schmalseite zur Achse in einer Ähre angeordnet.
VORKOMMEN Weiden, Grünland. Sehr häufig.

6 | Wiesen-Knäuelgras
Dactylis glomerata
(Süßgräser)

Das Gras ist besonders bei früher Mahd ein ertragreiches Futtergras, Bauern schätzen es aber auch auf Weiden und als Bodenbefestiger. Es ist ergiebig und nährstoffreich. Allerdings kann es sich auf stark gedüngten Weiden so stark ausbreiten, dass Wiesenblumen verdrängt werden.
MERKMALE 50–120 cm, Blütezeit Juni–Sept., mehrjährig. Oft dicht horstförmig. Blätter graugrün, unterseits gekielt, bis zu 45 cm lang, 14 mm breit, am Grund ein bis zu 5 mm langes, gezähntes Blatthäutchen. Ährchen 3–5-blütig, 5–9 mm lang, geknäuelt an den Enden wenig verzweigter, fast waagerechter Äste einer 3-eckigen Rispe.
VORKOMMEN Auf nährstoffreichen Böden, Wiesen, an Wegrändern. Überall häufig.

1
2
3
4
5
6

1 | Einjähriges Rispengras
Poa annua
(Süßgräser)

UNSER HÄUFIGSTES GRAS Das Einjährige Rispengras ist als Kulturbegleiter weltweit verbreitet. Es vermag selbst auf stark verdichteten Böden zu wachsen und ist ein typischer Vertreter der sogenannten Trittgesellschaften.
MERKMALE 5–25 cm, Blütezeit ganzjährig, einjährig. Niedrig, büschelig. Halme niederliegend oder aufsteigend, oft an den Knoten wurzelnd und neue Triebe bildend, etwas zusammengedrückt. Rispe locker, etwas einseitswendig.
VORKOMMEN Garten- und Ackerunkraut, Weiden, Wege. Sehr häufig.

2 | Wiesen-Rispengras
Poa pratensis
(Süßgräser)

Die Art ist eines der wichtigsten Gräser der Grünlandbewirtschaftung. Wie beim Rot-Schwingel (S. 736) gibt es viele Kultursorten.
MERKMALE 10–50 cm, Blütezeit Mai–Juni, mehrjährig. Mit Ausläufern. Blätter mit abgestutztem, etwa 1 mm langem Blatthäutchen. Ährchen 2–5-blütig, bis zu 6 mm lang, unbegrannt, in reichblütigen, pyramidenförmigen Rispen. Das sehr ähnliche und ebenfalls sehr häufige **GEWÖHNLICHE RISPENGRAS** *(P. trivialis)* hat ein über 5 mm langes, spitzes Blatthäutchen.
VORKOMMEN Auf nährstoffreichen Böden, an Wegrändern, Weiden. Überall sehr häufig.

3 | Hain-Rispengras
Poa nemoralis
(Süßgräser)

Dieses Gras wächst im Wald an lichteren und auch häufiger dem Wind ausgesetzten Stellen.
MERKMALE 30–80 cm, Blütezeit Juni–Juli, mehrjährig. Spreite der Stängelblätter in auffälliger Weise schräg abstehend (»Wegweisergras«). Rispe ausgebreitet, Ährchen grünlich.
VORKOMMEN Lichte Laubmischwälder. Häufig.

4 | Alpen-Rispengras
Poa alpina
(Süßgräser)

Bei dieser Art bilden sich im Blütenbereich Jungpflänzchen, die aber nicht aus den Samen, sondern aus Knospenanlagen hervorgehen. Diese Viviparie genannte Form der vegetativen Vermehrung ist eine Anpassung an die kurze Vegetationsperiode im Hochgebirge.
MERKMALE 5–30 cm, Blütezeit Juli–Aug., mehrjährig. Stängelbasis durch Blattscheiden verdickt. Rispenäste waagerecht abstehend. An Ährchen Jungpflanzen bildend (**4**).
VORKOMMEN Viehweiden der subalpinen Stufe. In den Alpen weit verbreitet.

5 | Gewöhnlicher Salzschwaden
Puccinellia distans
(Süßgräser)

Diese salzliebende Art breitet sich im Binnenland immer weiter aus: Früher gab es sie fast nur in der Umgebung von Salinen, heute findet sie sich immer häufiger an Autobahnen, wo sie auf den mit dem Spritzwasser der Auftausalze besprühten Rändern wächst.
MERKMALE 20–50 cm, Blütezeit Juli–Okt., mehrjährig. Pflanze ohne Ausläufer. In der untersten Stufe des Blütenstandes 4–5 Rispenäste.
VORKOMMEN An den Küsten verbreitet, im Binnenland regional sich ausbreitend.

6 | Andel
Puccinellia maritima
(Süßgräser)

Das Gras ist die Charakterart der Andelwiesen, die in den Salzwiesen landeinwärts auf die Quellerflächen (S. 712) folgen. Es trägt zur Befestigung des Marschvorlandes bei.
MERKMALE 20–60 cm, Blütezeit Juli–Sept., mehrjährig. Pflanze mit Ausläufern. In der untersten Stufe des Blütenstandes 2 Rispenäste.
VORKOMMEN Salzwiesen der Nord- und Ostseeküste. Verbreitet.

1

2

3

4

5

6

1 | Weide-Kammgras
Cynosurus cristatus
(Süßgräser)

Die Art ist als Futtergras wenig ergiebig. Das Vieh verschmäht im Sommer die zähen, drahtigen Halme, sodass die Früchte ausreifen können.
MERKMALE 30–60 cm, Blütezeit Juni–Juli, mehrjährig. Kleine Horste. Blütenstand schmal, dicht, Ährchen 2-reihig, einem Kamm vergleichbar.
VORKOMMEN Fettweiden, Fettwiesen und Trittrasen vom Tiefland bis in die Alpen. Häufig.

2 | Mittleres Zittergras
Briza media
(Süßgräser)

Die nickenden Ährchen dieses dekorativen Grases bewegen sich im leichtesten Lufthauch. Das Zittergras eignet sich gut für Trockensträuße.
MERKMALE 20–50 cm, Blütezeit Mai–Juni, mehrjährig. Durch unterirdische Ausläufer Rasen bildend. Blätter unbehaart, bis zu 4 mm breit, an der Basis mit ca. 1 mm langem, abgestutztem Blatthäutchen. Ährchen 3–12-blütig, 4–7 mm lang, breit förmig und abgeflacht, nickend in einer Rispe mit waagerechten Ästen.
VORKOMMEN Auf eher trockenen, mageren Böden, Magerwiesen, Trockenrasen. Meist nicht selten.

3 | Acker-Windhalm
Apera spica-venti
(Süßgräser)

Die Art ist v. a. in Roggenfeldern ein sehr lästiges Unkraut, muss aber nicht unbedingt mit Herbiziden bekämpft werden. Für die Umwelt unproblematischer ist es, den Acker-Windhalm durch Kalkung zurückzudrängen. Der Name »Windhalm« bezieht sich auf die im Wind wogenden Rispen.
MERKMALE 30–100 cm, Blütezeit Juni–Juli, einjährig. Meist in kleinen Horsten wachsend. Blätter flach, unbehaart, bis zu 25 cm lang, 9 mm breit, am Grund mit bis zu 6 mm langem Blatthäutchen. Ährchen 1-blütig, etwa 3 mm lang, mit bis zu 10 mm langer, im unteren Teil geknickter Granne, zu vielen in reich verzweigter, bis zu 25 cm hoher Rispe.
VORKOMMEN Meist in Getreidefeldern, auf sandigen oder lehmigen Böden. Fast überall häufig.

4 | Nickendes Perlgras
Melica nutans
(Süßgräser)

Das Gras ist in artenreichen Buchenwäldern oft bestandsbildend.
MERKMALE 30–60 cm hohes Gras, Blütezeit Mai–Juni, mehrjährig. Unterirdische Grundachse. Blätter bis zu 20 cm lang, 6 mm breit, locker behaart, kurze Blatthäutchen. Ährchen bräun- oder rötlich, 2–3-blütig, 6–7 mm lang, nickend in einseitswendigen Trauben.
VORKOMMEN In nährstoff- und kalkreichen Wäldern. Im Süden häufig, im Norden zerstreut.

5 | Einblütiges Perlgras
Melica uniflora
(Süßgräser)

MERKMALE 30–50 cm, Blütezeit Mai–Juni, mehrjährig. Ähnlich der vorigen Art, aber Ährchen jeweils mit nur einer fertilen Blüte (Name!), perlenartig wirkend.
VORKOMMEN Wälder, auf kalk- und nährstoffreichen Böden. Verstreut, im Norden häufiger.

6 | Wasser-Schwaden
Glyceria maxima
(Süßgräser)

Dieses Gras ist im Röhricht oft bestandsbildend. Massenvorkommen deuten auf Verschmutzung und Überdüngung des Wasser hin. Die Halme werden als Reet zum Dachdecken verwendet.
MERKMALE 80–250 cm, Blütezeit Juni–Aug., mehrjährig. Stängel aufrecht, rohrartig. Blatthäutchen bis zu 3 mm lang. Bis zu 50 cm lange, ährchenreiche Rispen, 5–8 Blüten je Ährchen.
VORKOMMEN Ufer und Gräben. Im Norden häufig, im Süden regional verbreitet.

1
2
3
4
5
6

1 | Weiche Trespe

Bromus hordeaceus
(Süßgräser)

Die Weiche Trespe liefert nur wenig und nährstoffarmes Futter, zudem sterben die Blätter schon früh ab. Die Art ist als Garten- und Ackerunkraut verbreitet.
MERKMALE 20–80 cm, Blütezeit Mai–Aug., einjährig. Blattscheiden und Ährchen weich behaart (Name!). Rispe steif aufrecht, wenig verzweigt.
VORKOMMEN Wiesen, Wegränder, Raine sowie Schutt, auf offenen, nährstoffreichen Böden. Überall häufig.

2 | Aufrechte Trespe

Bromus erectus
(Süßgräser)

Das Gras gehört zum klassischen Inventar extensiv (mit Schafen) beweideter Kalkmagerrasen. Es geht stark zurück, sobald Magerrasen in Viehweiden umgewandelt werden.
MERKMALE 40–120 cm, Blütezeit Juni–Juli, mehrjährig. Horstbildend. Blätter am Rand bewimpert, 1–3 mm langes, gezähntes Blatthäutchen. Ährchen 2–4 cm lang, mit 2–8 mm langen Grannen, in Rispe mit aufrechten Ästen.
VORKOMMEN Auf kalkreichen, mehr oder weniger trockenen Böden, v. a. Magerrasen.

3 | Taube Trespe

Bromus sterilis
(Süßgräser)

Die Art erinnert etwas an Hafer (griech. *bromos*), aber im Vergleich dazu wirken die Ährchen der Tauben Trespe flach, taub oder steril – daher der Name –, obwohl sie das natürlich nicht sind.
MERKMALE 30–80 cm, Blütezeit Mai–Juni, einjährig. Äste der großen Rispe allseits ausgebreitet, Grannen 15–40 mm lang.
VORKOMMEN Wege, Mauern, Ödland, Schutt. Weit verbreitet, allerdings nicht in feucht-kühlen Landstrichen.

4 | Wald-Zwenke

Brachypodium sylvaticum
(Süßgräser)

Das Gras zeigt gute Waldböden mit ausgezeichneter Humuszersetzung an. Im Gegensatz zur nachfolgenden Art bildet es keine Ausläufer.
MERKMALE 60–100 cm, Blütezeit Juli–Aug., mehrjährig. Blätter schlaff, behaart. Einfache, lockere Traube, Ährchen länger als 2 cm, fast parallel zur Blütenstandsachse, lange Grannen.
VORKOMMEN Kalk- und nährstoffreiche Laubmisch- und Auenwälder. Außer im Nordwesten verbreitet.

5 | Fieder-Zwenke

Brachypodium pinnatum
(Süßgräser)

Die Art ist auf Kalkmagerrasen zu finden, die durch extensive Beweidung offen gehalten werden.
MERKMALE 30–120 cm, Blütezeit Juni–Aug., mehrjährig. Kurze, stark verzweigte Ausläufer. Blätter gelbgrün, bewimpert, am Grund mit bis 3 mm langem, abgestutztem Blatthäutchen. Blüten in aufrechter Ähre aus 6–8 2-zeiligen, 8–22-blütigen, kurz begrannten Ährchen.
VORKOMMEN Trockene, meist kalkreiche Stellen, Trockenrasen, Wegränder. Im südlichen und mittleren Deutschland recht häufig.

6 | Salz-Schlickgras

Spartina anglica
(Süßgräser)

Das Salz-Schlickgras entstand ohne menschliches Zutun aus der Kreuzung zweier Schlickgräser an der englischen Kanalküste.
MERKMALE 30–130 cm, Blütezeit Juli–Okt., mehrjährig. Dichte Horste (6a) mit dicken, fleischigen Ausläufern. Halme von den Blattscheiden umhüllt. Blütenstand bis zu 20 cm lang, aus 2–9 dicken, steif aufrechten Ähren (**6B**).
VORKOMMEN Im Wattenmeer in der Quellerzone, in Salzwiesen. Zur Landgewinnung an der Nordseeküste eingebürgert. Invasiv.

1

2

3

4

5

6A

6B

1 | Strandroggen
Leymus arenarius, Elymus arenarius
(Süßgräser)

Die auch »Blauer Helm« genannte Art wird zur Dünenbefestigung angepflanzt. Sie durchzieht den Sand mit ihren Wurzeln und legt ihn fest.
MERKMALE 60–100 cm, Blütezeit Juni–Aug., mehrjährig. Dünengras mit langen Ausläufern. Halm dick, aufrecht. Blattspreite blau bereift, 1–2 cm breit, kahl, mit stechender Spitze.
VORKOMMEN Sandböden, v. a. Dünen an der Nord- und Ostsee.

2 | Kriechende Quecke
Elymus repens, Agropyron repens
(Süßgräser)

Der englische Kräuterarzt John Gerard (1597) nannte die Quecke einen »unwillkommenen Gast« auf den Feldern, dessen »medizinische Tugenden« das aber wettmachen: Die Queckenwurzel hilft bei Entzündungen der Harnwege.
MERKMALE 30–150 cm, Blütezeit Juni–Aug., mehrjährig. Weit kriechende Grundachse. Blätter am Grund mit unter 1 mm breitem Blatthäutchen und langen, spitzen Öhrchen. Blüten in ca. 10 cm langen Ähren, Ährchen 3–8-blütig, flach, quer zur Ährenspindel 2-zeilig angeordnet, Deckspelzen höchstens mit kurzer Granne.
VORKOMMEN Unkrautfluren, Gärten, Äcker, Flussufer. Überall sehr häufig.

3 | Gewöhnlicher Glatthafer
Arrhenatherum elatius
(Süßgräser)

Kennzeichnende Art der Glatthafer-Wiesen. Dank des hohen Ertrags eignet sie sich als Mähfutter.
MERKMALE 50–150 cm, Blütezeit Juni–Sept., mehrjährig. In lockeren Horsten wachsend. Blätter bis zu 40 cm lang, 5–10 mm breit, 1–3 mm langes Blatthäutchen. Ährchen 2-blütig, 6–10 mm lang, mit geknieter, 10–20 mm langer Granne, in schmalen, bis zu 30 cm langen, oft etwas überhängenden Rispen.
VORKOMMEN Auf mäßig trockenen bis etwas feuchten, nährstoffreichen Böden, v. a. auf Wiesen. Überall häufig.

4 | Wiesen-Goldhafer
Trisetum flavescens
(Süßgräser)

Die Art ist das wichtigste Mähgras des Berglands. Es wird durch mäßige Düngung gefördert und häufig angebaut.
MERKMALE 30–80 cm, Blütezeit Mai–Sept., mehrjährig. Rispen bis zu 20 cm lang, locker ausgebreitet, Ährchen eiförmig, blass- bis goldgelb.
VORKOMMEN Auf Bergwiesen häufig und bestandsbildend, Kalkböden. Im Norden z.T. fehlend.

5 | Mäuse-Gerste
Hordeum murinum
(Süßgräser)

Fragmente der reifen Ähren verhaken sich im Fell von Tieren und werden so verbreitet.
MERKMALE 30–60 cm, Blütezeit Juni–Okt., einjährig überwinternd. Horste bildend. Blätter am Grund mit knapp 1 mm langem Blatthäutchen und sichelförmigen, stängelumgreifenden Öhrchen. Blüten in bis 10 cm langen Ähren, Ährchen 1-blütig, je 3 nebeneinander, Deckspelzen mit bis zu 30 mm langer Granne.
VORKOMMEN Meist an Schuttplätzen, Wegrändern, im Siedlungsbereich.

6 | Flug-Hafer
Avena fatua
(Süßgräser)

Dieses Gras ist ein stark ertragsminderndes Unkraut in Getreidefeldern, v. a. im Saat-Hafer.
MERKMALE 60–120 cm, Blütezeit Juni–Aug., einjährig. Haferähnlich. Rispe mit zahlreichen, später hängenden Ästen, Ährchen 3-blütig, mit bis zu 4 cm langen Grannen.
VORKOMMEN Getreideäcker, v. a. im Wintergetreide auf basenreichen Böden. V. a. im Süden verbreitet.

1
2
3
4
5
6

1 | Rasen-Schmiele

Deschampsia cespitosa
(Süßgräser)

Auf Kahlschlägen kann dieses Gras die Wiederaufforstung behindern. Vieh meidet es aufgrund der scharfen Blattränder.

MERKMALE 40–120 cm, Blütezeit Juni–Aug., mehrjährig. Bultartige Horste. Blattspreiten auf der Unterseite rau, mit 6 in der Durchsicht weißen Rillen (1b). Rispen reich verzweigt, bis 30 cm, Rispenäste rau, abstehend, quirlig angeordnet (1a).

VORKOMMEN Wälder, nasse Wiesen. Häufig.

2 | Draht-Schmiele

Deschampsia flexuosa, Avenella flexuosa
(Süßgräser)

Die auch als »Hungergras« bekannte Art zeigt magere Böden an. An besonders schattigen Standorten wie beispielsweise in Fichtenwäldern bildet sie oft dichte Rasen, kommt aber dort nicht zur Blüte. Der Name »Schmiele« – die Schmale – beschreibt die dünnen Blätter dieses Grases.

MERKMALE 30–70 cm, Blütezeit Juni–Juli, mehrjährig. Horstbildend. Blätter borstenförmig, bis zu 20 cm lang, 0,3–0,8 mm breit, ca. 1 mm langes Blatthäutchen. Ährchen 2-blütig, 4–6 mm lang, 4–7 mm lang begrannt, in sehr lockerer Rispe, bis zu 15 cm lang, 10 cm breit, Rispenäste geschlängelt.

VORKOMMEN Auf sauren, nährstoffarmen Böden, oft in lockeren Nadelwäldern, auf Heideflächen. Meist recht häufig, in Kalkgebieten selten.

3 | Gewöhnliches Ruchgras

Anthoxanthum odoratum
(Süßgräser)

GIBT DEM HEU SEINEN DUFT Die Art verdankt ihren Namen dem Geruch nach Waldmeister, den sie nach dem Trocknen verströmt. Somit ist dieses Gras verantwortlich für den typischen, angenehmen Duft von Heu. Als besonders früh blühendes Gras ist das Gewöhnliche Ruchgras zur Heuernte bereits verblüht.

MERKMALE 20–50 cm, Blütezeit April–Juni, mehrjährig. Rispen sehen aus wie eiförmige »Ähren«. Frühe Blütezeit! **GIFTIG!**

VORKOMMEN Auf sauren Böden in Wiesen, Weiden, lichten Laubwäldern. Häufig.

4 | Wolliges Honiggras

Holcus lanatus
(Süßgräser)

Der Name nimmt auf den süßen Geschmack der Halme Bezug. Das Gras hat aber nur geringen Nährwert und gilt daher als Weideunkraut.

MERKMALE 20–100 cm, Blütezeit Juni–Juli, mehrjährig. In Horsten oder lockeren Rasen. Blätter flach, dicht behaart, bis zu 20 cm lang, 10 mm breit, am Grund mit 1–4 mm langem Blatthäutchen. Ährchen 2-blütig, meist rosa überlaufen, länglich eiförmig und bis zu 6 mm lang, etwa 2 mm lang begrannt, in bis zu 20 cm langen, nur zur Blütezeit ausgebreiteten, sonst zusammengezogenen Rispen.

VORKOMMEN An etwas feuchten Stellen auf Wiesen, an Waldrändern. Überall häufig.

5 | Rotes Straußgras

Agrostis capillaris, Agrostis tenuis
(Süßgräser)

Dieses anspruchslose Gras spielt v. a. im Gebirge eine Rolle als Futtergras. Als Pionier kann es sogar Rohböden besiedeln. Die Art ist über die gesamte nördliche gemäßigte Zone verbreitet.

MERKMALE 20–50 cm, Blütezeit Juni–Juli, mehrjährig. Rasenbildend. Blatthäutchen höchstens 2 mm lang. Zarte, rotviolett überlaufene Rispen, Rispenäste oft geschlängelt, im stumpfen Winkel ausgebreitet, Ährchen meist unbegrannt. Das ebenfalls sehr häufige und anspruchslose ähnliche **6 WEISSE STRAUSSGRAS** *(A. stolonifera)* hat ein mindestens 5 mm langes Blatthäutchen, die Ährchen sind begrannt.

VORKOMMEN Wiesen, lichte Wälder, Wegränder, Lichtungen, meist auf basenärmeren Böden, auch Rohhumus. Überall sehr häufig.

1A
2
3
1B
5
6
4

1 | Silbergras
Corynephorus canescens
(Süßgräser)

Mit seinem dichten Wurzelwerk festigt das Silbergras erosionsgefährdete Sandflächen.
MERKMALE 10–35 cm, Blütezeit Juni–Aug., mehrjährig. Horstbildend. Blätter graugrün, ziemlich steif, zusammengerollt, etwa 6 cm lang, 0,5 mm breit. Ährchen 2-blütig, ca. 4 mm lang, keulenförmige, kurze Grannen, in schmalen, nur zur Blütezeit ausgebreiteten silbergrauen Rispen.
VORKOMMEN Auf kalkfreien Sandböden, Dünen, in Kieferwäldern. In Küstennähe und im Rhein-Main-Gebiet häufig, sonst selten.

2 | Strandhafer
Ammophila arenaria
(Süßgräser)

Der Strandhafer ist unser wichtigstes Gras für den Dünenschutz. Mit seinen bis zu 5 m langen Wurzeln und Ausläufern hält er den Sand fest.
MERKMALE 60–100 cm, Blütezeit Juni–Juli, mehrjährig. Dünengras. Blattspreite ca. 5 mm breit, Blatthäutchen 1–3 cm lang. Ährenartig gedrungene Rispe.
VORKOMMEN Dünen, Sandstrände. Häufig an Nord- und Ostsee, im Binnenland nur angepflanzt.

3 | Land-Reitgras
Calamagrostis epigejos
(Süßgräser)

Die Art bildet auf offenen Flächen schnell große, dichte Bestände.
MERKMALE 60–150 cm, Blütezeit Juni–Aug., mehrjährig. Weit kriechende, unterirdische Ausläufer. Blätter flach, am Rand sehr rau (schneidend), bis zu 70 cm lang, 2 cm breit, am Grund bis zu 9 mm langes Blatthäutchen. Ährchen 1-blütig, bis zu 7 mm lang, grannenartig zugespitzte Hüllspelzen, in dicht- und reichblütigen Rispen.
VORKOMMEN Meist auf lockeren, sandigen Böden, Wegränder, Lichtungen. Ziemlich häufig.

4 | Rohr-Glanzgras
Phalaris arundinacea
(Süßgräser)

Rohrglanzglas eignet sich wie Schilf und Wasser-Schwaden (S. 740) als Dachbedeckung.
MERKMALE 50–200 cm, Blütezeit Juni–Aug., mehrjährig. Unterirdische Ausläufer. Blätter blaugrün (4a), bis zu 30 cm lang, 15 mm breit, am Grund mit 3–6 mm langem, meist stark zerschlitztem Blatthäutchen. Ährchen 1-blütig, dicht geknäuelt in zur Blütezeit ausgebreiteter 10–20 cm langer, gelblich grüner, meist rot überlaufener Rispe (4b).
VORKOMMEN An Ufern, auf Feuchtwiesen, in Auwäldern. Fast überall häufig.

5 | Gewöhnliches Schilf
Phragmites australis
(Süßgräser)

Schilf kommt bis in 2 m Wassertiefe vor und trägt mit seinen Ausläufern zur Uferbefestigung bei.
MERKMALE 1–4 m, Blütezeit Juli–Sept., mehrjährig. Ober- und unterirdische Ausläufer. Halm aufragend, bis zu 2 cm dick. Blätter blaugrün, flach, am Rand schneidend, bis zu 30 cm lang, 3 cm breit, am Grund mit Haarkranz. Ährchen 3–6-blütig, 10–15 mm lang, in 20–50 cm langer, vielblütiger, oben etwas überhängender Rispe.
VORKOMMEN Meist in dichten Beständen in Röhrichten, feuchten Wäldern. Überall häufig.

6 | Gewöhnliches Pfeifengras
Molinia caerulea
(Süßgräser)

Die fast knotenfreien Halme wurden früher zum Pfeifenreinigen verwendet.
MERKMALE 30–200 cm, Blütezeit Juli–Sept., mehrjährig. Horstbildend. Stängel am Grund verdickt, darüber 1–3 Knoten, sonst knotenfrei. Blätter blaugrün, flach, bis zu 40 cm lang, 3–10 mm breit. Ährchen 1–4-blütig, 4–9 mm lang, in bis zu 40 cm langen Rispen, Staubbeutel purpurfarben.
VORKOMMEN Meist auf nährstoffarmen Mooren, Heiden, auch auf recht trockenen Böden.

1

2

3

4A

4B

5

6

1 | Wiesen-Lieschgras
Phleum pratense
(Süßgräser)

Diese aus Amerika stammende Art wurde als wertvolles Futtergras bei uns eingeführt.
MERKMALE 40–150 cm, Blütezeit Juni–Aug., mehrjährig. Blätter oberseits rau, bis zu 40 cm lang, 10 mm breit, 2–5 mm langes, zugespitztes oder abgestutztes Blatthäutchen. Ährchen 1-blütig, 3–4 mm lang, seitlich bewimpert, mit 2 1–2 mm langen Grannen, in sehr dichter, fester, walzenförmiger, 8–15 cm langer Ährenrispe.
VORKOMMEN Auf nährstoffreichen Wiesen und Weiden. Überall sehr häufig.

2 | Wiesen-Fuchsschwanz
Alopecurus pratensis
(Süßgräser)

Dieses Gras ist eines der besten Futtergräser. Es ist sehr frosthart und zudem für einen frühen Schnitt besonders gut geeignet.
MERKMALE 30–120 cm, Blütezeit April–Juli, mehrjährig. Lockere Rasen. Blätter etwas rau, bis zu 40 cm lang, 10 mm breit, abgestutztes, bis zu 2,5 mm langes Blatthäutchen. Ährchen 1-blütig, 4–6 mm lang, fein behaart, Granne 4–6 mm lang, in dichter, recht weicher, zylindrischer, 3–12 cm langer Ährenrispe. Die Ährchen lassen sich gegen die Wuchsrichtung leicht abstreifen, beim Wiesen-Lieschgras ist dies nicht möglich.
VORKOMMEN Auf nährstoffreichen, feuchten Wiesen. Sehr häufig.

3 | Borstgras
Nardus stricta
(Süßgräser)

Dieses »Hungergras« zeigt Rohhumus an, zu dessen Zersetzung es beiträgt.
MERKMALE 10–30 cm, Blütezeit Mai–Juni, mehrjährig. Graugrünes Horstgras. Halme von gelben Blattresten des Vorjahrs umhüllt. Ähre zur Blütezeit sehr schlank, Ährchen einseitswendig, spreizen nach der Blüte ab.
VORKOMMEN Auf stark sauren, nährstoffarmen Böden auf Bergwiesen und -weiden, Heiden, austrocknenden Hochmooren. Im Gebirge oft bestandsbildend, sonst selten.

4 | Waldhirse
Milium effusum
(Süßgräser)

Die Waldhirse ist trotz des Namens nicht näher mit der Echten Hirse verwandt.
MERKMALE 40–60 cm, Blütezeit Mai–Juli, mehrjährig. Lockere Horste bildend. Blätter flach, unbehaart, bis zu 30 cm lang, 15 mm breit, 3–10 mm langes Blatthäutchen, zugespitzt. Ährchen 1-blütig, bis zu 3 mm lang, eiförmig, in reichblütigen, bis über 30 cm langen Rispen, dünne, zur Reifezeit herabhängende Äste.
VORKOMMEN In Laub- und Nadelmischwäldern auf nährstoffreichen Böden, v.a. im Schatten. Fast überall recht häufig.

5 | Federgras
Stipa pennata
(Süßgräser)

Die Federhaare der langen Granne sind zur Blüte anliegend, spreizen sich bei fruchtenden Ährchen ab und lassen die v. a. in Steppen großflächigen Bestände im Wind hin und her wogen. Reife Früchte trägt der Wind davon. Nehmen sie Feuchtigkeit auf, dreht sich die Granne und bohrt die gelandete Frucht in den Boden.
MERKMALE 40–100 cm, Blütezeit Mai–Juni, mehrjährig. Horstförmig. Blätter bis zu 2 mm breit, meist nach oben eingerollt, Rand rau, Blatthäutchen bis zu 5 mm lang. Ährchen 1-blütig, bis zu 2,5 cm lang, Hüllspelzen mit bis zu 7 cm langer Granne, Deckspelze mit bis zu 40 cm langer, federartig behaarter Granne, wenig verzweigte Rispe.
VORKOMMEN Steinige, warme Kalkböden, v. a. auf Trockenrasen, Felssteppen. Bei uns nur im Rhein-Main-Gebiet, an Saale und Donau. Selten, im Mittelmeergebiet und in den südosteuropäischen Steppengebieten häufiger. **GESCHÜTZT.**

1

2

3

4

5

1 | Flatter-Binse
Juncus effusus
(Binsengewächse)

FLECHTMATERIAL Das weiße Mark lässt sich leicht aus den Stängeln lösen. Früher fand es als Lampendocht Verwendung. Zudem eignen sich die Stängel für Flechtarbeiten.
MERKMALE 30–100 cm, Blütezeit Juni–Aug., mehrjährig. Wurzelstock kriechend. Stängel in dichten Horsten, zylindrisch pfriemenförmig, am Grund mit 5–8 scheidenförmigen Niederblättern, unter dem Blütenstand mit 30–60 feinen Längsrillen. Blüten in lockerer, vielästiger Spirre in der Achsel eines bis zu 30 cm langen Hüllblatts.
VORKOMMEN Meist auf kalkarmen, aber nährstoffreichen Böden, z.B. Feuchtwiesen, an feuchten Wegrändern. Fast überall häufig.

2 | Blaugrüne Binse
Juncus inflexus
(Binsengewächse)

MERKMALE 30–60 cm, Blütezeit Juni–Aug., mehrjährig. Ähnlich der Flatter-Binse (**1**), aber mit blaugrünen, harten Stängeln. Mark treppenartig unterbrochen.
VORKOMMEN Feuchte Weiden, meist verdichtete, basenreiche, oft kalkhaltige Lehmböden.

3 | Zarte Binse
Juncus tenuis
(Binsengewächse)

KLEBT AN FÜSSEN Die Art stammt aus Nordamerika. Sie trat erstmals 1824 in Belgien auf und breitete sich rasch in Europa aus. Die Samen quellen bei Regen froschlaichartig auf und bleiben an Schuhen und Tierfüßen haften, sodass die Pflanze v. a. entlang von Wegen verbreitet wird.
MERKMALE 15–40 cm, Blütezeit Juni–Sept., mehrjährig. Stängel am Grund mit braunen Scheiden, oft kürzer als die aufrechten, zarten Grundblätter. Spirre fast doldenförmig zusammengezogen, mit z. T. verlängerten Hauptästen, kürzer als die 2 Tragblätter.
VORKOMMEN Wege, Heiden und (Salz-)Wiesen, frische bis nährstoffreiche Böden. Häufig.

4 | Kröten-Binse
Juncus bufonius
(Binsengewächse)

Diese Binse wächst dort, wo sich auch Kröten gern aufhalten – an feuchten Orten. Die in Europa heimische Art ist heute weltweit verbreitet.
MERKMALE 10–30 cm, Blütezeit Juni–Sept., einjährig. Stängel beblättert, vom Grund an büschelig verzweigt. Blätter grasartig, 1–12 cm lang. Blütenstand eine Spirre mit schräg aufragenden Zweigen, Blüten grünlich, einzeln oder einander genähert.
VORKOMMEN An Ufern, auf feuchten Wegen, Äckern, auf offenen und nährstoffreichen, aber meist kalkarmen Böden. Überall ziemlich häufig.

5 | Glieder-Binse
Juncus articulatus
(Binsengewächse)

MERKMALE 20–60 cm, Blütezeit Juli–Sept., mehrjährig. Blätter quer gefächert (= gegliedert). Blütenstand deutlich endständig, jedes Blütenbüschel mit 3–10 Blüten.
VORKOMMEN Nasse Wiesen, Sümpfe, Grabenränder. Häufig.

6 | Feld-Hainsimse
Luzula campestris
(Binsengewächse)

Die Früchte der Feld-Hainsimse schmecken süß, daher heißt sie auch »Hasenbrot«.
MERKMALE 10–30 cm, Blütezeit März–Mai, mehrjährig. Grasartig, mit Ausläufern. Blätter 2–4 mm breit, am Rand dicht weiß bewimpert. Blüten in 5–10-blütigen, kugeligen bis eiförmigen, dunkelbraunen Ährchen, zu 3–8 in doldenartigem, endständigem Blütenstand.
VORKOMMEN Saure, trockene bis frische Böden, z. B. Wegränder, Magerrasen. Ziemlich häufig.

1
2
3
4
5
6

1 | Weiße Hainsimse
Luzula luzuloides
(Binsengewächse)

WICHTIG FÜR DEN WALD In Buchenwäldern spielt die Art eine wichtige ökologische Rolle, weil unter ihren trockenen Blättern das welke Laub der Streuschicht nicht fortgeweht werden kann und so in Zersetzung übergeht.
MERKMALE 30–70 cm, Blütezeit Mai–Juli, mehrjährig. Blätter 3–5 mm breit, am Rand dicht bewimpert. Blütenstand von Hüllblättern überragt, reich verzweigt (1a), Blüten in Büscheln zu 2–6, Blütenblätter meist weiß (1b), selten braun.
VORKOMMEN Artenarme, bodensaure Wälder. Verbreitet.

2 | Wald-Hainsimse
Luzula sylvatica
(Binsengewächse)

Im Naturgarten ist diese Art ein dekorativer Bodendecker, v. a. im Schatten und auf der Nordseite von Gebäuden. Diese Hainsimse wird vom Wild nicht gern gefressen.
MERKMALE 30–80 cm, Blütezeit Mai–Juli, mehrjährig. Ähnlich der Weißen Hainsimse (**1**), aber Blätter bis zu 1 cm breit, Blütenstand nicht von Hüllblättern überragt, Blütenblätter braun.
VORKOMMEN Bodensaure Standorte in Wäldern und Gebüschen, v. a. im Gebirge.

3 | Haar-Hainsimse
Luzula pilosa
(Binsengewächse)

Die Blüten der Hainsimsen sind windblütig. Die Samen haben ein ölhaltiges Anhängsel und werden durch Ameisen verbreitet.
MERKMALE 15–30 cm, Blütezeit März–Mai, mehrjährig. Blätter bis zu 10 cm lang, 1 cm breit, mit auffälligen weißen Haaren. Blütenstand verzweigt, mit einzeln stehenden Blüten an langen Ästen.
VORKOMMEN Wälder, Wiesen, Gebüsche, Waldwiesen, lehmhaltige Böden. Häufig.

4 | Wald-Simse
Scirpus sylvaticus
(Sauergräser)

Früher wurde die Art zum Flechten von Körben und Matten verwendet. Außerdem eignet sie sich als Streu in Ställen.
MERKMALE 30–100 cm, Blütezeit Mai–Aug., mehrjährig. Stängel 3-kantig, beblättert. Blütenstand eine locker ausgebreitete Spirre aus zahlreichen Köpfchen, die aus je 3–5 Ähren bestehen.
VORKOMMEN Nasse, nährstoffreiche Wiesen, Flachmoore, Bruch- und Auenwälder.

5 | Gewöhnliche Teichsimse
Schoenoplectus lacustris
(Sauergräser)

BIOLOGISCHE KLÄRANLAGE Die Art wächst bis in 4 m Wassertiefe. Sie dient als Uferbefestigung sowie zur biologischen Gewässerreinigung.
MERKMALE 80–300 cm, Blütezeit Juni–Aug., mehrjährig. Unterirdische Ausläufer. Stängel aufrecht, bis zu 15 mm dick, an der Basis mit 2–12 kurzen Blättern. Blüten in einer Spirre mit teils mehr als 100 Ährchen, Ährchen 1 cm lang, 3 Narben. Blütenstand in der Achsel eines etwa gleich langen Hüllblatts, das den Stängel nach oben fortsetzt.
VORKOMMEN Am Ufer stehender und langsam fließender Gewässer. Verbreitet, recht häufig.

6 | Gewöhnliche Strandsimse
Bolboschoenus maritimus
(Sauergräser)

Da die Art unempfindlich gegenüber Salzwasser ist, ist sie in Flussmündungen eine gute Bodenbefestigungs- und Verlandungspflanze.
MERKMALE 30–100 cm, Blütezeit Juni–Aug., mehrjährig. Stängel scharf 3-kantig. Ährchen länglich eiförmig, 1–2 cm lang, zu 5–10 in kopfigem Büschel.
VORKOMMEN In Meeresnähe und auf salzhaltigen Böden (Bergbau) sehr häufig. Verbreitet an Rhein, Elbe, Werra-Weser und im Ruhrgebiet.

1A

1B

2

3

4

5

6

1 | Gewöhnliche Sumpfbinse

Eleocharis palustris
(Sauergräser)

Mit ihren im Schlamm kriechenden Wurzeln ist die Art eine Pionierpflanze auf zeitweilig trocken fallenden Standorten.
MERKMALE 10–60 cm, Blütezeit Mai–Aug., mehrjährig. Weit kriechender Wurzelstock. Blätter scheidenförmig, an der Stängelbasis. Stängel rund, graugrün, mit endständigem, dunkelbraunem Ährchen, dieses an der Basis mit 2 blütenlosen Hüllspelzen. Weibliche Blüten mit 2 Narben.
VORKOMMEN Am Ufer stehender und langsam fließender Gewässer. Verbreitet, fast überall häufig.

2 | Weißes Schnabelried

Rhynchospora alba
(Sauergräser)

Die Lebensräume dieser Art gehen stark zurück, sodass das Weiße Schnabelried immer seltener wird.
MERKMALE 15–40 cm, Blütezeit Juli–Aug., mehrjährig. In lockeren Rasen wachsend. Blätter gelbgrün, linealisch, 1–2 mm breit. Ährchen 2-blütig, 4–5 mm lang, weiß, später rötlich, Blütenstand aus einer breiten endständigen und mehreren lang gestielten seitenständigen, knäuelig verdichteten Spirren.
VORKOMMEN In Hoch- und Zwischenmoorschlenken, an Heide- und Moorgewässern. In Norddeutschland teils nicht selten, nach Süden deutlich seltener.

3 | Schmalblättriges Wollgras

Eriophorum angustifolium
(Sauergräser)

Nach Torfmoosen (S. 848) sind Wollgräser am stärksten an der Torfbildung beteiligt. Aus den verwitternden Blattscheiden entsteht »Fasertorf«.
MERKMALE 20–60 cm, Blütezeit April–Mai, mehrjährig. In lockeren Rasen, mit langen Ausläufern. Blätter rinnig gekielt. Blütenstand mit 3–6 lang gestielten, 2 cm langen Ährchen, haarförmige Blütenhülle, fruchtende Ährchen mit langen Haaren, bilden weißen, 2–3 cm großen Haarschopf.
VORKOMMEN Flachmoore, Sumpfwiesen, Moorseen. Verbreitet, aber durch Entwässerung im Rückgang.

4 | Scheidiges Wollgras

Eriophorum vaginatum
(Sauergräser)

»KOPFKISSEN DES ARMEN MANNES« Die Früchte werden durch Wasser, v. a. aber durch Wind verbreitet. Die Haare dienen dabei als Flugorgan. Früher wurden sie als Kissenfüllung verwendet.
MERKMALE 30–70 cm, Blütezeit März–April, mehrjährig. Dichte Polster bildend. Grundständige Blätter borstenförmig, Stängelblätter auf die aufgeblasenen Blattscheiden reduziert. Blüten in einem endständigen, ca. 2 cm langen Ährchen, haarförmige Blütenhülle, fruchtende Ährchen mit langen Haaren, bilden weißen, 2–3 cm großen Haarschopf.
VORKOMMEN In Hochmooren und Sümpfen. In Norddeutschland, im Süden viel seltener.

5 | Erdmandel

Cyperus esculentus
(Sauergräser)

GEFÜRCHTETES ACKERUNKRAUT Die Erdmandel wird wegen ihrer haselnussartig schmeckenden Wurzelknollen in Spanien angebaut. In Mitteleuropa breitet sie sich seit den 1970er-Jahren als schwer zu bekämpfendes Unkraut in Hackfruchtkulturen und Maisfeldern aus.
MERKMALE 10–60 cm, Blütezeit Juli–Sept., mehrjährig. Unterirdische Ausläufer mit erbsengroßen Knollen. Stängel 3-kantig. Blätter 5–10 mm breit. Blütenstand mit 4–10 Ästen, am Ende mit jeweils zahlreichen Ähren. Mehrere lange Hochblätter. **ESSBAR**.
VORKOMMEN Mais- und Hackfruchtäcker auf trockenen bis frischen, kalkarmen, basenreichen Böden. Invasiv.

1

2

3

4

5

1 | Sand-Segge
Carex arenaria
(Sauergräser)

Die Sprosse treiben aus unterirdischen Ausläufern aus und stehen in regelmäßigen Abständen in einer Linie. Duftet beim Zerreiben aromatisch.
MERKMALE 10–50 cm, Blütezeit Mai–Juni, mehrjährig. Kriechender Wurzelstock. Stängel 3-kantig. Blätter 3–4 mm breit, rinnig, starr. Blütenstand 4–6 cm lang, untere Ährchen weiblich, mittlere zwittrig, obere männlich.
VORKOMMEN Heiden, Dünen, auf Sandböden. West-, Nord- und Mitteleuropa.

2 | Rispen-Segge
Carex paniculata
(Sauergräser)

Die bis über 1 m hohen Bulten können gebietsweise landschaftsprägend sein.
MERKMALE 40–100 cm, Blütezeit Mai–Juni, mehrjährig. Bildet dichte Bulten. Blätter grau-grün, am Rand rau, 3–6 mm breit. Blütenstand 5–10 cm lange Rispe mit bis zu 8 cm langen Ästen, zahlreiche gemischtgeschlechtige Ährchen. Fruchtschläuche eiförmig, 2,5–3 mm lang, mit 2-zähnigem Schnabel und 2 Narben.
VORKOMMEN Meist auf Feuchtwiesen, am Rand von Mooren. Nicht selten.

3 | Wiesen-Segge
Carex nigra
(Sauergräser)

Diese Art ist sehr variabel und tritt bei uns in mindestens 15 Formen auf.
MERKMALE 10–30 cm, Blütezeit April–Juni, mehrjährig. Stängel scharf 3-kantig, nach oben zu rau. Blätter bis zu 4 mm breit, meist graugrün, aufrecht. Blütenstand mit eingeschlechtigen Ährchen, 2–4 untere weibliche, 1–2 obere männliche. Fruchtschläuche 2 mm lang, kurz geschnäbelt, 2 Narben.
VORKOMMEN Nasse Wiesen, Gräben, Ufer. Sehr häufig vom Tiefland bis in die Hochalpen.

4 | Wald-Segge
Carex sylvatica
(Sauergräser)

MERKMALE 20–70 cm, Blütezeit Mai–Juni, mehrjährig. In Rasen wachsend. Stängel 3-kantig, bis etwa zur Mitte beblättert. Blätter hellgrün, schlaff, 3–8 mm breit. Blütenstand mit 1–2 männlichen und 2–6 lang gestielten, schmal zylindrischen weiblichen Ährchen, diese zunächst aufrecht, zur Fruchtzeit nickend. Fruchtschläuche eiförmig, 4–5 mm lang, mit 2 mm langem, 2-spitzigem Schnabel und 3 Narben.
VORKOMMEN Leicht feuchte, nährstoffreiche, meist schattige Waldstellen, buchenreiche Laubwälder. Meist recht häufig.

5 | Blaugrüne Segge
Carex flacca
(Sauergräser)

Die Blätter können als Bastersatz zum Aufbinden von Nutzsträuchern genutzt werden.
MERKMALE 20–50 cm, Blütezeit Mai–Juni, mehrjährig. Lange Ausläufer. Stängel stumpf 3-kantig, nur unten beblättert. Blätter blaugrün, am Rand rau, 2–6 mm breit. Blütenstand aus 1–4 männlichen und ebenso vielen weiblichen Ährchen, diese zylindrisch, lang gestielt, meist 2–3 cm lang. Fruchtschläuche eiförmig, sehr kurz geschnäbelt, 2–3 mm lang, mit 2–3 Narben.
VORKOMMEN In Feuchtgebieten. Überall häufig.

6 | Hirse-Segge
Carex panicea
(Sauergräser)

MERKMALE 15–60 cm, Blütezeit Mai–Juni, mehrjährig. Lockere Rasen, Ausläufer. Stängel 3-kantig. Blätter 1–5 mm breit, an der Spitze rau. Blütenstand locker, oberstes Ährchen männlich, aufrecht, bis 2 cm lang, darunter 1–3 weibliche Ährchen, bis 3 cm lang. Fruchtschläuche eikugelig, bis zu 4 mm lang, kurz geschnäbelt, 3 Narben.
VORKOMMEN Nasse Wiesen, Ufer, Moore. Sehr häufig vom Tiefland bis in die Alpen.

1
2
3
4
5
6

1 | Weiß-Tanne
Abies alba
(Kieferngewächse)

Zapfen aufrecht

ZWEIFELHAFTER RUHM Die Tanne ist der bekannteste Baum des Waldsterbens. Sie reagiert empfindlicher auf Umweltveränderungen als die Fichte, ist aber durch ihre Pfahlwurzel weniger windempfindlich. Ihr Holz schwindet beim Trocknen kaum und ist daher ein ideales Bauholz.
MERKMALE Bis ca. 50 m, Blütezeit Mai–Juni, Baum. Gerader, kräftiger Stamm, Äste fast waagerecht oder herunterhängend, nur im Gipfelbereich aufrecht (**1A**). Borke graubraun. Nadeln flach, biegsam, stumpf, oberseits dunkelgrün, unten mit 2 hellen Streifen, bis zu 3 cm lang (**1B**). Zapfen hellbraun, bis zu 10 cm lang, aufrecht, Samen- und Deckschuppen lösen sich bei der Reife einzeln ab.
VORKOMMEN Bergland, etwas feuchte Standorte, kalkhaltiger und kalkarmer Boden. Weit verbreitet, aber örtlich stark zurückgegangen.

2 | Fichte
Picea abies
(Kieferngewächse)

Zapfen hängend

FÄLLT BEI STURM SCHNELL UM Fichten wurden lange Zeit in dichten Monokulturen gezogen. In diesen Forsten breiten sich aber Schädlinge wie etwa Borkenkäfer stark aus. Mittlerweile pflanzt man sie vermehrt in Mischkulturen mit anderen Bäumen. Fichten sind Flachwurzler. So gedeiht der Baum zwar bei geringer Bodenauflage, verliert allerdings bei Sturm schnell seinen Halt.
MERKMALE Bis ca. 50 m, Blütezeit April–Juni, Baum. Stamm gerade, säulenförmig. Krone gleichmäßig kegelförmig, Äste abstehend, meist hängend. Rinde bräunlich kupferfarben, fein geschuppt, löst sich nur wenig ab. Nadeln schraubig angeordnet, bis zu 2,5 cm lang, stechend spitz, 4-kantig (**2A**). Einhäusig, windblütig, junge männliche Blüten rot, weibliche hellrot bis hellgrün, in aufrechten Zapfen. Fruchtzapfen hängend, bis zu 16 cm lang (**2B**).
VORKOMMEN Heimat Nordeuropa, Gebirge Mitteleuropas. In tieferen Lagen oft Forstbaum.

3 Stech-Fichte
Picea pungens
(Kieferngewächse)

AUF DEN FAHNEN VON UTAH UND COLORADO Der auch als Blaufichte bekannte Baum ist der »Landesbaum« der amerikanischen Bundesstaaten Utah und Colorado. V. a. die blaugrüne Sorte ist ein beliebter Zier- und Weihnachtsbaum.
MERKMALE Bis zu 35 m, Blütezeit Mai–Juni, Baum. Regelmäßig kegelförmige Krone, Äste starr, in dichten Quirlen. Rinde grau, rötlich getönt, bei älteren Bäumen mit glatten Rissen. Nadeln bis zu 3 cm lang, oft gebogen, stechend spitz. Einhäusig, windblütig, männliche Blüten anfangs rötlich, später gelb oder hellbraun, weibliche Blütenstände braunorange. Zapfen hängend, 6–10 cm lang, hellbraun.
VORKOMMEN Stammt aus den mittleren USA. In Mittel- und Nordeuropa als Zierbaum.

4 | Sitka-Fichte
Picea sitchensis
(Kieferngewächse)

VIELSEITIG VERWENDBAR Das stabile, aber leichte Holz der Sitka-Fichte lässt sich vielseitig verwenden. Früher spielte es eine große Rolle im Flugzeugbau. Auch Lindberghs Flugzeug »Spirit of St. Louis« bestand in wesentlichen Teilen aus diesem Holz.
MERKMALE 15–35 m hoch, Blütezeit Mai, Baum. Krone breit kegelförmig, Äste aufstrebend, später waagerecht. Nadeln 1,5–2,5 cm lang, unten silbrig weiß, oben glänzend grün, Spitze stechend, Nadeln rings um den Zweig. Zapfen hängend, bis zu 8 cm lang.
VORKOMMEN Heimat Westküste Nordamerikas. In Nordwesteuropa als Forstbaum, seltener in Parks.

1A

1B

2A

2B

3

4

1 | Wald-Kiefer
Pinus sylvestris
(Kieferngewächse)

FÜR TISCH, STUHL UND BETT Durch die sehr tief reichenden Wurzeln kommt die Wald-Kiefer gut mit Trockenheit zurecht. Die oft großen Bestände, v. a. in Ostdeutschland, sind im Sommer durch Brände gefährdet. Der Baum gehört zu den wichtigsten Nutzholzarten Europas und Asiens. Sein Holz eignet sich für Möbel sowie für Fenster und Türen und für den Innenausbau.
MERKMALE Bis zu 30 m, Blütezeit Mai–Juni, Baum. Krone schmal kegel- bis schirmförmig, Stamm meist schlank (**1A**). Borke besonders oben rotbraun bis rostrot. Blaugrüne Nadeln in Bündeln zu zweit, 3–7 cm lang, meist um die eigene Achse gedreht. Männliche Blüten hellgelb (**1B**), weibliche hell- oder tiefrot, Zapfen aufrecht. Reife Zapfen hängend, 3–6 cm lang, am Grund meist schief, reifen erst im 2. Jahr, geöffnet mit zurückgebogenen, weit klaffenden Schuppen (**1C**).
VORKOMMEN Von Schottland bis zur Mongolei und von Finnland bis zum Mittelmeer.

2 | Berg-Kiefer
Pinus mugo
(Kieferngewächse)

VON IHR STAMMT DAS LATSCHENKIEFERNÖL Die Berg-Kiefer hat sehr elastische Äste. So erträgt sie es, wenn sie an ihrem natürlichen Standort lange und hoch von Schnee bedeckt wird. Das aus dem Baum gewonnene Latschenkiefernöl ist ein beliebtes Heilmittel. Als Inhalation hilft es bei Katarrhen der Luftwege, in Form von Einreibemitteln bei Muskel- und Gelenkschmerzen.
MERKMALE 1–5 m, Blütezeit Mai–Juli, Baum oder Strauch. Bildet mehrere niederliegende oder aufstrebende Stämme. Dunkelgrüne, derbe Nadeln in Bündeln zu zweit, 3–8 cm lang, etwas gekrümmt. Männliche Blüten hellgelb, weibliche karminrot. Zapfen bis zu 7 cm lang, zimtbraun.
VORKOMMEN Gebirge Mitteleuropas. Bildet in den Alpen oberhalb der Waldgrenze den »Krummholzgürtel«.

3 | Schwarz-Kiefer
Pinus nigra
(Kieferngewächse)

LOTET DIE GÜNSTIGSTEN BEDINGUNGEN AUS Die Zapfen der Schwarz-Kiefer öffnen sich bei Trockenheit und schließen sich bei feuchtem Wetter wieder. Dieser Mechanismus sorgt dafür, dass die geflügelten Samen nur dann vom Wind davongeblasen werden können, wenn günstige Flugbedingungen herrschen. Der Name »Schwarz-Kiefer« bezieht sich auf die oft recht dunkle Borke.
MERKMALE Bis zu 40 m, Blütezeit Mai–Juni, Baum. Krone anfangs kegelförmig (**3A**), später breit ausladend, abgerundet. Borke mit tiefen Rissen. Dunkelgrüne Nadeln in Bündeln zu zweit, bis über 10 cm lang. Weibliche Blütenstände sitzen am Ende der Triebe. Zapfen 3–8 cm lang (**3B**), meist eiförmig, reifen erst im 2. Jahr und fallen im folgenden Frühjahr ab.
VORKOMMEN Wild von Südeuropa bis Österreich und in den Karpaten. Nördlich davon als Forstbaum sowie in Gärten und Parks. Invasiv.

4 | Zirbel-Kiefer
Pinus cembra
(Kieferngewächse)

LECKERE SAMEN FÜR MENSCH UND TIER Man kann gelegentlich »Zedernsamen« oder »Zedernnüsse« kaufen. Dabei handelt es sich um die Samenkerne einer Unterart der Zirbel-Kiefer, die in der sibirischen Taiga wächst. Die Zapfen öffnen sich nicht am Baum, sondern fallen als Ganzes ab und werden dann meist von Nagetieren und Vögeln zerlegt.
MERKMALE 10–20 m, Blütezeit Mai–Juli, Baum. Krone anfangs kegelförmig, später breit gerundet, oft unregelmäßig, Äste und Zweige dicht. Dunkelgrüne Nadeln in Bündeln zu fünft, ziemlich steif, 5–8 cm lang. Männliche Blüten hellgelb, weibliche tiefrot. Zapfen eiförmig, 6–8 cm lang, anfangs violett, dann zimtbraun.
VORKOMMEN In Mitteleuropa in den Alpen und Karpaten, in Nordsibirien in der Ebene.

1A

1B

1C

2

3A

3B

4

1 | Weymouths-Kiefer
Pinus strobus
(Kieferngewächse)

DIE KÖNIGIN DER KIEFERN Die Weymouths-Kiefer produziert sehr viel Holz. Sie zählt zu den ertragreichsten Nadelbäumen ihrer Heimat und wird deshalb dort gelegentlich »King of Pine«, »König der Kiefern«, genannt. Die Masten großer Segelschiffe bestanden häufig aus den geraden, sehr belastbaren Stämmen dieser Art, auch Gebäude wurden daraus errichtet.
MERKMALE 20–50 m, Blütezeit Mai–Juni, Baum. Krone locker kegelförmig, im Alter breiter, Äste gehen fast rechtwinklig vom Stamm ab. Blaugrüne Nadeln in Bündeln zu fünft, dünn, biegsam, 7,5–12 cm lang. Zapfen bis zu 20 cm lang, walzenförmig, meist etwas krumm, junge Zapfen am Ende der Zweige.
VORKOMMEN Stammt aus den östlichen USA und Kanada. In Europa als Forstbaum und in Parks. Invasiv.

2 | Gewöhnliche Douglasie
Pseudotsuga menziesii
(Kieferngewächse)

OTTO VON BISMARCK LIESS SIE PFLANZEN Die Douglasie wächst rasch und liefert hartes, dauerhaftes Holz. An gleichen Standorten kann ihr Holz-ertrag doppelt so hoch sein wie der der Fichte (S. 760). Kein Wunder, dass sie bei uns heute die wirtschaftlich bedeutendste ausländische Baum-art ist. Die ersten Samen kamen um das Jahr 1827 durch den schottischen Naturforscher Douglas nach Europa. Ein besonderer Förderer des Anbaus in Deutschland war Reichskanzler Bismarck, der sie ab etwa 1880 vielerorts pflanzen ließ.
MERKMALE 25–50 m, Blütezeit Mai, Baum. Krone kegelförmig, Äste in Quirlen, Stamm gerade. Nadeln 2–4 cm lang, weich, dünn, oben matt dunkelgrün, unten mit 2 weißen Bändern, duften zerrieben nach Zitrone. Männliche Blüten am Ende der Zweige, weibliche Blütenzapfen grünlich, struppig. Zapfen hängend, 5–8 cm lang, Deckschuppen 3-zipflig.
VORKOMMEN Heimisch im westlichen Nordamerika. In Mitteleuropa als Forstbaum, in Gärten und Parks. Invasiv.

3 | Kanadische Hemlocktanne
Tsuga canadensis
(Kieferngewächse)

NORDAMERIKANISCHER PAPIERLIEFERANT Die Kanadische Hemlocktanne ist in kühlen, feuchten Klimalagen ein ergiebiger Holzlieferant. Allerdings ist das Holz weich und wenig dauerhaft. In Nordamerika stellt man deshalb hauptsächlich Kisten und Papier daraus her.
MERKMALE 10–30 m, Blütezeit Mai, Baum. Krone meist breit, unregelmäßig, Gipfeltrieb oft kurz überhängend. Nadeln 1,2–1,8 cm lang, Rand rau, unten mit 2 weißen Bändern, in 2 Zeilen, auf der Zweigoberseite einige kürzere Nadeln. Zapfen hängend, eiförmig, 1,5–2 cm lang.
VORKOMMEN Heimisch im Nordosten Nordamerikas. In Mittel- und Westeuropa in Parks, selten im Forst.

4 Europäische Lärche
Larix decidua
(Kieferngewächse)

IM WINTER WIRD SIE KAHL Die Lärche ist der einzige heimische Nadelbaum, der seine Nadeln im Herbst abwirft. Ihr Holz ist sehr langlebig und widerstandsfähig gegen Pilze, Laugen, Säuren und Wasser. Viele Jahrhunderte wurde es für Wasserrohre verwendet. Heute nutzt man es als Bauholz für Fenster und Türen, für den Innenausbau und für Möbel.
MERKMALE Bis zu 35 m, Blütezeit April–Mai, Baum. Krone gleichmäßig kegelförmig, Äste fast waagerecht bis überhängend, Zweige dünn, von den Hauptästen hängend. Hell- bis dunkelgrüne Nadeln in Büscheln, bis zu 3 cm lang. Männliche Blüten gelblich, weibliche Blüten rotviolett (**4A**). Zapfen bis zu 4 cm lang, braun (**4B**).
VORKOMMEN Wild in den Alpen und Karpaten. Weit verbreitet im Forst, in Parks und Gärten.

1

2

3

4A

4B

1 | Japanische Lärche
Larix kaempferi
(Kieferngewächse)

DIESER BAUM IST DURSTIG Weil die Japanische Lärche viel Wasser benötigt, dringt sie mit ihren Wurzeln tief in den Boden ein. In niederschlagreichen, küstennahen Gebieten Europas wird sie heute regional häufiger gepflanzt als die Europäische Lärche (S. 764). Die Japanische Lärche ist auch widerstandsfähiger gegen Lärchenkrebs, der zu einer Minderung der Holzqualität führt.
MERKMALE 25–30 m, Blütezeit April–Mai, Baum oder Strauch. Krone kegelförmig, im Alter breit, Äste waagerecht abstehend, kräftig. Bläulich grüne Nadeln in Büscheln zu 20–40, bis zu 3,5 cm lang. Männliche Blüten gelb, weibliche Blüten überwiegend gelbgrün. Zapfen bis zu 3,5 cm lang, Rand der Schuppen umgebogen.
VORKOMMEN Stammt aus Japan. In Europa als Forstbaum und in Gärten und Parks.

2 | Gewöhnlicher Wacholder
Juniperus communis
(Zypressengewächse)

EIN STRAUCH GEGEN DEN SCHWARZEN TOD Früher zündete man bei Seuchen Wacholderzweige an und räucherte damit Wohnungen und Ställe aus. Der herbwürzige Rauch sollte Böses aller Art vertreiben. Auch die Wacholder-Früchte enthalten aromatische ätherische Öle und würzen Sauerkraut und Wild. Zu große Mengen davon können jedoch die Niere reizen. Gin, Genever oder Steinhäger erhalten ihren besonderen Geschmack durch die Fruchtdestillate des Wacholders.
MERKMALE 2–10 m, Blütezeit April–Mai, Baum oder Strauch. Wuchs variabel, breit oder säulenförmig, oft mehrstämmig. 3 abstehende Nadeln in einem Quirl, 1–2 cm lang, stechend spitz, oben mit einem weißen Mittelstreif. Männliche Blüten gelblich, weibliche grün, meist auf unterschiedlichen Pflanzen. Junge Zapfen grün. Reife Wacholderbeeren schwarzblau, bereift, erbsengroß. **ESSBAR.**
VORKOMMEN Europa bis Nordchina.

3 | Lawsons Scheinzypresse
Chamaecyparis lawsoniana
(Zypressengewächse)

EDLES HOLZ MIT ZITRONENDUFT Das Holz dieser Art ist hart, fein gemasert und widerstandsfähig gegen Feuchtigkeit. Von etwa 1920 bis nach dem Zweiten Weltkrieg fertigte man aus diesem Holz sogar Trennelemente in Batterien.
MERKMALE 2–35 m, Blütezeit April, Baum. Krone schmal kegelförmig bis zylindrisch, Wipfeltrieb überhängend, Äste waagerecht, vorn meist hängend. Schuppenblätter leicht zugespitzt, unten mit undeutlichen weißen Linien. Männliche Blüten bis zu 5 mm lang, rot. Zapfen anfangs blauweiß bereift, reif rotbraun, verholzt, 0,8–1 cm. Früchte reifen im 1. Jahr. Zerriebene Zweige riechen aromatisch.
VORKOMMEN Stammt aus Nordamerika. In Europa häufig in Zuchtformen in Parks, Gärten und auf Friedhöfen.

4 | Europäische Eibe
Taxus baccata
(Eibengewächse)

HART, ABER ELASTISCH Im Altertum war die Eibe wegen ihrer Giftigkeit den Totengöttern geweiht. Man sah das viele Jahrhunderte alt werdende Gehölz aber auch als Sinnbild für Unsterblichkeit und Wehrhaftigkeit. Eibenholz ist schwer, hart und dabei sehr elastisch. »Ötzi«, der im Gletschereis der Alpen gefundene Steinzeitmensch, hatte einen Bogen aus diesem Holz bei sich.
MERKMALE Bis zu 15 m, Blütezeit März–Mai, Baum oder Strauch. Krone breit kegelförmig, später abgerundet (**4A**). Bildet einen oder auch mehrere Stämme. Nadeln weich, dunkelgrün, in 2 Reihen. Männliche Blüten gelb, weibliche grün. Samen nussartig, von einem roten, fleischigen Samenmantel (**4B**) umgeben, dieser ist der einzige nicht giftige Teil der Pflanze. **GIFTIG!**
VORKOMMEN Wild selten in europäischen Gebirgswäldern. Häufig in Gärten, Parks und auf Friedhöfen. **GESCHÜTZT.**

1

2

3

4A

4B

1 | Rot-Buche
Fagus sylvatica
(Buchengewächse)

DER BAUM DER BÜCHER Ohne die Eingriffe des Menschen in die Natur wäre die Rot-Buche in Mitteleuropa die häufigste Baumart. Ab dem 6. Jahrhundert stellte man aus dem Holz der Rot-Buche Schreibbrettchen her, von denen mehrere zusammengebunden wurden. Darauf geht die Bezeichnung »Buch« zurück.
MERKMALE Bis zu 40 m, Blütezeit April–Mai, Baum. Krone oft hoch gewölbt, je nach Standort breit oder schmäler, Stamm gerade, reicht bis weit in die Krone (**1A**). Borke grau, glatt. Blatt 5–15 cm lang, elliptisch bis eiförmig, Rand schwach wellig. Weibliche Blütenstände aufrecht, männliche Blüten in hängenden Köpfchen (**1B**). 3-kantige Früchte in 4-klappigem Fruchtbecher – die essbaren »Bucheckern«.
VORKOMMEN Heimisch in Wäldern fast ganz Europas. Als Forst- und Parkbaum häufig kultiviert.

2 | Stiel-Eiche
Quercus robur
(Buchengewächse)

DAS HOLZ, AUS DEM DIE SIEGER SIND Die Deutsche Eiche symbolisiert Kraft, Macht, Frieden und Wachstum. Man verwendete ihr Holz für den Schiffbau. Mit Eichenlaub schmückte man bei Wettkämpfen die Häupter der Sieger und das Blatt ziert Wappen und Münzen. Die ältesten Exemplare der Stiel-Eiche zählen bis zu 1000 Jahre.
MERKMALE 20–35 m, Blütezeit April–Mai, Baum. Wuchs breit, eher unregelmäßig, Äste mächtig, weit ausladend, oft knorrig und krumm (**2A**). Blatt 7–15 cm lang, kurz gestielt, jederseits mit 5–7 meist stumpfen Lappen, am Grund mit Öhrchen. Männliche Blüten bilden hängende Kätzchen, weibliche Blütenstände lang gestielt. Frucht (Eichel) bis zu 3,5 cm lang, Fruchtbecher meist zu mehreren an einem langen Stiel (**2B**).
VORKOMMEN In Mitteleuropa weit verbreitet und fast überall häufig. Gehört zu den wichtigsten Forstbäumen.

3 | Trauben-Eiche
Quercus petraea
(Buchengewächse)

DAS FUNDAMENT GROSSER STÄDTE Das gegen Feuchtigkeit nahezu unempfindliche, harte Holz der Trauben-Eiche lieferte über Jahrhunderte dauerhafte Pfähle für Fundamente. So steht manches historische Bauwerk und manche Altstadt – beispielsweise die von Venedig oder Amsterdam – zu großen Teilen auf Eichenstämmen.
MERKMALE 20–30 m, Blütezeit April–Mai, Baum. Stamm geht meist bis zum Wipfel durch, Äste locker, schief aufwärts stehend, kaum knorrig, Krone hoch gewölbt. Blatt 8–12 cm lang, 1–1,5 cm lang gestielt, beiderseits mit 4–9 stumpfen, gleichmäßigen Lappen. Männliche Blüten in lockeren Kätzchen, weibliche Blütenstände kurz gestielt. Eichel bis zu 3 cm lang, sitzt zu einem Viertel im nahezu ungestielten Fruchtbecher.
VORKOMMEN Mitteleuropa bis Kleinasien, v. a. in der Ebene und im Hügelland. Häufig als Forstbaum.

4 | Rot-Eiche
Quercus rubra
(Buchengewächse)

STANDHAFT BEI STURM Für Pilzsucher gelten Eichenwälder allgemein als sehr ergiebig. Angelegte Forste aus der Rot-Eiche dagegen lohnen kaum einen Besuch. Denn in Gemeinschaft mit dieser Eiche leben bei uns nur wenige Pilze. Der Baum wurzelt sehr tief und sorgt so – an Waldränder gepflanzt – für eine gewisse Sturm-sicherheit.
MERKMALE Bis zu 35 m, Blütezeit Mai, Baum. Krone anfangs kegelförmig, später rundlich, Äste breit ausladend, Stamm gerade, reicht meist bis in den Wipfel. Blatt 10–25 cm lang, auf jeder Seite mit 2–6 eckigen, spitzen Lappen. Eichel rundlich bis eiförmig, Fruchtbecher flach, gestielt.
VORKOMMEN Stammt aus dem östlichen Nordamerika. In Mitteleuropa im Forst und in Parks. Invasiv.

1A

1B

2A

2B

3

4

1 | Ess-Kastanie
Castanea sativa
(Buchengewächse)

DARF AUF KEINEM WEIHNACHTSMARKT FEHLEN Noch im 19. Jahrhundert gehörten die Früchte der Ess-Kastanien in vielen Gegenden Südeuropas zu den Grundnahrungsmitteln. Nördlich der Alpen war die Ess-Kastanie vermutlich nicht heimisch, sondern wurde von den Römern zusammen mit Wein und anderen Kulturpflanzen eingeführt.
MERKMALE Bis zu 30 m, Blütezeit Juni, Baum. Krone breit säulenförmig bis kugelig, Stamm oft verdreht. Blatt bis zu 30 cm lang, länglich lanzettlich, Rand grob gesägt, fest, etwas ledrig. Bis zu 15 cm lange Blütenkätzchen mit zahlreichen männlichen Blüten und wenigen weiblichen Blüten. 1–3 braune, glatte Nussfrüchte (Maronen) in stacheliger Fruchthülle. **ESSBAR.**
VORKOMMEN In Wäldern besonders in Südeuropa, in Deutschland in Weinbaugebieten und Parks.

2 | Berg-Ahorn
Acer pseudoplatanus
(Seifenbaumgewächse)

SCHUTZHERR DER MOOSE UND FLECHTEN Berg-Ahorn ist recht unempfindlich gegenüber Spätfrösten und kann in den Alpen Reinbestände bilden. Diese sind wertvolle Standorte für ex-trem gefährdete Moos- und Flechten-Arten, die heute fast nur noch in alpinen Reinluftgebieten vorkommen.
MERKMALE 25–35 m, Blütezeit Mai, Baum. Krone breit kegelförmig bis rundlich (**2A**), Äste kräftig, dicht aufstrebend, auch knorrig. Blatt bis zu 20 cm lang, 5-lappig, Rand unregelmäßig grob gesägt. Viele gelbgrüne Blüten in einer hängenden Traube. Frucht bräunliche Flügelnuss (**2B**), die beiden Flügelfrüchte eines Paars bilden etwa einen rechten Winkel.
VORKOMMEN Heimisch in Schlucht- und Gebirgswäldern Mittel- und Südosteuropas. In Parks und an Straßen häufig.

3 | Spitz-Ahorn
Acer platanoides
(Seifenbaumgewächse)

SPITZE BLÄTTER UND SÜSSER SAFT Die Blätter des Spitz-Ahorns standen wohl Pate, als er und seine Verwandten die Namen *Acer* bzw. Ahorn erhielten. Beides leitet sich vom indogermanischen *ak* ab, das »scharf« oder »spitz« bedeutet. Als Ende des 18. Jahrhunderts Zucker aus Zuckerrohr in Deutschland sehr teuer wurde, zapfte man Spitz-Ahorn-Bäume an. Ihr Saft enthält 3–4 Prozent Zucker. Letztendlich setzte sich aber die Zuckergewinnung aus der Zuckerrübe durch.
MERKMALE 15–30 m, Blütezeit April–Mai, Baum. Krone rund bis breit kegelförmig, besonders im Alter weit ausladend, Äste reich verzweigt. Blätter gegenständig, 12–18 cm lang, meist 5-lappig, Rand mit großen spitzen Zähnen (**3A**), Blattstiel enthält milchigen Saft. Blüten gelbgrün, um 1 cm groß, in aufrechten Büscheln (**3B**). Frucht bräunliche Flügelnuss, Teilfrucht bis zu 5 cm lang und 1,5 cm breit, Flügel schließen stumpfen Winkel ein.
VORKOMMEN Wild in Wäldern Europas, Kleinasiens und im Kaukasus. Gepflanzt in Parks, Gärten und an Straßen.

4 | Feld-Ahorn
Acer campestre
(Seifenbaumgewächse)

HUBSCHRAUBERFRÜCHTE Die kleinste heimische Ahorn-Art liefert besonders hartes Holz, das nach dem Hobeln seidig glänzt. Reife Früchte drehen sich im freien Fall wie Hubschrauber-rotoren und erhöhen so ihre Flugweite.
MERKMALE 5–15 m, Blütezeit Mai–Juni, Baum. Ein- oder mehrstämmig, Krone rundlich bis breit kegelförmig, dicht verästelt. Blatt bis zu 8 cm lang, 3–5-lappig, Lappen stumpf, Rand buchtig. Aufrechte Rispe mit 10–20 gelbgrünen Blüten. Frucht bräunliche, bis zu 3,5 cm lange Flügelnuss, Flügel stehen fast geradlinig auseinander.
VORKOMMEN Besonders in Mitteleuropa wild in Wäldern und Feldgehölzen. Gepflanzt in Gärten und Parks.

1
2A
3A
2B
3B
4

1 | Eschen-Ahorn
Acer negundo
(Seifenbaumgewächse)

REICHE BLÜTENPRACHT Besonders die Blätter, aber auch die männlichen Blütenstände und die Fruchtstände erinnern auf den ersten Blick etwas an eine Esche (S. 788). Die Bäume blühen vor dem Laubaustrieb, besonders die männlichen fallen dann durch ihren Blütenreichtum auf.
MERKMALE 10–20 m, Blütezeit März–April, Baum. Ein- oder oft mehrstämmig, Krone breit, auch unregelmäßig und im Alter sparrig. Blatt unpaarig gefiedert mit 3–7 Fiedern, Endfiedern oft mit Lappen. zweihäusig, männliche Blüten lang gestielt, in Büscheln, weibliche in Trauben. 2-geflügelte Nuss, Flügel stehen meist v-förmig.
VORKOMMEN Heimat östliches Nordamerika. In Europa in Parks, Anlagen und Gärten. Invasiv.

2 | Gewöhnliche Rosskastanie
Aesculus hippocastanum
(Seifenbaum-gewächse)

EIN GROSSARTIGER SCHATTENSPENDER Die Rosskastanie ist mit ihrer Schatten spendenden Krone der typische »Biergartenbaum«. Die Blätter zeigen oft braune Flecken, in denen im Gegenlicht kleine Larven zu sehen sind. In der Folge fallen die Blätter ab. Es sind die Larven der Kastanienminiermotte, die in Europa erstmals 1984 auftrat und sich seitdem stark ausbreitet.
MERKMALE Bis zu 20 m, Blütezeit Mai–Juni, Baum. Krone breit, oben abgerundet, Äste abstehend, Zweige alter Bäume etwas überhängend. Blatt handförmig geteilt, 5–7 bis zu 20 cm lange, ungestielte Fiedern, Fiedern im obersten Drittel am breitesten. Blüten bis zu 2 cm, weiß mit gelber oder roter Zeichnung, Blütenstand aufrecht, kegelförmig (**2A**). Stachelfrucht kugelig, bis zu 6 cm, stachelig, Samen dunkelbraun, glänzend (**2B**). **GIFTIG!**
VORKOMMEN Heimat südöstliche Balkanhalbinsel. In Mittel- und Westeuropa gepflanzt an Straßen, Plätzen, in Parks.

3 | Ahornblättrige Platane
Platanus × hispanica
(Platanengewächse)

STANDFESTER STRASSENBAUM Die Ahornblättrige Platane ist eine in Europa entstandene Kreuzung der Morgenländischen und Nordamerikanischen Platane. Sie ist schnellwüchsig, erträgt Trockenheit und Luftverschmutzung und lässt sich beliebig stutzen.
MERKMALE Bis zu 35 m, Blütezeit Mai, Baum. Kurzer Stamm, Äste kräftig. Borke gelb-braun, auffällig gemustert. Blatt 15–25 cm, 5-lappig (**3A**). Einhäusig, männliche und weibliche Blütenstände kugelig. Nüsschen mit Haarschopf, in kugeligen Fruchtständen (**3B**). Kann aufgrund der Blattform mit einem Ahorn verwechselt werden.
VORKOMMEN Häufig als Park- und Alleebaum angepflanzt, beliebter Straßenbaum.

4 | Hainbuche
Carpinus betulus
(Birkengewächse)

DERB UND HART Die Hainbuche ist nicht mit der Rot-Buche verwandt. Bei der Namensgebung spielte vielmehr die frühere Verwendung des Holzes beim Buchdruck eine Rolle. Der andere Name »Weißbuche« stammt von der im Vergleich zur Rot-Buche weißlichen Farbe des Holzes. Dieses ist das schwerste aller heimischen Bäume und sehr hart und zäh. Es eignet sich für Geräte wie Hobel, Hackklötze und Speichen.
MERKMALE 5–25 m, Blütezeit Mai, Baum. Krone jung kegelförmig, später rundlich, ein- oder mehrstämmig mit Längswülsten und Furchen, oft bis zum Boden mit starken Ästen. Blatt 5–11 cm lang, eiförmig, Rand doppelt gesägt, Spreite wellblechartig durch eingesenkte Blattadern. Männliche Kätzchen 4–7 cm lang, hängend, gelb, weibliche Blüten paarweise in der Achsel eines lang bewimperten Tragblatts. Frucht hellbraune, bis zu 0,8 cm große Nuss an einem 3-lappigen Segelblatt.
VORKOMMEN Mitteleuropa, in Laubwäldern, an Hecken, Waldrändern. Häufig gepflanzt.

1
2A
3A
2B
3B
4

1 | Hänge-Birke
Betula pendula
(Birkengewächse)

GEGEN KAHLE KÖPFE Vor dem Siegeszug der verschiedenen Kunststoffe spielte die Birke als Holzlieferant eine vielseitige Rolle. Propeller, Flugzeugflügel, Skier, Schlittenkufen, Radfelgen, Sportgeräte und Nähgarnrollen bestanden aus dem leichten, aber zähen Holz. Der attraktive Baum produziert große Mengen an Blütenstaub, worunter viele Pollenallergiker zu leiden haben. Die Früchte werden mit dem Wind verbreitet und können weit fliegen. Der vor dem Laubaustrieb aus Stammverletzungen fließende Birkensaft gehört noch heute zu belebenden Frühjahrskuren und in Haarwässer. Aus ihm lässt sich zudem der Süßstoff Xylitol gewinnen.
MERKMALE Bis zu 25 m, Blütezeit April–Mai, Baum. Krone länglich, locker, Zweige dünn, meist hängend, Äste meist spitzwinklig vom Stamm abgehend, Rinde weiß mit dunklen Rissen (**1A**). Blatt 3–7 cm lang, 3-eckig bis rautenförmig, Rand doppelt gesägt (**1B**). Männliche Kätzchen gelb, bis zu 10 cm lang, hängend, weibliche Kätzchen grün bis rötlich, bis zu 3 cm lang, aufrecht. Fruchtende Kätzchen zerfallen bei der Reife, Nussfrüchte mit 2 breiten Flügeln.
VORKOMMEN Heimat fast ganz Europa. Wälder, Waldschläge, Heiden, Ödflächen. Pinoniergehölz auf Schlagflächen oder nach Windbrüchen.

2 | Gewöhnliche Moor-Birke
Betula pubescens
(Birkengewächse)

SIE IST ANSPRUCHSLOS Die Moor-Birke kommt auf feuchteren Standorten als die Hänge-Birke vor. Zudem ist sie sehr frostresistent, sodass sie in Nordeuropa reine Bestände bildet und bis Mittelsibirien vorkommt. Die Blätter eignen sich als Nierentee. In Mitteleuropa besiedelt sie vor allem ausgesprochene Extremstandorte.
MERKMALE 5–30 m, Blütezeit April–Mai, Baum. Äste im Gegensatz zur Hänge-Birke nicht hängend, sondern starr spitzwinkelig und waagerecht abstehend. Junge Blätter und Zweige flaumig behaart.
VORKOMMEN West-, Mittel- und Nordosteuropa bis Sibirien. In Mitteleuropa v. a. auf Feuchtstandorten, in Moor- und Bruchwäldern.

3 | Zwerg-Birke
Betula nana
(Birkengewächse)

KÄLTE KEIN PROBLEM In der letzten Eiszeit war die Zwerg-Birke in Mitteleuropa das Gehölz, das sich am stärksten dem Eisrand näherte. Heute ist sie ein Eiszeitrelikt, das v. a. durch Trockenlegung der Moore und Torfabbau viele Standorte eingebüßt hat.
Ihre verbliebenen Vorkommen sind meist als Schutzgebiete ausgewiesen.
MERKMALE Bis zu 0,6 m, Blütezeit April–Mai, Baum. Weibliche Blüten (**3A**) zunächst aufrecht dann hängend, männliche hängend. Blatt fast kreisrund, 4–12 mm lang, gekerbt gezähnt mit abgerundeten Zahnspitzen (**3B**).
VORKOMMEN Fast nur in Hochmooren auf nährstoffarmen Torfböden. Sehr selten in der Lüneburger Heide, im Harz und südlichen Alpenvorland.
GESCHÜTZT.

4 | Strauch-Birke
Betula humilis
(Birkengewächse)

AUF DEM RÜCKZUG Die Strauch-Birke ist in Mitteleuropa ein seltenes Relikt der letzten Eiszeit. Große Bestände gibt es noch in Nordeuropa und Sibirien. Sie erträgt tiefen Frost und kommt mit kurzen Wachstumszeiten zurecht. Durch Trockenlegung der Moore ist sie stark gefährdet, an vielen Standorten sogar ausgestorben.
MERKMALE 0,5–2 m, Blütezeit April–Mai, Strauch. Zweige mit weißen, warzigen Drüsen. Blatt 1–3,5 cm lang, länger als breit, spitz, Rand unregelmäßig gesägt.
VORKOMMEN Wild von Nordosteuropa bis Süddeutschland. In Mitteleuropa selten, v. a. in Ostdeutschland und im Alpenvorland. **GESCHÜTZT.**

1A
1B
2
3A
3B
4

1 | Schwarz-Erle
Alnus glutinosa
(Birkengewächse)

VERTRÄGT NÄSSE UND IST GUT FÜR DEN BODEN Schwarz-Erlen haben ein weiches, aber nässe-beständiges Holz, das im Wasser- und Erdbau verwendet wird. Liegt die Rinde gemeinsam mit Eisen im Wasser, färbt sich das Wasser nach einigen Tagen tiefschwarz. Sattler und Schuhmacher schwärzten damit früher ihr Leder. Erlen gehen mit Strahlenpilzen eine Symbiose ein, wodurch der Luftstickstoff für den Baum verfügbar ist. Da der Stickstoff auch für andere Pflanzen nutzbar ist, spielen Erlen als Bodenverbesserer eine wichtige Rolle.
MERKMALE Bis zu 25 m, Blütezeit März–April, Baum. Krone locker, kegel- bis eiförmig (**1A**), Stamm reicht weit bis in die Krone, ein oder oft mehrere Stämme. Blatt 4–10 cm lang, oval bis rundlich, vorn eingebuchtet. Männliche Blütenkätzchen bis zu 8 cm lang, geöffnet gelblich, weibliche Blütenkätzchen bis zu 1 cm lang, rötlich. Früchte zapfenartig, erst grün, reif dunkelbraun (**1B**).
VORKOMMEN Wild in fast ganz Europa. Auwälder, auf nassen Wiesen, an Bächen und Quellen.

2 | Grün-Erle
Alnus alnobetula
(Birkengewächse)

LAWINENSCHUTZ Die Grün-Erle ist ein Pionier auf Hangrutschungen und wirkt Erosion entgegen. Weil sie mit ihren Zweigen nicht nur Schutt, sondern auch Schnee zurückhält, wird sie in lawinengefährdeten Alpenlagen oft angepflanzt.
MERKMALE 0,5–3 m, Blütezeit April–Mai, Strauch. Blatt breit eiförmig, am Ende kurz zugespitzt, 4–8 cm lang, 5–7 Paar Seitennerven. Männliche Blüten in 4–6 cm langen, 1–1,5 cm dicken, hängenden Kätzchen, weibliche in 0,8–1 cm langen, ca. 0,5 mm dicken, zapfenartigen Kätzchen.
VORKOMMEN In den Alpen, Karpaten und im Alpenvorland, meist auf sauren Böden an feuchten Stellen.

3 | Grau-Erle
Alnus incana
(Birken-gewächse)

SORGT AN UFERN FÜR HALT An Gebirgsbächen und Alpenflüssen bildet die Grau-Erle oft große Bestände und fällt mit ihren grauen Stämmen besonders im Winter auf. Außerhalb der Gebirge hat sie sich als Windschutzgehölz und zur Begrünung von Müllhalden bewährt.
MERKMALE 8–20 m, März–April, Baum oder Strauch. Ein- oder mehrstämmig, Äste meist aufstrebend, Krone unregelmäßig kegelförmig. Borke weißgrau. Blatt 4–10 cm lang, eiförmig bis elliptisch, vorn im Gegensatz zur Schwarz-Erle spitz, Rand mit großen, fein gesägten Zacken. Männliche Kätzchen gelblich, hängend, bis zu 10 cm, weibliche grün, aufrecht, bis zu 2 cm. Mehrere zapfenartige, um 1,5 cm lange Fruchtstände, seitliche kurz gestielt oder sitzend.
VORKOMMEN Wild in Nord- und Mitteleuropa in Auenwäldern, an Bachufern. Oft auch gepflanzt.

4 | Haselnuss
Corylus avellana
(Birkengewächse)

EIN HEILIGER STRAUCH VOLLER NÄHRSTOFFE Haselnüsse enthalten viel Öl, Eiweiß, Mineralstoffe sowie Vitamine. Als Nahrungslieferant war der Strauch früher den Kelten und Wikingern heilig. Er sollte auch Hexen und böse Geister abwehren. Seine elastischen Ruten liefern noch heute Wanderstöcke, Wünschelruten und Flechtmaterial.
MERKMALE 2–7 m, Blütezeit Febr.–April, Strauch. Meist viele gerade Stämme, blüht lang vor dem Laubaustrieb. Blatt 5–10 cm lang, oval, rundlich oder herzförmig, Rand doppelt gezähnt, weich behaart. Männliche Blüten in bis zu 10 cm langen Kätzchen (**4A**), weibliche Blüten in Knospe verborgen (**4B**). Braune Haselnüsse in röhren- bis glockenförmiger Fruchthülle (**4C**), reif ab September. **ESSBAR.**
VORKOMMEN Wild in ganz Europa in Laubwäldern, an Waldrändern und in Hecken. Gepflanzt in Gärten und Parks.

1A

2

1B

3

4A

4B

4C

1 | Winter-Linde
Tilia cordata
(Lindengewächse)

Frucht kugelig

BEI ERKÄLTUNGEN BEWÄHRT Viele Ortsnamen hängen mit der Linde zusammen, etwa Lindau und Leipzig. Lindenblüten – von der Winter- wie von der Sommer-Linde – liefern mitsamt des Tragblatts einen guten, schweißtreibenden Tee bei Erkältungskrankheiten. Das Holz ist weich und gleichmäßig strukturiert. Deshalb lässt es sich gut bearbeiten und gehört zu den beliebtesten Hölzern für Schnitzarbeiten. Lindenbast ist seit Langem als Flecht- und Bindematerial bekannt.
MERKMALE Bis zu 30 m, Blütezeit Juni–Juli, Baum. Krone jung kegelförmig (**1A**), später länglich bis rundlich, Stamm ziemlich gerade. Blatt 2–10 cm lang, herzförmig, oft etwas unsymmetrisch, mit bräunlichen Haarbüscheln in den Winkeln der Hauptnerven (wichtiges Unterscheidungsmerkmal zur Sommer-Linde). Blüten gelblich weiß, zu 4–12 in hängenden Rispen an einem flügelartigen Hochblatt, zwittrig, Staubblätter bis zu 30 in 5 Büscheln, angenehm duftend. Frucht blassbraune, bis zu 0,7 cm große, ungerippte Nuss (**1B**).
VORKOMMEN In Mittel- und Osteuropa in Wäldern. In ganz Europa in Parks und an Straßen.

2 | Sommer-Linde
Tilia platyphyllos
(Lindengewächse)

DER BAUM DER GÖTTIN FRIGG Die Linde spielte im germanischen Volksglauben eine große Rolle und war Frigg, der Göttin der Ehe und des häuslichen Herdes geweiht. Im Mittelalter waren Dorflinden das Zentrum des öffentlichen Lebens. Unter ihnen tanzten und feierten die Leute. Gerichtslinden markierten die Plätze, an denen Urteile gefällt wurden. Mit viel Einsatz bemühen sich Denkmalschützer heute darum, das Absterben dieser alten und geschichtsträchtigen Baumindividuen möglichst lange hinauszuzögern.
MERKMALE Bis zu 40 m, Blütezeit Juni, Baum. Krone breit kegelförmig bis rund, Wuchs meist dicht (**2A**). Blatt 5–16 cm lang, schief herzförmig, viele weiße Haarbüschel in den Winkeln der Hauptnerven. Blüten gelblich weiß, zu 2–6 in hängenden Rispen (**2B**). Frucht blassbraune, etwa 1 cm große Nuss mit 3–5 deutlichen Längsrippen. Die Blätter sind weicher als die der Winter-Linde.
VORKOMMEN Wild in Mittel- und Südeuropa. Häufig gepflanzt in Parks, an Straßen und Plätzen.

3 | Echte Walnuss
Juglans regia
(Walnussgewächse)

Frucht kantig

LECKERE NÜSSE IN GRÜNER SCHALE Die Echte Walnuss kam mit den Römern als Nutzbaum nach Mitteleuropa. Bauern pflanzen sie heute in erster Linie wegen der schmackhaften, ölreichen Samen. Alte Bäume wachsen oft direkt am Gehöft, da die Bewohner früher glaubten, dass die Bäume Fliegen und Mücken vertreiben. Unter Walnussbäumen gedeiht nur wenig. Dies liegt nicht nur an der Beschattung. Vielmehr enthält der Baum Stoffe, die Keimung und Wachstum vieler anderer Pflanzen unterdrücken.
MERKMALE Bis zu 25 m, Blütezeit April–Mai, Baum. Krone breit, rundlich bis eiförmig (**3A**), Äste ausgebreitet, Stamm meist kurz. Blatt unpaarig gefiedert, bis zu 40 cm lang, 5–9 kahle Fiedern, Rand meist glatt. Einhäusig, windblütig, männliche Kätzchen grünlich, 3–10 cm lang, bis zu 1 cm dick, nach unten gekrümmt, weibliche Blüten grünlich, 2 gelbe Narben, meist zu 2–5 am Ende junger Triebe. Steinfrucht grün (**3B**), reif fast schwarz, 3,5 cm. Die grüne Schale der Früchte reißt noch am Baum auf. **ESSBAR.**
VORKOMMEN Ursprünglich aus Asien und dem östlichen Mittelmeerraum, als Fruchtbaum vielerorts kultiviert und eingebürgert.

1A

1B

2A

2B

3A

3B

1 | Zitter-Pappel
Populus tremula
(Weidengewächse)

SIE SCHAUDERT BEIM KLEINSTEN LÜFTCHEN Der Ausdruck »wie Espenlaub zittern« hängt mit den langen, seitlich zusammengedrückten Blattstielen zusammen: Schon ein geringer Lufthauch führt zu einer leichten Bewegung der Blätter. Das unablässige, raschelnde Blätterrauschen interpretierte man früher als Klagen und hielt die Zitter-Pappel oder Espe deshalb für einen Baum der Unterwelt. Das leichte, weiche Holz eignet sich hauptsächlich als Brennholz sowie zur Herstellung von Papier. Da es nicht rußt, ist es außerdem der wichtigste Rohstoff für Zündhölzer.
MERKMALE 10–30 m, Blütezeit März–April, Baum. Krone schmal, Äste locker, oft unregelmäßig (**1A**). Blatt 3–8 cm lang, rund bis breit eiförmig (**1B**), Rand buchtig gezähnt, Stiel meist länger als die Spreite, seitlich zusammengedrückt. Männliche Blütenkätzchen zottig grau behaart, weibliche Blütenkätzchen grünlich. Bildet durch Austriebe aus den Wurzeln oft dichte Gruppen.
VORKOMMEN Wild in ganz Europa in lichten Wäldern, auf Waldschlägen, an Felsen und Straßenrändern. Herbstfärbung goldgelb bis orangerot.

2 | Schwarz-Pappel
Populus nigra
(Weidengewächse)

WOLLIGE SAMENKNÄULE Die Samen der Pappeln tragen einen Schopf aus weißen, dünnen Haaren. Mit diesem können sie bis zu 15 km weit fliegen. Allerdings müssen sie sehr rasch an einen geeigneten Platz gelangen, da sie nur 1–2 Wochen keimfähig sind. Um den Nachwuchs trotzdem zu sichern, bilden die Bäume riesige Samenmengen aus, die oft wie Wolle auf dem Boden liegen. Wissenschaftler haben ausgerechnet, dass pro Baum im Jahr über 25 Millionen Samen entstehen können. Bei der **PYRAMIDEN-PAPPEL** oder **ITALIENISCHEN PAPPEL** (*P. nigra* 'Italica') handelt es sich um eine Sorte, deren Anbau sich von Italien und Frankreich aus durchsetzte. Auf Geheiß Napoleons wurde sie entlang großer Straßen gepflanzt, damit das Heer und die Post sich besser orientieren konnten.
MERKMALE Bis zu 30 m, Blütezeit März–April, Baum. Krone breit, locker, Äste kräftig. Blatt rautenförmig, 5–10 cm lang, keine Drüsen am Stielansatz, lang zugespitzt. Zweihäusig, männliche Blütenkätzchen rot, 5–8 cm lang, weibliche Blütenkätzchen grün. Samen weiß behaart.
VORKOMMEN Wild in Auenwäldern und an Altwässern Nord- und Mitteleuropas. Selten. Sorten in Parks und auf Feldern.

3 | Silber-Pappel
Populus alba
(Weidengewächse)

TRÄGT DEN SCHWEISS VON HERKULES Die Silber-Pappel kommt mit wesentlich weniger Wasser aus als die Schwarz-Pappel. Sie wächst an Straßenböschungen oder auf Abraumhalden oft nur strauchförmig und eignet sich dort zum Befestigen der Böden, da sich ihr Wurzelwerk sehr weit und flach ausbreitet. Außerdem bilden sich um das ursprüngliche Gehölz häufig ganze Gruppen mit Jungwuchs. Der Legende nach soll die auffallend weiße Unterseite der Blätter durch den Schweiß von Herkules entstanden sein. Dieser bekränzte sich mit einem Kranz aus der Silber-Pappel, als er den Höllenhund Zerberus aus der Unterwelt heraufschleppte.
MERKMALE 15–30 m, Blütezeit März–April, Baum. Krone breit oval oder rundlich (**3A**), oft an der Basis mit Ausläufern. Borke weißlich, oft mit rautenförmigen Rissen. Blatt 4–12 cm lang, breit 3-eckig (**3B**), in 3–5 größere Lappen gegliedert, oben dunkelgrün, Rand buchtig gezähnt, Unterseite und Stiel weiß- bis graufilzig. Blütenkätzchen bis zu 8 cm lang, zottig behaart, männliche Blüte mit purpurfarbenen Staubbeuteln, weibliche Blütenkätzchen mit gelben Narben. Leuchtet aus der Ferne besonders bei Wind silberweiß.
VORKOMMEN In Mittel- und Südeuropa in Auenwäldern. Gepflanzt in Kiesgruben, an Straßen.

1A

1B

2

3A

3B

1 | Kanadische Pappel
Populus × canadensis
(Weidengewächse)

AB 30 WIRD SIE ALTERSSCHWACH Die Kanadische Pappel ist eine Kreuzung aus der Kanadischen Schwarz-Pappel *(P. deltoides)* und der Europäischen Schwarz-Pappel *(P. nigra)*. In den ersten 30 Jahren ist diese Art recht windfest, danach werden die Zweige brüchiger. Die Kanadische Pappel wird durch Stecklinge vermehrt, und aufgrund des raschen Wachstums und der vorteilhaften Holzeigenschaften hat sie die Europäi-sche Schwarz-Pappel verdrängt. Ihr Holz ist industriell von Bedeutung.
MERKMALE Bis zu 30 m, Blütezeit März–April, Baum. Stamm durchgehend, Krone schmal bis breit eiförmig. Blatt 7–10 cm lang, 3-eckig, lang zugespitzt. Männliche Blütenkätzchen rot, 7–10 cm, hängend, weibliche gelbgrün, hängend.
VORKOMMEN Überall in der gemäßigten Zone kultiviert. Braucht Sonne und feuchten, tiefgründigen, neutralen bis alkalischen Boden. Invasiv.

2 | Sal-Weide
Salix caprea
(Weidengewächse)

WICHTIGE BIENENWEIDE Die Sal-Weide blüht früh und liefert reichlich Nektar und Pollen. Für Bienen gehört sie damit zu den ersten ergiebigen Nahrungsquellen im Frühjahr. Man sollte die Zweige deshalb nicht in größerem Umfang für Zimmerschmuck schneiden.
MERKMALE 2–10 m, Blütezeit März–Mai, Baum oder Strauch. Wuchs rundlich, Stamm kurz, häufig schief oder mehrere Stämme bildend, kräftige Äste, Krone dichtlaubig. Blätter 3–10 cm lang, breit elliptisch, am Ende zugespitzt, Rand gekerbt, gewellt oder glatt, mehr oder weniger runzelig, oft mit Nebenblättern. Wie alle Weiden zweihäusig, männliche Kätzchen zunächst silbrig, dann gelb, weibliche grünlich (**2A**), beide aufrecht oder aufgebogen, ca. 3 cm lang. Frucht eine bräunlich grüne, bis zu 1 cm große Kapsel, Samen mit weißen Flughaaren (**2B**).
VORKOMMEN Wild fast in ganz Europa. Waldschläge, Waldränder, Kiesgruben, Steinbrüche.

3 | Grau-Weide
Salix cinerea
(Weidengewächse)

STEHT OFT NAH AM WASSER Die Blütenzweige der Grau-Weide ähneln auf den ersten Blick denen der Sal-Weide. Der breite Wuchs des Strauchs und der graue Filz auf Zweigen und Blättern sind jedoch gute Unterscheidungsmerkmale. Der Strauch erträgt es, lange mit »dem Fuß im Wasser« zu stehen. So gehört er zu den Gehölzen, die sich an Ufern am weitesten Richtung Wasser wagen.
MERKMALE Bis zu 5 m, Blütezeit März–April, Strauch. Wuchs sehr breit, oft fast halbkugelig, stark verzweigt, junge Zweige graufilzig behaart. Blatt 3–10 cm lang, 3–4 cm breit, graugrün, unregelmäßig gezähnt, unten weich hellgrau behaart. Kätzchen 3–5 cm lang, 2 cm breit, Staubbeutel beim Aufblühen meist orangerot.
VORKOMMEN In fast ganz Europa wild in Mooren, Sümpfen, an Gräben, Bachufern, Seen.

4 | Ohr-Weide
Salix aurita
(Weidengewächse)

KREUZT SICH MIT ANDEREN ARTEN Die Art neigt wie viele Weiden stark zur Bildung von Bastarden, v. a. mit der Grau- und Sal-Weide. Die an manchen Stellen zahlreichen Kreuzungen machen eine sichere Bestimmung sehr schwierig.
MERKMALE 0,5–2 m, Blütezeit April–Mai, Strauch. Stark und starr verzweigt. Blatt klein, elliptisch, grob gezähnt (**4A**), Blattspitze etwas gedreht, Nebenblätter nierenförmig, immer gut entwickelt (Name!). Blüten in kätzchenförmigen Blütenständen (**4B**).
VORKOMMEN In Mitteleuropa weit verbreitet und häufig, vom Tiefland bis in Gebirgslagen. V. a. auf feuchten, sauren Böden. Feuchtwiesen, Moore, feuchte, lichte Wälder, oft mit Erlen.

1
2A
2B
3
4A
4B

1 | Silber-Weide
Salix alba
(Weidengewächse)

STEHT AUCH IM HOCHWASSER FEST UND SICHER Silber-Weiden bilden ein dichtes, flaches Wurzelwerk, mit dem sie Ufer befestigen können. Sie eignen sich auch für Hochwassergebiete, da es ihnen nichts ausmacht, wochenlang im Wasser zu stehen. Alte Bäume sind oft innen hohl, da das Holz rasch verwittert. Die Höhlungen dienen Vögeln, Kleinsäugern und anderen Tieren als Unterschlupf oder füllen sich mit Humus und werden so zum »Blumentopf« für andere Pflanzen.
MERKMALE Bis zu 30 m, Blütezeit April–Mai, Strauch oder Baum. Krone anfangs kegelförmig, später hoch gewölbt, Äste ausladend, stark verzweigt (**1A**). Blatt 5–8 cm lang, schmal lanzettlich, unten dicht silbrig behaart, oben locker behaart. Männliche Blüten in gelben, bis zu 7 cm langen Kätzchen (**1B**), weibliche Blütenkätzchen grünlich. Größte heimische Weiden-Art.
VORKOMMEN Wild in fast ganz Europa an Fluss-, Bach- und Seeufern und in Auenwäldern.

2 | Korb-Weide
Salix viminalis
(Weidengewächse)

NOMEN EST OMEN Radikal zurückgeschnittene Korb-Weiden bilden zahlreiche lange, unverzweigte Ruten (**2A**) – der klassische Rohstoff für den Korbflechter. Für grobe Körbe belässt er die Ruten unverändert, für Einkaufskörbe entfernt er meist die Rinde, sodass das helle Holz zu sehen ist. Die Ruten werden in Wasser eingelegt, bis sie weich und biegsam sind und sich gut flechten lassen. Durch das Trocknen wird das Geflecht fest.
MERKMALE 2–10 m, Blütezeit März–April, Baum oder Strauch. Ansatzstellen der Zweige meist verdickt, lange, gerade Zweige, Stamm oft schief oder mehrere Stämme. Blatt bis zu 20 cm lang, schmal lanzettlich, unten dicht seidig behaart, Rand nach unten gerollt. Blütenkätzchen fein grau behaart, bis zu 3,5 cm lang, 1 cm dick (**2B**).
VORKOMMEN Von Europa bis Sibirien wild in Auen, an Bachufern. Oft gepflanzt.

3 | Lavendel-Weide
Salix eleagnos
(Weidengewächse)

ZUR BODENBEFESTIGUNG GUT GEEIGNET Die Lavendel-Weide bildet auf Schotterflächen an Gebirgsflüssen oft dichte Bestände. Sie tritt dort als eines der ersten Gehölze auf und hilft, den Boden zu festigen. Zu diesem Zweck pflanzt man sie auch gern an Kiesgruben und Geröllhänge. Als üppig und früh blühender Zierstrauch hat das Gehölz außerdem den Weg in Anlagen und Parks gefunden.
MERKMALE 3–6 m, Blütezeit April–Mai, Baum oder Strauch. Äste aufrecht, gabelig verzweigt. Blatt bis zu 20 cm lang, etwa 1 cm breit, Rand gezähnt, oft nach unten eingerollt, Unterseite dicht filzig behaart. Männliche Blütenkätzchen gelb, meist gekrümmt, schmal. Blattform erinnert entfernt an die von Lavendel.
VORKOMMEN Wild in den Gebirgen Mittel- und Südeuropas. Häufig angepflanzt.

4 | Bruch-Weide
Salix fragilis
(Weidengewächse)

IHRE ZWEIGE BRECHEN LEICHT Die Zweige der Bruch-Weide brechen im Gegensatz zu denen der Silber-Weide (**1**) leicht und mit einem deutlich hörbaren Knacken an der Ansatzstelle. Die Bäume eignen sich ebenso wie die Silber-Weide für Uferbepflanzungen zum Hochwasserschutz.
MERKMALE 5–15 m, Blütezeit April–Mai, Baum oder Strauch. Ein- oder mehrstämmig, Krone breit, abgerundet, Äste und Zweige oft fast waagerecht. Blatt bis zu 18 cm lang, Rand mit knorpeligen Zähnen, oben glänzend dunkelgrün. Männliche Blüten in gelben, zylindrischen Kätzchen, weibliche Blütenkätzchen grün.
VORKOMMEN Wild fast in ganz Europa an Bächen, Gräben, Flussufern, in Erlenwäldern.

1A

1B

2A

2B

3

4

1 | Purpur-Weide
Salix purpurea
(Weidengewächse)

EIN NATÜRLICHER SCHMERZSTILLER Bereits die Heilkundigen der Antike verwendeten Weidenrinde gegen Schmerzen und Fieber. Verantwortlich für die Wirkung, die noch heute in Fieber- und Rheumatees genutzt wird, ist der Stoff Salicin, der auch in der Purpur-Weide reichlich enthalten ist. Wichtiger als die Rinde selbst sind heute künstliche Abwandlungen des Salicins wie Acetylsalicylsäure.
MERKMALE 2–6 m, Blütezeit März–April, Baum. Wuchs sehr variabel, oft unregelmäßig, reich und dicht verzweigt, Zweige dünn, aber straff. Blatt schmal lanzettlich, 4–12 cm lang, oben dunkelgrün, matt, unten blaugrün, kahl. Blüten in 2–5 cm langen, schmalen Kätzchen. Typisch: die vor dem Aufblühen roten Staubbeutel.
VORKOMMEN Wild in West-, Süd- und Mitteleuropa an Flüssen, in Auengebüschen und Kiesgruben.

2 | Mandel-Weide
Salix triandra
(Weidengewächse)

GUTES KORBFLECHTMATERIAL Die einzige Weide mit 3 Staubblättern unter jedem Tragblatt der Kätzchen. Die anderen Arten haben 2 oder mindestens 4 Staubblätter. Die Mandel-Weide liefert Material für das Flechten von Körben und ist hierbei eine der wichtigsten Weiden-Arten. Sie wird als Pioniergehölz auf nassen Standorten gepflanzt und dient zur Uferbefestigung.
MERKMALE 4–7 m, Blütezeit April–Mai, Baum oder Strauch. Blatt lanzettlich, 5–10 cm lang und etwa 2 cm breit, am Rand fein gezähnt, nur jung etwas behaart. Männliche Kätzchen mit 3 Staubblättern je Einzelblüte, 6–8 cm lang, um 1 cm breit, weibliche etwas kleiner.
VORKOMMEN In ganz Europa zerstreut vorkommend, häufig gepflanzt. Fast nur im Tiefland und dort besonders in hügeligen Gegenden, in Auwäldern, an Flüssen und Bächen.

3 | Kriech-Weide
Salix repens
(Weidengewächse)

SIE BEFESTIGT DÜNEN Kriech-Weiden sind sehr variabel, und verschiedene Unterarten wie die Sand-Kriech-Weide (*Salix repens* ssp. *dunensis*) und die Rosmarin-Kriech-Weide (*Salix repens* ssp. *rosmarinifolia*) findet man in so unterschiedlichen Lebensräumen wie Küstendünen, Mooren oder Streuwiesen. Die Kriech-Weide ist eine wertvolle Art zur Dünen-Verbauung, denn sie wächst bei Sandüberwehung einfach mit.
MERKMALE Bis zu 1 m, Blütezeit April–Mai. Zwergstrauch. Meist niederliegend mit unterirdisch kriechenden Ästen und aufsteigenden Zweigen. Blatt lanzettlich, bis zu 5 cm lang, 2 cm breit. Kätzchen aufrecht, männliche bis zu 15 mm lang, 5 mm breit, weibliche ca. doppelt so groß.
VORKOMMEN Hauptsächlich in Westeuropa. Zerstreut, vom Tiefland bis in 1200 m Höhe.
In Küstendünen, Feucht- und Moorwiesen sowie auf Heiden.

4 | Netz-Weide
Salix reticulata
(Weidengewächse)

SIE BLÜHT EFFIZIENT Die Netz-Weide gehört zu den »Gletscher-Weiden« oder »Teppich-Weiden«. Diese wachsen so hoch in den Gebirgen oder im Norden, dass sie lange vom Schnee bedeckt sind. Trotzdem schaffen sie es, in der kurzen Wachstumszeit zu blühen und Samen auszubilden. Durch das vertiefte Nervennetz auf der Blattoberseite mit keiner anderen Weide zu verwechseln (Name!).
MERKMALE Bis zu 0,3 m, Blütezeit Juli–Aug., Strauch. Äste niederliegend, kriechend. Blatt anfangs wollig behaart, 2–5 cm lang, rund bis breit eiförmig, auffallendes, tief liegendes Nervennetz. Blütenkätzchen länglich zylindrisch, bis zu 1,5 cm lang.
VORKOMMEN Wild in Nordeuropa und den Gebirgen Mittel- und Südeuropas. Meist oberhalb der Waldgrenze bis auf 3000 m Höhe.

1

2

3

4

1 | Berg-Ulme
Ulmus glabra
(Ulmengewächse)

Blatt häufig 3-spitzig

IM ALTERTUM EIN SYMBOL FÜR TOD UND TRAUER Die geflügelten Früchte der Berg-Ulme reifen sehr rasch und werden schon im Mai vom Wind verblasen. Das harte, elastische und zähe Holz zeigt eine sehr schöne Maserung. Es ist unter der Bezeichnung »Rüster« im Handel und liefert v. a. Furnier für Möbel und den Innenausbau. Im Altertum symbolisierten Ulmen Tod und Trauer.
MERKMALE Bis zu 40 m, Blütezeit März–April, Baum. Krone länglich bis breit eiförmig, oft unregelmäßig mehrteilig. Blatt 8–16 cm lang, oft mit 3 Spitzen, am Grund unsymmetrisch, oben sehr rau. Blüten in dichten Büscheln, Staubbeutel rot (**1A**). Früchte ringsum mit flachem Flügel, Samen in der Mitte (**1B**).
VORKOMMEN Fast in ganz Europa in Wäldern, Hecken, an Ufern. Selten. Auch in Parks und an Straßen.

2 | Feld-Ulme
Ulmus minor
(Ulmengewächse)

MARKIERT DIE MITTE DES DORFES Früher übernahmen Ulmen in manchen Gegenden die Rolle von Linden: Sie waren der zentrale Punkt auf Dorfplätzen und markierten als Gerichtsbäume die Orte, an denen verbindliche Urteile gefällt wurden. Die Feld-Ulme lässt sich gut zurückschneiden und eignet sich deshalb als Hecke.
MERKMALE Bis zu 40 m, Blütezeit März–April, Baum. Krone kegelförmig bis eiförmig, gewölbt. Blatt meist 4–10 cm lang, am Grund unsymmetrisch, oben glatt und glänzend. Dichte Büschel mit vielen kurz gestielten Blüten. Breit geflügelte Nussfrucht, elliptisch, 7–15 mm lang, Same sitzt im oberen Drittel.
VORKOMMEN Wild in Gebüschen, Auen- und Hangwäldern fast ganz Europas. Auch in Parks und an Straßenböschungen.

3 | Götterbaum
Ailanthus altissima
(Bittereschengewächse)

STREBT GEN HIMMEL Der Baum erträgt Trockenheit, Rauch und Abgase und eignet sich deshalb für Aufforstungen in Steppengebieten. In Deutschland breitete er sich nach dem Zweiten Weltkrieg in den Trümmern zerstörter Städte stark aus. Auch heute wachsen wilde Exemplare auf Abbruchgeländen oder Bahnanlagen.
MERKMALE 20–25 m, Blütezeit Juni–Juli, Baum. Äste aufwärts gerichtet, wenig verzweigt, Krone breit, unregelmäßig. Blatt unpaarig gefiedert, 13–31 Fiedern, bis zu 60 cm lang, mit 1–2 Zähnen, diese auf der Unterseite mit Drüse. Blüten bis zu 1 cm, in aufrechten Rispen. Früchte bis zu 5 cm lang, Flügel oft schraubig, Same liegt im Zentrum. **GIFTIG!**
VORKOMMEN Heimisch in China. In Mitteleuropa oft in Parks und Gärten, auch verwildert.

4 | Gewöhnliche Esche
Fraxinus excelsior
(Ölbaumgewächse)

Blätter unpaarig gefiedert

BAUM DER NORDISCHEN MYTHOLOGIE Die Früchte der Esche lösen sich erst im Winter bei starkem Wind und fliegen drehend davon. Wegen ihrer hohen Gestalt verglichen die Wikinger die Welt mit einer Esche – der Weltenesche »Yggdrasil«. Die Rinde ist eines der ältesten Ersatzmittel für Chinarinde und diente einst zur Malaria-Behandlung.
MERKMALE Bis zu 40 m, Blütezeit April–Mai, Baum. Krone schlank eiförmig bis fast rundlich, Hauptäste aufsteigend oder aufrecht, Winterknospen schwarz. Blatt unpaarig gefiedert mit 9–15 Fiedern, Rand gesägt. Blüten bräunlich. Frucht eine lang gestreckte, bis zu 4 cm lange, hellbraune Flügelnuss, in großer Zahl in dichten, hängenden Rispen.
VORKOMMEN Wild in Auen- und Schluchtwäldern, Bäche, Flüsse, Felsen. Europa, Kleinasien bis Kaukasus. Oft auch gepflanzt. Überall häufig.

1A
1B
2
3
4

1 | Gewöhnlicher Liguster
Ligustrum vulgare
(Ölbaumgewächse)

WERTVOLL FÜR SINGVÖGEL Der Gewöhnliche Liguster erträgt starkes Beschneiden und eignet sich deshalb gut für Hecken. Die Früchte werden oft erst im Spätwinter von Vögeln gefressen, die mit den unverdaut ausgeschiedenen Samen für die Verbreitung des Strauchs sorgen.
MERKMALE 2–7 m, Blütezeit Juni–Juli, Strauch. Wuchs dicht, oft unregelmäßig, Zweige aufstrebend. Blätter ledrig, 2–6 cm lang, gegenständig. Blüten weiß, klein, 4 ausgebreitete Kronzipfel (**1A**). Beeren bis zu 1 cm groß, schwarz (**1B**), innen grün, hängen lange am Strauch. **GIFTIG!**
VORKOMMEN Fast ganz Europa. Waldränder, Gebüsche. Kultiviert an Böschungen und in Hecken.

2 | Gewöhnlicher Flieder
Syringa vulgaris
(Ölbaumgewächse)

EINE DUFTENDE ZIERDE Im 16. Jahrhundert kam der erste Flieder von Konstantinopel nach Wien und von dort nach Mitteleuropa. Obwohl eine intensive Züchtung erst im 19. Jahrhundert begann, gibt es heute rund 900 Sorten. Die ätherischen Öle nutzt man für Parfüms.
MERKMALE Bis zu 10 m, Blütezeit April–Mai, Baum oder Strauch, Zweige steif aufrecht. Blatt 5–12 cm lang, eiförmig, Grund keil- oder herzförmig, gegenständig. Blüten wohlriechend, lilafarben, Sorten auch rot oder weiß, 4-zählig in bis zu 20 cm langen Rispen. Fruchtkapsel ledrig, öffnet sich mit 2 Klappen.
VORKOMMEN Heimisch in Südosteuropa an Felshängen und in Wäldern. In Mitteleuropa in Gärten und Parks.

3 | Faulbaum
Frangula alnus
(Kreuzdorngewächse)

EIN BAUM MIT DURCHSCHLAGENDEM ERFOLG Die Volksheilkunde benutzt die Rinde des Faulbaums seit dem Mittelalter als starkes Abführmittel, denn die Wirkstoffe verhindern die Flüssigkeitsresorption aus dem Dickdarm. Wegen seiner starken Giftigkeit darf er jedoch nicht für die Selbsttherapie verwendet werden. Die Zweige lieferten früher Holzkohle für die Herstellung von Schießpulver.
MERKMALE 1–4 m, Blütezeit Mai–Juni, Baum oder Strauch. Krone sehr locker, oft erst weiter oben breit, Äste meist steil, wechselständig. Blätter 2–5 cm lang, breit elliptisch, Blattadern bogenförmig, mattgrün. Blüten grünlich weiß, zu 3–7 in den Blattachseln. Schwarze, ca. 0,7 cm große Steinfrucht mit 2–3 Kernen, oft verschieden reife Früchte beieinander. **GIFTIG!**
VORKOMMEN Wild fast in ganz Europa in Auenwäldern, Mooren, lichten Wäldern. Auf feuchten bis nassen Böden. Wird auch zur Uferbefestigung gepflanzt.

4 | Purgier-Kreuzdorn
Rhamnus cathartica
(Kreuzdorngewächse)

GEGEN DÄMONEN, HEXEN UND VERSTOPFUNG Aus den fast reifen Früchten des Echten Kreuzdorns lässt sich grüne Farbe herstellen, die früher sowohl in der Malerei als auch zum Färben von Papier oder Leder verwendet wurde. Im Volksglauben galt der Kreuzdorn als sicheres Mittel gegen Dämonen und Hexen. Die Beeren des Strauchs enthalten einen Wirkstoff, der Durchfall hervorruft, sind also ein Mittel gegen Verstopfung.
MERKMALE 2–6 m, Blütezeit Mai–Juni, Baum oder Strauch. Ein oder mehrere kurze Stämme, Äste kräftig, Wuchs rundlich, sparrig, gegenständig. Blatt eiförmig bis elliptisch, Rand fein gesägt, 3–4 bogig verlaufende Seitennerven. 4-zählige Blüte unscheinbar, grünlich gelb, mit schwarz-weißen Staubblättern. Steinfrüchte erbsengroß, reif schwarz. **GIFTIG!**
VORKOMMEN In fast ganz Europa wild in sonnigen Hecken und an Waldrändern. Meist auf kalkhaltigen Böden.

1A

1B

2

3

4

1 | Gewöhnliche Berberitze
Berberis vulgaris
(Berberitzengewächse)

SAUER MACHT LUSTIG Die Früchte der Gewöhnlichen Berberitze sind im Gegensatz zu denen der meisten anderen Berberitzen-Arten reif essbar. Sie schmecken jedoch sehr sauer, da sie viele Fruchtsäuren enthalten. Arme Leute pressten früher ihren Saft aus und verwendeten ihn anstelle von Essig. Heute bieten türkische Läden getrocknete Früchte als säuernde Kochzutat und für Früchtetee an. Mit Ausnahme der reifen Früchte **GIFTIG!**
MERKMALE 1–3 m, Blütezeit Mai–Juni, Strauch. Wuchs unregelmäßig, aufrecht oder breit, meist sparrig. Blatt 2–6 cm lang, derb, Rand stachelig gezähnt, meist 3-teilige Dornen. Blüten 6-zählig, gelb (**1A**), in Trauben. Beeren rot (**1B**), um 1 cm lang, elliptisch. Beeren **ESSBAR**, Pflanze **GIFTIG!**
VORKOMMEN Wild in Mittel- und Südeuropa an Waldrändern, in Hecken, Gebüschen. Als Zierstrauch gepflanzt.

2 | Kornelkirsche
Cornus mas
(Hartriegelgewächse)

MARMELADE UND KAFFEE AUS EINER PFLANZE Die säuerlich schmeckenden, Vitamin-C-haltigen Früchte können zur Herstellung von Marmelade verwendet werden. Früher röstete man die Steine als Kaffee-Ersatz. Das sehr harte Holz wird gern zur Herstellung von Spazierstöcken und Hammerstielen verwendet. Der wissenschaftliche Gattungsname – *Cornus* heißt auf Deutsch »Horn« – nimmt auf die Festigkeit des Holzes –hart wie Horn – Bezug.
MERKMALE 3–8 m, Blütezeit Febr.–März, Baum oder Strauch. Ein- oder mehrstämmig, Äste meist sehr sparrig, im Umriss meist unregelmäßig rundlich. Blatt bis zu 8 cm lang, breit lanzettlich, meist 4 Paar bogige Blattadern, unten heller. Blüten um 5 mm groß, gelb, zahlreich in gedrängten Dolden (**2A**). Steinfrucht bis zu 2 cm lang, reif leuchtend rot (**2B**). **ESSBAR.**
VORKOMMEN Mittel- und Südeuropa. Sonnige Gebüsche, lichte Wälder, an Böschungen.

3 | Roter Hartriegel
Cornus sanguinea
(Hartriegelgewächse)

ALTERNATIVE ZUM VORHÄNGESCHLOSS Das sehr harte, zähe Holz des Strauchs wurde früher verschieden eingesetzt: Es eignet sich für Holznägel, Zeigestöcke, Ladestöcke für Gewehre und für Querhölzer zum Verriegeln von Toren – daher der Name »Hartriegel«. Die Zweige lieferten kräftige Ruten zum Flechten von Zäunen.
MERKMALE 2–3 m, Blütezeit Mai–Juni, Baum oder Strauch. Wuchs breit, oft dicht, Zweige besonders auf der Sonnenseite dunkelrot (**3A**). Laub im Herbst auffällig dunkel- oder purpurrot. Blatt bis zu 8 cm lang, 3–4, gelegentlich 5 Paar bogige Nerven. Blüten 4-zählig, weiß, zahlreich in dichten Schirmrispen, riechen unangenehm nach Fisch (Trimethylamin). Bis zu 0,8 cm große, matt schwarzblaue, weißlich punktierte Steinfrüchte (**3B**).
VORKOMMEN Fast in ganz Europa. Hecken, lichte Wälder, Waldränder. Auch gepflanzt.

4 | Tatarischer Hartriegel
Cornus alba
(Hartriegelgewächse)

BEIM WURZELNSCHLAGEN BESONDERS FLEISSIG Sobald die Zweige den Boden berühren, können sie Wurzeln ausbilden. So entsteht aus einem einzigen Strauch ein dichtes Gebüsch, das sich gut zur Bodenbefestigung eignet. In Gärten ist ein regelmäßiger Rückschnitt nötig.
MERKMALE 2–4 m, Blütezeit Mai–Juni, Strauch. Blätter z. T. mit weißem Rand. Blatt 4–10 cm lang, vorn spitz, unten graugrün, 4–8 Paar bogige Nerven. Bis zu 8 cm breite Blütenstände mit gelblich weißen Blüten. Früchte bis zu 7 mm dick, kugelig, schmutzig weiß bis bläulich.
VORKOMMEN Heimisch in Nordasien. In Nordeuropa eingebürgert, in Mitteleuropa Zierstrauch.

1A
1B
2A
2B
3A
3B
4

1 | Schwarzer Holunder
Sambucus nigra
(Moschuskrautgewächse)

BEI DEN GERMANEN HEILIG, BEI DEN IREN VERFLUCHT Ein Tee aus Holunder-Blüten wirkt schweißtreibend bei fieberhaften Erkältungen und lindert Reizhusten. Die Früchte liefern vitamin- und mineralstoffreichen Saft. Frische Früchte können jedoch besonders bei Kindern Erbrechen und Durchfall auslösen. Bei den Germanen war der Holunder als heiliger Baum der Frau Holle (Freya), der Göttin des Hauses, geweiht. Die Iren dagegen glaubten, dass Hexen auf Holunderästen durch die Lüfte reiten.
MERKMALE 3–7 m, Blütezeit Juni–Juli, Strauch. Meist mehrere Stämme, Wuchs wirkt sehr dicht, Rinde mit Korkwarzen. Blatt unpaarig gefiedert mit meist 5, seltener 7 oder 9 Fiedern, Rand gesägt. Blüten 5–7 mm groß, weiß oder gelblich, stark duftend, Blütenstand 10–25 cm breit, schirmförmig (**1A**). Steinfrüchte 4–6 mm groß, schwarz (**1B**). Äste des Fruchtstands rot. **ESSBAR.**
VORKOMMEN Wild fast in ganz Europa an feuchten Waldrändern, in Hecken, auf Schuttplätzen.

2 | Trauben-Holunder
Sambucus racemosa
(Moschuskrautgewächse)

MANCHMAL SCHWER VERDAULICH
Die rohen, herbsauer schmeckenden Früchte des Trauben-Holunders können zu Brechdurchfall führen. Früher dienten sie als Abführ- und Brechmittel. Wer gern mit Wildfrüchten experimentiert, kann die Beeren jedoch kräftig kochen, die Samen abtrennen und den Saft verwenden.
MERKMALE Bis zu 4 m, Blütezeit April–Mai, Strauch. Blatt 5-zählig unpaarig gefiedert, Fiedern schmal lanzettlich, schlanker als beim Schwarzen Holunder. Blüten grünlich gelb, in aufrechten Rispen, duftend (**2A**). Scharlachrote Steinfrucht mit 3-kantigem Kern (**2B**). **ESSBAR.**
VORKOMMEN In Mitteleuropa wild, in Skandinavien eingebürgert. In Wäldern, Gebüschen, an Felshängen.

3 | Gewöhnlicher Schneeball
Viburnum opulus
(Moschuskrautgewächse)

VON DEN FRÜCHTEN DIE FINGER LASSEN!
Die Randblüten dieses Strauchs sind unfruchtbar, jedoch so auffällig, dass sie Insekten zu den unscheinbaren, fruchtbaren Zentralblüten locken. Zuchtformen haben auch gefüllte Blütenstände, die nur aus den großen Schaublüten bestehen und dann wirklich Schneebällen ähneln. Die Vögel fressen die Früchte nur in nahrungsarmen Zeiten, sie bleiben oft bis zum Frühjahr stehen. Beim Menschen können sie Durchfall, Erbrechen, Übelkeit und Brennen im Mund auslösen.
MERKMALE 2–4 m, Blütezeit Mai–Juni, Strauch. Wuchs unregelmäßig, oft ausladend. Blatt breit oval, 3–5-lappig, oberseits dunkelgrün, unterseits graugrün. Blüten reinweiß, in endständigen, bis zu 10 cm breiten Schirmrispen, Randblüten stark vergrößert, steril. Leuchtend rote Steinfrüchte. **GIFTIG!**
VORKOMMEN In ganz Europa wild in Auenwäldern, Hecken, an Waldrändern, Bächen.

4 | Wolliger Schneeball
Viburnum lantana
(Moschuskrautgewächse)

NUR EIN HAARFILZ SCHÜTZT DIE BLÄTTCHEN Der Wollige Schneeball hat im Gegensatz zu den meisten anderen Gehölzen nackte Winterknospen ohne Knospenschuppen. Die deutlich erkennbaren Blättchen sind nur durch einen Haarfilz geschützt.
MERKMALE 2–5 m, Blütezeit April–Mai, Strauch. Wuchs breit aufrecht. Blatt breit oval, an beiden Enden gerundet, oberseits mattgrün, unterseits graufilzig. Blüten cremeweiß, zahlreich in 5–10 cm breiten, meist 7-strahligen, leicht gewölbten Schirmrispen ohne vergrößerte Randblüten, duften etwas unangenehm. Früchte erst leuchtend rot, reif glänzend schwarz. **GIFTIG!**
VORKOMMEN Wild in Mittel- und Südeuropa in Gebüschen. Gepflanzt an Böschungen und in Gärten.

1A

2A

1B

2B

3

4

1 | Gewöhnliche Trauben-kirsche

Prunus padus
(Rosengewächse)

ZUM FÄRBEN UND KORBFLECHTEN Die unangenehm faulig riechende Borke wurde früher zum Färben verwendet. Im Herbst gesammelt, färbt sie Wolle je nach Vorbehandlung orange oder dunkelbraun. In Russland verwenden Korbflechter die biegsamen, olivfarbenen oder rotbraunen Zweige als Flechtmaterial.
MERKMALE 3–12 m, Blütezeit April–Mai, Baum oder Strauch. Meist mehrstämmig, Krone schlank eiförmig bis rundlich, Hauptäste aufwärts strebend. Blatt 6–12 cm lang, eiförmig bis elliptisch, 2 Drüsen am Blattstiel. Blüten weiß, bis zu 2 cm breit, zahlreich in 7–12 cm langen Trauben (**1A**). Schwarzrote, etwas längliche, knapp 1 cm große Steinfrüchte (**1B**).
GIFTIG!
VORKOMMEN Wild in fast ganz Europa in Auenwäldern und an nassen Waldrändern.

2 | Späte Traubenkirsche

Prunus serotina
(Rosengewächse)

IM WALD NÜTZLICH, AUF DER HEIDE SCHÄDLICH? Die Späte Traubenkirsche gelangte als eine der ersten amerikanischen Baumarten bereits 1623 nach Europa. Forstleute schätzen sie als Wind- und Bodenschutz. Sie trägt auch zur Verbesserung der Humusqualität bei. Naturschützer stehen der Art kritisch gegenüber, da sie in Heiden und Feuchtgebiete eindringt und diese verändert.
MERKMALE 5–12 m, Blütezeit Mai–Juni, Baum. Oft mit mehrstämmig, Wuchs locker, Hauptäste stehen steil aufwärts. Blatt 5–12 cm lang, länglich eiförmig, ledrig derb, oben lackartig glänzend, 2 Drüsen am Blattstiel. Trauben mit etwa 30 Blüten, weiß, bis zu 1 cm breit. Reife Frucht schwarz, bis zu 1 cm dick, Kelchrest am Stiel-ende. Bis auf das essbare Fruchtfleisch **GIFTIG**.
VORKOMMEN Heimisch im östlichen Nordamerika. In Europa gepflanzt und teilweise eingebürgert. Invasiv.

3 | Süß-Kirsche

Prunus avium
(Rosengewächse)

NICHT NUR ALS MARMELADE EINE WOHLTAT Süß-Kirschen reifen nicht nach – sie müssen deshalb vollreif gepflückt werden. Ihr wohlschmeckendes Fruchtfleisch enthält reichlich Zucker, Mineralstoffe und Vitamine. Mit Kirschkernen gefüllte kleine Kissen lassen sich im Backofen oder in der Mikrowelle erwärmen. Sie wirken wohltuend bei verspannten Muskeln und Rheuma.
MERKMALE 8–20 m, Blütezeit April–Mai, Baum. Krone breit eiförmig bis rundlich, Borke typisch geringelt, Äste schräg aufwärts gerichtet. Blatt 5–15 cm lang, verkehrt eiförmig bis länglich oval, zugespitzt, an der Basis keilförmig, mit 2–4 großen roten Nektardrüsen. Blüte um 3 cm groß, weiß (**3A**). Frucht bis zu 2,5 cm groß, kugelig, Stiele bis zu 5 cm lang (**3B**).
ESSBAR.
VORKOMMEN Wildformen in Wäldern und an Waldrändern Mitteleuropas. Sorten in ganz Europa kultiviert.

4 | Schlehe

Prunus spinosa
(Rosengewächse)

SIE BILDET SCHNELL DICHTES GESTRÜPP Die Art heißt auch »Schwarzdorn«, ein Name, der sich auf die im Vergleich zum Weißdorn (S. 808) dunkle Rinde der Zweige bezieht. Die Sträucher sind wichtige Schutz- und Nistgehölze für viele Tiere. Ihre Früchte bleiben im Winter lange hängen und werden von Vögeln und Säugetieren gefressen.
MERKMALE 1–3 m, Blütezeit April–Mai, Strauch. Wuchs sehr sparrig, dicht, bildet undurchdringliche Gestrüppe mit kräftigen Kurztriebdornen. Blatt elliptisch bis verkehrt eiförmig, 3–4 cm lang, um 2 cm breit. Blüten weiß, einzeln an zahlreichen Kurztrieben vor dem Blattaustrieb. Blauschwarz bereifte, um 1 cm große, essbare Steinfrüchte, vor strengeren Frösten gerbstoffreich, nach Frost erfrischend säuerlich.
ESSBAR.
VORKOMMEN Wild in ganz Europa an Waldrändern, in sonnigen Hecken.

1A

1B

2

3A

3B

4

1 | Holzapfel
Malus sylvestris
(Rosengewächse)

STAMMFORM DES KULTUR-APFELS Der Wild- oder auch Holzapfel ist die Stammform vieler Apfelsorten, wobei er oft schwer von verwilderten Zuchtsorten zu unterscheiden ist. Vom Kultur-Apfel lässt er sich durch die haarlose oder nur gering behaarte Blattunterseite abgrenzen.
MERKMALE Bis zu 10 m, Blütezeit April–Mai, Baum oder Strauch. Äste oft bedornt. Blatt elliptisch, 4–10 cm lang, bis 5 cm breit. Blüten 3–4 cm, weiß oder rötlich überlaufen, v. a. außen. Früchte kugelig, 2–4 cm groß, grün oder leicht rötlich überlaufen, holzig.
VORKOMMEN Europa bis Westasien. In Mitteleuropa zerstreut vom Flachland bis in Gebirgslagen. Meist in Auwäldern und etwas feuchten, steinigen Gebüschen. Ziemlich selten, fehlt gebietsweise (z. B. im Tiefland).

2 | Wildbirne
Pyrus pyraster
(Rosengewächse)

DIE DORNIGE VERWANDTE DER KULTURBIRNE Holz-Birnen gelten als die Vorfahren der Kultur-Birnen. Sie unterscheiden sich von diesen insbesondere durch die dornigen Zweige. Rotwild frisst gern die reifen, am Boden liegenden Früchte. Im Mittelalter dienten sie zur Schweinemast. Als Obst eignen sie sich jedoch nicht, da sie herb und bitter schmecken.
MERKMALE 5–20 m, Blütezeit April–Mai, Baum. Krone kegelförmig, Stamm gerade, Äste abstehend bis aufsteigend, ältere Zweige meist mit vielen Kurztriebdornen (**2A**). Blatt 2–7 cm lang, rundlich bis eiförmig, Blattstiel bis zu 7 cm lang. Blüten weiß, bis zu 4 cm im Durchmesser, 3–9 Blüten bilden eine Dolde, Staubbeutel rot. Früchte rundlich (**2B**), zum Stiel etwas verschmälert, 2–3 cm lang und ebenso breit, grünlich bis bräunlich gelb, holzig.
VORKOMMEN Vorwiegend in warmen, meist etwas feuchten Wäldern. Ziemlich selten, doch öfters als Wildfutter angebaut. Heimisch von Europa bis Westasien in Wäldern und Felsgebüschen.

3 | Echte Mispel
Mespilus germanica
(Rosengewächse)

SCHON KARL DER GROSSE WAR EIN MISPELFREUND Im Mittelalter war die Echte Mispel bei uns eine verbreitete Obstart, deren Pflege Karl der Große sogar ausdrücklich anordnete. Die Früchte schmecken herbbitter und zusammenziehend und werden erst nach längerer Frosteinwirkung genießbar. Als Zusatz zu Apfel- oder Birnenmost verbessern sie dessen Haltbarkeit.

Frucht mit großem Kelchrest

MERKMALE 3–6 m, Mai–Juni, Baum oder Strauch. Meist mehrstämmig, Krone ausladend. Blatt bis 15 cm lang und 3 cm breit, Rand fein gesägt oder auch ganzrandig, vorne spitz, unten graugrün. Blüte weiß, bis zu 6 cm groß, lange schmale Kelchblätter. Frucht braun, apfelähnlich, um 4 cm breit, auffallend durch die 5 kronenartigen Kelchzipfel. **ESSBAR.**
VORKOMMEN Heimat Südosteuropa, in Mitteleuropa oft angepflanzt, in klimatisch günstigen Gebieten verwildert. Nur noch selten kultiviert.

4 | Gewöhnliche Zwergmispel
Cotoneaster integerrimus
(Rosengewächse)

STEHT UNTER NATURSCHUTZ Die Zwergmispel ist ein immergrüner Strauch, der zum Biotoptyp »wärmeliebendes Gebüsch« zählt. Diese Pflanzengemeinschaften wachsen an trocken-warmen Standorten und stehen meist unter Schutz.
MERKMALE 0,5–2 m, Blütezeit April–Mai, Strauch. Blatt oval, ganzrandig, 1–3 cm lang. Blüten klein, weiß oder hellrosa, zu 2 oder 4. Früchte rot, kugelrund, 0,5 cm im Durchmesser. **GIFTIG!**
VORKOMMEN Montan und subalpin, seltener in der alpinen Stufe, in Wäldern, Felsspalten und lichten Gebüschen. **GESCHÜTZT.**

1

2A

2B

3

4

1 | Gewöhnliche Eberesche
Sorbus aucuparia
(Rosengewächse)

DER KÖDER JEDES VOGELFÄNGERS Die bei Vögeln sehr beliebten Früchte – die Art ist auch als »Vogelbeere« bekannt – bleiben den Winter über an den Zweigen. Sie sind für Menschen roh leicht giftig und können Erbrechen und Durchfall auslösen. Die Wirkung verschwindet aber mit dem Kochen. Früher gewann man aus den Früchten Sorbitol, ein Süßungsmittel für Diabetiker.
MERKMALE Bis zu 15 m, Blütezeit Mai–Juni, Baum. Ein- oder mehrstämmig, Krone rund bis eiförmig, meist etwas sparrig. Blatt unpaarig gefiedert mit 9–17 Fiedern, unten grau- bis blaugrün, Rand gesägt. Blüten cremeweiß, zahlreich in flachen Schirmrispen (**1A**). Früchte bis zu 1 cm, orangerot, kugelig (**1B**). **GIFTIG! GEKOCHT ESSBAR.**
VORKOMMEN Wild fast in ganz Europa in Wäldern, auf Felsen. Oft gepflanzt in Parks und Gärten.

2 | Gewöhnliche Mehlbeere
Sorbus aria
(Rosengewächse)

BEHAARTE BLÄTTER SPAREN WASSER Der Haarfilz auf den Blättern setzt die Verdunstung herab und ermöglicht es so dem Baum, auch noch an trockenen Standorten zu wachsen. Die mehlig-weichen, fad schmeckenden Früchte sind zwar essbar, eignen sich aber nur als Notnahrung. Getrocknet und vermahlen mischte man sie früher unter das Mehl, um Brot zu backen.
MERKMALE 5–15 m, Blütezeit Mai–Juni, Baum. Krone eiförmig bis rundlich, Wuchs meist ziemlich regelmäßig. Blatt ungeteilt, länglich oval, an der Basis keilförmig, oberseits glänzend dunkelgrün, unterseits dicht silbrig behaart, 6–9 cm lang und bis zu 6 cm breit. Blüten cremeweiß, bis zu 1,5 cm, zahlreich in flach gewölbten Schirmrispen (**2A**). Früchte orange- oder korallenrot, rund, bis zu 1,3 cm (**2B**). **ESSBAR.**
VORKOMMEN Wild in Mittel- und Westeuropa in Wäldern, trockenen Gebüschen, auf Felsen. Oft als Straßenbaum gepflanzt.

3 | Speierling
Sorbus domestica
(Rosengewächse)

WARUM ER SO HEISST, SOLLTE MAN NICHT TESTEN Wer einmal in eine scheinbar reife, jedoch noch feste Speierlingsfrucht gebissen hat, wird nie mehr vergessen, woher dieser Baum seinen Namen hat: Seine Gerbstoffe wirken so stark zusammenziehend, dass man den Bissen meist sofort ausspuckt, noch lange danach ein pelziges, fast betäubtes Gefühl im Mund hat und der Hals sich etwas zugeschnürt anfühlt. Der Saft der unreifen Früchte wird manchmal in geringen Mengen Apfelwein zugesetzt.
MERKMALE 10–20 m, Blütezeit Mai–Juni, Baum oder Strauch. Stamm reicht bis in den Wipfel, Krone anfangs rundlich, später unregelmäßig, Äste oft knorrig. Blatt unpaarig gefiedert, mit 13–21 Fiedern, bis zu 26 cm lang. Blüten weiß oder rötlich, 1–1,5 cm Durchmesser, in halbkugeligen Doldenrispen. Früchte birnenförmig, 1,5–3 cm lang, gelblich bis oliv.
VORKOMMEN Wild im Süden Mitteleuropas und in Südeuropa. In Weinbaugebieten angepflanzt und verwildert, heute aber selten geworden.

4 | Felsenbirne
Amelanchier ovalis
(Rosengewächse)

IN SACHEN WASSER GENÜGSAM Der Strauch dringt mit seinen Wurzeln tief in Felsspalten vor und findet so auch an scheinbar trockenen Felsen ausreichend Feuchtigkeit. Die Früchte dienten früher mancherorts als Rosinen- oder Korinthenersatz, wovon Namen wie »Rosinenstrauch« oder »Korinthenbaum« zeugen.
MERKMALE 1–3 m, Blütezeit April–Mai, Strauch. Wuchs locker rundlich, Äste aufstrebend. Blatt 2–4 cm lang, eiförmig, Rand scharf gesägt. Blüten weiß, mit sehr schmalen Kronblättern, zu 3–8 in endständigen Trauben. Früchte kugelig, blauschwarz bereift, um 1 cm groß. **ESSBAR**.
VORKOMMEN Wild in Süd- und Mitteleuropa. Felsen, Felsschutt, sonnige, trockene Wälder.

1A

1B

2A

2B

3

4

1 | Brombeere

Rubus fruticosus agg.
(Rosengewächse)

EIN NAME FÜR ÜBER 200 KLEINARTEN Die Brombeere ist eine äußerst formenreiche Sammelart, die heute in Mitteleuropa in weit über 200 verschiedene Kleinarten unterteilt wird. Diese unterscheiden sich v. a. in der Bestachelung, der Blattform und der Behaarung. Eine sichere Unterscheidung ist meist nur Spezialisten möglich. Der Name »Brombeere« kommt vom altdeutschen *bram* und bedeutet »Dornstrauch«. Die Dornen verhindern, dass die Stängel zurückrutschen, wenn sie über den Untergrund kriechen oder über andere Pflanzen klettern.
MERKMALE 0,5–2 m, Blütezeit Mai–Aug., Strauch. Bildet undurchdringliche Dickichte. Blatt handförmig geteilt mit 3–7 Fiedern, Fiedern unten graugrün oder weißfilzig. Blüten 1,5–3 cm groß, zahlreich in endständigen Rispen an vorjährigen Trieben, 5 weiße oder rötliche Kronblätter, zahlreiche Staubblätter. Zunächst rote, reif schwarze, 1–1,5 cm große Sammelsteinfrucht, nach dem Abpflücken innen nicht hohl. **ESSBAR.**
VORKOMMEN An Wald- und Wegrändern überall sehr häufig, v. a. auf nährstoffreichen, überdüngten Böden. Wild in ganz Europa in Gebüschen, Hecken, an Waldrändern, Steinbrüchen, Böschungen.

2 | Steinbeere

Rubus saxatilis
(Rosengewächse)

NICHT SO SCHMACKHAFT WIE IHRE VERWANDTEN Die Sammelfrüchte zerfallen leicht in die einzelnen Steinfrüchtchen. Sie sind zwar essbar, schmecken aber nur säuerlich und fade.
MERKMALE 10–25 cm, Blütezeit Mai–Juni, mehrjährig, Scheinstrauch. Stängel krautig, im Gegensatz zu anderen *Rubus*-Arten nicht verholzt, nicht blühende Triebe bogig kriechend, blühende aufrecht, mit zarten Stacheln. Blatt 3-zählig gefiedert. Blüten weiß, 1–1,5 cm groß. Hellrote Sammelsteinfrucht aus 2–6 Früchtchen.
VORKOMMEN Verbreitet bis zerstreut in lichten Nadel- und Laubmischwäldern, kalkreiche Böden.

3 | Himbeere

Rubus idaeus
(Rosengewächse)

UNVERWECHSELBARE BEEREN Die sehr aromatischen, vitaminreichen Himbeeren schmecken frisch und in vielerlei Zubereitungen. In Teemischungen sorgen die getrockneten Blätter mit ihrem Filz dafür, dass die Bestandteile gleichmäßig durchmischt bleiben.
MERKMALE Bis zu 2 m, Blütezeit Mai–Juni, Strauch. Äste rutenförmig, viele Ausläufer. Blatt meist 3-, seltener 5–7-zählig gefiedert, Endfieder am größten, gestielt, seitliche Fiedern sitzend, oberseits kahl, unterseits weißfilzig, 5–10 cm lang und breit. Blüten weiß, in Rispen. Rote Sammelsteinfrucht, 1–1,5 cm groß, innen hohl. **ESSBAR.**
VORKOMMEN Wild in ganz Europa auf Waldlichtungen, an Waldwegen, auf Felsschutthalden. Auf nährstoffreichen Böden.

4 | Kratzbeere

Rubus caesius
(Rosengewächse)

FÜR LIKÖR SEHR GUT GEEIGNET Die saftigen Kratzbeeren schmecken weit weniger aromatisch und meist wesentlich herber als Brombeeren. Sie eignen sich aber zusammen mit anderem Wildobst für Mischkonfitüren oder für einen sehr guten Likör. Wer Brombeeren sammelt, sollte also ruhig auch die Kratzbeeren mit abernten.
MERKMALE Bis zu 1 m, Blütezeit Mai–Aug., Strauch. Wuchs meist niederliegend, fast mattenartig, Zweige dünn, bläulich bereift. Blatt 3-zählig geteilt, nur das Endblättchen gestielt, beide Seiten grün. Blüte weiß, 2–2,5 cm groß. Schwarzblau bereifte, aus 5–20 Früchtchen zusammengesetzte Sammelsteinfrucht, innen nicht hohl. **ESSBAR.**
VORKOMMEN Fast in ganz Europa. Auenwälder, Hecken, Ufer, Waldränder, Schuttplätze.

1

2

3

4

1 | Hunds-Rose
Rosa canina
(Rosengewächse)

DIE PFLANZE DER GERMANISCHEN LIEBESGÖTTIN Hagebutten, die Früchte der Rosen, liefern aromatischen, angenehm säuerlichen Tee und Vita-min-C-reiches Mus. Die Früchte aller Arten sind essbar. Ihre altdeutsche Bezeichnung *Butte* galt früher für »Fass« und bezeichnet eine kurze, dicke Form. Dieser Name hat sich heute noch in »Büttenreden« und in »Buddelflasche« erhalten. Bei den Germanen war die Hunds-Rose der Liebesgöttin Frigg geweiht. Sie stand auch als Symbol für das Weiterleben der Seele nach dem Tod.
MERKMALE Bis zu 3 m, Blütezeit Juni–Juli, Strauch. Zweige mit Stacheln kletternd oder überhängend, Stacheln sichelförmig mit scheibenförmigem Grund. Blatt mit 5–7 Fiedern, kahl, oft blaugrün. Blüte 4–5 cm breit, hellrosa oder weiß (**1A**), duftend, zahlreiche Staubblätter. Frucht schlank eiförmig, kahl (**1B**). **ESSBAR.**
VORKOMMEN Hecken, Waldränder, Ödland, Stra--ßen, Wege. Europa bis Zentralasien.

2 | Kriechende Rose
Rosa arvensis
(Rosengewächse)

STACHELN ALS KLETTERHILFE Die Stacheln der Rosen dienen nicht nur der Abwehr von Fraßfeinden. Die Triebe können sich mithilfe der Stacheln ineinander und mit Zweigen anderer Gehölze verhaken. So wird vielen Rosen überhaupt erst eine aufrechte Haltung der Triebe möglich.
MERKMALE Bis zu 1 m, Blütezeit Juni–Juli, Strauch. Zweige kriechend oder kletternd. Blatt mit 5–7 Fiedern, oberseits kahl und glänzend grün. Blüten meist einzeln oder zu 2–3, weiß, duftlos, lang gestielt, 3–5 cm groß, Griffel bilden 3–5 mm hohe Säule. Frucht hellrot, eiförmig, Griffelsäule bleibend.
VORKOMMEN In Mitteleuropa als Wildgehölz zerstreut bis selten, Dünengebiete, mittlere Gebirgslagen, trockenwarme Standorte mit kalkhaltigen Böden. Oft gepflanzt und verwildert.

3 | Essig-Rose
Rosa gallica
(Rosengewächse)

STAMMFORM VIELER GARTENROSEN
Schon in mittelalterlichen Klostergärten züchtete man diese Art. Sie ist die Stammform der frühesten europäischen Gartenrosen, aber auch einiger moderner Züchtungen. Die Essig-Rose wird seit dem Altertum zur Herstellung von Parfüm und Rosenessig sowie als Heilpflanze genutzt.
MERKMALE 0,5–1,5 m, Blütezeit Juni–Juli, Strauch, Aufrecht, Ausläufer bildend, mit ungleich langen Stacheln. Blatt mit meist 5 Fiedern, unterseits behaart. Blüten einzeln, 4–7 cm groß, rosa bis karminrot, stark duftend. Frucht kugelförmig bis verkehrt birnförmig, ziegel- bis braunrot, drüsenborstig.
VORKOMMEN In Mitteleuropa selten geworden. Besiedelt Waldränder und Wegraine im Hügel- und Bergland, fehlt in den Alpen. Bevorzugt sonnige Standorte auf nährstoffreichen, kalkhaltigen Lehmböden.

4 | Gebirgs-Rose
Rosa pendulina
(Rosengewächse)

SIE WILL HOCH HINAUS Die Gebirgs- oder Alpen-Rose ist unter den heimischen Rosen in den höchsten Lagen zu finden. Neben den Alpen findet man sie aber auch im Südschwarzwald, im Bayerischen oder im Böhmerwald.
MERKMALE Bis zu 2 m, Blütezeit Juni–Juli, Strauch. Aufrecht, wenig verzweigt, im oberen Teil meist ohne Stacheln. Blatt mit meist 5–7 Fiedern, scharf doppelt drüsig gesägt, Nebenblätter flach. Blüten 2–4 cm groß, rosa- bis karminrot, duftlos. Frucht flaschenförmig bis länglich eiförmig, ziegelrot, Kelch an der hängenden Frucht aufgerichtet.
VORKOMMEN Gebirge in Mittel- und Südeuropa, Balkan bis Nordgriechenland, in trockenwarmen Licht- und Halbschattenlagen in Nadelmischwäldern und auf alpinen Grasmatten, meidet Kalk.

1A

1B

2

3

4

1 | Wein-Rose
Rosa rubiginosa
(Rosengewächse)

KEINE DORNEN, SONDERN STACHELN Die Wein-Rose duftet beim Reiben nach frischen Äpfeln. Das geflügelte Wort »Keine Rose ohne Dornen« müsste – wie bei allen Rosen – richtig heißen: »Keine Rose ohne Stacheln«: Die wehrhaften Gebilde entstehen im Gegensatz zu Dornen nicht aus umgewandelten Blättern oder Zweigen, sondern aus der Hautschicht und lassen sich ablösen, ohne den Zweig zu verletzen.
MERKMALE 1–3 m, Blütezeit Juni–Juli, Strauch. Wuchs gedrungen, dicht verzweigt, mit kräftigen, sichelförmig gekrümmten Stacheln. Blatt mit 5–7 Fiedern, unten locker behaart und mit rotbraunen Drüsen besetzt. Blüte 2,5–4 cm groß, Kelchblätter länger als die Kronblätter, oft stark gefiedert, Kronblätter rosa. Frucht kugelig bis eiförmig, orangerot, Fruchtstiel mit drüsigen Haaren.
VORKOMMEN Wild in ganz Europa, Gebüsche, magere Wiesen, Waldränder, felsige Hänge.

2 | Kartoffel-Rose
Rosa rugosa
(Rosengewächse)

WARUM EINMAL BLÜHEN, WENN'S AUCH ÖFTER GEHT? Die großen Früchte der Kartoffel-Rose liefern wesentlich mehr Fruchtfleisch als die der Hunds-Rose (S. 804). Sie können auf gleiche Weise verarbeitet werden. Rosenzüchter verwendeten die Kartoffel-Rose als Basis zur Züchtung von öfterblühenden Strauchrosen. Die Art hat ihre Hauptblüte zwar im Juni, bildet jedoch noch bis Mitte September weitere Blüten aus.
MERKMALE Bis zu 2,5 m, Blütezeit Juni–Sept., Strauch. Bildet oft breite Gestrüppe, Wuchs gedrungen. Blatt mit 5–9 Fiedern, Fiedern stark runzelig, oben glänzend dunkelgrün. Blüte meist 6–8 cm groß, duftend, Kronblätter dunkelrosa, hellrosa oder weiß. Frucht flach kugelförmig, ziegelrot, vollreif weichfleischig. Blüht und fruchtet oft gleichzeitig. **ESSBAR.**
VORKOMMEN Heimat Ostasien. In Europa als Hecke, an Straßenböschungen, auf Dünen, auch verwildert. Erträgt salzhaltigen Boden. Invasiv.

3 | Bibernell-Rose
Rosa spinosissima, R. pimpinellifolia
(Rosengewächse)

SCHWARZE HAGEBUTTEN Die Art gehört zu den kleinsten heimischen Rosen. Sie ist die einzige mit schwarzen Hagebutten und daher v. a. im Spätsommer leicht zu erkennen. Sie eignet sich durch ihre starke Ausläuferbildung sehr gut zur Bodenbefestigung.
MERKMALE Bis zu 1 m, Blütezeit Mai–Juni, Strauch. Ausläufer, wenige aufrechte Äste, Zweige dicht mit geraden Stacheln und Stachelborsten. Blatt meist 7–9-zählig unpaarig gefiedert. Blüten cremeweiß, in der Mitte gelblich, selten blassrosa, meist einzeln, 4–6 cm groß (**3A**). Frucht kugelig, braunschwarz bis tiefschwarz (**3B**).
VORKOMMEN Auf Nordseeinseln und an der Nordseeküste auf den Kämmen der Graudünen, im Binnenland auf Silikatmagerrasen in Mittel- und Süddeutschland, den Pyrenäen und Südalpen.

4 | Filz-Rose
Rosa tomentosa
(Rosengewächse)

HAARIGE BLÄTTER Der deutsche Name dieser Art weist auf die Blätter der Filz-Rose hin. Diese sind auf Ober- und Unterseite filzig behaart. Im Garten lässt sie sich gut kultivieren, da sie sowohl in der Sonne als auch im Halbschatten gedeiht.
MERKMALE Bis zu 3 m, Blütezeit Juni, Strauch. Relativ dicke Zweige, Stacheln oberhalb der Knoten meist in Paaren. Blatt mit 5–7 Fiedern, oberseits graugrün, unterseits dicht weichfilzig behaart. Blüten weiß bis hellrosa, 4 cm groß. Frucht eiförmig, rot, Frucht und Fruchtstiel dicht stieldrüsig.
VORKOMMEN In Südeuropa häufig, in Mitteleuropa zerstreut, besiedelt Wälder, Gebüsche und Wegränder in sommerwarmen Lagen.

1
2
3A
3B
4

1 | Eingriffliger Weißdorn
Crataegus monogyna
(Rosengewächse)

IN DER BESTIMMUNG NICHT GANZ EINFACH Die Art ist schwer von mehreren nahe verwandten Arten zu unterscheiden. Sie bildet außerdem mit dem Zweigriffligen Weißdorn fruchtbare Hybriden, die in den Blattmerkmalen zwischen den Eltern stehen und die Unterscheidung noch erschweren.
MERKMALE 2–6 m, Blütezeit Mai–Juni, Baum oder Strauch. Ein bis mehrere Stämmchen, Wuchs dicht verzweigt, oft unregelmäßig, mit bis zu 2,5 cm langen Dornen. Blatt rautenförmig, tief 3–7-lappig, weit über die Spreitenmitte eingebuchtet, nur an der Spitze der Blattlappen mit groben Sägezähnen, 3–7 cm lang, fast ebenso breit. Blüten weiß, 8–15 mm, in Doldenrispen (**1A**), 1 Griffel, Staubbeutel rot. Frucht bis zu 1 cm groß (**1B**), rot, mit 1 Samen.
VORKOMMEN Wild in fast ganz Europa, in sonnigen Hecken, Wäldern, Gebüschen, an Felsen.

2 | Zweigriffliger Weißdorn
Crataegus laevigata
(Rosengewächse)

GUT FÜRS HERZ Der Ein- und Zweigrifflige Weißdorn unterscheiden sich zwar botanisch, ihre Wirkung ist aber dieselbe: Arzneimittel mit Auszügen aus Weißdorn gehören zu den am häufigsten verkauften pflanzlichen Präparaten. Sie helfen bei leichtem Bluthochdruck und Kreislaufschwäche und müssen, um zu wirken, mindestens 6 Wochen angewandt werden.
MERKMALE 4–10 m, Blütezeit Mai–Juni, Baum oder Strauch. Sehr ähnlich dem Eingriffligen Weißdorn. Blatt schwach gelappt mit stumpfen oder abgerundeten Lappen oder ungelappt, Spreitenrand stumpf gesägt bis gekerbt. Blüten mit 2 oder 3 Griffeln.
VORKOMMEN Als Straßenbaum, seltener in Parks oder Gärten. Fast in ganz Europa wild in Laubwäldern, Hecken, Gebüschen. Meist auf Kalkboden.

3 | Gewöhnlicher Bocksdorn
Lycium barbarum
(Nachtschatten-gewächse)

ER WÄCHST NACH ALLEN SEITEN Der Gewöhnliche Bocksdorn erträgt Stadtklima, Salz, Trockenheit, Wind und Hitze. Deshalb eignet er sich sehr gut zur Begrünung von Straßen. Seine dünnen Zweige wachsen oft in andere Sträucher hinein und bilden dann ein undurchdringliches Gewirr. Selbst bis auf den Boden abgeschnitten treibt der Strauch meist rasch wieder aus.
MERKMALE Bis zu 3 m, Blütezeit Mai–Sept., Strauch. Zweige dünn. Blattform sehr variabel, Blatt bis zu 6 cm lang, graugrün. Blüte etwa 1 cm lang, purpurn bis violett, 5-zählig, Krone trichterförmig, Kronzipfel radförmig ausgebreitet. Beere bis zu 2 cm lang, eiförmig, rot. **GIFTIG!**
VORKOMMEN Heimisch in China. In Süd- und Mitteleuropa eingebürgert. An Straßen und Mauern gepflanzt.

4 | Sanddorn
Hippophae rhamnoides
(Sanddorngewächse)

DIE REINSTE VITAMINBOMBE Sanddornbeeren sind ungewöhnlich reich an den Vitaminen C, E, F, einigen B-Vitaminen und Provitamin A. Sie enthalten Fruchtsäuren und fettes Öl. Dieses ist in einigen Naturkosmetika enthalten und schützt die Haut vor belastenden Umwelteinflüssen. Die rohen Beeren sind zwar ungenießbar, doch in der westlichen Medizin nutzt man ihren Saft zur Vorbeugung gegen Erkältungskrankheiten oder bei Vitamin-C-Mangel. Er wird Fruchtsäften und Obstkonserven beigemischt.
MERKMALE Bis zu 5 m, Blütezeit März–Mai, Strauch. Wuchs aufrecht, dicht sparrig verzweigt, bedornt, Äste wirken starr. Blatt schmal lanzettlich, 2–8 cm lang, oben grau punktiert, unten silbrig weiß bis kupferrot. Zweihäusig. Frucht bis zu 8 mm dick, orange. **ESSBAR.**
VORKOMMEN Wild in Gebirgen Mittel- und Südeuropas, an der Nord- und Ostsee.

1A
1B
2
3
4

1 | Europäischer Buchsbaum
Buxus sempervirens
(Buchsbaumgewächse)

DIE ERSTEN RECHENSCHIEBER Im Volksglauben galt der Buchsbaum als Schutz- und Zauberpflanze, die vor Blitz und Krankheiten schützen sollte. Aus dem sehr harten, schweren Holz stellte man Pfeifenköpfe, Musikinstrumente und Büchsen her. »Büchse« sowie die englische Bezeichnung *box* und das französiche *boîte* leiten sich vom lateinischen *buxus* ab. Auch die ersten Rechenschieber, die Vorläufer des Taschenrechners aus dem 19. Jahrhundert, waren aus Buchsbaumholz gefertigt. Seit dem Jahr 2004 hat sich das Buchsbaumsterben in Deutschland rasant ausgebreitet. Verursacht wird diese unheilbare Pflanzenkrankheit durch den Pilz *Cylindrocladium buxicola*. Begünstigt wird die Ausbreitung durch Nässe.
MERKMALE 0,3–4 m, Blütezeit April–Mai, Baum oder Strauch. Wuchs buschig (**1A**). Blätter immergrün, stehen sehr dicht, ledrig, oval, 1–2,5 cm lang, gegenständig, Rand nach unten gebogen. Einhäusig, mit blattachselständigen Knäueln unscheinbarer, grünlich gelber, getrenntgeschlechtlicher Blüten (**1B**). Geschlossene Frucht mit 3 Hörnern. **GIFTIG!**
VORKOMMEN Wild in Südeuropa in Wäldern und Gebüschen. In ganz Europa in Gärten und Parks angepflanzt. **GESCHÜTZT.**

2 | Moor-Gagelstrauch
Myrica gale
(Gagelgewächse)

SORGT FÜR WÜTENDE WIKINGER Die Wikinger verwendeten den aromatischen, jedoch auch giftigen Moor-Gagelstrauch zum Würzen von Bier. Das Gebräu wirkt dadurch zusätzlich stark berauschend und konnte Tobsuchtsanfälle oder die sprichwörtliche »Berserkerwut« auslösen. Alte Kräuterbücher empfahlen Gagelblätter als Abtreibungsmittel und gegen Ungeziefer.
MERKMALE 0,5–1,5 m, Blütezeit April–Mai, Strauch. Zweige dunkelbraun, mit goldglänzenden Harzdrüsen, junge Triebe beim Zerreiben aromatisch duftend. Blätter ledrig, schmal verkehrt eiförmig, oberseits mattgrün, unterseits graugrün, 2–6 cm lang, bis zu 1,5 cm breit, sommergrün. Zweihäusig, Blüten in gelbbraunen bis rotbraunen Kätzchen, männliche länglich, bis zu 1,5 cm, weibliche kugelig, bis zu 0,7 cm lang. Blüht vor dem Laubaustrieb. Die kleinen Früchte sitzen in dichten Kätzchen. **GIFTIG!**
VORKOMMEN Wild in West- und Mitteleuropa in feuchten Heiden und Mooren. Kultiviert an Teichrändern. Wildvorkommen sind in Deutschland gefährdet. **GESCHÜTZT.**

3 | Gewöhnliches Pfaffen-hütchen
Euonymus europaeus
(Baumwürgergewächse)

SEINE FRÜCHTE SIND AUFFÄLLIG Der Name »Pfaffenhütchen« bezieht sich auf die Früchte, deren Form an eine Mitra, die Kopfbedeckung der Priester, erinnert. Früher stellten Drechsler aus dem harten, zähen, sehr dauerhaften Holz des Strauchs Stricknadeln, Holznägel und Garnspindeln her. Auf diese Verwendung weist der ebenfalls gebräuchliche Name »Gewöhnlicher Spindelstrauch« noch heute hin. Die Holzkohle eignet sich als Zeichenkohle.
MERKMALE 2–8 m, Blütezeit Mai–Juni, Baum oder Strauch. Wuchs aufrecht, sparrig, mit einem oder mehreren Stämmen. Blatt oval lanzettlich, zugespitzt, oberseits dunkelgrün, unterseits etwas heller, 5–8 cm lang, 2–3 cm breit, im Herbst oft tiefrot überlaufen. Blüten gelblich grün (**3A**), meist 4-zählig, sehr selten 5-zählig, zu 2–8 in Scheindolden in den Blattachseln, meist zwittrig, gelegentlich aber auch eingeschlechtig. Frucht eine karminrote, 1–1,5 cm große, 4-klappige Kapsel (**3B**). Samen groß, weißlich, von einem kontrastreich orangeroten Samenmantel umgeben. **GIFTIG!**
VORKOMMEN Fast in ganz Europa wild in Hecken, Auenwäldern, an Waldrändern sowie an Bachufern.

1A

1B

2

3A

3B

1 | Gewöhnlicher Blasenstrauch
Colutea arborescens
(Schmetterlingsblütler)

FRÜCHTE MIT KNALLEFFEKT Die Früchte bleiben lange am Strauch hängen. Sie springen im Gegensatz zu den Hülsen der meisten anderen Schmetterlingsblütengewächse nicht auf, sondern werden als Ganzes vom Wind verblasen. Legt man sie auf die Hand und klatscht darauf, öffnen sie sich mit einem Knall – deshalb hieß der Strauch früher auch »Knallschote«.
MERKMALE 1,5–4 m, Blütezeit Mai–Aug., Strauch. Zweige steil aufwärts strebend. Blatt unpaarig gefiedert mit 4–6 Fiedern. Blüten 15–20 mm, leuchtend gelb mit rotbraun gestreifter Fahne (**1A**), zu 2–8 in aufrechten, lockerblütigen Trauben. Frucht eine stark aufgeblasene, etwas durchscheinende Hülse (**1B**), 6–8 cm lang und 2–3 cm dick.
VORKOMMEN V. a. an felsigen, trockenen Stellen in sonnigen Lagen. In Deutschland wild wohl nur am Oberrhein, aber oft gepflanzt.

2 | Goldregen
Laburnum anagyroides
(Schmetterlingsblütler)

ACHTUNG, GIFTIG! An heißen Tagen hört man oft ein knackendes Geräusch in dem Gehölz, wenn sich die Früchte durch Austrocknung öffnen. Der Baum ist stark giftig. Bei Vergiftungen kommt es zu blutigem Erbrechen, Schwindel, Krämpfen, Lähmung und sogar Tod durch Atemlähmung.
MERKMALE 5–7 m, Blütezeit Mai–Juni, Strauch. Wuchs hoch, unregelmäßig, ein- oder meist mehrstämmig, Zweige anfangs aufrecht, später überhängend. Blätter 3-zählig gefiedert, mit kurz gestielten, länglich ovalen, bis zu 8 cm langen Fiedern. Blüten goldgelb, bis zu 2 cm lang, in hängenden, 10–25 cm langen Trauben. Frucht hellbraune, 3–8 cm lange, abgeflachte Hülse, zwischen den Samen leicht eingeschnürt. **GIFTIG!**
VORKOMMEN Heimat Südeuropa. In Mitteleuropa in Parks und Gärten, gelegentlich verwildert.

3 | Robinie
Robinia pseudoacacia
(Schmetterlingsblütler)

VON IHR KOMMT DER AKAZIENHONIG An den Wurzeln der Robinie sitzen kleine Knöllchen mit Bakterien, die Stickstoff aus der Luft binden. Diese Nährstoffversorgung ermöglicht es ihr, sehr arme Böden zu besiedeln. Die Blüten der »Scheinakazie« enthalten sehr viel Nektar und locken Bienen an. Für ein Kilo »Akazienhonig« müssen diese rund 1 600 000 Blüten besuchen.
MERKMALE Bis zu 25 m, Blütezeit Mai–Juni, Baum. Krone locker, unregelmäßig, ein- oder mehrstämmig, oft sparrig verzweigt. Blatt unpaarig gefiedert mit 11–17 ovalen Fiedern, bis zu 25 cm lang und 10 cm breit, oft 2 Dornen an der Basis. Blüten weiß, zahlreich in hängenden, bis zu 15 cm langen Trauben, angenehm duftend. Frucht 5–10 cm lange, braune, zwischen den Samen leicht eingeschnürte Hülse.
GIFTIG!
VORKOMMEN Stammt aus Nordamerika. Oft angepflanzt, Straßen, Parks, Hänge. Invasiv.

4 | Besenginster
Cytisus scoparius
(Schmetterlingsblütler)

WIE DER NAME SCHON SAGT Aus den rutenförmigen Zweigen stellte man früher haltbare Kehrbesen her. Die Blüten und die Zweigspitzen enthalten ähnliche gelb färbende Substanzen wie der Färber-Ginster (S. 814) und dienten früher zum Färben von Wolle. In der Medizin hilft das Kraut in genau festgelegten Mengen bei Herz- und Kreislaufbeschwerden.
MERKMALE 1–2 m, Blütezeit Mai–Juni, Strauch. Kantige, grüne, rutenförmige, meist aufrechte Zweige. Blatt 3-zählig gefiedert, dunkelgrün, oft anliegend behaart. Blüten goldgelb, bis zu 2 cm lang, zu 1–2 in den Blattachseln. Hülsenfrucht behaart, Klappen rollen sich nach dem Öffnen auf. **GIFTIG!**
VORKOMMEN In fast ganz Europa auf mäßig sauren Böden an Straßen- und Wegrändern, auf Heiden und in lockeren Wäldern. Ziemlich häufig.

1A
1B
2
3
4

1 | Kopf-Zwergginster
Chamaecytisus supinus
(Schmetterlingsblütler)

HÄUFIG DIE ERSTBEGRÜNUNG EXTREMER STANDORTE Der Kopf-Zwergginster blüht zweimal im Jahr
MERKMALE 0,2–0,5 m, Blütezeit April–Aug., niederliegender Zwergstrauch mit aufsteigenden Trieben. Blätter 3-zählig gefiedert. Blüten entweder zu 1–4 in Kurztrieben oder zu 3–6 in kopfi-gen, endständigen Trauben, Fahne der gelben Blüte meist mit rotbraunem Fleck.
VORKOMMEN Lichte Wälder, Heiden und Trockenrasen auf flachgründigen, basenreichen Böden. Nur im Süden des Gebiets.

2 | Flügelginster
Genista sagittalis
(Schmetterlingsblütler)

ANGEPASST AN TROCKENHEIT Beim Flügelginster übernehmen die grünen Flügel der Stängel die Funktion der früh abfallenden Blätter. Sie verdunsten weniger Wasser als größere Blätter.
MERKMALE 15–25 cm, Blütezeit Mai–Juni, Zwergstrauch. Unterirdisch kriechende, holzige Äste und aufsteigende, unverholzte, grüne Triebe. Nicht blühende Triebe breit 2-seitig, blühende Triebe 3- und mehrseitig geflügelt. Wenige ungeteilte, bis zu 20 mm lange Blätter, fallen früh ab. Kurze, dichte Blütentrauben, 10–14 mm lange Schmetterlingsblüte, Kelch kurz behaart.
VORKOMMEN Magere Weiden und Rasen, Böschungen, Wald- und Wegränder, Felsbänder. Besonders Mitteleuropa.

3 | Gewöhnlicher Stechginster
Ulex europaeus
(Schmetterlingsblütler)

DORNIGES UNKRAUT V. a. in England wurden Kaninchen, der wichtigste Fraßfeind, intensiv bekämpft, sodass sich der Stechginster dort zu einem lästigen Unkraut entwickelte.
MERKMALE 0,6–2 m, Blütezeit April–Juni, Strauch. Wuchs sparrig, verzweigte Dornen, bis zu 25 mm lang. Blätter stark reduziert, nur noch aus dem dornenartig abgewandelten Blattstiel bestehend, 5–10 mm lang. Blüten einzeln, leuchtend gelb, bis zu 20 mm groß, Kelch 2-teilig, Blütenblätter klappen weit auseinander. **GIFTIG!**
VORKOMMEN Heideflächen, Wald- und Wiesenränder, Böschungen, Gestrüppe. Auf kalkarmen Böden. Hauptsächlich West- und Nordeuropa.

4 | Behaarter Ginster
Genista pilosa
(Schmetterlingsblütler)

Wie andere Ginster-Arten setzt man den Behaarten Ginster zum Begrünen von Sandflächen ein.
MERKMALE 0,1–0,4 m, Blütezeit Mai–Juni, Zwergstrauch. Niederliegend oder aufrecht, unbedornt. Blätter lanzettlich, bis zu 15 mm lang, zunächst behaart, später oft kahl. Blüten um 10 mm lang, gelb. **GIFTIG!**
VORKOMMEN Meist auf kalkarmen, sandigen Böden in wintermilden Lagen, z. B. auf Heideflächen und Magerrasen. V. a. im norddeutschen Flachland und kalkarmen Bergland.

5 | Färber-Ginster
Genista tinctoria
(Schmetterlingsblütler)

FÄRBT LEINEN UND WOLLE Einst war Färber-Ginster eine der bedeutendsten Quellen gelber Farbstoffe. Er ähnelt dem **DEUTSCHEN GINSTER** (*Genista germanica*, ältere Zweige dornig, Pflanze rauhaarig) und dem **ENGLISCHEN GINSTER** (*G. anglica*, Pfanze kahl, Blätter eiförmig, 3–7 mm lang).
MERKMALE 0,3–0,7 m, Blütezeit Juni–Aug., Strauch. Zweige ziemlich starr, ohne Dornen. Blätter 0,5–4,5 cm lang, lanzettlich, Rand glatt. Dichte, endständige Blütenrispen, 8–16 mm lange Schmetterlingsblüte, klappt weit auseinander. **GIFTIG!**
VORKOMMEN Magerwiesen, Moorwiesen, Waldränder, lichte Wälder. Fast ganz Europa.

1

2

3

4

5

1 | Alpen-Johannisbeere
Ribes alpinum
(Stachelbeergewächse)

ABGASVERTRÄGLICH Die Alpen-Johannisbeere ist ein Vogelschutz- und Nährgehölz. Da sie Abgasen gegenüber recht tolerant ist, pflanzt man sie häufiger an Straßenrändern großer Städte oder in Industriegebieten.
MERKMALE 1–2 m, Blütezeit April–Mai, Strauch. Reich verzweigt, kahle, dünne Zweige. Blatt rundlich 3-eckig, 3–5-lappig, 3–5 cm lang und breit. Meist zweihäusig, Blüten in aufrechten Trauben, männliche Blütenstände mit 10–30 Blüten, weibliche mit 2–5. Beere rund, 5 mm groß, rot glänzend. **ESSBAR.**
VORKOMMEN Europa, Nord- und Ostasien, im mitteleuropäischen Tiefland, in den Alpen bis etwa 1700 m Höhe. Häufig als Böschungsbegrünung, in Feldhecken und an Straßenrändern gepflanzt.

2 | Schwarze Johannisbeere
Ribes nigrum
(Stachelbeergewächse)

DIE BASIS FÜR CASSIS-LIKÖR Der Strauch riecht je nach Nase angenehm aromatisch oder wanzenartig stinkend. Die Früchte enthalten Fruchtsäuren, Mineralstoffe und Vitamin C und werden besonders zu Saft oder Cassis-Likör verarbeitet. Die Blätter des Strauchs lieferten, als schwarzer und grüner Tee im 18. und 19. Jahrhundert knapp oder sehr teuer waren, einen wichtigen Ersatz dafür.
MERKMALE 1–1,5 m, Blütezeit April–Mai, Strauch. Wuchs breit ausladend, Äste lang, wenig verzweigt. Blatt bis zu 10 cm breit, 3–5-lappig, Grund herzförmig, unterseits mit Drüsen. Blüten in Trauben zu 4–10, glockiger Blütenbecher, Kronblätter klein, bräunlich. Reife Beeren schwarz, etwa 1 cm dick. Blätter riechen besonders zerrieben stark aromatisch. **ESSBAR.**
VORKOMMEN Selten wild in Auenwäldern, besonders in Mittel- und Nordeuropa. Oft als Beerenstrauch kultiviert.

3 | Rote Johannisbeere
Ribes rubrum
(Stachelbeergewächse)

BESONDERS GUT IN MISCHUNGEN Rote Johannisbeeren gehören zu den säurereichsten heimischen Früchten. Die Fruchtsäuren reinigen beim Abstreifen der Beeren von den Stängeln die Hände ähnlich gut wie eine Zitrone. Besonders gut schmecken die Früchte gemischt mit Himbeeren oder anderem Obst in Mischmarmelade oder Sorbet. Sie sind auch wichtiger Bestandteil der Cumberlandsoße.
MERKMALE 2–3 m, Blütezeit April–Mai, Strauch. Viele aufstrebende, kaum verzweigte Äste. Blatt bis zu 8 cm breit, 3–5-lappig, Grund meist spitzwinklig. Blüten grünlich gelb, zu 6–15 in hängenden Trauben. Beeren 6–7 mm Durchmesser, rot, bei Kultursorten auch hell gelblich. **ESSBAR.**
VORKOMMEN Wild selten in Auenwäldern Mittel- und Westeuropas. Sorten in Gärten gepflanzt.

4 | Stachelbeere
Ribes uva-crispa
(Stachelbeergewächse)

GUT FREUND MIT SCHWARZEN JOHANNISBEEREN Die meisten Stachelbeersorten entstanden nach dem Zweiten Weltkrieg, als Lebensmittel knapp waren und die heimischen Obststräucher im Ansehen wieder stiegen. Die Beeren schmecken je nach Sorte sauer-aromatisch oder süß. Es gibt auch robuste Kreuzungen aus Stachelbeeren und Schwarzen Johannisbeeren, die »Josta-« oder »Jochelbeeren«.
MERKMALE 0,5–1,5 m, Blütezeit April–Mai, Strauch. Wuchs breit buschig, alle Äste dornig. Blatt 1–6 cm breit, 3–5-lappig, Rand gekerbt. Blüten einzeln oder zu 2–3, hängend, mit zur Blüte zurückgeschlagenen, innen rötlichen Kelchblättern und nur halb so langen, weißlichen Kronblättern. Beeren kugelig bis etwas länglich, grünlich, bei Kultursorten auch rot, vorn mit Kelchrest. **ESSBAR.**
VORKOMMEN Fast in ganz Europa wild, im Süden in den Gebirgen. Oft in Gärten gepflanzt.

2

2

3

4

1 Stechpalme
Ilex aquifolium
(Stechpalmengewächse)

DAS WEIHNACHTSGRÜN DER BRITEN In manchen Gegenden tragen noch heute Gläubige die Zweige am Palmsonntag in die Kirche, um diese »Palme« weihen zu lassen. Um die Weihnachtszeit gehören Stechpalmenzweige besonders in England zu den beliebten immergrünen Schmuckpflanzen. Sie symbolisieren die Fortsetzung des Lebens während der Ruhezeit im Winter.
MERKMALE 1–10 m, Blütezeit Mai–Juni, Baum oder Strauch. Wuchs schlank, dicht verzweigt. Blatt bis zu 10 cm lang, derb ledrig, immergrün, Rand gewellt und meist stark stachelig gezähnt. Zweihäusig, Blüten weiß (**1A**), zu mehreren in den Blattachseln. Steinfrüchte (**1B**) bis 1 cm, kugelig, rot, bleiben im Winter oft an den Zweigen. **GIFTIG!**
VORKOMMEN Wälder, Westeuropa bis Deutschland, Mittelmeerraum. Gärten, Parks. **GESCHÜTZT.**

2 Gewöhnlicher Seidelbast
Daphne mezereum
(Spatzenzungen-gewächse)

HIER IST VORSICHT GEBOTEN Der Seidelbast heißt auch »Kellerhals«, was sich von »Quälerhals« ableitet. Der Name bezieht sich auf die besonders in Rinde und Samen enthaltenen scharfen Giftstoffe, die im Hals heftiges Würgegefühl und starke Entzündung auslösen. Hautkontakt mit dem Saft kann zu Rötungen und Blasen führen.
MERKMALE 0,4–1,5 m, Blütezeit Febr.–April, Strauch. Zweige rutenförmig. Blätter länglich lanzettlich, stumpf oder leicht zugespitzt, 3–8 cm lang, ca. 1 cm breit, an den Zweigenden schopfartig zusammen. Blüten rosapurpurn bis karminrot, 4-zählig, Kelchröhre außen seidig behaart, büschelig an tieferen Seitenknospen älterer Äste, duften stark und angenehm. Frucht leuchtend rot, saftig, 0,5–1 cm groß. **GIFTIG!**
VORKOMMEN Mischwälder mit reichem Unterwuchs. Auf nährstoffreichen, möglichst kalkhaltigen Böden. Europa bis Westasien. **GESCHÜTZT.**

3 Gestreifter Seidelbast
Daphne striata
(Spatzenzungengewächse)

GÖTTLICHER NAME, TROTZDEM GIFTIG Der germanische Gott Ziu war wohl der Namenspate für »Zeiland« und »Seidelbast«, Bezeichnungen, die ursprünglich für den Gewöhnlichen Seidelbast galten. Dem etwas an eine Alpenrose (S. 824) erinnernden Gestreiften Seidelbast gab man Namen wie »Steinröschen« oder »Bergrose«.
MERKMALE 10–35 cm, Blütezeit Mai–Juli, Strauch. Gabelig verweigt. Blatt schmal eiförmig bis spatelförmig, am Ende meist mit einer feinen, aufgesetzten Spitze, etwa 2 cm lang und 3–5 mm breit. Blüten angenehm nach Flieder duftend, wie bei allen Seidelbast-Arten ohne Kronblätter, mit 4 Kelchzipfeln am Ende einer bis 2 cm langen, kahlen Kelchröhre, hellrot mit feinen Längsstreifen, in Köpfchen zu 8–15 an den Zweigspitzen. Frucht orangegelbe, beerenähnliche Steinfrucht. **GIFTIG!**
VORKOMMEN In den deutschen Alpen selten, in Österreich und der Schweiz häufiger. In Höhen von 1500 bis 2800 m auf Kalkböden in den Alpen. Meist steinige, trockene Stellen in lichten Wäldern und auf Zwergstrauchheiden. **GESCHÜTZT.**

4 Heideröschen
Daphne cneorum
(Spatzenzungengewächse)

SAH EIN KNAB' EIN RÖSLEIN STEH'N Früher war das Heideröschen bis ins Maingebiet verbreitet. Heute ist es dort nicht mehr zu finden. Sein Bestand hat an den meisten Fundorten stark abgenommen. Es ist hochgradig gefährdet.
MERKMALE 0,1–0,4 m, Blütezeit April–Juni, Zwergstrauch. Immergrün. Ähnlich dem Gestreiften Seidelbast, aber Zweige und Kronröhre fein filzig behaart. Blüten kräftiger rosa, zu 5–10 in dichten Köpfchen an den Zweigspitzen. **GIFTIG!**
VORKOMMEN Kalkhaltige, trockene Stellen, v. a. in lichten Wäldern und auf Bergmatten, auch außerhalb der Alpen, aber überall ziemlich selten. **GESCHÜTZT.**

1A
1B
2
3
4

1 | Rosmarinheide
Andromeda polifolia
(Heidekrautgewächse)

KÄLTE MACHT IHR NICHTS AUS Andromeda ist in der griechischen Mythologie die Tochter von Kassiopeia. Beide wurden der Legende nach als Gestirne an den Nordhimmel versetzt, also den Himmel, der sich über das Verbreitungsgebiet der Rosmarinheide wölbt. Die Pflanze enthält Giftstoffe, die den Blutdruck senken und zu Atemlähmung führen können. Beim Menschen sind schon Vergiftungen durch Honig, der von der Rosmarinheide stammt, aufgetreten.
MERKMALE Bis zu 40 cm, Blütezeit Mai–Aug., Zwergstrauch. Hauptachse kriecht im Boden, Äste aufrecht. Blätter wechselständig, immergrün, linealisch bis schmal lanzettlich, bis zu 4 cm lang, oberseits dunkelgrün, unterseits weißlich bereift. Blüten hellrosa, krugförmig, in doldenähnlichen Trauben. **GIFTIG!**
VORKOMMEN Wild in Hochmooren Nord- und Mitteleuropas. Auf nährstoffarmen Böden, oft in Torfmoospolstern.

2 | Alpen-Bärentraube
Arctostaphylos alpinus
(Heidekrautgewächse)

IM NOTFALL GUT GEGEN DURST Die Sennen auf den Almen der Schweizer Alpen löschten früher mancherorts ihren Durst mit den reifen, herb schmeckenden Früchten der Alpen-Bärentraube. Der kleine Strauch wächst in den Alpen oft gemeinsam mit seinem Verwandten, der Echten Bärentraube, am selben Standort.
MERKMALE 10–30 cm, Blütezeit Mai, Zwergstrauch. Äste niederliegend. Blätter im Herbst auffallend rot gefärbt (**2A**), 1–4 cm lang, verkehrt eiförmig, unten verschmälert, Rand fein gezähnt und lang bewimpert. Blüten kugelig, etwa 5 mm groß (**2B**). Reife Früchte glänzend blauschwarz, 6 mm dick, reifen erst im Jahr nach der Blüte. **ESSBAR.**
VORKOMMEN In der Arktis und in den Hochlagen der Gebirge Europas beheimatet.

3 | Echte Bärentraube
Arctostaphylos uva-ursi
(Heidekrautgewächse)

BEWÄHRT BEI HARNWEGSINFEKTIONEN Die Echte Bärentraube wächst in Europa, Sibirien und Nordamerika in Regionen, in denen das Sternbild des Großen Bären zu sehen ist (Name!). Die Blätter sind eine wichtige Zutat von Blasentee. Sie helfen bei Blasenentzündung und Harnwegsinfektionen. Man sollte den Tee jedoch nicht länger als eine Woche trinken.
MERKMALE 20–30 cm, Blütezeit April–Mai, Strauch. Immergrün, Zweige niederliegend, bis zu 1,5 m lang, Wuchs teppichartig. Blatt 1–3 cm lang, oval, derb, oben glänzend dunkelgrün, unten hellgrün. Blüten weißlich oder rötlich, oft nur mit rötlichen Spitzen, krugförmig mit 5 Kronblattzipfeln, in etwa 10-blütigen, nickenden Trauben. Früchte scharlachrot, kugelig, mehlig.
VORKOMMEN Wild in fast ganz Europa, Kiefernwälder, Heiden, bis in 2500 m Höhe. **GESCHÜTZT.**

4 | Besenheide
Calluna vulgaris
(Heidekrautgewächse)

WENN DIE HEIDE BLÜHT Auf Flächen, die mit Heidekraut bewachsen sind, können sich Bäume im Vergleich zu anderen offenen Standorten nur spärlich oder verspätet ansiedeln. Denn die Wurzeln der Heide geben Stoffe in den Boden ab, die das Wachstum von vielen Pilzen unterdrücken. Auf eine Lebensgemeinschaft mit diesen Pilzen sind aber viele Bäume angewiesen.
MERKMALE 0,3–1 m, Blütezeit Aug.–Okt., Zwergstrauch. Liegende, aufsteigende oder aufrechte Zweige. Immergrün. Blätter überdecken sich dachziegelartig, Blattrand nach unten umgeschlagen, an den Säumen durch Haare verbunden, 1–3 mm lang, um 1 mm breit. Blüten rosafarben oder hellviolett, in endständigen, 5–15 cm langen Trauben.
VORKOMMEN Heiden, magere Weiden, helle Kiefernwälder, Moore, Felsen. Nährstoffarme, saure Böden an hellen Standorten. Ganz Europa.

1

2A

2B

3

4

1 | Schwarze Krähenbeere
Empetrum nigrum
(Heidekrautgewächse)

IHRE FRÜCHTE BRAUCHEN FROST Nach Frost und Nachreife sind die Früchte der Schwarzen Krähenbeere genießbar und schmecken ähnlich wie Preiselbeeren. Es gibt 2 Unterarten: im küstennahen Tiefland die Unterart *nigrum* mit eingeschlechtigen, in den Alpen die Unterart *hermaphroditum* mit meist zwittrigen Blüten.
MERKMALE 0,1–0,5 m, Blütezeit April–Juni, Zwergstrauch. Liegende, wurzelnde sowie aufsteigende Äste und Zweige. Blätter immergrün, linealisch bis schmal elliptisch, glänzend dunkelgrün, bis zu 8 mm lang, 2 mm breit. Blüten grünlich rosa bis purpurfarben, einzeln in den Blatt-achseln. Steinfrucht schwarz, bis zu 0,8 cm, mit mehreren Steinkernen. **GIFTIG! FRÜCHTE ESSBAR.**
VORKOMMEN Saure Böden, im norddeutschen Flachland in Mooren, auf Heiden und in lockeren Nadelwäldern, in alpinen Bergwäldern und auf Zwergstrauchheiden bis über die Baumgrenze.

2 | Glocken-Heide
Erica tetralix
(Heidekrautgewächse)

IM GARTEN ETWAS HEIKEL Die Glocken-Heide bevorzugt stark saure, nährstoffarme, nasse Böden. Solche feuchten Heiden gelten als gefährdet und sind heute meist als Schutzgebiete ausgewiesen. Ihr Verbreitungsgebiet deckt sich in Mitteleuropa fast ganz mit dem Bereich, der vom atlantischen Klima beeinflusst wird.
MERKMALE 0,2–0,7 m, Blütezeit Juli–Sept., Zwergstrauch. Aufrechte, dünne Stämme und Zweige. Blätter immergrün, linealisch bis lanzettlich, bis zu 6 mm lang, meist in 4-zähligen Quirlen. Blüten hellrosa, krugförmig mit 4 Kronblattzipfeln, bis zu 9 mm lang, in 5–15-blütigen Dolden an den Zweigspitzen.
VORKOMMEN Auf sauren Böden in Mooren und Feuchtheiden, in moorigen Kiefernwäldern im nordwestdeutschen Flachland verbreitet, im übrigen Deutschland praktisch fehlend.

3 | Schnee-Heide
Erica carnea
(Heidekrautgewächse)

VON IHREN BLÜTEN HAT MAN LANGE ETWAS Als Winterblüher und immergrüner Bodendecker wird die Schnee-Heide in vielen Sorten in Gärten kultiviert. Es gibt Formen mit gelblichen Blättern und Blütenfarben von Weiß bis Dunkelviolett. Die Blütenkrone fällt erst lange nach der Bestäubung der Blüten ab, sodass lange Zeit der Eindruck einer blühenden Pflanze besteht.
MERKMALE 0,1–0,4 m, Blütezeit Jan.–April, Zwergstrauch. Niederliegend bis kriechend. Blätter linealisch, bis zu 8 mm lang, meist zu viert in Quirlen angeordnet, an den Rändern nach unten eingerollt und dadurch die Blattunterseite verdeckend. Blüten rosa oder fleischfarben, mit röhrenförmiger, 4-zipfliger Blütenkrone, aus der die dunklen Staubgefäße hervorragen, nickend, in meist einseitswendigen Trauben.
VORKOMMEN Wild in sonnigen Kiefernbeständen der Gebirge Mittel- und Südeuropas, auf meist kalkhaltigen Böden. Oft in Gärten.

4 | Sumpf-Porst
Rhododendron tomen-tosum, Ledum palustre
(Heidekrautgewächse)

EINFACH BERAUSCHEND In Sibirien legte man früher Zweige zwischen die Kleidung und in Getreidelager, um Ungeziefer abzuhalten. Größere Mengen der duftenden Inhaltsstoffe wirken berauschend. Die Germanen gaben die Pflanze als Bitterwürze ins Bier und verstärkten so die Rauschwirkung.
MERKMALE 0,5–1,5 m, Blütezeit Mai–Juni, Strauch. Immergrün, aufrecht. Blätter linealisch bis schmal elliptisch, bis zu 5 cm lang, 12 mm breit, oberseits dunkelgrün, unterseits rostrot. Blüten weiß, 5-zählig, bis zu 15 mm. Frucht eine hängende Kapsel. Pflanze stark aromatisch. **GIFTIG!**
VORKOMMEN Wild in Kiefernmooren Norddeutschlands und Nordeuropas. Auf nassen, sauren Böden. **GESCHÜTZT.**

1

2

3

4

1 | Bewimperte Alpenrose
Rhododendron hirsutum
(Heidekrautgewächse)

UM ZU GEDEIHEN, BRAUCHEN SIE SCHNEE Alpenrosen sind zwar an die rauen, kalten Winter des Gebirges gut angepasst, benötigen aber für eine gute Entwicklung eine ausreichende Schneebedeckung. Ins Flachland gepflanzt sind sie weniger kältetolerant und erfrieren oft.
MERKMALE 0,3–1 m, Blütezeit Mai–Juli, Strauch. Immergrün, buschig, dicht verzweigt. Blätter schmal eiförmig, bis zu 3 cm lang, 1,2 cm breit, am Rand leicht eingekerbt, lange Borstenhaare, grün. Blüten rosa, trichterförmig mit glockig erweiterten Kronblattzipfeln, bis zu 14 mm lang.
VORKOMMEN Heimisch in den Alpen in Zwergstrauchheiden und Wäldern an der Waldgrenze. Meist auf Kalk.

2 | Rostblättrige Alpenrose
Rhododendron ferrugineum
(Heidekrautgewächse)

ALMRAUSCH In manchen Gegenden der Alpen heißen die Sträucher »Almrausch«. »Rausch« gilt hierbei als allgemeine Bezeichnung für niedriges Gestrüpp und bezieht sich wohl nicht auf ein hörbares Rauschen durch den Wind oder eine berauschende Wirkung. Tee aus den Blättern führt zu Übelkeit, Krämpfen und Herzstillstand. Auch die Blüten vieler Rhododendron-Arten sind giftig. Wenn Bienen Nektar daraus sammeln, gelangen die Giftstoffe sogar in den Honig.
MERKMALE 0,3–1,2 m, Blütezeit Juni–Aug., Strauch. Immergrün, stark verzweigt. Blätter ledrig, schmal elliptisch, am Ende zugespitzt, oberseits glänzend dunkelgrün, unterseits rostrot beschuppt, 1,5–4 cm lang und 1–2 cm breit. Blüten kräftig rosarot, mit trichterförmigem Grund und glockig abstehenden Zipfeln, bis zu 15 mm lang. Frucht eine holzige Kapsel mit sehr kleinen Samen. **GIFTIG!**
VORKOMMEN Wild in den Gebirgen Mittel- und Südeuropas auf sauren Böden bis über 2000 m.

3 | Zwerg-Alpenrose
Rhodothamnus chamaecistus
(Heidekrautgewächse)

IN DEN OSTALPEN ZU FINDEN Die Zwerg-Alpenrose ist eine sehr alte Reliktart. Sie hat keine näheren Verwandten und hat ein recht kleines Verbreitungsgebiet.
MERKMALE Bis zu 40 cm, Blütezeit Juni–Juli, Zwergstrauch. Immergrün. Blätter ledrig, lanzettlich bis schmal eiförmig, borstig bewimpert, bis zu 15 mm lang, 7 mm breit. Blüten hellrosa, radförmig ausgebreitet, Krone bis zu 3 cm breit, zu 1–3 in den Blattachseln vorjähriger Triebe.
VORKOMMEN In den Ostalpen an felsigen Hängen und auf Geröllhalden, meist auf Kalk, v. a. in Höhen von 1500– 2200 m.

4 | Gämsheide
Kalmia procumbens
(Heidekrautgewächse)

IM FRÜHLING IST SIE DIE ERSTE Der auch als Alpenazalee bekannte Strauch bildet v. a. an stark ausgesetzten, bereits sehr früh im Jahr schneefreien Stellen seine dichtesten Bestände aus. Da er bereits unmittelbar nach der Schneeschmelze zu blühen beginnt, prägt er mit seinen rosafarbenen Blüten meist als erste Pflanze den Vorfrühling im Hochgebirge.
MERKMALE Bis zu 30 cm, Blütezeit Juni–Juli, Zwergstrauch. Immergrün, bildet mit bis zu 50 cm langen, stark verzweigten und immer wieder fest wurzelnden Trieben dichte Matten. Blätter länglich, mit abgerundeter Spitze und nach unten eingerollten Rändern, bis zu 7 mm lang und 2 mm breit. Blüten rosa, 5-zählig, bis zu 6 mm Durchmesser, zu 2–5 in endständigen Dolden. Frucht eine bis zu 4 mm große, rötliche Kapsel.
VORKOMMEN Auf kalkfreiem Untergrund in Felsspalten und auf Rohhumusböden, in Mitteleuropa nur in den Alpen zwischen 1500 und 3000 m Höhe. In den Zentralalpen häufig, in den deutschen Alpen seltener, auch in Nordeuropa weit verbreitet.

1

2

3

4

1 | Preiselbeere
Vaccinium vitis-idaea
(Heidekrautgewächse)

SEHR LECKER ZU WILD Die Schweden bezeichnen die Preiselbeeren als »Rotes Gold des Landes«. Die Früchte enthalten verschiedene Säuren, viele Mineralstoffe, Vitamin A und C sowie Vitamine der B-Gruppe. Sie lassen sich ziemlich lange lagern. Roh schmecken sie nicht besonders gut, umso schmackhafter sind sie als Kompott oder als Saft. Am bekanntesten sind sie als Beilage zu Wildbraten.
MERKMALE Bis zu 30 cm, Blütezeit Mai–Aug., Zwergstrauch. Immergrün, Zweige dicht beblättert. Blatt oberseits glänzend dunkelgrün, unterseits hellgrün mit dunkleren Punkten, bis zu 2 cm lang und 1 cm breit. Blüten cremeweiß (**1A**), teils leicht rötlich überlaufen, in hängenden Trauben. Früchte scharlachrot (**1B**), 0,5–0,8 cm, im Aug.–Okt. **ESSBAR.**
VORKOMMEN Wild fast in ganz Europa in Kiefern- und Fichtenwäldern und Mooren. Auf sauren Böden. In Mooren oft zwischen dem Moos.

2 | Heidelbeere
Vaccinium myrtillus
(Heidekrautgewächse)

FÄRBT NICHT NUR DIE FINGER BLAU Die wohlschmeckenden Heidelbeeren enthalten Fruchtsäuren, Mineralstoffe und Vitamine. Frische Heidelbeeren wirken eher abführend, getrocknete sowie Heidelbeersaft lindern Durchfälle. Wer die Früchte sammelt, wird auch Bekanntschaft mit den Farbstoffen machen, die nicht nur Finger, sondern auch Kleidung hartnäckig färben. Früher verwendete man den Saft zum Färben von Wolle, Spielkarten und Wein. In Gärten wird oft die größere Früchte tragende, bis zu 2 m hohe **AMERIKANISCHE KULTUR-HEIDELBEERE** (*Vaccinium angustifolium × corymbosum*) angepflanzt. Sie verwildert auch und gilt als invasiv.
MERKMALE Bis zu 0,5 m, Blütezeit April–Juni, Zwergstrauch. Zweige aufstrebend, grün, dicht beblättert. Blätter länglich oval, zugespitzt, an der Basis gerundet, matt hellgrün, im Herbst prächtig goldgelb bis karminrot, 2–3 cm lang, etwa 1 cm breit. Blüten grünlich weiß oder rötlich, Krone krugförmig glockig, 4- oder 5-zählig (erkennbar nur an den Zipfeln der krugförmigen Krone), zu 1–2 in den Blattachseln an den Zweig-enden. Beeren blauschwarz bereift, bis zu 1 cm, erscheinen im Juli–Aug. **ESSBAR.**
VORKOMMEN Wild in Nord- und Mitteleuropa und den Gebirgen Südeuropas. In Wäldern, auf moorigen Heiden. Wächst oft flächendeckend.

3 | Rauschbeere
Vaccinium uliginosum
(Heidekrautgewächse)

SIE HEISST ZU RECHT AUCH TRUNKELBEERE Die Beeren können bei Verzehr größerer Mengen zu einem rauschartigen Zustand mit Erbrechen führen. Verantwortlich dafür ist ein Pilz, der Rauschbeeren-Fruchtbecherling *(Sclerotinia megalospora)*. Früchte unbefallener Pflanzen zeigen keine Wirkung. Da die Fruchtbecher des Pilzes erst auf mumifizierten Früchten erscheinen, lässt sich äußerlich nicht feststellen, ob eine frische Beere infiziert ist. Der Vitamingehalt der Beeren ist höher als bei der Preiselbeere, und sie werden in Tundra und Taiga auch als Wildobst gesammelt. Im Mittelalter diente Rauschbeerenwein in nordischen Ländern als Messwein.
MERKMALE 0,2–1 m, Blütezeit Mai–Juli, Strauch. Spross weit kriechend. Blätter verkehrt eiförmig, am Ende stumpf oder etwas zugespitzt, ca. 25 mm lang und 12 mm breit. Blüten weiß oder rötlich, bis zu 6 mm lang, in 1–3-blütigen, nickenden Trauben. Frucht dunkelblaue, bereifte Beere, kugelig oder birnenförmig, ca. 10 mm, im Aug. Früchte im Gegensatz zur Heidelbeere mit hellem Fleisch und hellem Saft.
VORKOMMEN In Moorwäldern und am Rand von Hochmooren, auch in alpinen Zwergstrauchheiden bis etwa 3000 m Höhe. Die Art befindet sich durch den Verlust geeigneter Moorstandorte in Deutschland im Rückgang.

1A

1B

2

3

1 | Wald-Geißblatt
Lonicera periclymenum
(Geißblattgewächse)

VON NACHTFALTERN BESONDERS GESCHÄTZT Das Wald-Geißblatt wird oft »Jelängerjelieber« genannt. Dies kann sich sowohl auf die Blütezeit als auch die Länge der Kletterzweige beziehen. Gegen Abend duften die Blüten besonders intensiv und angenehm. Sie werden v. a. von langrüssligen Nachtfaltern besucht und bestäubt.
MERKMALE 3–5 m, Blütezeit Mai–Aug., Kletterstrauch. Triebe winden rechts um die Wuchsunterlage – was in der europäischen Flora selten vorkommt. Blätter länglich oval, spitz oder leicht gerundet, ohne gegenseitige Verwachsungen, oberseits dunkelgrün, unterseits bläulich. Blüten gelblich cremeweiß, zu mehreren in endständiger, kopfig gedrängter Dolde. Früchte korallenrote Beeren, erscheinen im Aug.–Sept. **GIFTIG!**
VORKOMMEN Wild in West- und Mitteleuropa in Laubwäldern, an Waldrändern, Gebüschen.

2 | Rote Heckenkirsche
Lonicera xylosteum
(Geißblattgewächse)

KNOCHENHARTES HOLZ Früher pflanzten Gärtner den Strauch gelegentlich als Hecken um Gärten und Anlagen. Besonders für Spielplätze ist er jedoch ungeeignet, da die giftigen roten Beeren das Interesse von Kindern wecken. Der Name *xylosteum* bedeutet »Beinholz« oder »Knochenholz« und bezieht sich auf das sehr harte Holz, das beim Zerbrechen der Zweige laut knackt.
MERKMALE 1–3 m, Blütezeit Mai–Juni, Strauch. Breit aufrecht, dicht verzweigt. Blätter gegenständig, bis zu 6 cm lang, breit elliptisch, meist auf beiden Seiten weichhaarig. Blüten weiß, außen leicht rötlich, paarig in den Blattachseln junger Triebe, Kronröhre trichterförmig, im unteren Teil leicht bauchig, 2-lippig. Beeren glänzend rot, etwa 0,5 cm dick. **GIFTIG!**
VORKOMMEN In Mitteleuropa in Gebüschen, an Waldrändern. In Gärten und Parks gepflanzt.

3 | Gewöhnliche Schneebeere
Symphoricarpos albus
(Geißblattge-wächse)

DER KNALLERBSENSTRAUCH Die Früchte des Strauchs werden je nach Gegend »Knallerbsen«, »Knatschbeeren« oder »Knackerbsen« genannt. Wirft man sie mit Wucht auf den Boden oder tritt darauf, zerplatzen sie mit einem mehr oder weniger lauten Knall. Das schwammige Fruchtfleisch enthält keinen weißen Farbstoff, sondern reflektiert das einfallende Licht vollständig. Die Früchte werden von Vögeln gefressen, allerdings scheinen sie nicht besonders beliebt zu sein: Sie stehen oft noch den ganzen Winter am Strauch.
MERKMALE Bis zu 2 m, Blütezeit Juni–Sept., Strauch. Zweige dünn. Blätter gegenständig. elliptisch bis rundlich, oben dunkelgrün, unten bläulich grün. Blüten glockig, etwa 5 mm lang, rosa. Früchte kugelig, 1–1,5 cm groß, weiß, leicht zu zerdrücken. **GIFTIG!**
VORKOMMEN Heimat Nordamerika. In Europa in Gärten, Parks und an Böschungen. Invasiv.

4 | Gewöhnliche Waldrebe
Clematis vitalba
(Hahnenfußgewächse)

SIE HAFTET NICHT, SIE HAKT SICH FEST Die Gewöhnliche Waldrebe ist eine der wenigen heimischen Lianen. Sie bildet keine Haftwurzeln, sondern hakt sich mit den Blattstielen an der Unterlage fest. Die Blüten locken mit ihrem unangenehmen Duft Bienen und Fliegen an. Die Früchte reifen erst im Winter und lösen sich nur durch starke Winde von der Mutterpflanze. Merkmale 5–15 m, Blütezeit Juni–Sept., Kletterstrauch. Überwuchert die Stütze oft vollständig mit windenden Stämmen. Blatt bis zu 25 cm lang, unpaarig gefiedert, 5–7 Fiedern, weit voneinander entfernt. Blüten cremeweiß (**4A**). Frucht eine Nuss mit silbrigem Flugorgan (**4B**), bleibt im Winter an der Pflanze.
VORKOMMEN Wild in Mittel- und Südeuropa in Auenwäldern, an Waldrändern, auf Ödflächen.

1

2

3

4A

4B

1 | Efeu
Hedera helix
(Araliengewächse)

KLETTERNDE HEILPFLANZE Die Blätter enthalten Wirkstoffe, die das Abhusten von Schleim erleichtern und Krämpfe lösen.
MERKMALE Bis zu 20 m, Blütezeit Sept.–Nov., Strauch. Bildet Stämme mit Haftwurzeln, Zweige kletternd, dicht belaubt. Blätter immergrün, an nicht blühenden Trieben 3–5-lappig, an blühenden Trieben eher rautenförmig bis elliptisch. Blüten gelbgrün (**1A**), zahlreich in endständigen, doldenartigen Rispen. Blauschwarz bereifte Steinfrüchte (**1B**) reifen ausnahmsweise über Winter von Febr.–April! **GIFTIG!**
VORKOMMEN Wild fast in ganz Europa in Wäldern, an Felsen, Mauern.

2 | Laubholz-Mistel
Viscum album
(Sandelholzgewächse)

HEILIGER »BAUM« DER DRUIDEN Die Mistel lebt als Halbschmarotzer. Von den keltischen Völkern wurde sie als Dämonen abwehrend verehrt.
MERKMALE Bis zu 1 m, Febr.–April, Strauch. Wächst auf den Ästen verschiedener Gehölze, Zweige gelbgrün oder grün, mehrfach gabelig verzweigt. Blätter immergrün, ledrig derb, länglich zungenförmig, beidseitig gelbgrün. Blüten gelblich grün, zu 2–4 in den Gabelästen. Weißliche, beerenartige Früchte. **GIFTIG!**
VORKOMMEN Wild fast in ganz Europa auf Laubbäumen, Weiß-Tannen und Kiefern.

3 | Echter Weinstock
Vitis vinifera
(Weinrebengewächse)

EIN BISSCHEN WEIN IST GESUND In Rot- und Weißwein sind phenolische Verbindungen enthalten, die antioxidativ wirken. Sie erhöhen das »gute« HDL-Cholesterin im Blut und bieten damit einen gewissen Schutz vor Herz- und Kreislauferkrankungen – allerdings nur bei mäßigem Weingenuss!
MERKMALE 5–20 m, Blütezeit Juni–Juli, Strauch. Zweige mithilfe von Ranken kletternd. Blatt meist 3–5-lappig, Rand unregelmäßig gezähnt. Blüten unscheinbar in länglichen, dichten Rispen. Beeren je nach Sorte gelblich bis blauviolett.
VORKOMMEN Wild selten in Auenwäldern. Kultursorten in warmen Gegenden angepflanzt.

4 | Gewöhnliche Jungfernrebe
Parthenocissus quinquefolia
(Weinrebengewächse)

KLETTERT MIT VORLIEBE AN GERÜSTEN Die anspruchslose Kletterpflanze kam etwa um 1610 nach Europa und wurde schon bald in Parks zum Begrünen von Bogengängen verwendet.
MERKMALE 8–15 m, Blütezeit Juni–Aug., Strauch. Klettert mit Ranken, dicht beblättert. Blatt meist handförmig 5-teilig, rote Herbstfärbung. Unscheinbare Blüten in lockeren Rispen.
VORKOMMEN Stammt aus Nordamerika. In Europa an Zäunen, Pergolen und an Häusern, gelegentlich auch verwildert.

5 | Gewöhnlicher Sommerflieder
Buddleja davidii
(Braunwurzgewächse)

FÄHRT AUCH MAL PER ANHALTER Die sehr leichten Samen verbreiten sich mit dem Wind und können Fahrzeugen anhaften. Deshalb wächst der Strauch oft verwildert auf Ödflächen in Städten, an Bahndämmen und in Industriegebieten.
MERKMALE 3–4 m, Blütezeit Juli–Sept., Strauch. Viele aufrechte Stämmchen, Wuchs oft kugelig. Blatt bis zu 25 cm lang, lanzettlich, unten weißfilzig, Rand mit kleinen, nach vorne gerichteten Zähnen. Bis zu 30 cm lange, dichte Blütenstände am Ende der Jahrestriebe, Blüten 4-zipfelig, duften besonders abends stark aromatisch. **GIFTIG!**
VORKOMMEN Stammt aus den Gebirgen Westchinas. Zierstrauch in Gärten und Parks, verwildert auf Ödflächen, an Bahndämmen.

1A
1B
2
3
4
5

1 | Gewöhnlicher Schwimmfarn
Salvinia natans
(Schwimmfarngewächse)

Die Schwimmblätter werden durch Luftkammern an der Wasseroberfläche gehalten.
MERKMALE 5 cm, Sporenreife Juli–Aug., einjährig. Schwimmblätter ca. 1 cm, eiförmig, Wasserblätter wurzelähnlich, stark verzweigt. Sporen in kugeligen Kapseln unter den Schwimmblättern.
VORKOMMEN Flache, warme, windgeschützte eutrophe Stillgewässer. Nur in wenigen Gewässern an Oberrhein, Mittelelbe, Havel. **GESCHÜTZT.**

2 | Großer Algenfarn
Azolla filiculoides
(Schwimmfarngewächse)

Die Art stammt aus Nordamerika und kann strenge Winter nicht überleben. Sie pflanzt sich bei uns nur vegetativ durch Teilung fort.
MERKMALE 1–10 cm, Sporenreife Aug.–Okt., ein- bis mehrjährig. Stängel fiederig verzweigt. Blätter schuppenförmig, sich überlagernd, bis zu 2,5 mm lang, blaugrün, zum Herbst hin rötlich gefärbt. Sporen in 1–2 mm großen Kapseln an untergetauchten Blattlappen.
VORKOMMEN Auf der Oberfläche nährstoffreicher, stehender bis langsam fließender Gewässer. V. a. am Oberrhein.

3 | Gewöhnlicher Pillenfarn
Pilularia globulifera
(Kleefarngewächse)

Dieser Farn ist leicht mit grasartigen Pflanzen zu verwechseln. Man erkennt ihn am sichersten an seinen jungen Blättern, die an der Spitze spiralig eingerollt sind, bevor sie sich entfalten.
MERKMALE 5–15 cm, Sporenreife Juli–Aug., mehrjährig. Amphibischer Wasserfarn mit kriechendem Stängel, dichte Rasen bildend. Blätter binsenartig, 4–15 cm lang, 1 mm dick, zu 1–5 an den Knoten des Stängels. Sporen in runden behaarten, etwa 3 mm großen Behältern, erst gelbgrün, dann hell bräunlich und zuletzt schwarz.
VORKOMMEN In flachen, meist nährstoffreichen, kalkarmen Gewässern, auf zeitweise überschwemmten Schlammflächen. Recht selten, v. a. in der Norddeutschen Tiefebene. Wird auch übersehen.

4 | Rippenfarn
Blechnum spicant
(Rippenfarngewächse)

Die Art wurde durch den verstärkten Anbau von Fichten sehr gefördert.
MERKMALE 30–75 cm, Sporenreife Juli–Sept., mehrjährig. Dichte Blattrosette. Sterile Blätter flach ausgebreitet bis schräg aufwärts gerichtet, bis zu 50 cm lang, 7 cm breit, einfach fiederteilig, mit 30–60 wechselständigen, 3–5 mm breiten Abschnitten. Fertile Blätter steil aufgerichtet, viel länger (bis zu 75 cm) und mit viel schmäleren Abschnitten (1–2 mm breit) als die sterilen. Sporenkapseln in 2 dichten Reihen an den Unterseiten der fertilen Blattabschnitte, bilden einen zusammenhängenden Sporangienstreifen.
VORKOMMEN Meist auf nährstoffarmen, sauren Böden, in schattigen Nadelwäldern. Weit verbreitet, im Bergland viel häufiger als in der Ebene.

5 | Straußenfarn
Matteuccia struthiopteris
(Perlfarngewächse)

Die Sporen überwintern in den fertilen Blättern.
MERKMALE 50–170 cm, Sporenreife Juli–Sept., mehrjährig. Wurzelstock kurz, aufrecht, Ausläufer bis zu 60 cm lang. Sterile Blätter steil aufgerichtet, einen dichten Trichter bildend, einfach bis doppelt gefiedert, hellgrün. Fertile Blätter in der Mitte des Trichters, nur ein Drittel so lang wie die sterilen, reif dunkelbraun, straußenfederartig zusammengerollt.
VORKOMMEN Halbschattige Stellen nahe Bächen und Flüssen. Nicht häufig. **GESCHÜTZT.**

1

2

3

4

5

1 | Eichenfarn
Gymnocarpium dryopteris
(Wimpernfarngewächse)

Die fruchtbaren Blätter dieses Farns gleichen den unfruchtbaren.
MERKMALE Bis zu 30 cm, Sporenreife Juli–Aug., mehrjährig. Blätter im Umriss gleichseitig 3-eckig, Blatt wie aus 3 Fiedern zusammengesetzt: unterstes Fiederpaar 1. Ordnung gestielt und doppelt gefiedert, größer als die gesamte übrige Blattspreite, deren Fiedern sitzend und einfach gefiedert sind, Blattstiel mindestens doppelt so lang wie Spreite.
VORKOMMEN Schattige, frische Stellen in Laub- und Mischwäldern, auf kalkarmen, nährstoffreichen Böden. Verbreitet, v. a. im Bergland.

2 | Zerbrechlicher Blasenfarn
Cystopteris fragilis
(Wimpernfarngewächse)

Findet an frisch angelegten Mauern rasch neue Standorte.
MERKMALE 10–30 cm, Sporenreife Juli–Sept., mehrjährig. Wurzelstock kurz, liegend bis aufsteigend. Blätter länglich eiförmig bis lanzettlich, sehr zart, 2–3-fach gefiedert, unterstes Fiederpaar etwas kleiner als das folgende. Sori rundlich, zunächst mit zartem Schleier bedeckt, der später zurückgeschlagen ist.
VORKOMMEN Kalkhaltige, schattige und etwas feuchte Felsen und Mauern. Relativ häufig.

3 | Wald-Frauenfarn
Athyrium filix-femina
(Wimpernfarngewächse)

Der Name *filix-femina* bedeutet »Farn-Frau« und stammt aus einer Zeit, als man noch wenig über die Fortpflanzung der Farne wusste. Man hielt damals den etwa ebenso häufigen Gewöhnlichen Wurmfarn (»Farn-Mann«, 4) mit seinen weniger fein zerteilten, meist noch größeren Blättern für den männlichen Partner des Frauenfarns.
MERKMALE 50–100 cm oder mehr, Sporenreife Juli–Sept. ausdauernd. Wurzelstock kurz. Blätter länglich eiförmig bis lanzettlich, 2–3-fach gefiedert, Blattspindel oberseits rinnig. Sori länglich bis hakenförmig gebogen, bis zur Reife mit an der Längsseite festsitzendem Schleier bedeckt.
VORKOMMEN An schattigen bis halbschattigen Stellen, v. a. in etwas feuchten, nicht zu kalkreichen Wäldern. Bei uns fast überall häufig.

4 | Gewöhnlicher Wurmfarn
Dryopteris filix-mas
(Wurmfarngewächse)

Schon in der Antike wurde der Wurzelstock dieses Farns zur Wurmkur eingesetzt. Doch konnten Patienten an Überdosen erblinden oder sterben.
MERKMALE 30–140 cm, Sporenreife Juli–Sept., mehrjährig. Wurzelstock kurz. Blätter in trichterförmiger Rosette, lanzettlich, einfach gefiedert, an jeder Seite mit 20–35 tief fiederspaltigen Fiedern, Blattstiel kurz. Sori rundlich, 2-reihig an der Unterseite des oberen Blattabschnitts, mit nierenförmigem Schleier. Beim ähnlichen **5 KAMM-WURMFARN** (*D. cristata*) neigen sich die sterilen Blätter in der Rosette nach außen, die sporentragenden Blätter stehen senkrecht zueinander. Beim Gewöhnlichen Wurmfarn sind fertile und sterile Blätter gleich.
GIFTIG!
VORKOMMEN Schattige Wälder. Häufig.

6 | Dorniger Wurmfarn
Dryopteris carthusiana
(Wurmfarngewächse)

Dieser Farn wächst auch in reinen Fichtenbeständen.
MERKMALE 15–150 cm, Sporenreife Juli–Sept., mehrjährig. Ähnlich dem Gewöhnlichen Wurmfarn (**4**), aber Blätter 2–3-fach oder 4-fach gefiedert (**6A**), Fieder 2. Ordnung mit dornartigen Spitzen, Blattstiel mindestens so lang wie die Spreite. Sori 2-reihig auf Blattunterseite (**6B**).
VORKOMMEN Saure, nährstoffarme Wald- und Heideböden. Häufig.

1
2
3
4
5
6A
6B

1 | Gelappter Schildfarn
Polystichum aculeatum
(Wurmfarngewächse)

Formenreich, einige dieser Formen sind auch als Gartenpflanzen sehr beliebt.
MERKMALE 30–100 cm, Sporenreife Juni–Okt., mehrjährig. Wurzelstock holzig. Blätter wintergrün, ziemlich derb, lanzettlich, 2-fach gefiedert, beiderseits mit 40–50 Fiedern aus jederseits bis zu 20 sichelförmig gebogenen, zugespitzten Fiederchen. Sori mit schildförmigem, rundem Schleier.
VORKOMMEN Feuchte und schattige Stellen, in Schluchtwäldern. Im Flachland selten, in den Mittelgebirgen und Alpen häufiger. **GESCHÜTZT**.

2 | Mauerraute
Asplenium ruta-muraria
(Streifenfarngewächse)

Die Mauerraute erträgt, anders als die meisten Farne, auch längere Trockenzeiten und wächst daher auch auf stark besonnten Mauern.
MERKMALE 3–10 cm, Sporenreife Juli–Aug., mehrjährig. Kurz kriechender, verzweigter Wurzelstock. Blätter ziemlich derb, überwinternd, dreieckig, 2–3-fach gefiedert, mit jederseits 4–5 wechselständigen, rautenförmigen Fiedern. Sori streifenförmig, am Schluss die ganze Blattunterseite ausfüllend.
VORKOMMEN An meist kalkhaltigen Felsen und Mauern. Allgemein verbreitet.

3 | Braunstieliger Streifenfarn
Asplenium trichomanes
(Streifenfarngewächse)

Die Fiedern fallen im Frühjahr von der Spindel, die dann noch längere Zeit erhalten bleibt. Beim ähnlichen **4 GRÜNSTIELIGEN STREIFENFARN** *(A. viride)* fallen die Fiedern nicht von der Spindel ab, sondern das Blatt welkt als Ganzes.
MERKMALE 5–25 cm, Sporenreife Juli–Aug., mehrjährig. Kurzer, stark verzweigter Wurzelstock. Blätter wintergrün, im Umriss linealisch lanzettlich, einfach gefiedert, mit kurzem, dunkel rotbraunem Stiel und ebenso gefärbter Spindel, jederseits 15–40 rundliche Fiedern. Sori streifenförmig, zuletzt fast die ganze Unterseite bedeckend.
VORKOMMEN Meist an schattigen Felsen und Mauern. Relativ häufig.

5 | Schriftfarn
Asplenium ceterach, Ceterach officinarum
(Streifenfarngewächse)

Der Farn rollt bei Trockenheit die Blätter so zusammen, dass die Unterseiten nach oben weisen.
MERKMALE 5–20 cm, Sporenreife Juli–Okt., mehrjährig. Kurzer Wurzelstock. Blätter wintergrün, lederartig, regelmäßig fiederteilig und länglich lanzettlich, unterseits dicht hellbraun beschuppt. Sori streifenförmig, anfangs unter den Schuppen der Blattunterseite verborgen.
VORKOMMEN An trockenen, meist kalkarmen Mauern und Felsen, bei uns fast nur in Wärmegebieten. Ziemlich selten. **GESCHÜTZT**.

6 | Hirschzunge
Asplenium scolopendrium
(Streifenfarngewächse)

Außer an ihren natürlichen Standorten wuchs die Hirschzunge früher regelmäßig auch in Brunnenschächten.
MERKMALE 15–60 cm, Sporenreife Juli–Sept., mehrjährig. Wurzelstock aufrecht oder aufsteigend. Blätter ungeteilt, länglich zungenförmig, zur Spitze verschmälert und mit tief herzförmigem Grund, lederig und etwas glänzend, von der Mittelrippe schräg abzweigende, gabelig geteilte Seitennerven (**6A**). Sori streifenförmig (**6B**), auf den Seitennerven an der Blattunterseite.
VORKOMMEN An schattig-feuchten Stellen auf meist kalkreichem Gestein oder in Schluchtwäldern, v. a. in wintermilden Lagen. Im Flachland selten, im Bergland etwas häufiger, besonders im westlichen Mitteleuropa. **GESCHÜTZT**.

1
2
3
4
5
6A
6B

1 | Gewöhnlicher Buchenfarn
Phegopteris connectilis, Thelypertis phegopertis
(Sumpffarngewächse)

Die Art ist durch das stark abgewinkelte untere Fiederpaar kaum zu verwechseln.
MERKMALE 15–40 cm, Sporenreife Juli–Sept., mehrjährig. Dünner, kriechender Wurzelstock. Blätter entfernt stehend, 3-eckig eiförmig, schmal zugespitzt, einfach gefiedert, jederseits mit 12–20 fiederspaltigen Fiedern, unterstes Paar abwärts gerichtet. Sori rund, dem Blattrand genähert, ohne Schleier.
VORKOMMEN An schattigen, etwas feuchten und meist kalkarmen Stellen, v. a. in Buchen- und Fichtenmischwäldern. Ziemlich häufig.

2 | Gewöhnlicher Sumpffarn
Thelypteris palustris
(Sumpffarngewächse)

Durch den eingerollten Blattrand unterscheiden sich die fertilen Blätter etwas von den sterilen.
MERKMALE 20–100 cm, Sporenreife Juli–Sept., mehrjährig. Weit kriechender, verzweigter Wurzelstock. Blätter entfernt stehend, breit lanzettlich, am Grund kaum verschmälert, einfach gefiedert mit jederseits 10–30 fiederspaltigen Fiedern. Sori rundlich, mit nierenförmigem, bald abfallendem Schleier, vom umgerollten Blattrand teils bedeckt.
VORKOMMEN In sumpfigen Wiesen, Wäldern. V. a. im Flachland, nicht häufig.

3 | Bergfarn
Oreopteris limbosperma, Thelypteris limbosperma
(Sumpffarngewächse)

MERKMALE 50–100 cm, Sporenreife Juli–Aug., mehrjährig. Die Art ähnelt dem Wurmfarn (S. 386), der Blattstiel ist aber nicht mit braunen, sondern mit weißen Schuppen besetzt.
VORKOMMEN Auf basenarmen, feuchteren Standorten. V. a. im Bergland verbreitet.

4 | Gewöhnlicher Adlerfarn
Pteridium aquilinum
(Adlerfarngewächse)

Die Blätter des größten heimischen Farns erinnern an Adlerschwingen.
MERKMALE 30–200 cm, Sporenreife Juli–Sept., mehrjährig. Sehr stattlich. Wurzelstock tief unterirdisch kriechend. Blätter bis 2 m lang gestielt, bogig überhängend, 3-eckig, 2–4-fach gefiedert. Sori unter dem umgerollten Blattrand. **GIFTIG!**
VORKOMMEN Auf sauren, mäßig feuchten Waldböden. Fast überall recht häufig.

5 | Gewöhnlicher Tüpfelfarn
Polypodium vulgare
(Tüpfelfarngewächse)

Der alte Name Engelsüß weist auf den Inhaltsstoff Osladin hin, der 3000-mal süßer als Zucker ist. Aus den Wurzeln bereitete man früher Hustentee.
MERKMALE 10–35 cm, Sporenreife Juli–Sept., mehrjährig. Kriechender Wurzelstock. Blätter lederig, wintergrün, fiederteilig, mit jederseits bis zu 28 wechselständig angeordneten, linealischen Blattabschnitten. Sori rundlich (»tüpfelförmig«), ohne Schleier.
VORKOMMEN Meist an halbschattigen, mäßig trockenen und etwas sauren Stellen. In den meisten Gebieten nicht selten.

6 | Königsfarn
Osmunda regalis
(Rispenfarngewächse)

Die Sporen sind austrocknungsgefährdet und daher nur kurze Zeit keimfähig.
MERKMALE 50–160 cm, Sporenreife Juni–Juli, mehrjährig. Verholzter, stark verzweigter Wurzelstock. Blätter lang gestielt, eiförmig, jederseits mit 7–9 Fiedern. Fertile Blätter unten mit 1–5 sterilen Fiederpaaren, übrige deutlich verkürzt und dicht mit Sporenkapseln besetzt.
VORKOMMEN Meist in Bruchwäldern. Im nordwestdeutschen Flachland recht verbreitet, sonst selten bis fehlend. **GESCHÜTZT.**

1

2

3

4

5

6

1 | Gewöhnliche Natternzunge
Ophioglossum vulgatum
(Natternzungengewächse)

MERKMALE 5–30 cm, Sporenreife Juni–Juli, mehrjährig. Wurzelstock kurz, unterirdisch. In jedem Jahr nur 1 Blatt (selten 2), in sterilen und fertilen Abschnitt unterteilt. Steriler Blattabschnitt eiförmig, ganzrandig, gelbgrün, fertiler Abschnitt überragt ihn meist weit und endet in 2–5 cm langer Sporangienähre.
VORKOMMEN In Sümpfen, auf feuchten, meist kalkhaltigen Magerwiesen. Recht selten, doch teils auch in riesigen Mengen.

2 | Echte Mondraute
Botrychium lunaria
(Natternzungengewächse)

Die Pflanze richtet ihre Blätter in Nord-Süd-Richtung aus (Kompasspflanze).
MERKMALE 5–30 cm, Sporenreife Juni–Aug., mehrjährig. Wurzelstock kurz, unterirdisch. Blätter in sterilen und fertilen Abschnitt unterteilt. Steriler Abschnitt 1–6 cm lang, einfach gefiedert, jederseits mit 2–9 halbmondförmigen Fiedern, fertiler Abschnitt in 0,5–9 cm langer Sporangienrispe endend.
VORKOMMEN Offene, meist trockene, eher saure, magere Standorte, Magerrasen, Bergwiesen (bis 3000 m Höhe). Ziemlich selten. **GESCHÜTZT.**

3 | Gezähnter Moosfarn
Selaginella selaginoides
(Moosfarngewächse)

MERKMALE 3–10 cm, Sporenreife Juni–Sept., mehrjährig. Moosähnlich, kriechende oder aufsteigende Sprosse. Blätter abstehend, lanzettlich, 2–3 mm lang, am Rand mit jederseits 1–5 schmalen Zähnen. Fertile Sprosse aufrecht, mit nicht deutlich abgesetzter Sporangienähre.
VORKOMMEN Offene, meist feuchte, kalkreiche Standorte. Alpen, Alpenvorland, Schwarzwald, gebietsweise nicht selten.

4 | Gewöhnlicher Flachbärlapp
Diphasiastrum complanatum, Diphasium complanatum
(Bärlappgewächse)

MERKMALE 10–40 cm, Sporenreife Juli, mehrjährig. Sprosse meist unterirdisch kriechend, bis 1 m lang. Sterile Triebe grasgrün, locker gabelig verzweigt, oft fächerförmig angeordnet, mit 4 Reihen lanzettlicher Blätter. Sporangienähren meist zu 2–4 an den Enden gabelig verzweigter Stiele. Der **5** **ZYPRESSEN-FLACHBÄRLAPP** (*D. tristachyum*) hat dichter verzweigte, blaugrüne Sprosse.
VORKOMMEN Meist an offenen Stellen in sauren Nadelwäldern. Überall selten. **GESCHÜTZT.**

6 | Keulen-Bärlapp
Lycopodium clavatum
(Bärlappgewächse)

MERKMALE 5–30 cm, Sporenreife Juni–Aug., mehrjährig. Sprosse bis zu 4 m weit kriechend, oberirdisch, am Ende mit wiederholt gabelig verzweigten, aufstrebenden Ästen. Blätter lineal lanzettlich, bis zu 4 mm lang, in weiße, etwa gleich lange Haarspitze auslaufend. Sporangienähren zu 1–3 an gemeinsamem Stiel. Der **7** **SPROSSENDE BÄRLAPP** (*L.annotinum*) trägt einzelne, ungestielte Ähren.
GIFTIG!
VORKOMMEN Saure, meist offene trockene Stellen in Wäldern, auf Magerrasen. Gebietsweise nicht selten. **GESCHÜTZT.**

8 | Gewöhnlicher Moorbärlapp
Lycopodiella inundata
(Bärlappgewächse)

MERKMALE 2–10 cm, Sporenreife Juni–Okt., mehrjährig. Sprosse kriechend, gabelig verzweigt, oberseits mit linealisch zugespitzten Blättern besetzt, durch zahlreiche Wurzeln im Boden verankert. Sporangienähren 2–5 cm lang, am Ende bis zu 10 cm hoher, locker beblätterter Äste.
VORKOMMEN Offene, saure Feuchtflächen, z. B. in Mooren und Sandgruben. Selten. **GESCHÜTZT.**

1
2
3
4
5
6
7
8

1 | Winter-Schachtelhalm
Equisetum hyemale
(Schachtelhalmgewächse)

Diese wintergrüne Art ist weitgehend unverzweigt und wird deshalb nicht immer auf den ersten Blick als Schachtelhalm erkannt.
MERKMALE 30–150 cm, Sporenreife Juli–Aug., mehrjährig. Wurzelstock unterirdisch kriechend. Oberirdische Sprosse meist aufrecht, unverzweigt, wintergrün, sehr rau und hart. Stängelglieder mit 1,5 cm langer, eng anliegender Blattscheide, unten und oben mit schwärzlicher Querbinde. Fertile Stängel wie die sterilen oben mit Sporangienähre. **GIFTIG**!
VORKOMMEN In feuchten Wäldern auf kalkhaltigem Untergrund. Meist recht häufig, v. a. in Flusstälern.

2 | Acker-Schachtelhalm
Equisetum arvense
(Schachtelhalmgewächse)

In die Zellwände ist Kieselsäure eingelagert, die das Kraut mechanisch sehr widerstandsfähig macht. Früher benutzte man es gern, um Zinn zu polieren, daher der ebenfalls verbreitete Name »Zinnkraut«. Als Tee bewährt bei entzündlichen Erkrankungen der Harnwege.
MERKMALE 5–50 cm, Sporenreife März–April, mehrjährig. Wurzelstock tief im Boden kriechend, stark verzweigt. Sterile Sprosse grün (**2A**) und stark verzweigt, mit aufrecht abstehenden, verzweigten Ästen, Stängel und Äste deutlich gerippt, mit ziemlich anliegenden, 10–12 mm langen Scheiden und 6–20 halb so langen Zähnen. Fertile Sprosse (**2B**) im zeitigen Frühjahr vor den sterilen erscheinend, nur bis zu 20 cm hoch, unverzweigt, hell gelbbraun, mit bauchigen, bis zu 20 mm langen Scheiden und 8–12 ebenso langen Zähnen, am Ende mit 10–40 mm langer Sporangienähre.
VORKOMMEN Feuchte, nährstoffreiche Böden, an Ufern, Wegen. Fast überall häufig.

3 | Wald-Schachtelhalm
Equisetum sylvaticum
(Schachtelhalmgewächse)

Die Äste sind stark verzweigt und bogig hängend.
MERKMALE 15–50 cm, Sporenreife April–Mai, mehrjährig. Stängel 10–18-rippig. Blattscheidenzähne zu 3–6 häutigen Lappen verwachsen. **GIFTIG!**
VORKOMMEN Feuchte, schattige Wälder, nasse Bergwiesen, kalkmeidend. Verbreitet.

4 | Sumpf-Schachtelhalm
Equisetum palustre
(Schachtelhalmgewächse)

Gefürchtetes Weideunkraut, da dieser Schachtelhalm für das Vieh – auch als Heu – giftig ist.
MERKMALE 20–60 cm, Sporenreife Juni–Sept., mehrjährig. Wurzelstock bis über 1 m tief reichend. Stängel tief gefurcht, rau, 4–8 mm dick, oft mit Seitenästen, Stängelscheiden doppelt so lang wie breit, mit 4–12 dünnhäutig weiß gesäumten Zähnen. Fertile und sterile Sprosse enden mit stumpfer Sporangienähre. Der ebenfalls weit verbreitete **5 TEICH-SCHACHTELHALM** (*E. fluviatile*) wächst an ähnlichen Standorten. Seine Stängel sind 1–3 mm dick, die Blattscheiden 15–30-zähnig. **GIFTIG!**
VORKOMMEN Ufer, Moore, feuchte Wiesen. Fast überall recht häufig.

6 | Riesen-Schachtelhalm
Equisetum telmateia
(Schachtelhalmgewächse)

Die fertilen Sprosse erscheinen vor den sterilen und unterscheiden sich auch im Aussehen.
MERKMALE 50–150 cm, Sporenreife Juni–Aug., mehrjährig. Wurzelstock tief im Boden kriechend. Sterile Sprosse grün, mit vielen dünnen, unverzweigten Ästen. Fertile Sprosse bis zu 25 cm hoch, gelbbraun oder rötlich, astlos, am Ende mit 4–9 cm langer Sporangienähre. **GIFTIG!**
VORKOMMEN Halbschattige, feuchte, meist kalkreiche Stellen, Wälder. Meist nicht selten.

1
2A
2B
3
4
5
6

1 | Etagenmoos
Hylocomium splendens
(Schlafmoose)

Da es jährlich Etagen bildet, kann dieses Moos die immer wieder neu entstehende Laubschicht durchwachsen und sich am Standort behaupten.
MERKMALE Bis zu 15 cm lang, Laubmoos. Gelbgrün bis olivgrün, in stockwerkartig aufgebauten Rasen wachsend. Stämmchen überhängend, mit 2-zeiligen, gefiederten Ästen, jedes Jahr weitere »Etagen« bildend. Sporenkapseln etwa 3 cm lang gestielt, kurz eiförmig, selten entwickelt.
VORKOMMEN Meist in Wäldern. Überall häufig.
GESCHÜTZT.

2 | Zypressenförmiges Schlafmoos
Hypnum cupressiforme
(Schlafmoose)

Galt im Mittelalter als gutes Schlafmittel und wurde oft für Kissenfüllungen verwendet.
MERKMALE 3–10 cm lang, Sporenreife Herbst–Winter. Laubmoos, in Rasen wachsend. Stämmchen mit meist fiederig angeordneten Ästen oder unregelmäßig verzweigt. Blätter lanzettlich, sichelförmig gebogene Spitze. Sporenkapseln schmal zylindrisch, geneigt, geschnäbelter Deckel. Schwer von verwandten Arten abzugrenzen.
VORKOMMEN Auf Totholz, Gestein, Erde. Fast überall häufig.

3 | Rotstängelmoos
Pleurozium schreberi
(Schlafmoose)

Als Rohhumusbildner wirkt dieses Moos negativ auf die Bodenstruktur in Forsten. Es wird jedoch als wasserspeicherndes Waldmoos geschätzt.
MERKMALE 4–7(10) cm lang, Sporenreife im Winter. Erdmoos, fast senkrecht aufsteigend, einfach gefiedert, oft große Matten bildend. Stämmchen spitz zulaufend, rot. Sporenkapseln sehr selten.
VORKOMMEN Nadelwälder und Heiden, außerhalb der Kalkgebiete sehr häufig.

4 | Großes Kranzmoos
Rhytidiadelphus triquetrus
(Schlafmoose)

Die Art ist empfindlich gegenüber stärkerer Luftverschmutzung und kommt häufig nur noch auf besonders kalkhaltigem Untergrund vor.
MERKMALE Bis zu 30 cm groß. Bleich- bis gelbgrüne, lockere Rasen bildend. Stämmchen aufrecht, fiederförmig verzweigt. Blätter eiförmig lanzettlich, sparrig abstehend.
VORKOMMEN Lichte Wälder, Waldränder, Bergwiesen, nährstoffreiche Kalkböden. Verbreitet.

5 | Thujamoos
Thuidium tamariscinum
(Thujamoose)

Ähnelt dem Etagenmoos (**1**), ihm fehlt aber die etagenartige Wuchsform und der für diese Art typische Glanz der ganzen Pflanze.
MERKMALE 10 cm hoch. Laubmoos, in lockeren Rasen wachsend. Stämmchen bogig aufsteigend, ziemlich regelmäßig 3-fach gefiedert. Blätter breit eiförmig, schmal zugespitzt. Sporenkapseln zylindrisch, gekrümmt, mit lang geschnäbeltem Deckel, etwa 3 cm lang gestielt, selten entwickelt.
VORKOMMEN In Wäldern auf nicht zu sauren Böden. Recht häufig.

6 | Brunnenmoos
Fontinalis antipyretica
(Brunnenmoose)

Früher wurde das Moos zum Schutz vor Feuersbrünsten an Häusern und Scheunen aufgehängt.
MERKMALE 10–80 cm lang. Wasserlaubmoos, büschelig verzweigt, dunkelgrün bis schwarz. Stämmchen auf Steinen oder Holzstücken. Blätter in 3 Reihen, locker anliegend, auf der Rückenseite gekielt, Sprosse scheinbar 3-kantig. Sporenkapseln eiförmig, an kurzen Seitensprossen, teils zwischen Blättern verborgen, sehr selten entwickelt.
VORKOMMEN In Gewässern, auch in zeitweise trocken fallenden. Ziemlich häufig.

1
2
3
4
5
6

1 | Gewelltes Sternmoos

Plagiomnium undulatum, Mnium undulatum
(Sternmoose)

Dieses auffällige Moos kommt sogar in Innenstädten vor.
MERKMALE Bis zu 15 cm lang, Sporenreife Frühjahr. Laubmoos, in lockeren, hell- bis dunkelgrünen Rasen wachsend. Sterile Stämmchen peitschenförmig übergebogen, fertile aufrecht, oben schopfig beblättert, mit bogenförmigen Seitenästen. Blätter länglich zungenförmig, bis zu 15 mm lang, 3 mm breit, stark querwellig. Sporenkapseln länglich oval, nickend, bis zu 3 cm lang gestielt.
VORKOMMEN Feuchtschattige Wälder. Häufig.

2 | Silber-Birnmoos

Bryum argenteum
(Birnmoose)

Das häufigste Stadtmoos wächst in Pflasterritzen und eignet sich zur Dachbegrünung.
MERKMALE Bis zu 2 cm hoch, Sporenreife meist Herbst–Frühjahr. Laubmoos, silbrige bis weißlich grüne Polstern bildend. Blätter breit eiförmig, scharf zugespitzt, dachziegelartig dicht die Stämmchen bedeckend. Kapseln eiförmig, nickend, an 1–2 cm langen Stielen.
VORKOMMEN Gesteinsritzen, Wege, Brachäcker, auch auf stark begangenen und befahrenen Flächen. Überall eines der häufigsten Moose.

3 | Polster-Kissenmoos

Grimmia pulvinata
(Kissenmoose)

An den Glashaaren kondensiert Taufeuchte.
MERKMALE 1–2 cm hoch, Sporenreife im Frühjahr. Sehr dichte, graugrüne, silbrig behaarte Polster bildend. Blätter länglich eiförmig, zugespitzt, in ein langes, glattes Glashaar auslaufend. Kapseln eiförmig, kurz geschnäbelter Deckel, an eingekrümmtem Stiel ins Polster versenkt.
VORKOMMEN Sonnige Kalkfelsen, Mauern, nur vereinzelt an Rinde. Fast überall häufig.

4 | Weißmoos

Leucobryum glaucum
(Gabelzahnmoose)

Die Art ist beliebt für Osternester und Weihnachtskrippen, sollte aber nicht gesammelt werden.
MERKMALE Bis zu 20 cm hoch. In festen, halbkugeligen, weißgrünen Polstern wachsend. Blätter lanzettlich, zur Spitze hin röhrenförmig eingerollt. Sporenkapseln stark gekrümmt, auf 1–2 cm langen Stielen, fruchtet sehr selten.
VORKOMMEN Kalkfreie, feuchte oder zeitweise nasse Böden, v. a. Nadelwälder. Meist recht häufig, nur in Kalkgebieten fast fehlend. **GESCHÜTZT.**

5 | Besenartiges Gabelzahnmoos

Dicranum scoparium
(Gabelzahnmoose)

Vermehrt sich oft vegetativ durch abgebrochene Blätter oder Bruchstücke der Stämmchen.
MERKMALE Bis über 5 cm hoch, Sporenreife Frühjahr–Herbst. In Rasen wachsend. Stämmchen mit braunem bis weißlichem Wurzelfilz. Blättchen aus lanzettlichem Grund in lange, deutlich gebogene Spitze ausgezogen. Sporenkapseln schmal, gebogen, 3–5 cm lang gestielt.
VORKOMMEN Nicht zu trockene, kalkarme, saure Böden, v. a. in Wäldern. Fast überall häufig.

6 | Kaktusmoos

Campylopus introflexus
(Zweizahnmoose)

Die Art stammt von der Südhalbkugel. Sie wurde in den 1940er-Jahren erstmals in Europa gefunden und hat sich rapide ausgebreitet. In Dünen verdrängt sie heimische Moose und Flechten.
MERKMALE 0,5–5 cm hoch. Bildet Polsterrasen. Blätter 4–6 mm lang, lanzettlich, laufen an der Spitze in rechtwinklig abstehendes Glashaar aus. Kapseln braun, kurz gestielt.
VORKOMMEN Trockene, arme Silikat- und Rohhumusböden, v. a. in Binnendünen, lichten Eichenwäldern. Invasiv.

1

2

3

4

5

6

1 | Eiben-Spaltzahnmoos
Fissidens taxifolius
(Spaltzahnmoose)

Die Arten der Gattung *Fissidens* sind mit der flachen, 2-zeiligen Beblätterung eine Besonderheit.
MERKMALE 1 cm hoch. Laubmoos, Rasen bildend. Blätter 2-zeilig, reitend, mit Rückenflügel, 1–2 mm lang, ungewellt. Kapseln elliptisch, dunkelbraun, meist geneigt.
VORKOMMEN Auf feuchten, schattigen Waldböden, seltener auf Gestein.

2 | Kahlmützenmoos
Atrichum undulatum, Catharinea undulata
(Haarmützenmoose)

Die Art ist auch als Katharinenmoos bekannt.
MERKMALE Bis zu 8 cm hoch, Sporenreife Winter–Frühjahr. Laubmoos, in dunkelgrünen Rasen wachsend. Blätter zungenförmig, zur Spitze verschmälert, deutlich querwellig, am Rand gezähnt, bis zu 10 mm lang. Kapseln zylindrisch, geneigt, 2–4 cm lang gestielt, lang geschnäbelter Deckel, unbehaarte Haube.
VORKOMMEN An kalkarmen, offenen und schattigen Böden in Wäldern. Fast überall häufig.

3 | Glashaar-Haarmützenmoos
Polytrichum piliferum
(Haarmützenmoose)

An den Stämmchenspitzen befinden sich oft leuchtend rote, blütenähnliche Gametangienständer, in denen die Geschlechtszellen gebildet werden.
MERKMALE 1–5 cm hoch, Sporenreife Frühjahr–Sommer. Laubmoos, in lockeren, graugrünen Rasen wachsend. Blätter aus breitem Grund schmal lanzettlich, in langes, gezähntes Glashaar auslaufend. Kapsel 4-kantig, 2–3 cm lang gestielt, mit kurz geschnäbeltem Deckel, von der hell braunfilzigen, glockenförmigen Haube eingehüllt.
VORKOMMEN Sonnige, kalkarme Stellen. Nicht selten.

4 | Wald-Haarmützenmoos
Polytrichastrum formosum
(Haarmützenmoose)

Früher wurden aus Haarmützenmoosen Bürsten und kleine Besen hergestellt, daher auch der deutsche Name »Bürstenmoos« für die Gattung.
MERKMALE 5–10 cm hoch. Bildet dichte, matt dunkelgrüne Rasen. Blätter schmal lanzettlich, abstehend, jedoch bei Trockenheit dem Stämmchen anliegend. Sporenkapsel 4-kantig, Haube die Kapsel einhüllend, auf 4–8 cm langem Stiel.
VORKOMMEN Auf schwach sauren Waldböden.

5 | Blasenmoos
Diphyscium foliosum
(Koboldmoose)

Auch dieses unverwechselbare Moos richtet seine Sporenkapseln nach dem Licht aus.
MERKMALE Bis zu 1 cm hoch, ausdauernd, Sporenreife im Sommer. Laubmoos, Rasen bildend. Sterile Pflanzen mit Rosetten zungenförmiger Blätter, die bei fertilen Pflanzen allmählich in Blätter mit grannenartig weit austretender Mittelrippe übergehen. Sporenkapseln schief eiförmig, ungestielt, 3–4 mm lang, mit schräg aufwärts gerichtetem Zahnkranz.
VORKOMMEN Offene, saure Böden in Wäldern, meist an eher schattigen Orten. Ziemlich selten.

6 | Mittleres Torfmoos
Sphagnum magellanicum
(Torfmoose)

Torfmoose sterben unten ab, wachsen aber an der Spitze weiter. So tragen sie zur Torfbildung bei.
MERKMALE Bei allen Torfmoos-Arten endet das mit büscheligen Seitenästen besetzte Stämmchen in einem Köpfchen, das entfernt an ein Edelweiß (S. 558) erinnert. Diese Art bildet große, dichte Polster, die mehrere Quadratmeter bedecken können. Meist rotviolett gefärbt.
VORKOMMEN Überall, v. a. im Westen und Norden, wichtigste Moosart der Hochmoore.
GESCHÜTZT.

1
2
3
4
5
6

1 | Sackmoos
Frullania dilatata
(Haarklappenmoose)

Reagiert empfindlich auf stärkere Luftverschmutzung, im Flachland deutlich zurückgegangen.
MERKMALE 1 cm lang. Lebermoos, in flachen, matt schwarzgrünen Rasen wachsend. Stängel um 1,5 mm breit, unregelmäßig gabelig verzweigt. Blattoberlappen breit eiförmig, Unterlappen in einen nur etwa halb so großen, kappenförmigen Wassersack umgebildet. Sporenkapseln kugelig, kurz gestielt.
VORKOMMEN Baumrinde, seltener kalkfreie Felsen, v. a. im Bergland. Meist nicht selten.

2 | Verschiedenblättriges Kammkelchmoos
Lophocolea heterophylla
(Erdkelchmoose)

Die reifen Kapseln öffnen sich mit 4 Klappen. Die Sporen werden vom Wind verbreitet.
MERKMALE 3 cm lang, Sporenreife Frühjahr–Sommer. Lebermoos, in gelb- bis dunkelgrünen, flachen und z.T. großen Rasen wachsend. Blätter im unteren Teil des Stängels zu etwa ein Drittel in 2 3-eckige Lappen geteilt, im oberen Teil nur mit leichter Einbuchtung. Sporenkapseln meist reich entwickelt, eiförmig, lang gestielt.
VORKOMMEN Auf saurem Boden, v. a. morschem Nadelholz. Meist häufig.

3 | Haarkelchmoos
Trichocolea tomentella
(Haarkelchmoose)

Die Art verbreitet sich vermutlich durch abgebrochene und verschleppte Stängelstücke.
MERKMALE 2–3 cm hoch. Lebermoos, in lockeren Rasen wachsend. Stängel regelmäßig gefiedert. Blätter in haarfeine Lappen zerschlitzt, dadurch weiche, filzartige Oberfläche. Sporenkapseln sehr selten, auch keine Brutkörper.
VORKOMMEN Immer feuchte, kalkreiche Stellen, v. a. Quellen, Bachufer. Ziemlich selten.

4 | Großes Muschelmoos
Plagiochila asplenioides
(Schiefmundmoose)

Das Muschelmoos ist eine der größten heimischen Lebermoos-Arten.
MERKMALE 5–10 cm lang, 1 cm breit, an einen kleinen Streifenfarn (*Asplenium*, S. 836) erinnernd. Blätter 2-zeilig angeordnet, löffel- oder muschelförmig, einander überlappend. Sporenkapseln selten, auch keine Brutkörper.
VORKOMMEN In Laubwäldern. Im Flachland oft selten, im Gebirge häufig.

5 | Hain-Spatenmoos
Scapania nemorea
(Spatenmoose)

Die Blätter der beblätterten Lebermoose, die auf dieser Seite vorgestellt werden, sind im Unterschied zu den Laubmoosen 1-schichtig und ohne Mittelrippe. Ursprünglich sind sie in 3 Reihen angeordnet, bei vielen Arten sind sie aber auf 2 Reihen reduziert. Die Blätter auf der Unterseite sind kleiner und werden Bauchblätter genannt.
MERKMALE 1–2 cm lang, 4 mm breit. Bildet dunkelgrüne bis bräunliche, angedrückte, bis über handtellergroße Rasen. Blätter 2-zeilig, an Sprossspitzen zahlreiche braune Brutkörper.
VORKOMMEN V.a. auf Silikatgestein. Verbreitet von der Ebene bis ins Gebirge.

6 | Tiefland-Bartkelchmoos
Calypogeia muelleriana
(Bartkelchmoose)

Ein Wachsüberzug scheint das Moos vor Umweltgiften zu schützen.
MERKMALE 1–2 cm lang. Stängel dem Substrat anliegend. Blätter 2-reihig, parallel zur Längsachse des Stängels. Blätter oval, nur schwach ausgebuchtet, Blattunterrand des höheren Blatts vom Oberrand des tiefer stehenden überdeckt.
VORKOMMEN Auf kalkarmen Böden in Wäldern, Pionier an Bach- und Wegböschungen. Weit verbreitet und häufig.

1
2
3
4
5
6

1 | Beckenmoos
Pellia epiphylla
(Beckenmoose)

Die Kapselstiele wachsen sehr schnell, bei guten Bedingungen manchmal innerhalb eines Tages.
MERKMALE Sporenreife im Frühjahr. Lebermoos, mit hell- bis dunkelgrünem, bis 5 cm langem, 15 mm breitem, gabelig geteiltem Lager (Thallus) mit etwas gewellten Rändern, bedeckt bis Quadratmeter große Flächen. Sporenkapseln kugelig, ca. 2 mm Durchmesser, bis zu 6 cm langer, aus einer Schuppe am Thallusrücken hervorkommender Stiel.
VORKOMMEN Meist auf feuchten, quelligen, teils auch überfluteten, sauren Böden. Meist häufig.

2 | Sternlebermoos
Riccia glauca
(Sternlebermoose)

Die Sporen überdauern lange im Boden. V. a. in feuchten Jahren erscheint das Moos zahlreich.
MERKMALE Sporenreife im Herbst–Winter. Lebermoos, in grünen bis blaugrünen, 1–2 cm großen Rosetten wachsend. Lager 1–2(**3**)-mal gabelig geteilt, längs gefurcht. Sporenkapseln im Lagerinneren, oben als rundliche Erhebung zu erkennen.
VORKOMMEN Auf offenen, etwas feuchten Rohböden, besonders auf abgeernteten Stoppelfeldern. In den meisten Gegenden nicht selten.

3 | Brunnenlebermoos
Marchantia polymorpha
(Brunnenlebermoose)

Auf der Lageroberseite findet man ca. 3 mm breite Brutbecher mit linsenförmigen Brutkörpern.
MERKMALE Sporenreife im Sommer. Lebermoos, Lager dunkelgrün, bis zu 10 cm lang, 1,5 cm breit, gabelig verzweigt, oberseits mit schwärzlicher Mittelrippe. Weibliche Geschlechtsorgane in 2–8 cm lang gestielten, schirmgestellartigen Trägern, männliche schirmartig, am Rand eingekerbt.
VORKOMMEN Feuchtschattige, bisweilen auch besonnte Böden. Fast überall ziemlich häufig.

4 | Kegelkopfmoos
Conocephalum conicum
(Kegelkopfmoose)

Dieses konkurrenzkräftige Moos kann mehrere Quadratmeter bedecken.
MERKMALE Sporenreife im Frühjahr. Lebermoos, mit bis über 20 cm langem, 2 cm breitem, gabelig verzweigtem, hellgrünem Lager. Oberfläche regelmäßig 6-eckig gefeldert, Felder in der Mitte mit deutlicher Atempore. Weibliche Geschlechtsorgane in hutförmigen, 4–6 cm lang gestielten Trägern, männliche scheibenförmig, ungestielt am Thallusende.
VORKOMMEN Feuchte, kalkreiche Felsen und Böden. Meist nicht selten.

5 | Gegabeltes Igelhaubenmoos
Metzgeria furcata
(Igelhaubenmoose)

MERKMALE Kleine, schmal bandförmige Pflänzchen, nur 2,5 cm lang und 1 mm breit, gabelig verzweigt, mit Mittelrippe. Thallus der Unterlage anliegend oder überhängend.
VORKOMMEN Auf Baumrinde und Felsen an feuchten, schattigen Stellen. Weit verbreitet und häufig, im Tiefland Rückgang durch Luftverschmutzung.

6 | Dunkelsporiges Hornmoos
Anthoceros agrestis
(Hornmoose)

Die Sporenkapseln öffnen sich bei der Reife mit 2 Klappen.
MERKMALE Sporenreife Spätsommer–Herbst. Lebermoos, rosettenförmiges, 3–5 cm breites, am Rand zerschlitztes, gekräuseltes Lager. Im Innern zahlreiche Schleimhöhlen (dunkle Punkte). Sporenkapseln hornförmig, aufgerichtet, 0,5–6 cm lang, Sporen schwarz, stark bestachelt.
VORKOMMEN Meist auf abgeernteten Getreidefeldern und trocken gefallenen Teichböden. Nicht häufig.

1
2
3
4
5
6

1 | Gewöhnliche Gallertalge
Nostoc commune
(Blaualgen)

Einige *Nostoc*-Arten sind Flechtenpartner, andere leben als Watten auf Gewässern.
MERKMALE Schwarz-grünliche, kugelige bis blättrige Lager, fühlen sich bei Feuchtigkeit gummiartig weich, aber kaum klebrig an. Zeigen sich im Mikroskop als unverzweigte, gewundene Zellfäden mit kugeligen Einzelzellen.
VORKOMMEN Weltweit verbreitet auf Feuchtböden von Äckern, Gärten und Weiden.

2 | Grünalgenwatten
Spirogyra sp.
(Grünalgen)

MERKMALE Frei schwimmende, schleimige Matten in stehenden Gewässern. Oft aus Algen der Gattung *Spirogyra*, deren zylindrische Zellen bandförmige, spiralig aufgewickelte Chloroplasten enthalten.
VORKOMMEN Häufig v. a. in nährstoffreichen, sich stärker erwärmenden Kleingewässern.

3 | Grünalgenbelag
Chlorococcum sp.
(Grünalgen)

MERKMALE Runde Einzeller, 3–5 µm groß, grüne Beläge bildend.
VORKOMMEN Auf Baumrinde, v. a. Buche, aber auch auf dem Boden und an Mauern. Häufig.

4 | Armleuchteralge
Chara sp.
(Grünalgen)

Armleuchteralgen sind Reinwasseranzeiger, da sie nur in unbelasteten Gewässern gedeihen.
MERKMALE 20–50 cm hoch, gelbgrün bis graugrün. Kurztriebe quirlständig, verzweigt, in regelmäßigen Abständen an gerader Hauptachse, durch Kalkeinlagerung etwas brüchig. Meist nur schwer unterscheidbare Arten, bilden Unterwasserwiesen in Stillgewässern, selten auch in langsam fließenden Seitenarmen.
VORKOMMEN Nur in Kalkgebieten. Selten.

5 | Meersalat
Ulva lactuca
(Grünalgen)

Der vitamin- und mineralstoffreiche Meersalat wird in vielen Küstengegenden gegessen.
MERKMALE Einjährig. Dünnhäutig, meist grasgrün, Umriss variabel, manchmal wellig-faltig, handtellergroß oder größer, Ränder glatt, oft fetzig zerrissen, irisiert im Wasser bläulich. **ESSBAR**.
VORKOMMEN Meere, gemäßigte Breiten bis Tropen, v. a. Gezeitenzone. Auch westliche Ostsee.

6 | Korallenmoos
Corallina officinalis
(Rotalgen)

Kalkrotalgen bilden den Unterwuchs der Tangvegetation. In Felstümpeln der Gezeitenzone überkleiden sie mit ihren Krusten das Gestein.
MERKMALE Bis zu 10 cm hoch, mehrjährig. Achsen und Zweige um 1 mm dick, durch Kalkeinlagerungen brüchig versteift, buschig. Meist grauviolett gefärbt, an den Spitzen weißlich.
VORKOMMEN An geschützten Felsküsten. Atlantik, Nordsee, westliche Ostsee und Mittelmeer.

7 | Blasentang
Fucus vesiculosus
(Braunalgen)

Wo Blasentang in großen Mengen angespült wird, wird er gesammelt und in der Landwirtschaft als Viehfutter und Dünger genutzt.
MERKMALE 20–70 cm lang, mehrjährig. Zweige 0,2–2 cm breit, lederig derb, bandartig flach, gabelig verzweigt, kräftige Mittelrippe, Ränder glatt. Beidseits der Mittelrippe (meist) paarige, hohle, ca. 1 cm lange und bis zu 7 mm breite Blasen, fehlen bei manchen Formen.
VORKOMMEN Häufig in oberer Gezeitenzone an Felsküsten. Atlantik, Nordsee, westliche Ostsee.

1
2
3
4
5
6
7

1 | Landkartenflechte
Rhizocarpon geographicum
(Krustenflechten)

Größere Bestände mit den durch ihre linienförmigen, schwarzen Vorlager getrennten Lagern erinnern an eine Landkarte.
MERKMALE Krustenflechte mit zitronengelbem bis gelbgrünem, durch Risse gefeldertem Lager, am Rand mit deutlichem, schwarzem Vorlager. Fruchtkörper bis zu 1,5 mm groß, mit oder ohne Rand, zwischen den eckigen Feldern des Lagers, oft zu kleinen Gruppen oder Linien zusammenfließend.
VORKOMMEN Sonnige Stellen auf kalkarmem Gestein. Recht häufig, in reinen Kalkgebieten selten.

2 | Schriftflechte
Graphis scripta
(Krustenflechten)

Die Fruchtkörper dieser Flechte erinnern an Schriftzeichen.
MERKMALE Krustenflechte mit weißlich bis grünlich grauem Lager. Fruchtkörper schwarz, sehr schmal und lang gestreckt, einfach bis verzweigt, mit schwarzem Rand.
VORKOMMEN Auf glatter Rinde von Laubbäumen, v. a. Hainbuche, Buche, Hasel. Weit verbreitet.

3 | Wand-Gelbflechte
Xanthoria parietina
(Blattflechten)

Diese Flechte ist besonders oft auf Flächen zu finden, auf die nitrat- und phosphathaltiger Staub gelangt. So kommt sie oft in der Nähe von Bauernhöfen und Feldern, aber auch in Küstennähe vor.
MERKMALE Gelb bis orangegelb gefärbte Blattflechte mit heller Unterseite. Lappen glatt bis leicht runzelig. Fruchtkörper mit orangefarbener Scheibe fast immer vorhanden.
VORKOMMEN Nährstoffreiche Flächen von beispielswiese Kalkfelsen, Mauern, Ziegeldächern. Weit verbreitet und häufig.

4 | Lungenflechte
Lobaria pulmonaria
(Blattflechten)

Die Lungenflechte galt in der Volksheilkunde als Lungenmittel. Ebenso legte man sie auf Wunden und Geschwüre auf und empfahl sie bei Bronchialkatarrh. Reagiert sehr empfindlich auf Luftverunreinigungen.
MERKMALE Auffallend große Blattflechte. Lager oft mehr als 10 cm groß, tief gelappt, grau- bis olivgrün, in feuchtem Zustand leuchtend grün. Oberfläche mit netzartig verzweigten Leisten, dazwischen grubig vertieft. Fruchtkörper selten entwickelt, rotbraun, meist am Lagerrand.
VORKOMMEN Auf Baumrinde in Reinluftgebieten, fast nur noch im Bergland. Ziemlich selten.
GESCHÜTZT.

5 | Hundsflechte
Peltigera canina
(Blattflechten)

Die Flechte galt früher als Mittel gegen Tollwut.
MERKMALE Große Blattflechte. Lager bis zu 20 cm im Durchmesser, groblappig, oberseits graublau und filzig behaart. Fruchtkörper am Lagerrand, braun oder rotbraun.
VORKOMMEN Erde, Mauern, Felsen, oft zwischen Moos, seltener an Stämmen. Verbreitet.

6 | Blasenflechte
Hypogymnia physodes
(Blattflechten)

Diese Flechte ist eine Zeigerart für saure Standorte. Sie ist sehr unempfindlich gegenüber Luftverschmutzung und verschwindet meist als eine der letzten aus Gebieten mit stark belasteter Luft.
MERKMALE Graugrüne bis blaugraue Blattflechte. Lager rosettig oder unregelmäßig, 5 cm, selten bis zu 10 cm im Durchmesser, Randlappen geteilt und hochgewölbt, Unterseite ohne Haftfasern. Fruchtkörper selten entwickelt.
VORKOMMEN Auf Rinde, Holz und Gestein. Allgemein verbreitet und sehr häufig.

1

2

3

4

5

6

1 | Echte Rentierflechte
Cladonia rangiferina
(Strauchflechten)

Rentierflechten gehören in Nordeuropa zu den häufigsten Flechten. Mit dem Isländisch Moos (**4**) sind sie die Hauptnahrung der Rentiere.
MERKMALE Bis zu 10 cm hoch. Strauchflechte, reich verzweigt, dem Boden locker aufsitzend. Die Echte Rentierflechte ist grauweiß, die
2 WALD-RENTIERFLECHTE (*Cladonia arbuscula*) eher gelblich.
VORKOMMEN Sandige Waldböden, Heiden. Kommen oft zusammen vor. Weit verbreitet. **GESCHÜTZT**.

3 | Rotfrüchtige Säulenflechte
Cladonia macilenta
(Strauchflechten)

MERKMALE Strauchflechte, Lager grundständig, aus graugrünen, schuppenförmigen Blättchen zusammengesetzt, daraus wachsen stiftförmige, manchmal verzweigte, bis zu ca. 2 cm hohe Fruchtkörper tragende Teile (Podetien) hervor. Diese tragen am Ende leuchtend rote, meist dicht geknäuelte Fruchtkörper.
VORKOMMEN Nährstoffarme, saure Böden und morsches Holz. Gebietsweise nicht selten.

4 | Isländisch Moos
Cetraria islandica
(Strauchflechten)

Dieses Moos ist eigentlich eine Flechte, deren heilende Wirkung zuerst von den Isländern entdeckt wurde. Sie enthält Schleime und Flechtensäuren. Erstere lindern die Schmerzen bei Reizhusten und entzündetem Rachen, Letztere wirken antibiotisch.
MERKMALE Moosähnliche Strauchflechte. Breitlappiges Lager, oberseits braungrünlich, unterseits weißlich, Rand der Lappen borstig bewimpert.
VORKOMMEN Böden von Heiden, Kiefern- und Birkenwäldern. Weit verbreitet, selten. **GESCHÜTZT**.

5 | Bandflechte
Pseudevernia furfuracea
(Pflaumenflechten)

MERKMALE Strauchflechte. Lager bandförmig, oberseits grau, unterseits schwarz, gabelig verzweigt, bis zu 10 cm lang und 5 mm breit, seitlich herabgebogen und dadurch unterseits ausgehöhlt. Oberseite mit vielen stiftförmigen oder verzweigten Isidien (dienen der vegetativen Vermehrung). Fruchtkörper selten, scheibenförmig.
VORKOMMEN Offene Stellen auf saurer Baumrinde. V. a. im Bergland weit verbreitet und fast überall häufig.

6 | Pflaumenflechte
Evernia prunastri
(Pflaumenflechten)

Wurde im alten Ägypten für die Gewinnung von Duftstoffen zur Einbalsamierung benutzt. Auch heute noch findet sie bei der Parfümherstellung (wie die Bandflechte) Verwendung.
MERKMALE Strauchflechte. Grünlich grau bis gelbgrün, unterseits weißlich, Lager bandartig flach, stark gabelig verzweigt. Oberseits und an den Lagerrändern mit vielen mehligen Soralen (dienen der vegetativen Vermehrung). Fruchtkörper sehr selten.
VORKOMMEN Auf Baumrinde überall sehr häufig.

7 | Gewöhnliche Bartflechte
Usnea filipendula
(Bartflechten)

Die Art ist fast nur noch im höheren Bergland gut entwickelt, in niederen Lagen finden sich fast ausschließlich Kümmerexemplare.
MERKMALE Strauchflechte. Lager grau bis gelblich grün, stark verzweigt, hängend, bis zu 15 cm, selten 30 cm lang. Äste um 1 mm dick, dicht mit bis zu 1 cm langen Fibrillen und Isidien oder Soralen besetzt. Fruchtkörper sehr selten entwickelt.
VORKOMMEN An Bäumen in luftfeuchten Lagen, v. a. in süddeutschen Mittelgebirgen und den Alpen. **GESCHÜTZT**.

1
2
3
4
5
6
7

1 | Fichten-Steinpilz
Boletus edulis
(Röhrlinge)

DER KÖNIG UNTER DEN WALDPILZEN Wegen seines festen, schmackhaften Fleisches gehört der Steinpilz schon seit der Antike zu den beliebtesten Speisepilzen.
MERKMALE Hut 10–20 cm, Juli–Nov. Hut glatt, etwas uneben, mit weißem Randsaum. Stielnetz weiß, relativ fein, unterhalb der Stielmitte auslaufend. Fleisch im Anschnitt weiß, unveränderlich. **ESSBAR.**
VORKOMMEN Nadel- und Laubwälder, kalkmeidend. Häufig. Europa. **GESCHÜTZT.**

2 | Netzstieliger Hexen-Röhrling
Suillellus luridus
(Röhrlinge)

ALKOHOL MACHT IHN UNGENIESSBAR Isst man diesen Pilz zusammen mit Alkohol, kann es zu Herzrasen, Schwindel und Atemnot kommen.
MERKMALE Hut 8–15(20) cm, Ende Mai–Okt. Hut olivgelb bis olivbraun, oft mit orangefarbenem Ton am Rand. Stiel mit grobem Netz. Fleisch angeschnitten sofort tief dunkelblau anlaufend. Röhren, Poren und Röhrenboden rot. **GIFTIG!**
VORKOMMEN Laubwälder, Kalkzeiger. Häufig. Europa.

3 | Satans-Röhrling
Rubroboletus satanas
(Röhrlinge)

TEUFLISCHE BAUCHSCHMERZEN Auch wenn manche Menschen ihn mehr oder weniger beschwerdefrei vertragen, löst er meist heftige Magen-Darm-Vergiftungen aus. **GIFTIG!**
MERKMALE Hut 10–25 cm, Juli–Okt. Hut dick polsterförmig, weißlich bis cremegrau. Stiel mit Verlauf von Orange nach Karminrot. Fleisch im Anschnitt mäßig blau anlaufend. Röhren und Poren rot. Geruch jung nach Windeln, alt aasartig.
VORKOMMEN In Laubwäldern, nur auf Kalkböden. Selten.

4 | Rotfuß-Röhrling
Xerocomellus chrysenteron
(Röhrlinge)

SCHNELL VERZEHREN Dieser Pilz ist wie alle gelbporigen Röhrlinge mit ungenetztem Stiel essbar. Er wird aber schnell matschig und schimmelt.
MERKMALE Hut 5–12 cm, Juni–Okt. Hut braun bis graubraun, Fraßstellen kirschrosa. Stiel rot überlaufen, glatt oder fein gepustelt. Fleisch blassgelb, etwas blauend, im Stiel stellenweise rhabarberrot. Die ähnliche **ZIEGENLIPPE** *(Xerocomus subtomentosus)* hat meist olivgelbe Hüte. **ESSBAR.**
VORKOMMEN Nadel- und Laubwald. Sehr häufig.

5 | Maronen-Röhrling
Imleria badius
(Röhrlinge)

UNVERWECHSELBAR Durch den ungenetzten Stiel und das blauende Fleisch ist er kaum mit anderen Röhrlingen zu verwechseln.
MERKMALE Hut 8–15 cm, Juli–Nov. Hut kastanien- bis maronenbraun, trocken feinfilzig, feucht schmierig. Stiel gelbbraun, glatt. Fleisch blass gelblich, schwach blauend. Poren grünlich gelb, auf Druck blauend. **ESSBAR.**
VORKOMMEN In Nadel- und Mischwald. Häufig.

6 | Espen-Rotkappe
Leccinum albostipitatum
(Röhrlinge)

WOHLSCHMECKEND Neben dieser Espen begleitenden Art gibt es ähnliche, leicht zu verwechselnde Rotkappen, die als Mykorrhizapilze u. a. an Eichen, Birken und Kiefern vorkommen. Alle Rotkappen sind essbar.
MERKMALE Hut 6–20 cm, Juli–Nov. Hut orangerot, Oberfläche glatt, feinfilzig. Stiel weiß, jung mit weißlichen, dann mit orangefarbenen bis braunroten Schüppchen. Röhren weißlich, sehr lang. Fleisch weißlich, im Schnitt schwarz werdend. **ESSBAR.**
VORKOMMEN Bei Zitter-Pappeln. Ganz Europa.

1

2

3

4

5

6

1 | Kahler Krempling
Paxillus involutus
(Kremplingsartige)

VERSPÄTETE GIFTWIRKUNG Der Pilz kann bei wiederholtem Genuss eine Zerstörung der roten Blutkörperchen bewirken, die tödlich enden kann.
MERKMALE Hut 5–15 cm, Juli–Nov. Hut bräunlich, feinfilzig bis glatt, Hutrand eingebogen. Lamellen eng stehend, herablaufend. Fleisch ocker, rotbräunlich verfärbend. **GIFTIG!**
VORKOMMEN Laub-, Nadelbäume. Häufig. Europa

2 | Edel-Reizker
Lactarius deliciosus
(Sprödblättler)

SPEISEPILZ Sein Milchsaft verfärbt sich auch nach Stunden nicht dunkelrot, wird aber bis zum nächsten Tag grün. Der **SPANGRÜNE KIEFERN-REIZKER** *(Lactarius semisanguifluus)* ist stark blaugrün. Seine Milch wird nach wenigen Minuten weinrot.
MERKMALE Hut 5–10(12) cm, Juli–Okt. Hut orange, mit Wasserflecken, silbrig gezont. Stiel mit Grübchen. Milch orange, unveränderlich. Stiel robust, kurz, hohl werdend. **ESSBAR.**
VORKOMMEN Bei Kiefern. Häufig. Europa.

3 | Mohrenkopf-Milchling
Lactarius lignyotus
(Sprödblättler)

ROH ESSBAR Der Pilz ist leicht mit dem ungenießbaren **PECHSCHWARZEN MILCHLING** *(Lactarius picinus)* zu verwechseln.
MERKMALE Hut 2–6 cm, Juli–Okt. Hut dunkel schwarzbraun, Lamellen weiß, in dunklen Stiel übergehend. Milch weiß, rosa werdend. **ESSBAR.**
VORKOMMEN In Bergnadelwäldern bei Fichten.

4 | Speise-Täubling
Russula vesca
(Sprödblättler)

GESCHMACKSPROBE Alle mild schmeckenden Täublinge sind essbar. Doch leider ist der wohlschmeckende Speise-Täubling nur einzeln anzutreffen.
MERKMALE Hut 5–12 cm, Juni–Okt. Hut fleischfarben, ockergelbe Flecken, Huthaut am Rand zurückgezogen. Stiel zuspitzend. Lamellen weiß. **ESSBAR.**
VORKOMMEN Laub-, Nadelwälder. Häufig. Europa.

5 | Spei-Täubling
Russula emetica
(Sprödblättler)

FÜHRT ZU ERBRECHEN Die Art ist an der Kombination aus lebhaft rotem Hut und reinweißem Stiel und Lamellen erkennbar.
MERKMALE 4–8 cm, Juli–Okt. Hut kirschrot, nicht verblassend, Stiel reinweiß, Fleisch weiß, Lamellen reinweiß. Geschmack sehr scharf. **GIFTIG!**
VORKOMMEN Bodensaure, nasse Nadelwälder. Häufig. Europa.

6 | Violetter Rötelritterling
Lepista nuda
(Ritterlingsartige)

LÄSST SICH GUT IN ESSIG EINLEGEN Die Art kann leicht mit giftigen, blauvioletten Schleierlingen *(Cortinarius)* verwechselt werden, deren Lamellen von einem fädigen Schleier verdeckt sind.
MERKMALE Hut 5–15 cm, Sept.–Dez. Hut jung violett, alt bräunlich lila. Fleisch angenehm fruchtig parfümiert. Sporenpulver rosa. **ESSBAR.**
VORKOMMEN Wälder, Gärten. Häufig.

7 | Falscher Pfifferling
Hygrophoropsis aurantiaca
(Ritterlingsartige)

OHNE PFEFFERNOTE Die Verwechslung mit dem Echten Pfifferling (S. 418) ist ungefährlich. Doch der Falsche Pfifferling schmeckt weniger gut.
MERKMALE Hut 4–8 cm, Juli–Nov. Hut und Stiel gelborange. Lamellen eng stehend, gelegentlich gegabelt, herablaufend. Fleisch gelblich.
VORKOMMEN Nadel- und Mischwälder. Häufig. Europa.

1
2
3
5
4
7
6

1 | Stockschwämmchen

Kuehneromyces mutabilis,
Pholiota mutabilis
(Träuschlingsartige)

FÜR PILZSUPPEN Die Art unterscheidet sich vom tödlich giftigen **GIFT-HÄUBLING** *(Galerina marginata)* nur in den Stielmerkmalen: Der Stiel des Stockschwämmchens ist braunschuppig mit häutigem Ring, der des gefährlichen Doppelgängers silbrig längsfaserig mit faseriger Ringzone.
MERKMALE Hut 2–5 cm, Mai–Okt. Hut gelb- bis orangebraun. Stiel mit häutiger Ringzone, darunter braunschuppig, Stielspitze cremefarben. Fleisch bräunlich. Lamellen nussbraun. Wächst in Büscheln. **ESSBAR.**
VORKOMMEN V. a. auf totem Laubholz. Häufig. Europa.

2 | Parasol

Macrolepiota procera
(Schirmlinge)

LECKER! Große Hüte des Parasols brät man im Ganzen paniert wie Schnitzel.
MERKMALE Hut 15–25 cm, Aug.–Okt. Hutmitte nussbraun, gebuckelt, Hutschuppen zum Rand hin kleiner werdend. Stiel genattert, Ring doppelt, mit Laufrille, verschiebbar. Lamellen frei, stets weiß. **ESSBAR.**
VORKOMMEN Laub- und Nadelwälder. Verbreitet. Europa.

3 | Schopf-Tintling

Coprinus comatus
(Champignonartige)

WURDE FRÜHER ZUM SCHREIBEN VERWENDET Der Hut zerfließt bei der Reife tintenartig.
MERKMALE Hut 4–10 cm, Juli–Okt. Hut walzenförmig, Hutschuppen fransig, etwas abstehend. Stiel weiß, hohl, beringt. Lamellen jung weiß, verfärben sich über rosa zu schwarz. **ESSBAR.**
VORKOMMEN Stark gedüngte Stellen an Weg- und Wiesenrändern. Häufig. Europa.

4 | Wiesen-Champignon

Agaricus campestris
(Champignonartige)

BEKANNT UND BELIEBT Auf Wiesen und Weiden hat der Wiesen-Egerling keine giftigen Doppelgänger. In der Nähe von Bäumen kann er jedoch mit Knollenblätterpilzen verwechselt werden.
MERKMALE Hut 4–10 cm, Juni–Okt. Hut weiß. Stiel weiß, beringt. Fleisch weiß, unveränderlich oder schwach rötend. Lamellen jung lebhaft rosa. Bildet große Hexenringe. **ESSBAR.**
VORKOMMEN Auf mäßig gedüngten Wiesen und Weiden. Häufig. Europa.

5 | Grüner Knollenblätterpilz

Amanita phalloides
(Wulstlinge)

UNSER GEFÄHRLICHSTER GIFTPILZ Erste Symptome treten 6–48 Stunden nach Einnahme auf. Schon beim Genuss von nur 50 g verläuft die Hälfte der Vergiftungen ohne Behandlung tödlich.
MERKMALE Hut 8–15 cm, Juli–Okt. Hut eingewachsen-faserig, gelb- bis olivgrün, meist ohne Hüllrest. Stiel mit Natterung in Hutfarbe. Stielbasis rund, abstehende Volva. Lamellen frei, weiß. Geruch jung nach Kunsthonig, alt widerlich. Selten findet man Albinos, die dem ebenfalls tödlich giftigen **SPITZKEGELIGEN KNOLLENBLÄTTERPILZ** *(Amanita virosa)* ähnlich sehen. **GIFTIG!**
VORKOMMEN Laubwald, besonders bei Eichen. Häufig, Mittel- und Südeuropa.

6 | Roter Fliegenpilz

Amanita muscaria
(Wulstlinge)

GLÜCKSSYMBOL Seine Giftstoffe lösen Rauschzustände aus, daher wurde der Pilz bei einigen Völkern zu kultischen Zwecken verwendet.
MERKMALE Hut 10–20 cm, Juli–Nov. Hut orange bis rot, mit weißen Hüllresten. Ring weiß, hängend. Knolle rund, mit regelmäßigen Warzengürteln. Lamellen weiß, frei. Fleisch weiß. **GIFTIG!**
VORKOMMEN An Fichten, Birken. Häufig. Europa.

1
2
3
4
5
6

Weitere Pilze
(Leistlinge / Schlauchpilze / Kernpilze / Rutenpilze / Porlinge)

1 | Echter Pfifferling
Cantharellus cibarius
(Leistlinge)

PFEFFRIGER GESCHMACK Dieser wohl bekannteste Speisepilz ist in Deutschland geschützt und darf nur zum Eigenbedarf gesammelt werden!
MERKMALE Hut 2–10 cm, Juli–Nov. Dottergelb, Leisten dick, gegabelt. Fleisch zur Mitte hin blasser. Stiel voll. Geschmack roh pfeffrig. **ESSBAR.**
VORKOMMEN In Nadelwäldern. Häufig. Europa.

2 | Toten-Trompete
Craterellus cornucopioides
(Leistlinge)

GUTER WÜRZPILZ Dieser begehrte Speisepilz eignet sich auch gut zum Trocknen.
MERKMALE Hut 3–8 cm, Aug.–Nov. Außenseite asch- bis schwarzgrau wellig-runzelig. Hut wellig, braunschwarz, Fleisch grau, dünn, Fruchtkörper hohl, trichter- bis trompetenförmig. **ESSBAR.**
VORKOMMEN Buchenwald. Zerstreut. Europa.

3 | Speise-Morchel
Morchella esculenta
(Schlauchpilze)

BESONDERS GETROCKNET EIN GENUSS
Im Frühjahr erscheint neben der Speise-Morchel auch die wohlschmeckende Spitzmorchel *(M. conica)*. Ihr langer Hut hat durch Längs- und Querrippen fast rechteckige Gruben.
MERKMALE 10–20 cm hoch, April–Mai (Juni). Kopf wabenartig, ockergelb, Stiel weiß. Fruchtkörper hohl, Fleisch wachsartig, im Stiel knorpelig.
ESSBAR.
VORKOMMEN Lichte Laubwälder, fast immer unter Eschen. Zerstreut. Europa. **GESCHÜTZT.**

4 | Frühjahrs-Lorchel
Gyromitra esculenta
(Schlauchpilze)

GIFTIGER DOPPELGÄNGER DER MORCHELN
Das Gift der Frühjahrs-Lorchel wirkt leberschädigend.
MERKMALE 8–15 cm hoch, April–Juni. Kopf hirnartig, gewunden. Stiel cremeweißlich. Fruchtkörper gekammert, hohl. Fleisch wachsartig, im Stiel knorpelig. **GIFTIG!**
VORKOMMEN Kiefernwälder, auf nährstoffarmen Sandböden, kalkmeidend. Zerstreut. Europa.

5 | Mutterkorn
Claviceps purpurea
(Kernpilze)

VERGIFTETE EINST GANZE LANDSTRICHE
Früher kam es häufig zu Vergiftungen, wenn mit Mutterkorn befallenes Getreide gegessen wurde.
Merkmale 1–3 cm, Juli–Nov. Überdauerungsorgan (Sklerotium) schwarz, gebogen. Halme mit mehreren Sklerotien besetzt. Im Frühjahr entwachsen mehrere Fruchtkörper dem Mutterkorn. Fruchtkörper purpurviolett, Köpfchen mit pustelartiger Oberfläche.
GIFTIG!
VORKOMMEN Getreidefelder. Häufig. Europa.

6 | Gemeine Stinkmorchel
Phallus impudicus
(Rutenpilze)

FRUCHTKÖRPER STINKT Ausgewachsen ist dieser Pilz ungenießbar, im Hexenei-Zustand essbar.
MERKMALE 12–20 cm hoch, Juni–Nov. Fruchtkörper aus einem Hexenei wachsend, Außenhülle des Hexeneis gallertartig. Stiel weiß, brüchig, porig, Kopfteil mit olivgrüner Sporenmasse.
VORKOMMEN Wälder, Gebüsche. Häufig. Europa.

7 | Echter Zunderschwamm
Fomes fomentarius
(Porlinge)

ZUM FEUERMACHEN Bevor es Streichhölzer gab, stellte man aus dem Innern des Pilzes Zunder her.
MERKMALE 10–50 cm. Randzone mit mehreren Wulsten. Oberseite grau, Fleisch braun. Myzelialkern faserig, braun. Poren mehrfach geschichtet.
VORKOMMEN An toten, dicken Laubholz-Stämmen, v. a. Buchen, Birken. Sehr häufig. Europa.

1

2

3

4

5

6

7

Botanische Fachausdrücke im Bild

Blüten

ORIENTIERUNG DER BLÜTEN

aufrechte Blüte

nickende Blüte

KELCH

getrenntblättrig

verwachsen

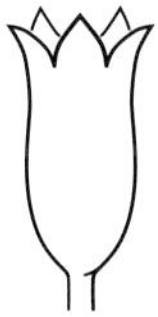

zweilippig

aufgeblasen

BLÜTE RADIÄR – GETRENNTBLÄTTRIG

mit Kelch und Krone

mit gleichen Blütenblättern

BLÜTE RADIÄR – VERWACHSENBLÄTTRIG

ausgebreitet

mit Röhre und ausgebreitetem Saum

glockig

BLÜTE ZWEISEITIG SYMMETRISCH

Schmetterlingsblüte

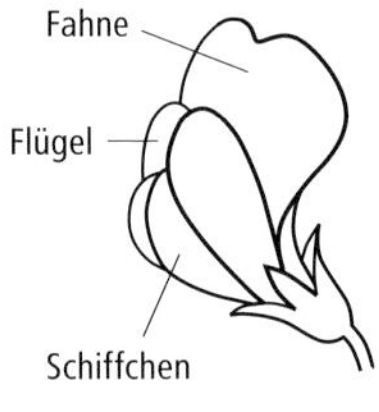

Blüte mit Sporn und geschlossenem Schlund

LIPPENBLÜTE

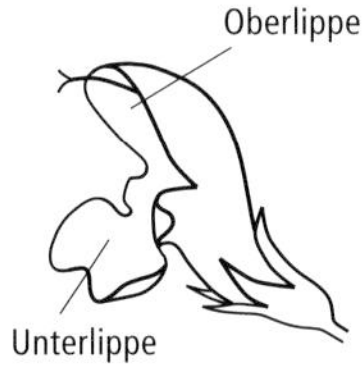

LIPPENBLÜTE

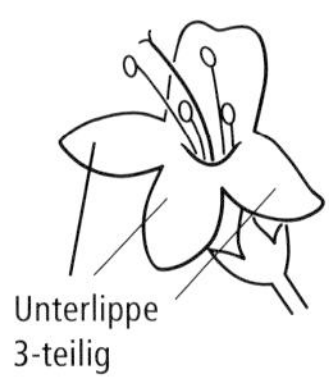

ORCHIDEENBLÜTE

Blütenstände (1)

Ähre

Kolben

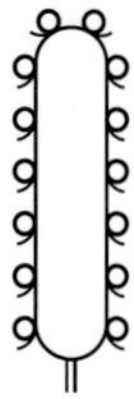

Rispe

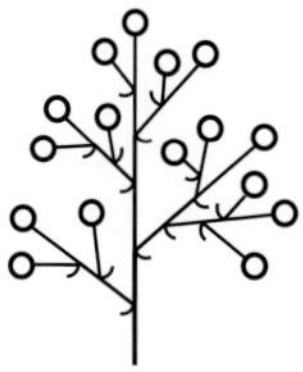

Traube

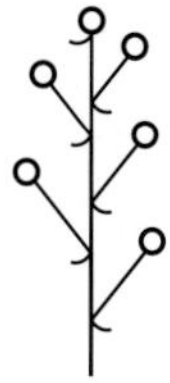

einseitwendige Traube

Quirle

gabelig verzweigt

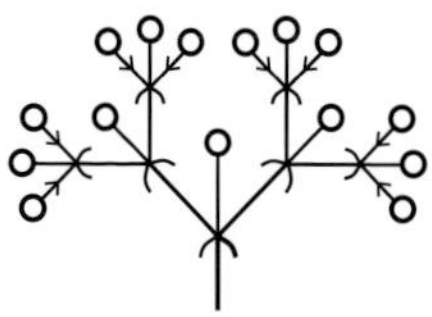

Blütenzapfen

Grasährchen

BLÜTEN IN SCHEINDOLDEN

Doldentraube

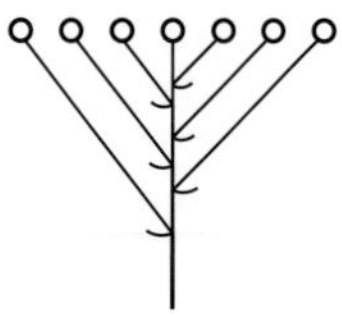

Doldenrispe

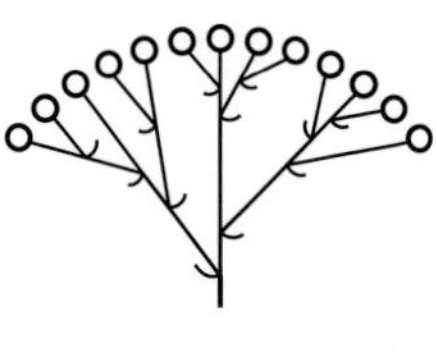

BLÜTEN IN DOLDEN

Dolde

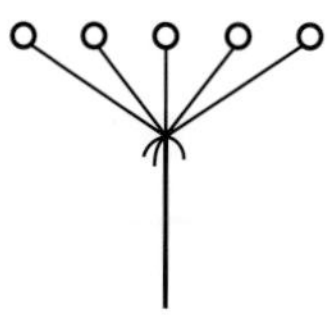

aus Döldchen zusammengesetzte Dolde

Köpfchen

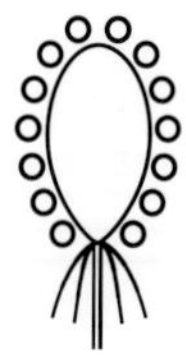

Kätzchen

Blütenstände (2)

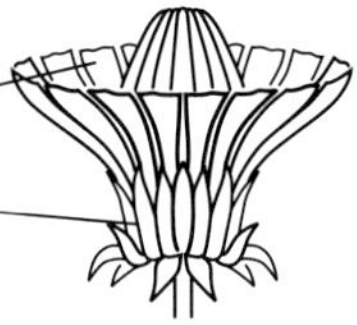

BLÜTEN IN KÖPFCHEN (KORBBLÜTENGEWÄCHSE)

Zungenblüten

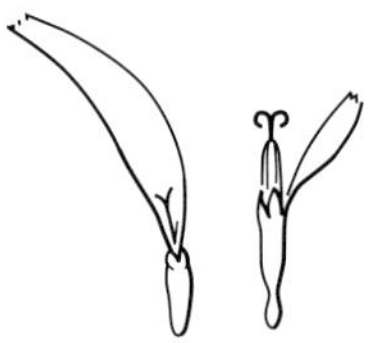

nur Zungenblüten

Röhrenblüten

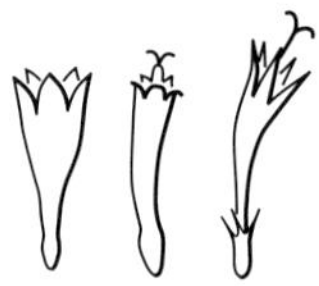

nur Röhrenblüten

innen Röhrenblüten, außen Zungenblüten

Körbchenboden flach

Körbchenboden aufgewölbt

Früchte (1)

SPALTFRUCHT

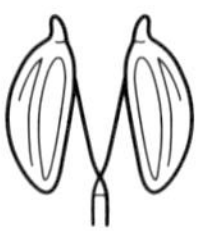

ÖFFNUNGSFRÜCHTE

Hülsenfrucht

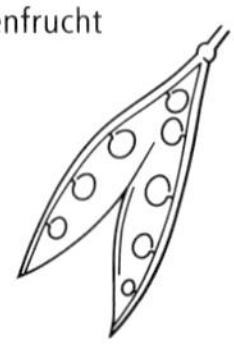

Schotenfrucht

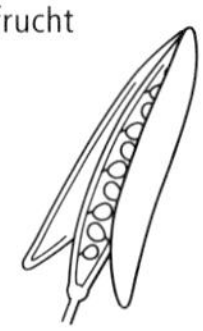

Kapselfrucht

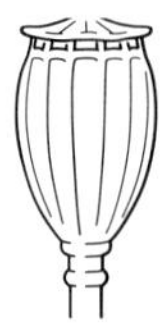

SCHLIESSFRÜCHTE

Steinfrucht

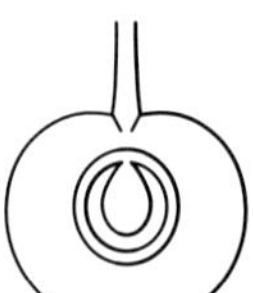

Nussfrucht

Beere

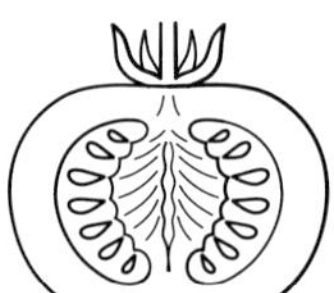

Frucht mit Haarkranz

Früchte (2)

SAMMELFRÜCHTE

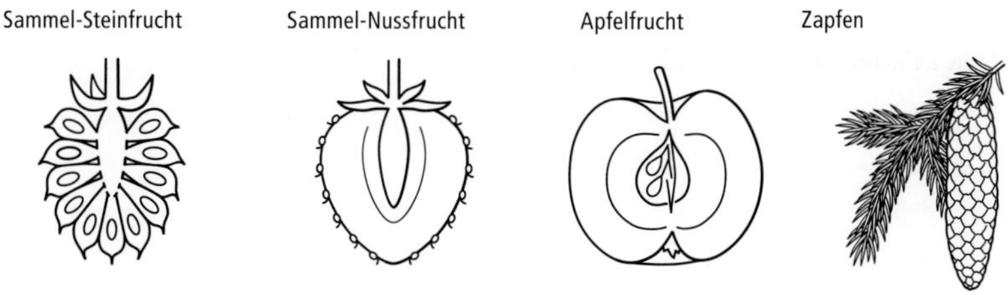

UNTERIRDISCHE PFLANZENTEILE

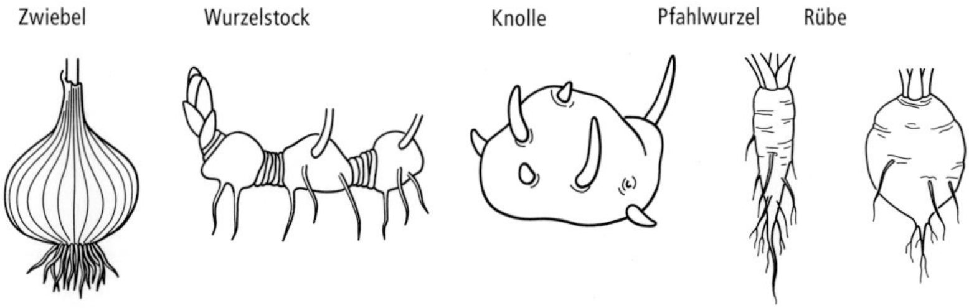

STÄNGEL

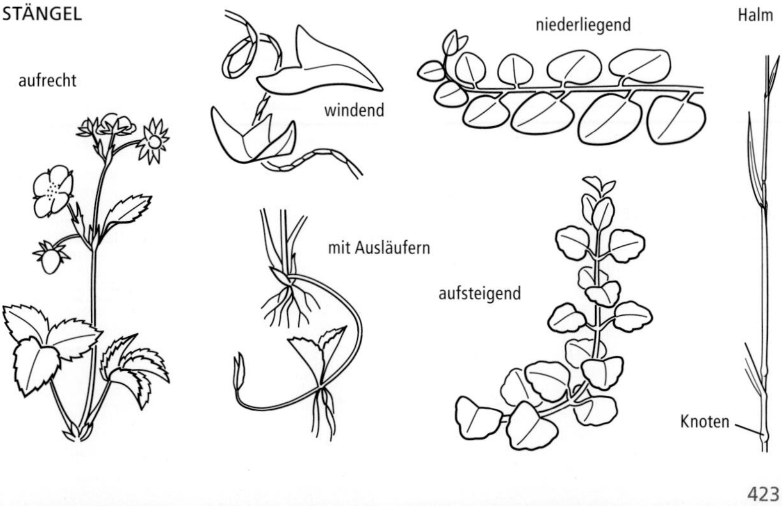

Blattstellung

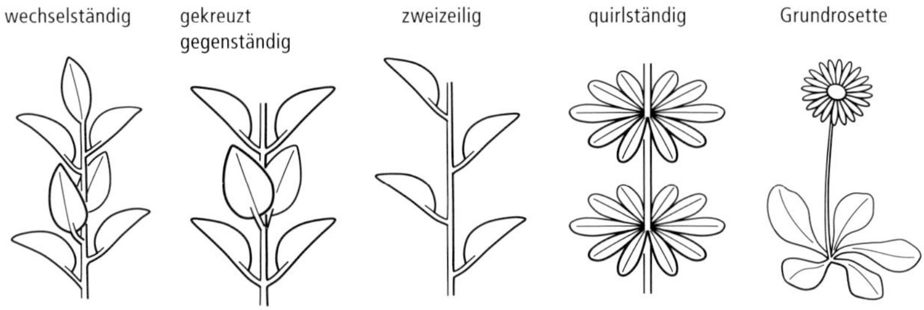

Das Blatt (1)

BLATTSPREITE (1)

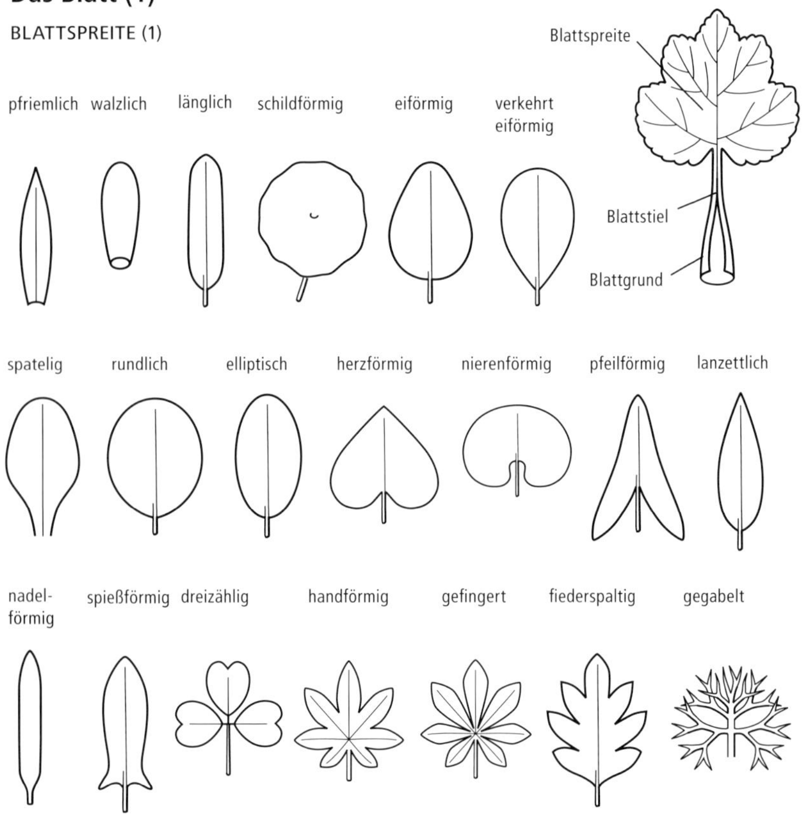

Das Blatt (2)

BLATTSPREITE (2)

lineal | kammförmig | unpaarig gefiedert (mit Endblättchen) | paarig gefiedert | paarig gefiedert mit Endranke | mehrfach gefiedert

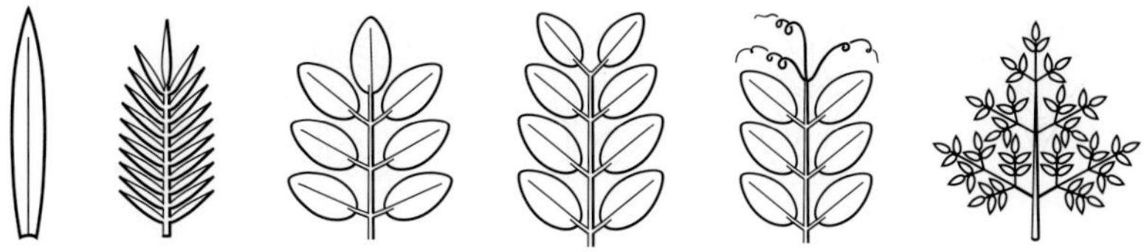

BLATTNERVATUR

netznervig | fiedernervig | parallelnervig

BLATTRAND

gekerbt | ganzrandig | umgerollt

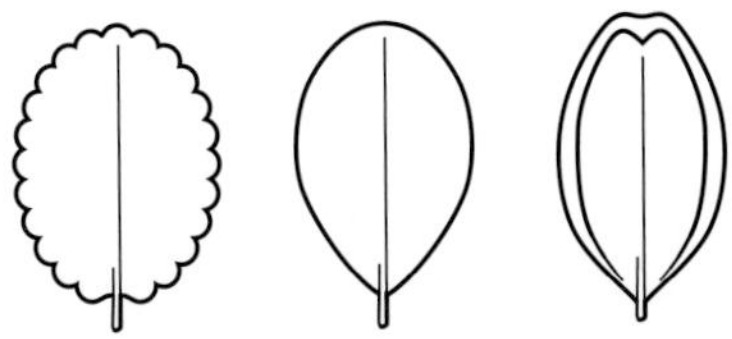

gelappt | gezähnt | gesägt | doppelt gesägt | stachelig gesägt | schrotsägeförmig | gewellt

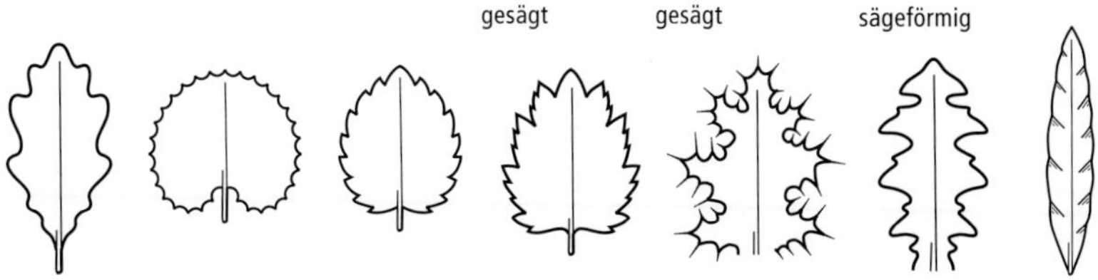

BLATTANSATZ

sitzend | lang gestielt | stängelumfassend | mit Nebenblättern | Nebenblätter zu Scheide verwachsen | Spreitenbasis beim Gras

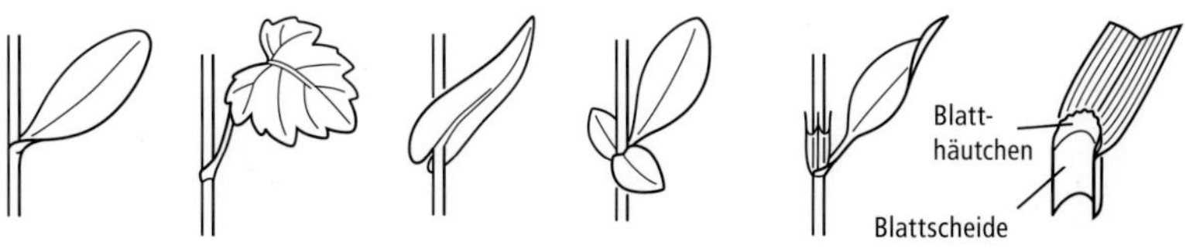

Bildnachweis

Michael Albers/Hecker 248/1;
Heiko Bellmann Umschlagklappe vorne innen: links oben;
Heiko Bellmann/Kosmos 20/3, 24/4, 26/5, 28/3, 30/3, 34/3, 36/2, 38/2, 40/2, 42/4, 44/1, 50/2, 52/4, 54/1a, 64/3, 66/2, 68/4, 76/2, 76/3, 86/1, 86/3, 88/3, 90/1, 90/4, 94/4, 96/4, 98/1, 100/1, 100/3, 102/1, 102/2, 102/3, 108/5, 112/3, 116/1, 126/1, 126/2, 130/1, 130/4, 138/2, 140/1, 140/2, 142/2, 142/4, 144/1, 144/2, 144/4, 146/1, 148/4, 150/4, 154/3, 158/1, 158/3, 160/3, 162/1, 180/1, 184/1, 184/4, 186/3, 188/2, 196/3, 200/2, 206/2, 206/3b, 208/2, 208/4, 210/3, 212/1, 216/4, 218/1, 220/3, 222/1, 222/4, 228/1, 230/4, 232/2, 234/1, 242/4, 244/1, 244/3, 246/2, 248/3, 252/3, 254/1, 254/2, 256/2, 256/3, 256/4, 266/1, 268/2, 270/2, 272/3, 278/1, 278/2, 278/3, 280/2, 280/4, 282/1, 282/4, 286/4, 292/2, 292/3, 292/4, 294/2, 294/5, 298/2, 300/1, 300/5, 300/6, 302/2, 302/4, 304/1, 304/4, 308/1, 308/2, 308/4, 312/2a, 314/3b, 316/4a, 328/2, 328/3, 334/4a, 336/2b, 338/2, 338/3, 340/1b, 342/1a, 342/3, 346/4, 350/1, 350/4, 364/4, 368/3, 374/1, 376/3, 378/3, 382/1a, 384/1, 384/2, 386/1, 386/2, 386/4, 388/1, 388/5, 390/1, 390/2, 390/5, 392/3, 392/4, 392/6, 392/7, 394/4, 396/1, 396/5, 396/6, 398/1, 398/2, 398/3, 398/4, 400/5, 402/1, 402/2, 402/3, 404/1, 404/2, 404/3, 404/4, 406/4, 408/1, 408/2, 408/4, 408/6, 410/4, 410/6, 410/7, 412/1, 416/3;
Tanja Böhning 418/7;
Achim Bollmann 412/3, 412/5, 414/3, 414/4, 414/6, 414/5, 416/2, 416/4, 416/5, 418/, 418/1, 418/2, 418/3, 418/4;
Gregor Faller 2/3, 4, 18/19, 54/1b, 78/1, 78/4, 80/1, 80/3, 82/2, 82/3, 82/3b, 110/2, 132/1, 142/1b, 160/4, 166/4a, 178/4, 180/2, 186/1, 190/1a, 190/4, 192/4, 200/5, 202/4, 234/4, 236/4, 238/2, 24/2a, 24/2b, 250/3, 254/3a, 280/1a, 286/3, 286/5, 320/2a, 338/4, 370/4;
Gartenschatz GmbH 10 links, 11 links, 14 links, 56/4, 68/3, 112/1, 168/1, 214/1b, 22/4, 250/4, 266/2b, 298/3, 300/3, 312/2b, 322/1, 324/4, 330/2b, 330/3b, 334/2a, 334/2b, 342/1b, 344/2b, 346/1a, 346/1b, 356/1a, 356/1b, 356/3, 358/2, 360/2, 360/4, 362/3a, 370/2;
Gartenschatz GmbH/Bellmann 8, 9 oben, 9 unten, 10 rechts, 12 links, 14 links, 20/1b, 20/4, 22/1, 22/3, 26/1, 26/4, 28/2, 30/4a, 30/4b, 32/1, 32/2, 32/4, 36/3, 36/4, 40/1, 40/3, 44/4, 46/1, 46/3, 46/4, 48/1, 48/2, 56/1, 58/1, 58/2, 58/3, 58/4, 60/1, 60/3a, 60/3b, 60/4, 62/2, 62/3, 62/4, 64/1, 64/2, 66/3, 68/1, 70/3, 70/4, 72/2, 72/4a, 72/4b, 74/1, 74/2, 78/2, 78/3, 80/2, 82/4, 86/4, 88/1, 88/2, 88/4, 90/3, 92/1a, 92/1b, 96/1, 96/3a, 96/3b 104/3, 104/4, 106/1, 106/2, 106/3b, 106/4, 110/1a, 110/1b, 114/5, 116/4, 118/3, 118/4, 120/2, 122/1, 122/3, 130/2, 132/2, 132/3, 134/1, 134/3, 136/1a, 136/1b, 136/2, 138/1, 140/4, 142/1a, 146/2, 146/4, 148/2, 148/3, 150/1, 150/2, 150/3, 152/1, 152/4, 154/2, 154/4, 156/1, 156/2, 156/3, 156/4, 158/4, 160/1, 162/4, 164/2, 166/2, 166/3, 166/4b, 168/2, 168/4, 170/1, 170/3, 170/4, 172/2, 174/3, 174/4, 176/1, 176/2, 176/3, 176/4a, 176/4b, 178/1, 178/3, 180/4, 182/2, 182/3, 184/2, 184/3, 186/4, 188/4, 190/3, 194/1a, 194/1b, 196/4, 198/2, 198/3, 200/4, 202/3, 204/1, 204/2, 210/1, 212/3, 212/4, 214/2, 220/2, 226/1, 226/2, 226/3, 228/3, 236/2, 236/3b, 238/4, 240/3, 242/2, 244/2, 244/4, 246/1, 246/3a, 246/3b, 246/4, 248/2, 248/4, 250/2, 252/2, 256/1a, 256/1b, 258/1a, 258/1b, 258/2, 274/1, 274/3, 278/4, 280/1b, 288/4, 288/5, 296/3, 296/5, 302/5, 314/1a, 314/1b, 314/1c, 318/2, 318/4b, 320/2b, 320/3, 322/2a, 322/2b, 322/3a, 322/3b, 322/4, 326/3a, 328/4a, 328/4b, 328/4c, 330/1b, 332/3b, 334/4b, 336/1b, 338/1, 340/1a, 340/4, 344/1a, 344/1b, 344/2a, 344/3b, 348/4, 350/3, 352/1b, 354/1, 362/2, 366/4, 372/4, 376/4, 378/1b, 380/1, 380/4a, 380/4b, 384/3, 384/5, 386/3, 388/2, 388/3, 388/6a, 388/6b, 390/4, 392/2, 392/8, 394/1, 394/2a, 394/2b;
Gartenschatz GmbH/Gilbert 72/1b, 416/6;
Gartenschatz GmbH/Metzger 46/2b, 54/3, 80/4, 90/2, 284/2, 290/2, 298/5, 300/4b, 346/2b, 366/1;
Andreas Gminder 412/2, 412/6, 414/1, 414/2, 414/7, 416/1;
Michael Hassler 24/3, 26/2a, 26/2b, 26/3a, 26/3b, 28/5, 30/1, 32/5, 34/1, 38/4, 44/2, 68/2, 70/1, 70/2, 72/3, 74/3, 84/1, 84/1b, 92/5, 102/4, 104/2, 106/3a, 108/1, 108/2a, 108/2b, 110/3, 110/4, 112/4, 114/1a, 114/1b, 114/3, 116/2, 116/3, 118/2, 118/5, 120/1, 124/1, 124/2, 124/4, 126/3, 126/4, 128/2, 128/3, 136/3, 136/4, 138/4, 142/3, 164/4, 178/2, 182/1, 186/2a, 186/2b, 188/1, 194/2, 194/3, 194/4, 198/4, 200/1, 206/1, 210/2, 216/1, 224/1, 224/2, 224/4, 232/3, 232/4, 234/2, 242/1, 242/3, 258/4262/1, 262/3, 262/3, 264/2, 266/4, 268/3, 268/4, 272/4, 274/2, 284/4, 288/1, 288/2, 288/3, 290/1, 290/3, 290/4, 290/5, 290/6, 292/1, 292/5, 294/1, 294/3, 294/4, 294/6, 294/6b, 296/1, 296/4, 296/6, 298/1a, 298/1b, 298/6, 302/1, 304/2, 304/3, 304/5, 304/6, 306/1a, 306/1b, 306/2, 306/3, 306/6, 308/3, 310/2, 310/3, 310/4, 310/5, 310/6, 316/1, 326/4, 334/1, 334/3, 336/3, 352/2a, 356/4, 358/4, 366/2, 386/5, 386/6a, 386/6b, 390/3, 392/5;

Frank Hecker Umschlagklappe vorne außen, Umschlagklappe vorne innen: links unten, rechts oben, rechts unten, 1 oben, 11 rechts, 28/1, 28/3, 30/2, 34/2, 34/4, 36/1, 38/3, 40/4, 42/3, 44/3a, 44/3b, 462a, 50/1, 50/3, 50/4, 52/1, 54/2, 54/4, 56/3, 64/4, 66/1, 66/4, 84/2, 86/2, 92/2, 92/3, 92/4, 94/1, 94/3, 104/1, 108/4, 112/2, 114/2, 114/4, 118/1, 120/3, 120/4a, 120/4b, 122/2a, 122/2b, 122/4a, 122/4b, 128/1, 128/4, 130/3, 134/2a, 134/2b, 144/3, 160/5, 164/1, 172/1, 172/3, 180/3, 182/4, 190/2, 192/2a, 192/2b, 192/3, 196/2a, 196/2b, 198/1, 200/3, 202/2, 204/4, 210/4, 212/2a, 212/2b, 216/2, 216/3a, 216/3b, 218/2, 218/4, 220/1a, 220/1b, 222/2, 222/3a, 222/3b, 224/3, 226/4, 228/2, 228/4, 230/4, 232/1, 234/3, 236/3a, 238/1, 238/3, 260/1, 260/4, 262/2, 264/3, 264/4, 266/3, 268/1a, 268/1b, 270/3a, 270/3b, 270/4, 272/1a, 272/1b, 280/3, 282/3, 282/5a, 282/5b, 284/1, 284/3a, 284/3b, 286/1, 286/2, 288/6, 292/6, 298/4, 300/2, 300/4a, 302/3, 306/4, 306/5, 312/1b, 316/4b, 318/3, 32/3, 320/1b, 324/2a, 324/2b, 326/1b, 326/3b, 328/1a, 328/1b, 332/1b, 332/2, 342/2, 344/4, 346/3, 348/1a, 348/1b, 348/3a, 348/3b, 352/2b, 352/4, 354/2, 354/3, 356/2, 358/1, 358/3a, 358/3b, 360/1a, 360/1b, 362/1a, 362/1b, 362/3b, 364/1a, 364/1b, 364/2, 364/3, 368/1, 370/1a, 370/1b, 372/1, 374/2, 374/3, 374/4, 376/2, 378/1a, 378/2, 380/3, 382/1b, 382/3, 382/4, 382/5, 384/4, 388/4, 390/6, 392/1, 394/3, 394/5, 394/6, 396/2, 396/4, 400/3, 406/2, 406/3, 406/5, 406/7, 408/3, 408/5, 410/3, 418/5;

Armin Jagel/Blickwinkel über Hecker 398/6, 410/2;

Rudolf König/Hecker 72/5, 96/2, 168/3, 310/1, 368/2;

Hans E. Laux 318/4a, 330/3a;

Rolf Marschner/Hecker 1 unten;

Peter Mertz/Hecker 254/3b;

Rainer Nowak/Hecker 398/5, 396/3, 400/1, 400/2, 400/4, 400/6, 402/5, 404/5, 404/6, 410/1, 410/5;

Manfred Pforr 48/3, 56/2, 84/3, 84/4,124/3, 146/3, 148/1, 152/3, 162/1, 162/3, 164/3, 174/1, 174/2, 192/1, 20/1a, 20/2, 204/3, 206/3a, 208/1, 218/3, 240/1, 240/2, 252/4, 254/4, 276/1, 276/4, 370/3, 42/1;

Frieder Sauer/Hecker 48/4, 76/4, 132/4, 166/1, 188/3, 22/2, 258/3, 260/2, 260/3, 272/2, 276/2, 276/3, 282/2, 326/1a, 38/1, 406/6;

Karl-Heinz Schmitz 412/4;

Peter Schönfelder 42/2, 60/2, 62/1, 100/2,100/4, 138/3, 196/1, 214/4, 296/2, 342/4, 366/5, 372/3;

Roland Spohn 12 rechts, 14 rechts, 24/1, 52/2, 52/3, 72/1a, 74/4, 76/1, 82/1, 94/2, 98/2, 98/3, 98/4, 108/3, 128/5, 134/4, 140/3, 152/2, 154/1, 158/2, 160/2, 170/2, 172/4, 190/1b, 202/1, 206/4, 208/3, 214/3, 220/4, 230/2, 230/3, 236/1, 240/4, 250/1, 252/1, 264/1, 266/2a, 270/1, 274/4, 312/1a, 312/3, 312/4, 314/2, 314/3a, 314/4, 316/2, 316/3, 318/1, 320/1a, 320/4, 324/1, 326/2, 330/1a, 330/2a, 332/3a, 336/2a, 336/4, 336/4b, 340/2, 340/3, 344/3a, 346/2a, 348/2, 350/2a, 350/2b, 352/1a, 352/3, 354/4, 360/3, 366/3, 368/4, 372/2a, 372/2b, 376/1, 380/2, 382/2;

Frank Teigler Blickwinkel über Hecker 324/3a, 324/3b, 332/1a;

Wolfgang Wagner 214/1a;

Wikepedia Blahedo über Hecker 308/5;

Wikipedia Holger Krisp über Hecker 406/1;

Wikipedia Hermann Schachner über Hecker 402/4, 402/6.

ILLUSTRATIONEN

Marianne Golte-Bechtle/Kosmos 13, 15 links, 15 rechts, 16 links, 16 rechts, 17, 116/2, 124/2, 130/1, 206/1, 228/1, 272/3, 340/1, 340/4, 350/3, 448 rechts, Umschlagklappe hinten außen: links, Umschlagklappe hinten innen: ganz links, ganz rechts, links, rechts, Detail;

Sigrid Haag/Kosmos 312/1, 312/2, 448 links, Umschlagklappe hinten außen: rechts;

Wolfgang Lang: 420 (alle), 421 (alle), 422 (alle), 423 (alle), 424 (alle), 425 (alle);

Roland Spohn/Kosmos 44/3, 46/2, 46/3, 50/3, 54/2, 66/2, 66/3, 68/1, 68/3, 70/2, 98/2, 112/2, 116/1, 116/4, 124/1, 126/1, 126/3, 130/3, 132/2, 136/1, 136/4, 138/1, 140/1, 140/4, 178/4, 182/2, 182/3, 194/1, 194/3, 198/3, 202/1, 204/2, 204/4, 206/3, 206/4, 214/2, 216/1, 216/2, 218/1, 218/4, 220/3, 222/1, 228/4, 232/2, 232/3, 234/2, 238/1, 256/2, 260/3, 268/1, 268/2, 268/3, 270/2, 270/3, 30/3, 330/1, 330/2, 448 Detail, Umschlagklappe hinten außen: Details (3), Umschlagklappe hinten innen: links Details (3).

9 Piktogramme von **Wolfgang Lang**.

Giftnotruf

Eine Übersicht der Zentrale finden Sie unter: www.bvl.bund.de/DE/01_Lebensmittel/03_Verbraucher/09_InfektionenIntoxikationen/02_Giftnotrufzentralen/lm_LMVergiftung_giftnotrufzentralen_node.html

Adressen

NABU – Naturschutzbund Deutschland e.V.
Charitéstraße 3
D-10117 Berlin
+49 (30) 2849840
www.nabu.de

BUND – Bund für Umwelt und Naturschutz Deutschland e.V.
Am Köllnischen Park 1
D-10179 Berlin
+49 (30) 2758640
www.bund.net

Naturschutzbund Österreich
Museumsplatz 2
A-5020 Salzburg
+43 662642909
www.naturschutzbund.at

Pro Natura – Schweizerischer Bund für Naturschutz
Dornacherstrasse 192
CH-4053 Basel
+41 613179191
www.pronatura.ch

Zum Weiterlesen

Flück, M.: Welcher Pilz ist das?
Der umfassende Pilzführer ermöglicht schnelle Orientierung durch den praktischen Bestimmungsschlüssel nach Pilzgruppen. Großformatige Farbfotos und Zeichnungen zeigen mehr als 270 Pilzarten Mitteleuropas mit allen wesentlichen Merkmalen.

Griebl, N.: Die Kosmos Alpenflora
Entdecken Sie Vielfalt und Artenreichtum der alpinen Flora. Hier finden Sie alle Arten der alpinen und subalpinen Stufe auf über 1200 Fotos – alphabetisch sortiert nach Pflanzenfamilien.

Schönfelder, P. & I.: Die Kosmos Mittelmeerflora
Der umfassendste Naturführer für den Mittelmeerraum. Über 1500 Wildplanzen alphabetisch nach Pflanzenfamilien geordnet, mit 1200 Farbfotos und über 900 Verbreitungskarten. Der Bestimmungsschlüssel ermöglicht einen schnellen Zugang zu den einzelnen Arten.

Schönfelder, P. & I.: Die Kosmos Kanarenflora
Der umfangreiche Naturführer für die Kanarischen Inseln zeigt 1000 charakteristische Kanarenpflanzen auf mehr als 920 Farbofotos und mit über 500 Verbreitungskarten. Darüber hinaus werden über 60 auffällige tropische Ziergehölze vorgestellt.

Spohn, M.: Kosmos Baumführer Europa
Dieser Naturführer porträtiert alle europäischen sowie häufige außereuropäische Bäume. Alle 680 Arten werden auf 2600 einzigartigen Illustrationen mit Details zu Blatt, Blüte, Frucht, Rinde und Wuchsform gezeigt.

Spohn, M., Golte-Bechtle, M. & R. Spohn: Was blüht denn da? Das Original
Der Klassiker unter den Pflanzenbestimmungsbüchern: Bestimmen Sie ganz einfach über 870 Pflanzen mit der bewährten Einteilung und den mehr als 2000 naturgetreuen Farbzeichnungen.
Auch als Fotoband erhältlich

Register

Register

C

Register

Register

Register

Register

Register

Impressum

Mit Texten von Dr. Heiko Bellmann, Dr. Wolfgang Hensel, Margot Spohn und Dr. Simone Steffen
Gesamtbearbeitung: Dr. Simone Steffen

Umschlaggestaltung von Isabelle Fischer, Gramisci Editorial Design
unter Verwendung von 1 Farbfotos von Heiko Bellmann über Frank Hecker.
Das Bild zeigt einen Frauenschuh *Cypripedium calceolus*
Zeichnung von Paschalis Dougalis. Sie zeigt eine Eberesche *Sorbus aucuparia*.

Mit 1002 Farbfotos, 90 Farbzeichnungen, 115 Schwarzweiß-Zeichungen sowie 9 Piktogrammen.

Unser gesamtes Programm finden Sie unter **kosmos.de**
Über Neuigkeiten informieren Sie regelmäßig unsere Newsletter, einfach anmelden unter
kosmos.de/newsletter

DER NATURFÜHRER No. 1*

* Quelle: Media Control MC Metis, Deutschland, FY 2021,
WG 420- Natur und WG 422-Naturführer, Umsatz

FSC® www.fsc.org MIX Papier | Fördert gute Waldnutzung FSC® C015829

Gedruckt auf chlorfrei gebleichtem Papier

ISBN 978-3-440-16318-4
Projektleitung: Carsten Vetter
Redaktion: Barbara Kiesewetter
Bildredaktion: Barbara Kiesewetter
Gestaltung und Satz: Populaergrafik
Produktion: Markus Schärtlein
Druck und Bindung: Printer Trento
Printed in Italy / Imprimé en Italie

Die wichtigsten Pflanzenfamilien und ihre Merkmale

Liliengewächse (Liliaceae) im weiteren Sinn

Die Liliengewächse werden heute meist in mehrere Familien wie die Lauchgewächse, die Mäusedorngewächse und die Hyazinthengewächse unterteilt. Insgesamt umfassen sie weltweit etwa 220 Gattungen mit 4000 Arten. Bei uns sind etwa 25 Gattungen mit 70 Arten heimisch.
Typisch sind unterirdische Speicher- und Überwinterungsorgane wie Knollen, Zwiebeln und Wurzelstöcke. In Mitteleuropa gehören viele Arten zu den Frühblühern. Bekannte Vertreter der Liliengewächse sind Tulpen, Lilien oder Maiglöckchen. Die Gattung Lauch (Allium) enthält wichtige Nahrungspflanzen wie Zwiebeln, Knoblauch, Porree oder Schnittlauch. Auch der Gemüsespargel gehört zu den Liliengewächsen im weiteren Sinn.

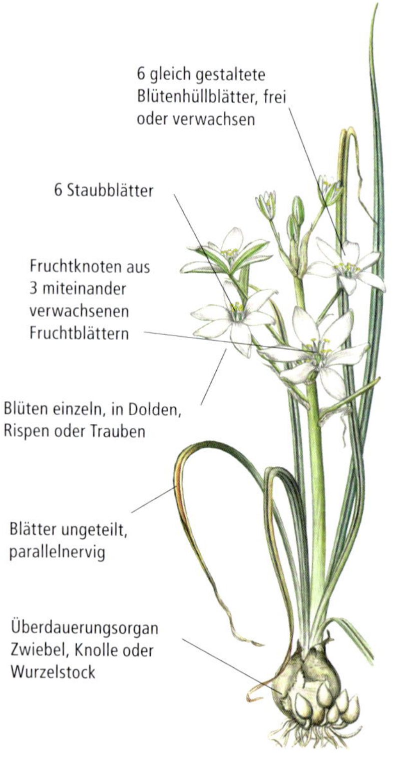

Kreuzblütler (Brassicaceae)

Die Kreuzblütler kommen weltweit mit etwa 3000 Arten in 380 Gattungen vor. In Mitteleuropa gibt es 57 Gattungen mit annähernd 200 Arten. Die meisten Kreuzblütler sind Kräuter oder Stauden.
Die Kreuzblütler besitzen Senfölglykoside, die für den scharfen Geruch und Geschmack verantwortlich sind und der Abwehr von Fraßfeinden dienen. Uns schmecken aber oft diese scharfen Inhaltsstoffe, und so finden sich viele Nutzpflanzen wie Kohl, Meerrettich, Senf oder Kresse unter den Kreuzblütler. Auch Ölpflanzen wie der Raps und Zierpflanzen wie Silberblatt, Levkoje oder Steinkraut sind bekannte Vertreter.